高职高专计算机实用规划教材——案例驱动与项目实践

单片机原理与实例应用

万　隆　主　编

巴奉丽　陈文刚
王　玮　张　娟　副主编

清华大学出版社

北　京

内 容 简 介

本书介绍了单片机硬件系统及常用外围电路设计、单片机汇编程序设计、单片机C语言程序设计和开发环境及仿真软件四大部分内容，注重实践，强调实用。

本书通过 MCUBUS 单片机开发板上有关的典型范例，介绍了单片机在设计过程中的硬件设计、仿真调试和程序设计等过程，通过实际范例引出相关知识点并进行知识总结。

本书所有代码都有硬件支持，书中的硬件系统由作者独立开发，已被作为全国信息化应用能力考试——单片机应用科目的硬件考试平台。

本书适合单片机初学者使用，也可以作为本、专科院校电子信息相关专业的单片机教材使用，还可以作为单片机开发培训教材使用。

图书在版编目(CIP)数据

单片机原理与实例应用/万隆主编；巴奉丽，陈文刚，王玮，张娟副主编. --北京：清华大学出版社，2011.1
(高职高专计算机实用规划教材——案例驱动与项目实践)

ISBN 978-7-302-24068-6

Ⅰ. ①单…　Ⅱ. ①万…　②巴…　③陈…　④王…　⑤张…　Ⅲ. ①单片微型计算机—高等学校：技术学校—教材　Ⅳ. ①TP368.1

中国版本图书馆 CIP 数据核字(2010)第 206119 号

责任编辑：黄　飞
装帧设计：杨玉兰
责任校对：王　晖
责任印制：杨　艳
出版发行：清华大学出版社　　**地　　址：**北京清华大学学研大厦 A 座
http://www.tup.com.cn　　**邮　　编：**100084
社　总　机：010-62770175　　**邮　　购：**010-62786544
投稿与读者服务：010-62776969，c-service@tup.tsinghua.edu.cn
质　量　反　馈：010-62772015，zhiliang@tup.tsinghua.edu.cn
印 装 者：北京市清华园胶印厂
经　　销：全国新华书店
开　　本：185×260　**印　张：**23.75　**字　数：**570 千字
版　　次：2011 年 1 月第 1 版　　**印　　次：**2011 年 1 月第 1 次印刷
印　　数：1～4000
定　　价：36.00 元

产品编号：033720-01

前　言

随着国内计算机控制、电子技术及大规模集成电路的快速发展，中国已逐渐从以电子应用为主转向以电子研发为主。而单片机以其实用性强、应用领域广和易上手等特点，几乎成为每个电子工程师都必须掌握的一种技能。另外，从学科发展角度来看，单片机原理及应用是一门比较基础的应用型课程，是软、硬件相结合的一个初级平台，同时也是学习嵌入式及 DSP 等高起点课程的基础。

本书主要针对初学者，从解决基本问题着手，重基础，重实践。从最基本的应用开始，通过实例并结合仿真调试软件的使用逐步引导，使读者能够真正掌握单片机基本硬件电路的设计、汇编与 C 程序的设计以及编译与仿真软件的使用等基础知识和技能，从而为以后的提高打下良好的基础。

主要内容

本书由 12 章组成，以下是每个章节的内容概要。

第 1 章：单片机基础。本章介绍了单片机的几个基本概念、单片机的硬件结构、引脚功能及存储器的配置；CPU 的工作时序及单片机的几种工作方式；单片机最小系统电路。本章主要介绍单片机的硬件基础，特别是引脚功能和存储器配置部分，应重点掌握。

第 2 章：51 单片机的指令系统。本章介绍了单片机指令、寻址方式、指令集，以及汇编程序设计基础。本章为单片机汇编语言基础，读者应重点掌握单片机的寻址方式，熟记一些常用指令的用法。学习汇编语言有助于了解单片机的硬件结构及工作原理。

第 3 章：C51 程序设计。本章首先介绍了 C 编程的基础知识及 C51 对标准 C 语言的扩展；然后简单介绍了 C 汇编混合编程；最后介绍了单片机 C 程序开发过程。有 C 语言基础的读者，通过学习本章可以很快地掌握单片机的 C 程序设计。

第 4 章：Keil μ Vision2 编译环境。本章介绍了单片机开发环境 Keil 软件的基本应用。

第 5 章：并行 I/O 端口。本章介绍了 I/O 端口的基本结构及对 I/O 端口的操作方式，使读者初步了解单片机的基本操作。

第 6 章：单片机的中断系统。本章介绍了中断的基本概念、中断的响应过程、中断的控制以及中断的具体应用。本章是学习单片机的关键，单片机的事件绝大部分是通过中断来处理的。

第 7 章：定时/计数器。本章介绍了单片机定时/计数器的结构原理、工作模式以及使用方法。

第 8 章：单片机的数据通信。本章介绍了单片机串行通信的工作方式，包括串行通信工作模式、波特率的设定以及 RS232 通信协议等。

第 9 章：单片机常用接口电路设计。本章介绍了显示器接口、键盘接口、A/D 和 D/A 接口、电机控制电路以及红外遥控电路 5 种常见电路的设计方法，并结合实例对软、硬件作了详细的介绍。

第 10 章：常用串行总线的介绍及应用。本章列举了几种典型的串行总线通信协议，包括 1-wire 总线、IIC 总线接口和 SPI 总线及应用。通过本章的学习，可以了解 3 种总线的工作原理和使用方法。

第 11 章：单片机 Proteus 仿真。本章介绍了仿真软件 Proteus 的使用方法，熟练使用此工具可以在某种程度上代替开发板，进行简单电路的仿真调试。Proteus 是一款非常实用的仿真工具。

第 12 章：考试指导。本章介绍了全国信息化应用能力考试——单片机应用科目的基本问题，并提供了理论考试和实操考试的题库。

本书特点

本书是单片机方面的入门级读物，强调案例化教学，每一个知识点都从实际案例出发，通过对案例的分析逐步引出相关的知识点，同时也保留了传统教材对理论部分讲解详细的优点。硬件部分从了解单片机的基本概念、硬件结构、功能模块，以及常用外围电路的设计入手，由易到难，层层关联；软件部分完成了从汇编语言设计到 C 语言程序设计的过渡，使读者既对汇编语言有了一定了解，又熟练掌握了单片机的 C 程序设计技能，引领读者走过了一个单片机设计人员的必经之路。除此之外，本书还涉及了单片机开发环境和仿真软件的相关知识，帮助初学者更有效地学好单片机。

本书所有代码都有硬件支持，书中的硬件系统由作者独立开发，已被作为全国信息化应用能力考试——单片机应用科目的硬件考试平台。读者可以在开发板上练习书中的例子，从而提高学习的效果。总之，对于那些想从事单片机开发的初学者来说，本书是一本不错的参考书。

读者对象

本书为工业和信息化部全国信息化应用能力考试——单片机应用科目的考试用书，也可作为高等院校电子信息、自动化、机电类和计算机等专业的本、专科学生学习单片机的教材或参考书，还可作为广大爱好单片机的初学者的入门工具书。

本书由万隆主编，参加本书编写的人员有巴奉丽、陈文刚、王玮、张娟、潘金凤、刘永星和尚运伟等。

致谢

本书在编写过程中，得到了许多帮助和支持，首先感谢家人对我的支持；其次感谢魏峥老师给我提供新的写作思路；最后还要感谢刘永星、尚运伟、任瑞、田震飞和李旭升，在本书的编写过程中他们都付出了辛勤的劳动。

由于作者水平有限，虽经再三审阅，但仍有可能存在不足和错误，恳请各位专家和朋友批评指正！技术支持电话：13953356840；邮箱：sdlgwanlong@163.com。

编　者

附：

全国信息化应用能力考试是由工业和信息化部人才交流中心主办，以信息技术在各行业、各岗位的广泛应用为基础，面向社会，检验应试人员信息技术应用知识与能力的全国性水平考试体系。作为全国信息化应用能力考试工业技术类指定的参考教材，本书从完整

的考试体系出发来编写，同时配备相关考试大纲、课件及练习系统。通过对本书的系统学习，可以申请参加全国信息化应用能力考试相应科目的考试，考试合格者可获得由工业和信息化部人才交流中心颁发的《全国信息化工程师岗位技能证书》。该证书永久有效，是社会从业人员胜任相关工作岗位的能力证明。证书持有人可通过官方网站查询真伪。

全国信息化应用能力考试官方网站：www.ncie.gov.cn。

项目咨询电话：010-88252032；传真：010-88254205。

目　录

第 1 章　单片机基础

计算机辅助设计(Computer Aided Design，CAD)是计算机技术的一个重要应用领域，目前 CAD 技术已经成功应用于飞机设计、船舶设计、建筑设计、机械设计和大规模集成电路设计等领域，在国内主要应用于机械设计、建筑设计、土木工程计算、电子设计和轻工设计等领域。

在计算机的发展过程中，电子计算机技术一直朝着满足海量、高速数值计算的要求发展。由于社会的需求和发展，计算机技术一方面向着高速、智能化的超级巨型机的方向发展，一方面向着微型机的方向发展。

单片机作为微型计算机的一个重要分支，自 20 世纪 70 年代问世以来，以其极高的性价比，受到人们的重视和关注，且发展迅速。由于单片机具有抗干扰能力强，可靠性高，灵活性好，环境要求不高，价格低廉，以及开发容易等特点，其已广泛地应用在工业自动化控制、自动检测、智能仪器仪表、家用电器、电力电子和机电一体化设备等各个方面。

1.1　单片机相关的几个基本概念

1.1.1　什么是单片机

单片机又称单片微控制器，它不是完成某一个逻辑功能的芯片，而是把一个计算机系统集成到一个芯片上。概括的讲，将中央处理器(CPU)、随机存取存储器(RAM)、只读存储器(ROM)和输入/输出端口(I/O)等主要计算机功能部件集成在一块电路芯片上的微型计算机称为单片微型计算机(Single Chip Microcomputer)，简称单片机。但随着单片机技术的不断发展，“单片机”已无法确切表达其内涵。目前，国际上统一采用 MCU(Micro Controller Unit)来称呼。由于“单片机”的叫法多年来一直在使用，已经被广大工程师习惯，所以目前仍采用“单片机”这一名词，但应将单片机理解为微控制器而不是单片微型计算机。

由于单片机有为嵌入式应用设计的专用体系结构和指令系统，因此其具有良好的发展前景，在其基本体系结构上，可以衍生出能够满足各种应用系统要求的兼容系统。用户可以根据应用系统的各种要求，广泛选择。目前 51 内核已被各大厂家采用，并发展了许多兼容系列，所有的这些系列我们都称为 51 系列。

1.1.2　什么是单片机系统

按照所选择的单片机，以及单片机的技术要求和嵌入对象对单片机的资源要求构成了单片机系统。按照单片机的要求，在外部配置的单片机运行所需要的时钟电路和复位电路等，构成了单片机的最小系统。当单片机中 CPU 外围电路不能满足嵌入对象功能要求时，可在单片机外部扩展 CPU 外围电路，如存储器、定时/计数器和中断源等，形成能满足具体嵌入应用的一个计算机系统。

1.1.3 什么是单片机应用系统

单片机应用系统是满足嵌入式对象要求的全部电路系统。它在单片机系统的基础上配置了面向对象的接口电路。在单片机应用系统中，面向对象的接口电路有以下几种。

(1) 前向通道接口电路。这是应用系统面向检测对象的插入接口，通常是各种物理量的传感器和变换器的输入通道。根据电量输出信号类型(如小信号模拟电压、大信号模拟电压、开关信号和数字脉冲信号等)的不同，接口电路也不同。通常有信号调理器、模/数转换器 ADC、开关输入和频率测量等接口。

(2) 后向通道接口电路。这是应用系统面向控制对象的输出接口。根据伺服控制要求，通常有数字/模拟转换器 DAC、开关输出和功率驱动等接口。

(3) 人机界面接口电路。人机界面接口是满足应用系统人机交互需要的电路，例如键盘、显示器、打印机等输入/输出接口电路。

(4) 串行通信接口。串行通信接口是满足远程数据通信或构成多机网络系统的接口，例如标准的 RS232C、RS422/485 和现场总线 CAN BUS 等。

随着单片机技术的发展，单片机的功能不断增强，集成度的提高、系统集成技术的应用，使单片机逐渐向外层扩展。最明显的变化是单片机资源的扩展，外围接口电路进入片内，最终向单片应用系统集成发展。单片机应用系统是目标系统，要形成最终产品，除硬件电路外，还须嵌入系统应用程序。

1.2 单片机开发快速入门

1.2.1 案例介绍及知识要点

如图 1-1 所示，8 个 LED 正极通过 1kΩ的限流电阻接到电源正极，负极接单片机控制端口 P0 口。只要 P0 口管脚输出低电平，对应 LED 就会点亮。利用单片机的 P0 口控制 8 个 LED，使其以 1s 的时间间隔循环闪烁。

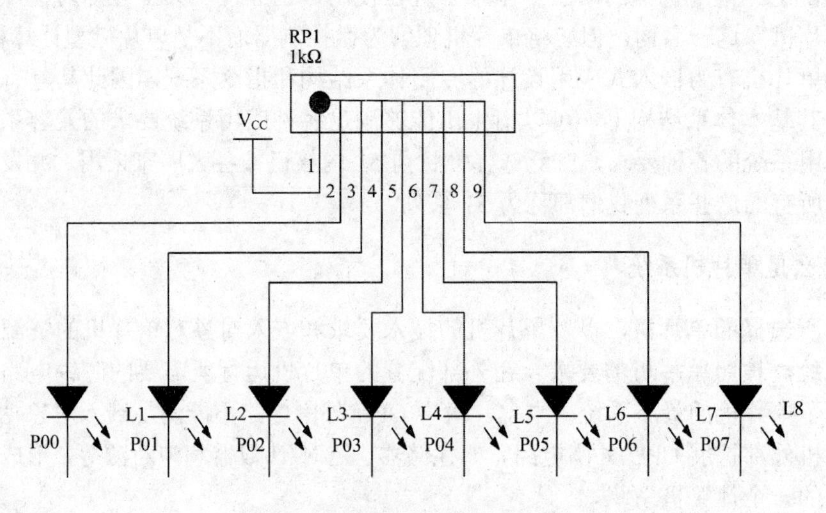

图 1-1 8 路 LED 控制电路

知识点

- 认识简单的电路原理图。
- 了解单片机最基本的控制方式。
- 了解工程建立的基本过程。

1.2.2　程序示例

单片机控制外部器件是通过 I/O 的操作来实现的，因此对外围器件的操作，归根结底是对 I/O 口的操作。

```
#include <REGX52.H>       //51 系列单片机头文件包含对单片机内部寄存器等的定义
#include <intrins.h>      //本征函数头文件，包含此头文件可以在程序中直接调用本征函数
                          //_crol_(a,n)
/*以下 3 句属于宏定义语句，以#define led P0 为例，它表示在以后的程序中 led 就等同于 P0，这样写的
目的在于提高程序的可读性*/
#define uint unsigned int
#define uchar unsigned char
#define led P0
/*延时 1s 子程序，单片机的 C 程序设计中，通常会采用这种软件延时的方式，但需要注意的是，这种延时并不
准确*/
void delay()
{
uint a,b;
    for(a=0;a<=350;a++)
        for(b=0;b<=1000;b++);
}
/*主程序，在这里由于程序简单，所以把功能在主程序中实现，而通常情况下，主程序要尽可能的简单，功能模
块尽可能在子程序中完成*/
void main()
{
    uchar temp;
    led=0xff;                      //初始化 P0 口
    temp=0xfe;                     //设置初始值
    while(1)
    {
        led=temp;                  //让第一个 LED 点亮
        temp=_crol_(temp,1);       //循环点亮
        delay();                   //调用 1s 延时子程序
    }
}
```

上面通过一个简单的程序，实现了对 8 路 LED 的循环闪灭控制，接下来继续通过该例来了解建立工程的基本过程，使读者初步了解单片机软件开发的过程。

1.2.3　工程建立和编译的基本步骤

工程的建立基于编译软件，本书采用的编译环境是 Keil μ Vision2，在后续章节将作详细介绍，这里只是简单演示工程建立和编译链接的基本过程。

(1)　启动 Keil C 软件，进入如图 1-2 所示的界面。

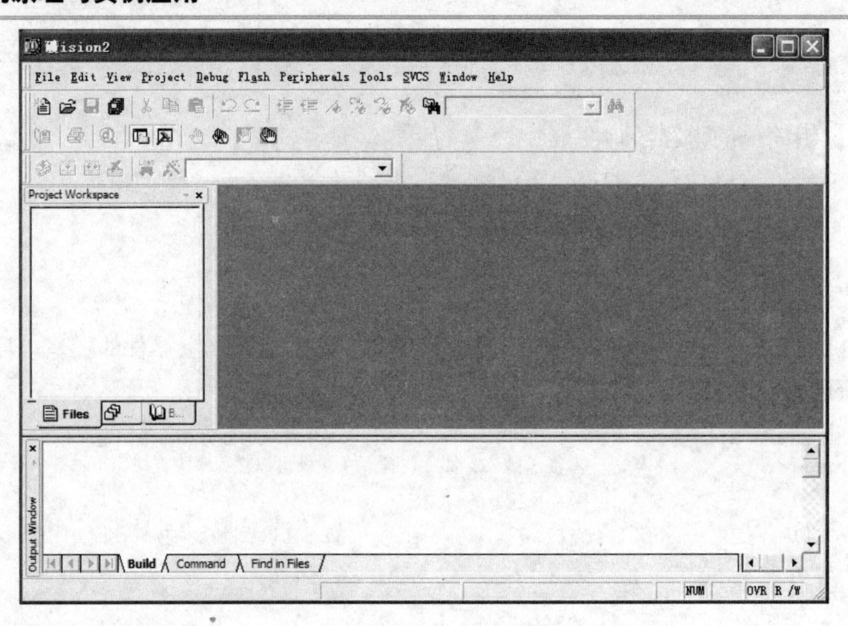

图 1-2　初始界面

(2) 选择 project | New Project 命令，弹出 Create New Project 对话框，在【文件名】文本框中输入工程名称“1s_xunhuan”，并选择合适的路径(通常为每一个工程建一个同名或同意的文件夹，这样便于管理)，如图 1-3 所示。然后单击【保存】按钮，这样就创建了一个文件名为 1s_xunhuan.uv2 的新工程文件。

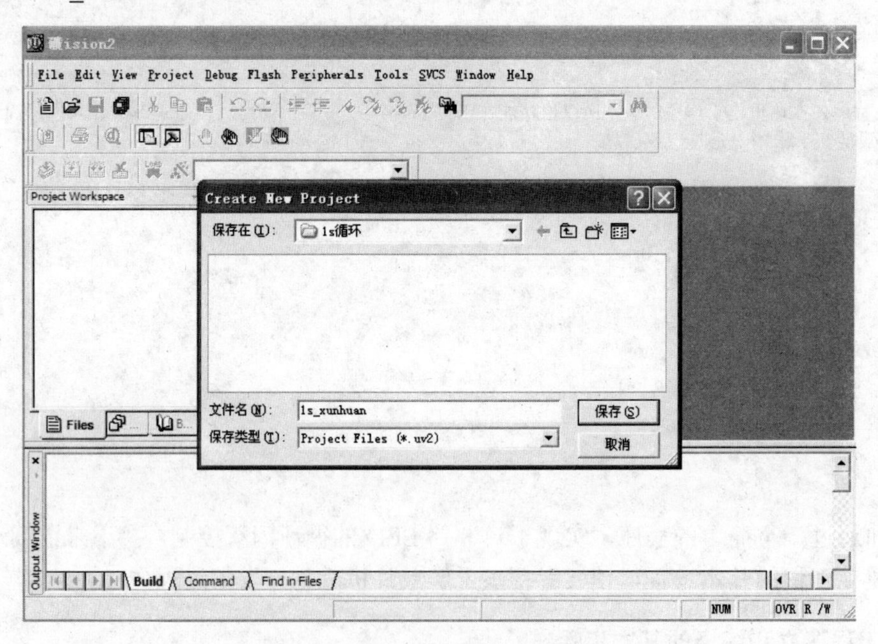

图 1-3　Create New Project 对话框

(3) 单击【保存】按钮后，弹出如图 1-4 所示的对话框，在该对话框中选择单片机的厂家和型号。

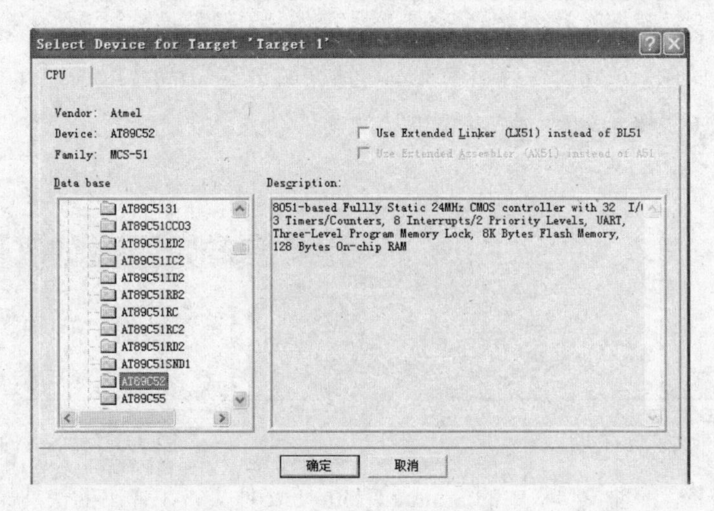

图 1-4　Select Device for Target‘Target 1’对话框

(4)　选择完器件后，单击【确定】按钮，弹出如图 1-5 所示的询问对话框。单击【是】按钮，建立工程完毕。

图 1-5　询问对话框

(5)　选择 File | New 命令，或单击工具栏中的 New 按钮，新建一个空白文本文件，如图 1-6 所示。

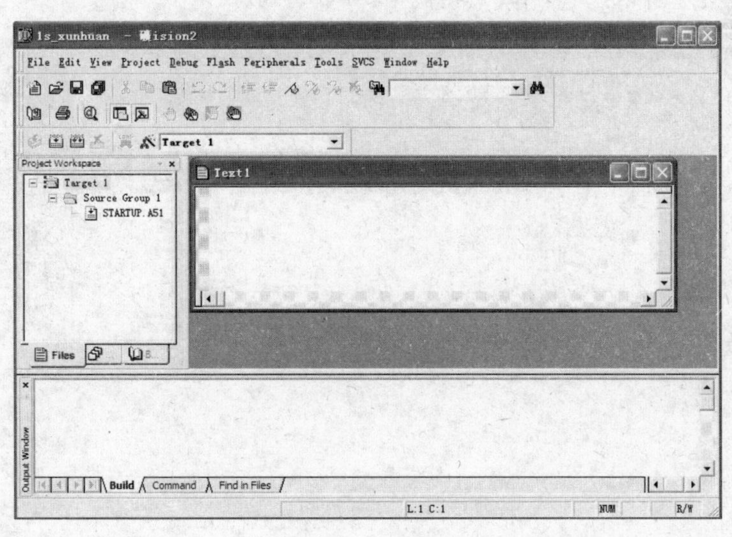

图 1-6　新建文本

(6)　然后选择 File|Save 命令，或单击工具栏中的 Save 按钮，保存文件。汇编保存成 A51 或 ASM 格式，C 语言保存成.c 格式。这里采用 C 语言编写，所以保存成.c 格式。文件

名称一般与工程名称相同，如图 1-7 所示。

(7) 单击【保存】按钮，保存后的文本对话框如图 1-8 所示。

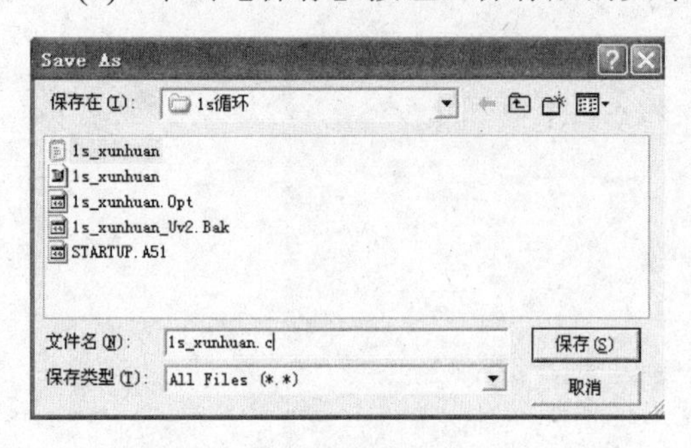

图 1-7 文件保存类型

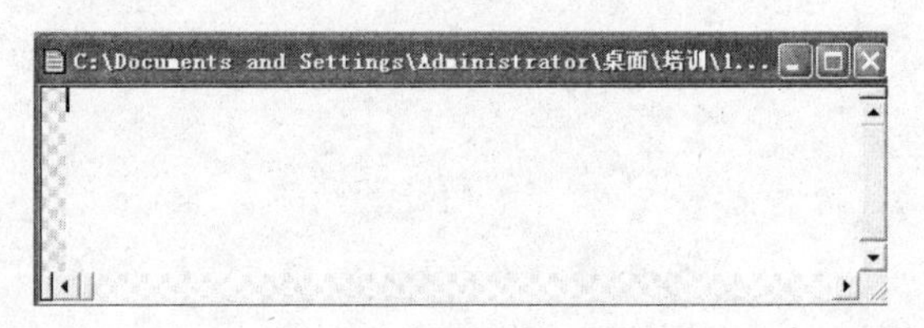

图 1-8 命名后的文本

(8) 右击“工程管理窗口”中的 Source Group 1 文件夹，在弹出的快捷菜单中选择 Add Files to Group ‘Source Group 1’命令，弹出如图 1-9 所示的对话框。选择 1s_xunhuan 文件，单击 Add 按钮。然后单击 Close 按钮可以看到 1s_xunhuan.c 文件已经被添加到 Source Group 1 文件夹中，如图 1-10 所示。接下来就可以在文本编辑框中编写程序了。

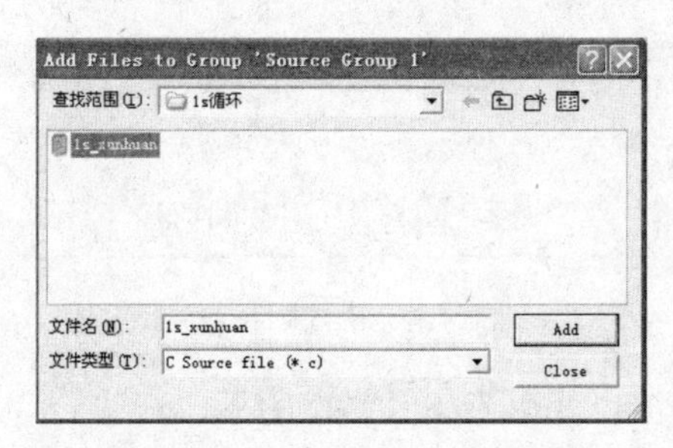

图 1-9 添加文件到组对话框

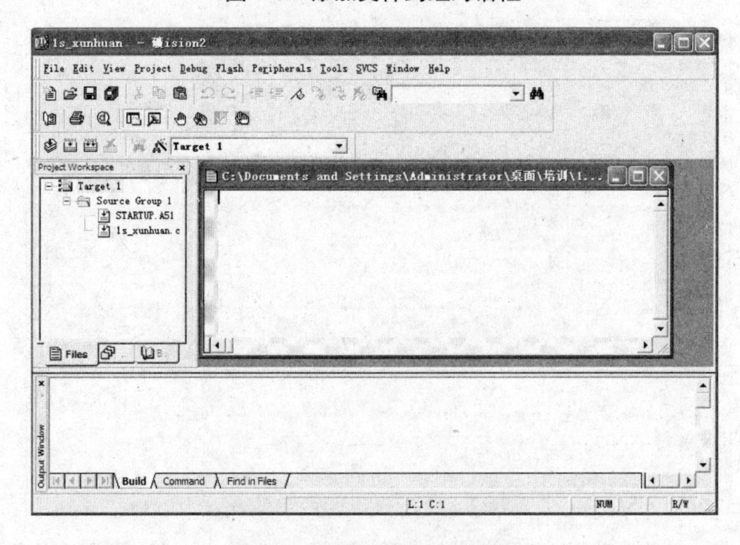

图 1-10 添加完成后的界面

(9) 在文本框中编写完程序后，编译即可生成目标文件，如图 1-11 所示。

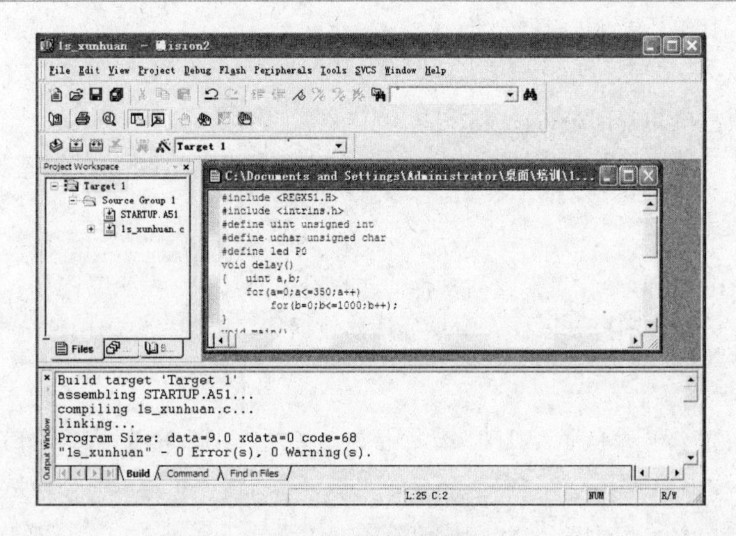

图 1-11　编译后结果

上述操作简单演示了单片机软件开发的大体流程，希望通过本案例，可以使读者对单片机软件开发的基本过程及编译环境的基本应用有一个基本认识。以后进行较复杂单片机软件系统设计时，也基本是按照这个流程进行的。

1.3　单片机的硬件结构

图 1-12 所示是 51 单片机的内部结构图。它包含了作为微型计算机所必需的基本功能部件，各功能部件通过片内总线连成一个整体，集成在一块芯片上。其中，区域 1 为中央处理器单元，区域 2 为存储器单元，区域 3 为 I/O 接口，区域 4 为特殊功能部件。

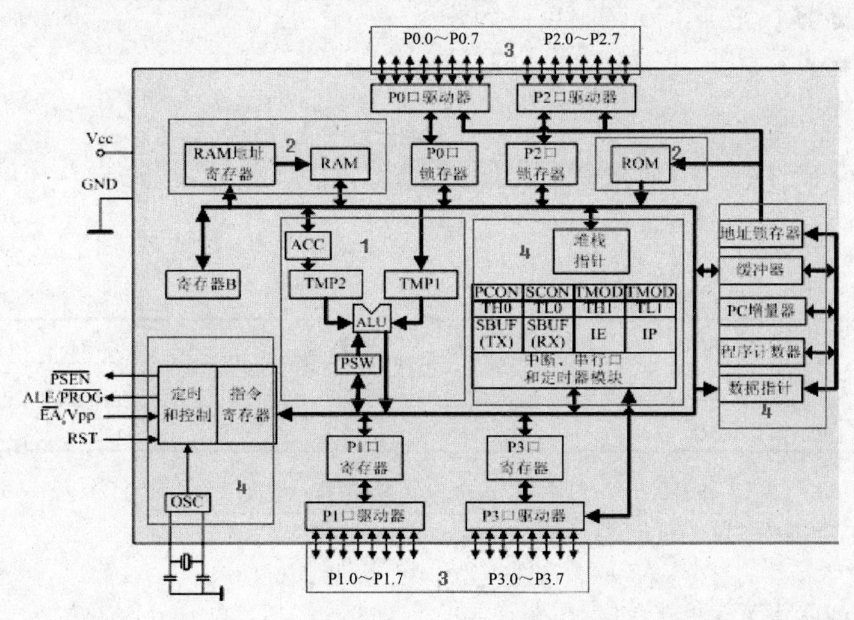

图 1-12　51 单片机的内部结构图

知识点

- 了解单片机的内部结构。
- 了解各内部模块的基本功能。

1.3.1 中央处理器

中央处理器(CPU)是单片机的核心部件，其作用是读入和分析每条指令，根据每条指令的功能要求，完成运算和控制操作。中央处理器包括运算器和控制器两部分电路。

1. 运算器电路

运算器是由算术逻辑单元(ALU)、累加器 A、寄存器 B、暂存器(TEMP)和程序状态字寄存器(PSW)组成。其功能是完成算术运算、逻辑运算、位变量处理和数据传送等功能，它是 80C51 内部处理各种信息的主要部件。

(1) 算术逻辑单元(ALU)：ALU 由加法器和一个布尔处理器组成，主要是实现 8 位数据的加、减、乘、除算术运算以及与、或、异或、循环、求反等逻辑运算。布尔处理器主要用来处理位操作，它是以进位标志位 C 为累加器的，可执行置位、复位、取反、等于 1 转移、等于 0 转移、等于 1 转移且清 0，以及进位标志位与其他位寻址的位之间进行数据传送等位操作，也能使进位标志位与其他可位寻址的位之间进行逻辑与、或操作。

(2) 累加器(ACC)：用来存放参与算术运算和逻辑运算的一个操作数或运算的结果。在运算时将一个操作数经寄存器送至 ALU，与另一个来自暂存器的操作数在 ALU 中进行运算，运算后的结果又送回累加器 A。51 单片机大部分指令的执行都要通过累加器 A 进行。

(3) 暂存寄存器(TMP1、TMP2)：用来存放参与算术运算和逻辑运算的另一个操作数，它对用户不开放。

(4) 寄存器 B：在乘、除运算时用来存放一个操作数，也用来存放运算后的一部分结果，在不进行乘、除运算时，可以作为通用的寄存器使用。

(5) 程序状态字寄存器(PSW)：程序状态字寄存器是一个 8 位寄存器，用于寄存指令执行的状态信息。其中有些位状态是根据指令执行结果，由硬件自动设置的，而有些位状态则是使用软件方法设定的。PSW 的位状态可以用专门指令进行测试，也可以用指令读出。PSW 各位的定义如表 1-1 所示。

表 1-1 PSW 各位定义

位编号	PSW.7	PSW.6	PSW.5	PSW.4	PSW.3	PSW.2	PSW.1	PSW.0
位定义	CY	AC	F0	RS1	RS0	OV	F1	P
位地址	D7H	D6H	D5H	D4H	D3H	D2H	D1H	D0H

除 PSW.1 位保留未用外，对其余各位的定义及使用介绍如下。

(1) CY 或 C(PSW.7)进位/借位标志位。

存放算术运算的进位/借位标志，在位操作中，作累加位使用。

(2) AC(PSW. 6)辅助进位标志位。

在加、减运算中，当有低 4 位向高 4 位进位或借位时，AC 由硬件置位，否则 AC 位被清 0。

在进行十进制数运算时需要十进制调整，此时要用到 AC 位状态进行判断。

(3) F0(PSW. 5)用户标志位。

由用户定义使用的标志位，用户根据需要用软件方法置位或复位。

(4) RS1 和 RS0(PSW.4 和 PSW.3)寄存器组选择位。

用于设定当前通用寄存器的组号。通用寄存器共有 4 组，这两个选择位的状态是由软件设置的，被选中的寄存器组即为当前通用寄存器组，其对应关系如表 1-2 所示。

表 1-2 寄存器组的选择

RS1	RS0	寄存器组号	RAM 范围
1	1	3	18H～1FH
1	0	2	10H～17H
0	1	1	08H～0FH
0	0	0	0CH～0FH(缺省选择)

(5) OV(PSW. 2)溢出标志位。

在带符号数的加减运算中，OV=1，表示加、减运算结果超出了累加器 A 所能表示的符号数的有效范围(−128～+127)，即产生了溢出，因此运算结果是错误的；反之，OV=0，表示运算正确，即无溢出产生。

在乘法运算中，OV=1，表示乘积超过 255，即乘积分别在累加器 B 与累加器 A 中；反之，OV=0，表示乘积只在累加器 A 中。

在除法运算中，OV=1，表示除数为 0，除法不能进行；反之，OV=0，表示除数不为 0，除法可正常进行。

(6) P(PSW.0)奇偶标志位。

表明累加器 A 中 1 的个数的奇偶性，在每个指令周期由硬件根据累加器 A 的内容对 P 位进行置位或复位。若 1 的个数为偶数，P=0；若 1 的个数为奇数，P=1。

2. 控制器

控制器是控制单片机工作的神经中枢，控制器向 CPU 发出控制时序，由程序计数器 PC 提供将要执行的指令所在的存储单元地址，微处理器根据该地址从内存中取出指令，存入指令寄存器 IR，经过指令译码，并根据定时电路产生的时钟信号向其他部件发出各种控制信号，协调各部分的工作，完成指令规定的各种操作。

控制器是由程序计数器 PC、数据指针 DPTR、堆栈指针 SP、指令寄存器 IR、指令译码器 ID、地址寄存器 RAM、时钟发生器以及控制逻辑组成的。下面对部分单元做简单介绍。

1) 程序计数器 PC

程序计数器 PC 是一个 16 位的计数器，其内容为将要执行的指令地址，寻址范围达 64KB。PC 有自动加 1 的功能，以实现程序的顺序执行。PC 没有地址，是不可寻址的，因此用户无法对它进行读写。但在执行转移、调用或返回等指令时能自动改变其内容，以改变程序的执行顺序。

2) 数据指针 DPTR

数据指针 DPTR 是一个 16 位的寄存器，由两个 8 位的寄存器 DPH(高 8 位)和 DPL(低 8

位)组成。DPTR 主要用于存放片内 ROM 的地址，当对 64KB 外部数据存储空间寻址时，可作为间址寄存器使用。

3) 堆栈指针 SP

堆栈指针 SP 是一个 8 位的专用寄存器，它指示出堆栈顶部在内部 RAM 块中的位置。系统复位后，SP 初始化为 07H，使得堆栈事实上由 08H 单元开始，考虑到 08H～1FH 单元分别属于工作寄存器区 1～3，若要在程序设计中用到这些区，则最好把 SP 的值改为较大的值。51 单片机的堆栈是向上生成的，例如：SP=30H，CPU 执行一条调用指令或响应中断后，PC 进栈，PCL 保护到 31H，PCH 保护到 32H，SP=32H。

4) 指令寄存器 IR 和指令译码器 ID

根据 PC 所指地址取出的指令，经指令寄存器 IR 送到指令译码器 ID 进行译码，然后通过定时控制电路产生相应的控制信号，完成指令规定的各种操作。

1.3.2 存储器

51 单片机的片内存储器由程序存储器 ROM 和数据存储器 RAM 两部分构成。通常，ROM 容量较大，用来存放程序代码和一些常数表格数据，RAM 容量较小，用来存放一些变量和全局数据。51 系列单片机的 ROM 和 RAM 是截然分开、分别寻址的结构，称为哈佛结构，CPU 会用不同的指令访问不同的存储器空间。

1. 程序存储器(ROM)

单片机的应用系统一般都是专用控制器，一旦确定，其监控程序也就确定了，所以可以用只读存储器来作为程序存储器。只读存储器的内容不会轻易丢失，从而提高了可靠性。常用的程序存储器有掩膜 ROM、OPT ROM、EPROM、EEPROM 和 FLASH ROM 等形式。

AT89S51 单片机内部含有 4KB FLASH ROM，编程/擦除完全用电信号实现，可实现在系统编程/下载。当需要扩展片外存储器时，51 单片机可对片外 64KB 程序存储器进行寻址。

2. 数据存储器(RAM)

51 单片机片内的数据存储器具有 128B 的存储容量(52 单片机有 256B)，用于存放运算结果、暂存数据和数据缓冲，特殊功能寄存器(SFR)是 CPU 运行和片内功能模块专用的寄存器。如累加器 A、定时/计数器等，一般不作为通用数据存储器用。当片内数据存储器不够使用时，可扩展片外 RAM。51 单片机对外有 64KB 数据存储器的寻址能力。

1.3.3 I/O 接口

I/O 接口有并行和串行两种。单片机为了突出控制的功能，提供了数量多、功能强、使用灵活的并行 I/O 口，可以作为数据总线、地址总线及控制总线的使用。串行接口用于串行通信，可把单片机内部的并行数据转化成串行数据向外传送，也可以串行接收外部数据并把它们转换成并行数据送给 CPU 处理。

1. 并行接口

80C51 单片机有 4 个 8 位并行输入/输出(I/O)端口，分别称 P0 口、P1 口、P2 口和 P3 口，I/O 口线共 32 根，单片机输出的控制信号和采集的外部输入信号，都是通过这 32 根 I/O

口线进行传输的。

2. 串行接口

51 系列单片机内的 I/O 接口，除内部具有 4 组并行 I/O 接口外，还具有一个全双工串行通信口，用于与外部设备进行串行通信。该全双工串行通信口利用两根 I/O 口线(P3.0 串行接口输入端和 P3.1 串行接口输出端)构成，具有 4 种不同的工作方式，既可以作为异步通信收发器，也可以作为同步移位寄存器使用，应用于需要扩展的 I/O 接口的系统。

1.3.4 特殊功能部件

特殊功能部件有很多种，一般来说，定时计数器、中断系统和时钟振荡电路是必不可少的，有些单片机还包括其他的特殊功能部件，如 A/D 转换器、D/A 转换器、DMA 和 PWM 等。

1. 定时/计数器

AT89S51 有两个 16 位可编程定时/计数器 T0 和 T1，它们分别有两个独立的 8 位寄存器 THx 和 TLx 构成，通过编程设置可以实现 4 种工作方式。

2. 中断系统

51 单片机具备较完善的中断功能，有两个外部中断、两个内部定时器中断和一个串行口中断，可以实现不同的控制要求，并具有两级的优先级。

3. 时钟振荡电路

51 单片机内置一个振荡器和时钟电路，用于产生整个单片机运行的脉冲时序，常用频率为 6MHz、11.0592MHz 和 12MHz。振荡器实际上是一个高增益反相器，使用时需外接一个晶振和两个相匹配的电容。

4. 布尔处理器

51 单片机的 CPU 内有一个 1 位的位处理器子系统，它相当于一个完整的位单片机，但每次处理的数据只有 1 位，它具备位累加器(CY)，可位寻址，能完成逻辑与、或、非和异或等各种逻辑运算，用于逻辑电路的仿真、开关量的控制及非常有效地设置状态标志位。

1.4 单片机最小工作系统

1.4.1 案例介绍及知识要点

设计一个单片机最小工作系统，使单片机能够正常工作。

对于内部带有程序存储器的 51 单片机，若上电工作时所需要的电源、复位电路和晶体振荡电路齐全，即可构成完整的单片机最小系统；若再连接上外部设备，就可以对其进行检测和控制了。这种维持单片机运行的最简单的配置系统，称为单片机最小系统。51 单片机的最小系统电路如图 1-13 所示。

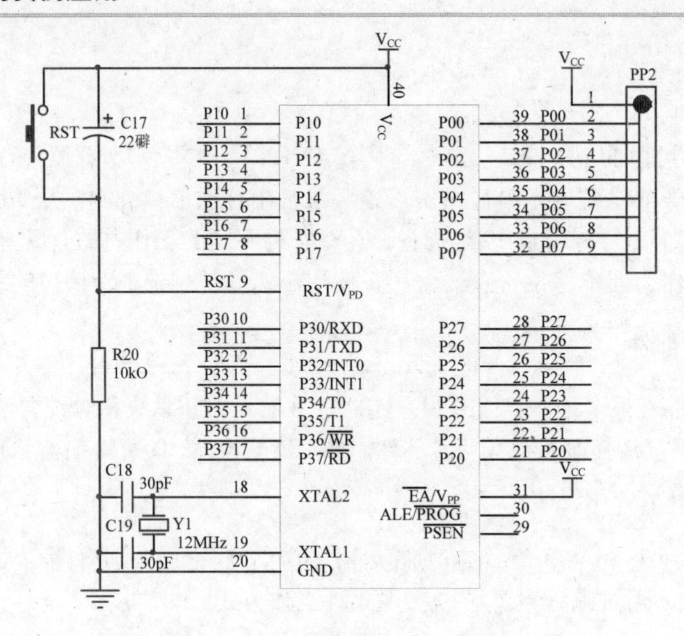

图 1-13　单片机最小系统电路图

知识点

- 了解单片机的引脚及功能。
- 了解单片机的工作时序、时钟电路的设计。
- 了解单片机的复位工作方式。

1.4.2　51 系列单片机的引脚及功能

51 系列单片机有 3 种封装形式：40 引脚双列直插封装(DIP)方式、44 引脚 PLCC 封装和 48 引脚 DIP 封装。下面以 40 引脚双列直插封装为例，简单介绍 51 单片机的引脚分布及功能。图 1-14 所示为 51 单片机的引脚分布图。

80C51/89C51

引脚	名称	名称	引脚
1	P1.0	V_{CC}	40
2	P1.1	P0.0	39
3	P1.2	P0.1	38
4	P1.3	P0.2	37
5	P1.4	P0.3	36
6	P1.5	P0.4	35
7	P1.6	P0.5	34
8	P1.7	P0.6	33
9	RST/V_{PD}	P0.7	32
10	RXD P3.0	$\overline{EA}$/V_{PP}	31
11	TXD P3.1	ALE/$\overline{PROG}$	30
12	$\overline{INT0}$ P3.2	$\overline{PSEN}$	29
13	$\overline{INT1}$ P3.3	P2.7	28
14	T0 P3.4	P2.6	27
15	T1 P3.5	P2.5	26
16	$\overline{WR}$ P3.6	P2.4	25
17	$\overline{RD}$ P3.7	P2.3	24
18	XTAL2	P2.2	23
19	XTAL1	P2.1	22
20	V_{SS}	P2.0	21

图 1-14　51 单片机的引脚分布图

1. 电源及时钟引脚

(1) V_{CC}(40 脚)：主电源正端，接+5 V。

(2) Vss(20 脚)：主电源负端，接地。

(3) XTAL1(19 脚)：片内高增益反响放大器的输入端，接外部石英晶体和电容的一端。若使用外部输入时钟，该引脚必须接地。

(4) XTAL2(18 脚)：片内高增益反向放大器的输出端，接外部石英晶体和电容的另一端。若使用外部输入时钟，该引脚作为外部输入时钟的输入端。

2. 控制信引脚

(1) RESET/V_{PD}(9 脚)：RESET 是复位信号输入端，高电平有效，此端保持两个机器周期(24 个时钟周期)以上的高电平时，就可以完成复位操作。RESET 引脚的第二功能 V_{PD}，即备用电源的输入端。当主电源 V_{CC} 发生故障降低到低电平规定值时，将+5V 电源自动接入 RST 端为 RAM 提供备用电源，以保证存储在 RAM 中的信息不丢失，从而使其复位后能继续正常运行。

(2) ALE/$\overline{\text{PROG}}$(30 脚)：地址锁存控制信号。在系统扩展时，ALE 用于控制把 P0 口输出的低 8 位地址送入锁存器锁存起来，以实现低位地址和数据的分时传送。

即使在不访问外数据存储器时，ALE 以 1/6 晶振频率的固定频率输出的正脉冲，可作为外部时钟或外部定时脉冲使用。

(3) $\overline{\text{PSEN}}$(29 脚)：程序存储器允许信号输出端。当访问片外程序存储器时，此脚输出负脉冲作为读选通信号，低电平有效。当从外部程序 ROM 读取指令或常数期间，在每个机器周期内该信号两次有效，以通过数据总线 P0 口读回指令或常数。在访问片外数据 RAM 期间，PSEN 信号将不出现。PSEN 端的负载驱动能力同样也为 8 个 TTL 负载。

(4) $\overline{\text{EA}}$/V_{PP}(31 脚)：片内程序存储器选通控制端，低电平有效。当$\overline{\text{EA}}$端保持低电平时，将只访问片外程序存储器。当$\overline{\text{EA}}$端保持高电平时，执行访问片内程序存储器，但在PC(程序存储器)值超过 0FFFH(对 51 子系列)或 1FFFH(对 52 子系列)时，将自动转向执行片外程序存储器内的程序。V_{PP} 加入编程电压端。对 EPROM 型单片机，在编程期间，此引脚用于施加 21V 的编程电压(V_{PP})。

3. 输入/输出引脚 P0 口、P1 口、P2 口和 P3 口

(1) P0 口(P0.0～P0.7，39～32 脚)：P0 有两种工作方式。一是作为普通 I/O 口使用时，它是一个 8 位漏极开路型准双向 I/O 端口，每一位可驱动 8 个 LSTTL 负载。若驱动普通负载，它只有 1.6mA 的灌电流驱动能力，拉负载能力仅为几十微安。高电平输出时，要接上拉电阻以增大驱动能力。当 P0 口作为普通输入接口时，应先向 P0 口锁存器写 1。二是在 CPU 访问片外存储器(扩展外部 ROM 或 RAM)时，它是一个标准的双向 I/O 接口，采用分时复用方式提供低 8 位地址以及用作 8 位双向数据总线。在 EPROM 编程时，从 P0 口输入指令字节；在验证程序时，P0 口输出指令字节，这时也需要接上拉电阻。

(2) P1 口(P1.0～P1.7，1～8 脚)：P1 口是唯一的单功能接口，仅能作为通用 I/O 接口使用。它是自带上拉电阻的 8 位准双向 I/O 端口，每一位可驱动 4 个 LSTTL 负载，当 P1 口作为输入接口时，应先向 P1 口锁存器写 1。

(3) P2 口(P2.0～P2.7，21～28 脚)：P2 口也有两种工作方式，一是作为普通的 I/O 端口使用时，它是自带上拉电阻的 8 位准双向 I/O 接口，每一位可驱动 4 个 LSTTL 负载。当 P2 口作为输入接口时，应先向 P2 口锁存器写 1。二是在访问外部存储器时(扩展 RAM 或 ROM)时，P2 口作为高 8 位地址线使用。

(4) P3 口(P3.0～P3.7，10～17 脚)：P3 口也是自带上拉电阻的 8 位准双向 I/O 接口，每一位可驱动 4 个 LSTTL 负载。当 P3 口作为输入接口时，应先向 P3 口锁存器写 1。P3 口除了作为一般准双向 I/O 接口使用外，每个引脚还有第二功能，如表 1-3 所示。

表 1-3　P3 口每个引脚的第二功能

P3 口线	第二功能
P3.0	RXD(串行接收)
P3.1	TXD(串行发送)
P3.2	$\overline{\text{INT0}}$ (外部中断 0 输入，低电平或下降沿有效)
P3.3	$\overline{\text{INT1}}$ (外部中断 1 输入，低电平或下降沿有效)
P3.4	T0(定时器 0 外部输入)
P3.5	T1(定时器 1 外部输入)
P3.6	$\overline{\text{WR}}$ (外部数据 RAM 写使能信号，低电平有效)
P3.7	$\overline{\text{RD}}$ (外部数据 RAM 读使能信号，低电平有效)

1.4.3　时钟电路与时序

时钟电路用于产生单片机工作所需要的时钟信号，而时序所研究的是指令执行中各信号之间的相互关系。单片机工作时，是在统一的时钟脉冲控制下一拍一拍地进行的，这个脉冲是由单片机控制器中的时序电路发出的。为了保证各部件间的同步工作，单片机内部电路应在唯一的时钟信号控制下严格地按时序进行工作。

1. 时钟电路

在 51 单片机内部有一个高增益反相放大器，其输入端为芯片引脚 XTAL1，输出端为引脚 XTAL2，在芯片的外部通过这两个引脚跨接晶体振荡器和微调电容，形成反馈电路，这样就构成了一个稳定的自激振荡器，如图 1-15 所示。电路中的电容一般取 30pF 左右，而晶体的振荡频率范围通常是 1.2～12MHz。

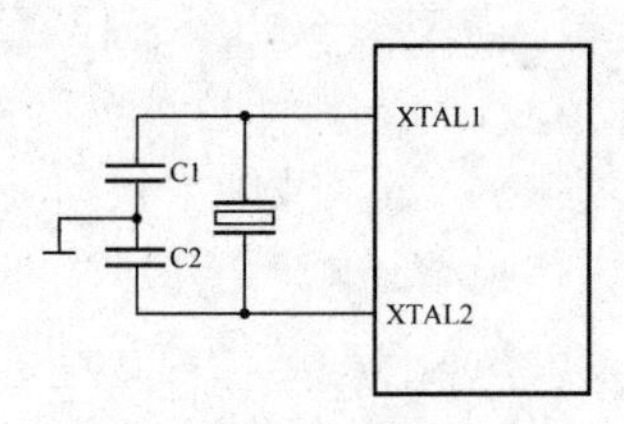

图 1-15　时钟电路

2. CPU 时序

振荡器产生的时钟周期经脉冲分配器，可产生多相时序，如图 1-16 所示。51 单片机的时序单位共 4 个，从小到大依次是：节拍、状态、机器周期和指令周期，各相时序单位之

间的关系如图 1-17 所示，下面分别予以说明。

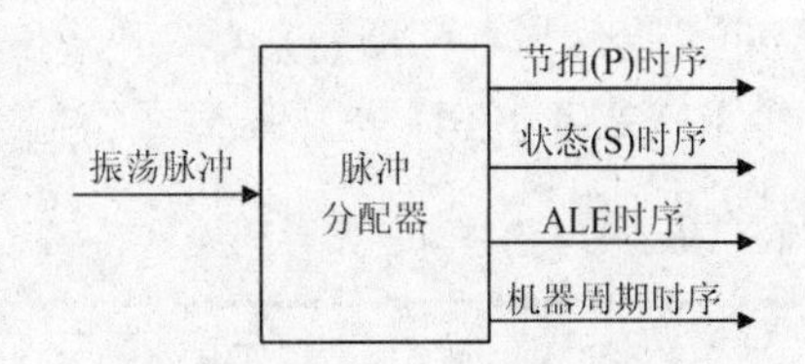

图 1-16　时序发生器图

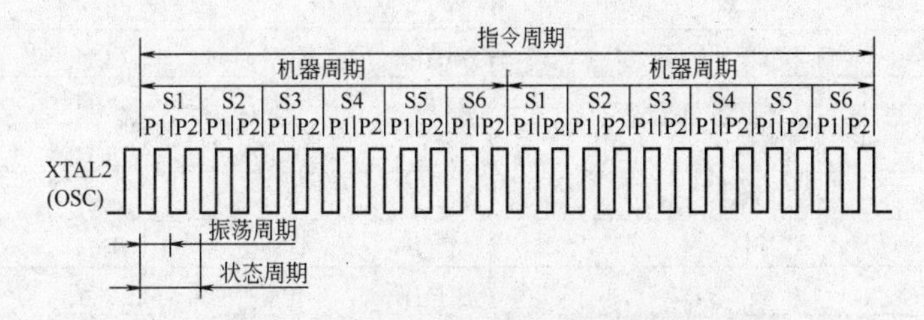

图 1-17　各时序单位之间的关系示意图

1)　状态与节拍

一个状态包括两个节拍，其前半周期对应的节拍称 P1，后半周期对应的节拍称 P2。一个节拍的宽度实际上等于一个振荡周期，它是单片机中最基本的、最小的时间单位。对同一种型号的单片机，时钟频率越高，工作速度就越快。但是，由于不同的计算机硬件电路和器件不完全相同，所以其所要求的时钟频率范围也有差别，是不能随意提高的。AT89C 系列的时钟频率范围是 0～24MHz，AT89S 系列的时钟频率范围是 0～33MHz。80C51 系列单片机其他型号的时钟频率范围也有差别，使用时需注意。

2)　机器周期

在计算机中，为了便于管理，常把一条指令的执行过程划分为若干个阶段来完成一项工作。例如，取指令、存储器读写等，每一项工作称为一次基本操作。完成一个基本操作所需要的时间称为机器周期。一般情况下，一个机器周期由若干个状态周期组成。51 系列单片机的一个机器周期由 6 个状态周期组成。

3)　指令周期

CPU 执行一条指令的时间称为指令周期，一般由若干个机器周期组成。指令不同，所需要的机器周期数也不同。对于一些简单的单字节指令，在取指令时，指令取出到指令寄存器后，立即译码执行，不再需要其他的机器周期；对于一些比较复杂的指令，例如转移指令和乘法指令，则需要两个或两个以上的机器周期。

1.4.4　复位电路

复位是单片机的初始化操作，只要给 RESET 引脚加上两个机器周期以上的高电平信号，就可以使 80C51 单片机复位。其主要功能是把 PC 初始化为 0000H，使 80C51 单片机从 0000H 单元开始执行程序。除了进入系统的正常初始化外，当由于程序运行出错或操作错误使系统处于死锁状态时，也需要按复位键重新启动。因此，复位是一个很重要的操作方式。单片机本身一般是不能自动进行复位的(在热启动时本身带有看门狗复位电路的单片机除外)，必须配合相应的外部电路才能实现。单片机的复位一般是靠外部电路实现的，分为上电自动复位和手动按键复位。

除PC之外，复位操作还对其他一些寄存器有影响，它们的复位状态如表1-4所示。复位后除(SP)=07H、P0、P1、P2和P3为0FFH外，其他寄存器都为0。

表1-4 复位时各寄存器的状态

寄 存 器	复位状态	寄 存 器	复位状态
PC	0000H	TMOD	00H
ACC	00H	TCON	00H
B	00H	TH0	00H
PSW	00H	TL0	00H
SP	07H	TH1	00H
DPTR	0000H	TL1	00H
P0~P3	0FFH	SCON	00H
IP	00H	SBUF	不定
IE	00H	PCON	0XXXXXXB

外部复位电路根据复位方式的不同可分为手动复位和上电复位两种。

1. 手动复位

手动复位需要人为地在复位输入端RST上加入高电平。一般采用的办法是在RST端和V_{CC}之间接一个按值。当按下按键时，则V_{CC}的+5V电平就会直接加到RST端，即使人的动作很快，也会使接触保持接通状态达数十毫秒，所以，手动复位可确保复位的时间要求。手动复位的电路如图1-18所示。

2. 上电复位

对于NMOS型单片机，在RST复位端接一个电容至V_{CC}以及接一个电阻至地，就能实现上电自动复位，如图1-19所示。对于CMOS型单片机，只要接一个电容至V_{CC}即可。在加电瞬间，电容通过电阻充电，就在RST端出现一定时间的高电平，只要高电平持续时间足够长，就可使单片机有效复位。RST端在加电时应保持的高电平时间包括V_{CC}的上升时间和振荡器的起振时间，其中振荡器的起振时间与频率有关。10MHz晶振时约为1ms，1MHz晶振时约为10ms，所以一般为了可靠复位，RST在上电时应保持20ms以上的高电平。*RC*时间常数越大，上电时RST端的高电平时间越长。当振荡频率为12MHz时，典型值为C=10μF，R=8.2kΩ。

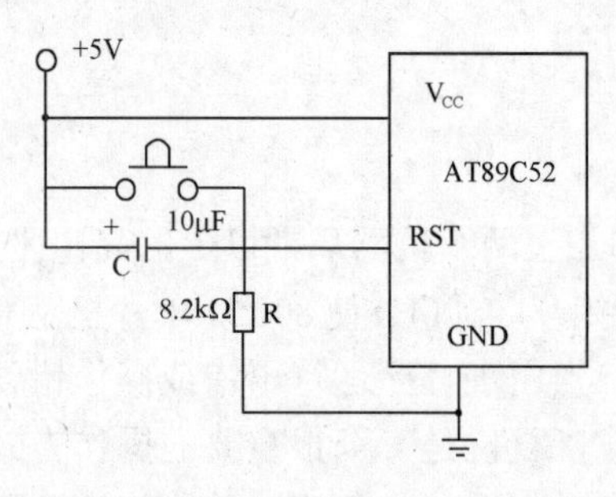

图1-18 手动复位

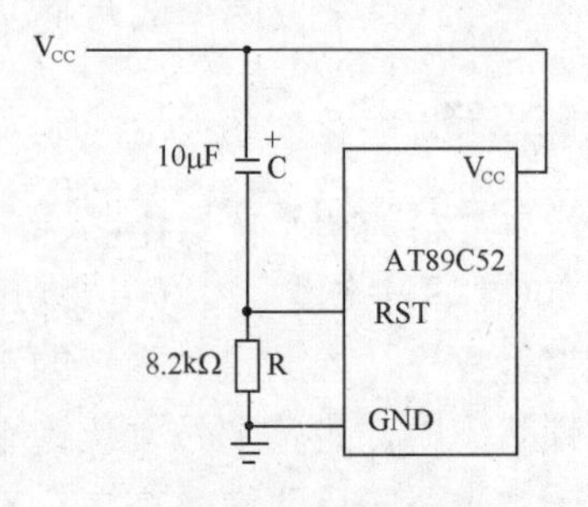

图1-19 上电复位

1.5　单片机的存储器配置

51 系列单片机在物理上分为 4 个存储空间：片内程序存储器、片外程序存储器、片内数据存储器和片外数据存储器。在逻辑上可分为 3 个存储空间：片内数据存储器、片外数据存储器和片内外统一的 64KB 程序存储器。51 单片机片内有 4KB 的程序存储器和 128B 的数据存储器，还可在片外扩展 64KB 的程序存储器和 64KB 的数据存储器。

知识点

- 了解程序存储器映像。
- 了解数据存器的地址分配。

1.5.1　程序存储器

程序存储器用于存放编好的程序、表格和常数。如图 1-20 所示，51 单片机内部有 4KB ROM，片外最多可扩展 64KB ROM，两者统一编址。

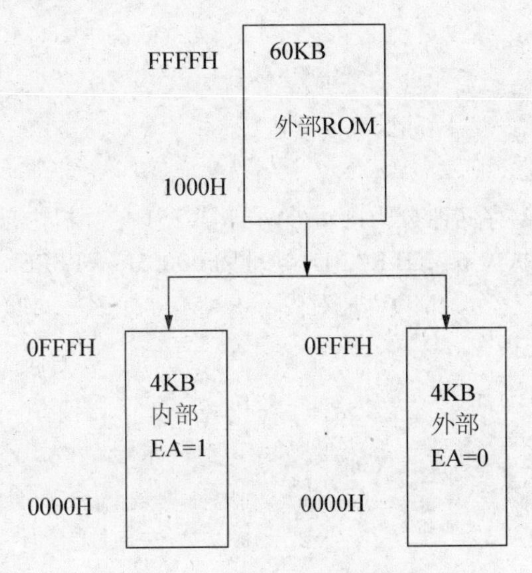

图 1-20　程序存储器配置图

单片机执行指令，是从片内程序存储器取指令还是从片外程序存储器取指令，首先由单片机 $\overline{\text{EA}}$ 引脚电平的高低来决定。$\overline{\text{EA}}$ 为高电平时，先执行片内程序存储器的程序，当 PC 的内容超过片内程序存储器地址的最大值(51 子系列为 0FFFH，52 子系列为 1FFFH)时，将自动转去执行片外程序存储器中的程序，最大可寻址范围是 64KB；$\overline{\text{EA}}$ 为低电平时，CPU 从片外程序存储器中取指令执行程序。对于片内无程序存储器的 8031 和 8032 单片机，此引脚应接低电平，对于片内有程序存储器的单片机，如果 $\overline{\text{EA}}$ 引脚接低电平，将强行执行片外程序存储器中的程序。具体片外的 ROM 大小取决于实际扩展物理程序存储器的大小。在程序存储器中，有 7 个特殊的地址，如表 1-5 所示。

表 1-5　51 单片机的复位和中断入口地址

操　作	入口地址
复位	0000H
外部中断 0	0003H
定时/计数器 0	000BH
外部中断 1	0013H
定时/计数器 1	001BH
串行口中断	0023H
定时/计数器 2(52 子系列)	002BH

0000H 地址是单片机复位时的 PC 值，从 0000H 开始执行程序。其他 6 个地址是单片机响应不同的中断时，所跳向的对应的入口地址。表 1-5 也叫中断向量表或称中断向量。由于这 6 个中断向量地址的存在，所以在写程序时，这些地址不能占用。一般在 0000H 地址只写一条跳转指令，从 0030H 开始写主程序，如：

```
ORG     0000H
LJMP    MAIN
                    …
ORG     0030H
MAIN:        …              ;开始写主程序
```

1.5.2　数据存储器

如图 1-21 所示，数据存储器分为内、外两部分，51 单片机内部有 128B RAM，地址为 00H～7FH；片外最多可扩展 64 KB RAM，地址为 0000H～FFFFH。内、外 RAM 地址有重叠，可通过不同的指令来区分：MOV 是对内部 RAM 进行读写的操作指令，MOVX 是对外部 RAM 进行读写的操作指令。

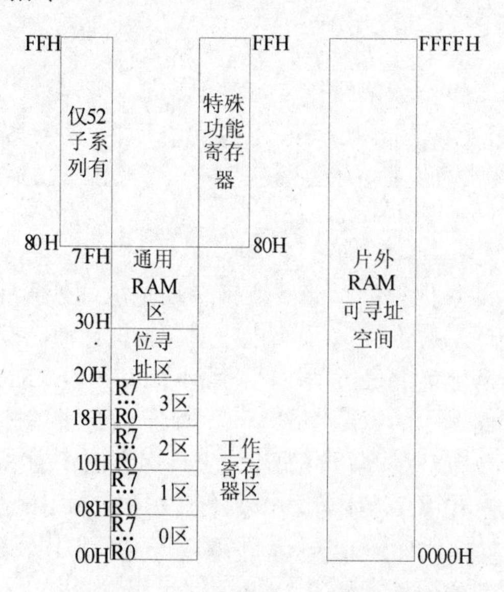

图 1-21　数据存储器配置图

片内数据存储器结构比较复杂，有工作寄存器区、位寻址区、堆栈或数据缓冲区以及特殊功能寄存器区。寻址方式也不相同，有直接寻址，也有间接寻址，还有两种方式都可以的。片内数据存储器总的寻址范围是 00H～FFH。

1. 工作寄存器区

00H～FFH 之间的 32B，称为工作寄存器。该工作区由 4 个小区组成，分别为 0 区、1 区、2 区和 3 区。每个小区有 8 个寄存器，这 8 个寄存器区分别命名为 R0、R1、R2、…、R7。4 个小区的寄存器的名字是完全相同的。由于单片机在某时刻只能工作在其中一个小区中，所以不同的寄存器有相同的名字也不会混淆，其他不用的工作区可以作为一般的数据存储器使用。工作区之间的切换是通过程序状态寄存器(PSW)中的 RS1 和 RS0 置位和清零来实现的。寄存器和 RAM 单元地址的对应关系如表 1-6 所示。

表 1-6 工作寄存器地址分配表

0 区		1 区		2 区		3 区	
地 址	寄 存 器	地 址	寄 存 器	地 址	寄 存 器	地 址	寄 存 器
00H	R0	08H	R0	10H	R0	18H	R0
01H	R1	09H	R1	11H	R1	19H	R1
02H	R2	0AH	R2	12H	R2	1AH	R2
03H	R3	0BH	R3	13H	R3	1BH	R3
04H	R4	0CH	R4	14H	R4	1CH	R4
05H	R5	0DH	R5	15H	R5	1DH	R5
06H	R6	0EH	R6	16H	R6	1EH	R6
07H	R7	0FH	R7	17H	R7	1FH	R7

2. 位寻址区

20H～2FH 之间的 16B 是可位寻址区。它们既可以以字节寻址，也可以对字节中的任意位进行位寻址。其位地址分配如表 1-7 所示。位地址分配的规律是：20H～2FH 的 16B，共 128 位，这 128 位对应的位地址是从 00H～7FH，起点是 20H 的 D0 位对应 00H 位地址，其他位地址依次递增。位寻址区是对字节存储器的有效补充，通过位寻址可以对各个位进行位操作，可以用于开关量的控制。在程序设计阶段，通常用于存放各种程序的运行标志和位变量等。位寻址是 51 单片机特有的功能，这种使用方式大大提高了存储器的工作效率。

3. 堆栈或数据缓冲区

在单片机的实际应用中，往往需要一个后进先出的 RAM 缓冲区来保护 CPU 现场及临时数据，这种以先入后出原则存取数据的缓冲区称为堆栈。堆栈原则上可以在 RAM 的任何区域，但由于 00H～1FH 和 20H～2FH 都被赋予了特定的功能，故堆栈一般设在 30H 以后的区域。系统初始化，堆栈设在 07H，可以在 07H 以上不使用的连续单元中任意设置堆栈，栈顶的位置由堆栈指针 SP 指出。一般情况下，在程序初始化时应对 SP 设置一个初值，如可设 SP=60H，则堆栈在 61H 开始的区域。

表 1-7　位寻址区地址分配表

字节地址	位地址							
	bit7	bit6	bit5	bit4	bit3	bit2	bit1	bit0
2FH	7FH	7EH	7DH	7CH	7BH	7AH	79H	78H
2EH	77H	76H	75H	74H	73H	72H	71H	70H
2DH	6FH	6EH	6DH	6CH	6BH	6AH	69H	68H
2CH	67H	66H	65H	64H	63H	62H	61H	60H
2BH	5FH	5EH	5DH	5CH	5BH	5AH	59H	58H
2AH	57H	56H	55H	54H	53H	52H	51H	50H
29H	4FH	4EH	4DH	4CH	4BH	4AH	49H	48H
28H	47H	46H	45H	44H	43H	42H	41H	40H
27H	3FH	3EH	3DH	3CH	3BH	3AH	39H	38H
26H	37H	36H	35H	34H	33H	32H	31H	30H
25H	2FH	2EH	2DH	2CH	2BH	2AH	29H	28H
24H	27H	26H	25H	24H	23H	22H	21H	20H
23H	1FH	1EH	1DH	1CH	1BH	1AH	19H	18H
22H	17H	16H	15H	14H	13H	12H	11H	10H
21H	0FH	0EH	0DH	0CH	0BH	0AH	09H	08H
20H	07H	06H	05H	04H	03H	02H	01H	00H

内部 RAM 中，除了工作寄存器区、位标志和堆栈区以外的单元都可以作为数据缓冲器使用，存放输入的数据和运算的结果。

4. 特殊功能寄存器

特殊功能寄存器(Special Function Register，SFR)也称专用寄存器，是具有特殊功能的所有寄存器的集合，主要是用来对片内各功能模块进行管理、控制、监视的控制寄存器和状态寄存器。特殊功储寄存器区含有 22 个不同的寄存器，它们的地址分配在 RAM 地址 80H～FFH 中。表 1-8 所示为各种专用寄存器的名称、符号、地址及特殊功能寄存器一览表。

表 1-8　专用寄存器的名称、符号、地址及特殊功能寄存器一览表

符　号	名　称	地　址	可否位寻址
ACC	累加器	E0H	是
B	寄存器 B	F0H	是
PSW	程序状态字	D0H	是
SP	堆栈指针	81H	否
DPTR	数据指针(包括 DPH 和 DPL)	82H	否
		83H	否
P0	P0 口锁存寄存器	80H	是

续表

符　号	名　称	地　址	可否位寻址
P1	P1 口锁存寄存器	90H	是
P2	P2 口锁存寄存器	A0H	是
P3	P3 口锁存寄存器	B0H	是
IP	中断优先级控制寄存器	B8H	是
IE	中断允许控制寄存器	A8H	是
TMOD	定时/计数器工作方式状态寄存器	89H	否
TCON	定时/计数器控制寄存器	88H	是
TH0	定时/计数器 0(高字节)	8CH	否
TL0	定时/计数器 0(低字节)	8AH	否
TH1	定时/计数器 1(高字节)	8DH	否
TL1	定时/计数器 1(低字节)	8BH	否
SCON	串行口控制寄存器	98H	是
SBUF	串行口数据缓冲器	99H	否
PCON	电源控制寄存器	87H	否

51 系列单片机内的锁存器、定时/计数器、串行口数据缓冲器，以及各种控制寄存器和状态寄存器都是以特殊功能寄存器的形式出现的，与片内 RAM 统一编址，它们分散地分布在 80H～FFH 的地址空间范围内。其小部分专用寄存器可以进行位寻址，它们的字节地址正好能被 8 整除。

习　题

1. 什么是单片机？什么是单片机系统？什么是单片机应用系统？
2. 单片机的基本结构包括哪些？简单说明。
3. 理解程序存储器和数据存储器的基本概念。
4. 51 单片机的存储器从物理上和逻辑上分别是如何分类的？
5. 51 单片机的特殊功能寄存器中，哪几个是 16 位的？它们有什么不同之处？
6. 列举 51 单片机的中断源和中断入口地址。
7. 51 单片机的总线有哪几种？请一一列举。
8. CPU 有几种工作时序？它们之间有什么关系？

第 2 章　51 单片机的指令系统

学习和使用单片机的一个重要环节就是理解和熟练掌握它的指令系统。单片机的指令系统是生产厂商定义的，对于不同内核的单片机，其指令系统也是不同的。本章将详细介绍 51 单片机指令系统的寻址方式及各类指令的格式和功能。

2.1　初识单片机的汇编指令

2.1.1　案例介绍及知识要点

将内部 RAM 中 20H 单元和 30H 单元的无符号数相加，结果存入 R0(高位)和 R1(低位)中。

知识点

- 了解单片机的指令格式。
- 了解单片机的指令类型。
- 熟悉指令中常用的符号。

2.1.2　程序示例

流程图如图 2-1 所示。

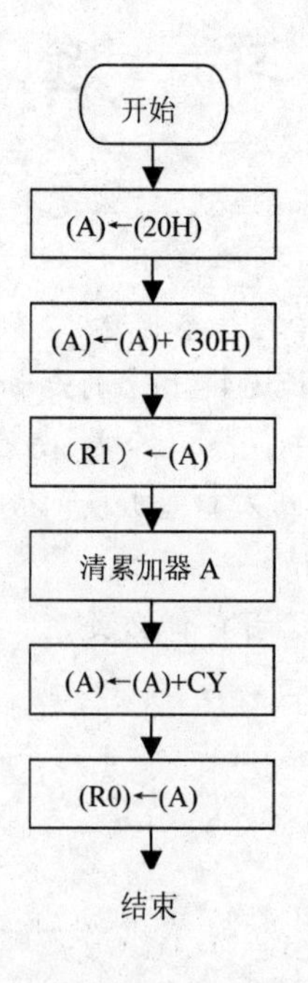

图 2-1　流程图

根据图 2-1 编写源代码如下：

```
         ORG     0000H;ORG 为汇编伪指令,表示程序从 0000H 处开始执行
         LJMP MAIN;长跳转指令,跳到标号 MAIN 处
         ORG     0030H;主程序起始地址
MAIN:    MOV     A,20H;将直接地址 20H 里面的内容送至累加器 A 中
         CLR     C    ;清进位位
         ADD     A,30H;将 30H 中的内容与累加器 A 里的内容相加,结果存放在 A 累加器中
         MOV     R1,A ;将累加器 A 中的内容传送给寄存器 R1
         CLR     A    ;清累加器 A
         ADDC    A,#00;带进位加法指令
         MOV     R0,A ;将累加器 A 的内容传送给 R0
         SJMP    $    ;绝对转移指令,这里表示原地等待
         END          ;结束,伪指令
```

2.1.3　知识总结——指令格式

指令的表示方法就是指令格式。51 单片机指令主要由操作码助记符字段和操作数字段组成。指令格式如下：

```
[标号:]操作码助记符  [操作数 1,]  [操作数 2,]  [操作数 3,]  [;注释]
```

指令格式中各项的含义说明如下。

- []：括号中的内容是可选的，其包含的内容因指令的不同可有可无。
- 标号：根据编程需要给指令设定的符号地址，可有可无；通常在子程序入口或转移指令的目标地址处才赋予标号。标号由 1～8 个字符组成，第一个字符必须是英文字母，不能是数字或其他符号，标号后必须有冒号。
- 操作码助记符：是指令的核心部分，由 2～5 个英文字母组成，如 JB、MOV、CJNE 或 LCALL 等。用于指示执行何种操作，如加、减、乘、除和传送等。
- 操作数：表示指令操作的对象，可以是一个具体的数据，也可以是参加运算的数据所在的地址。操作数一般有以下几种形式。
  - 没有操作数：操作数隐含在操作码中，如 RET 指令。
  - 只有一个操作数：如 INC A 指令。
  - 有两个操作数：如 MOV A，30H 指令，操作数之间以逗号相隔。
  - 有 3 个操作数：如 CJNE A，#00H，LOOP 指令。
- 注释：对指令的解释说明，用以提高程序的可读性，注释前必须加分号，注释换行时行前也要加分号。

2.1.4　知识总结——指令类型

80C51 汇编语言有 42 种操作码助记符(见附录 A)，用来描述 33 种操作功能。一种操作码可以使用一种以上的数据类型。由于助记符规定了其访问的存储器空间，所以一种功能可能有几个助记符，如 MOV、MOVX、MOVC。功能助记符与寻址方式组合可得到 111 条指令。

按机器指令所占字节数分类，共有单字节指令(49 条)、双字节指令(45 条)和三字节指令(17 条)。

按指令执行时间分类，共有单周期指令(64 条)、双周期指令(45 条)和四周期指令(两条，

乘/除)。

按功能分类，80C51 指令系统可分为：数据传送指令(29 条)、算术运算指令(24 条)、逻辑运算指令(24 条)、位操作指令(17 条)、控制转移指令(17 条)。

2.1.5 知识总结——常用符号说明

用汇编语言编写指令时必须遵守一定的规则，表 2-1 给出了编写指令时的一些符号的约定含义。

表 2-1 指令中常见符号的约定含义

符 号	含 义
Rn	表示当前选定寄存器组的工作组寄存器 Rn，n=0～7
Ri	表示作为间接寻址的地址指针 Ri，i=0 或 1
#data	表示 8 位立即数，即 00H～FFH
#data16	表示 16 位立即数，即 0000H～FFFFH
addr16	16 位地址，可表示 64KB 范围内寻址，用于 LCALL 和 LJMP 指令中
addr11	11 位地址，可表示 2KB 范围内寻址，用于 ACALL 和 AJMP 指令中
direct	8 位直接地址，可以是片内 RAM 区的某一单元或某一专用功能寄存器的地址
rel	带符号的 8 位地址偏移量(−128～+127)，用于 SJMP 和条件转移指令中
bit	位寻址区的直接寻址位，表示片内 RAM 中可寻址位和 SFR 中的可寻址位
(X)	X 地址单元中的内容，或 X 作为间接寻址寄存器时该寄存器中的内容
((X))	由 X 所寻址的单元中的内容
→	按箭头指向传送内容
$	当前指令所在地址
/	在位地址之前，表示该位状态取反参与运算，但位地址内容本身及状态标志字不受影响
@	间接寻址寄存器或基址寄存器的前缀

2.2 51 单片机指令的寻址方式

在指令系统中，操作数是指令的重要组成部分，它指定了参加运算的数据或数据所在的地址单元。寻找源操作数地址的方式称为寻址方式。一条指令采用什么样的寻址方式是由指令的功能决定的。寻址方式越多，指令功能就越强，灵活性就越大。只有透彻地理解寻址方式，才能正确应用指令。

2.2.1 案例介绍及知识要点

编写多字节无符号数加法程序。设有两个多字节无符号数分别存放在内部 RAM 的 DAT1 和 DAT2 开始的区域中(低字节先存)，字节个数存放在 R2 中，求它们的和，并将结果存放在 DAT1 开始的区域中。

知识点

- 掌握单片机指令中几种常用的寻址方式。
- 明确各寻址方式的寻址范围。

2.2.2　程序示例

多字节无符号数加法程序流程图如图 2-2 所示。

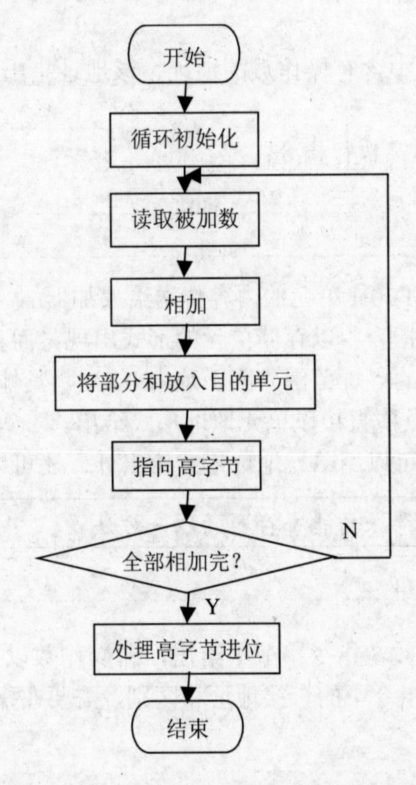

图 2-2　多字节无符号数加法程序流程图

根据图 2-2 编写程序如下：

```
       DAT1 EQU    20H    ;伪指令,表示 DAT1 等同于 20H
       DAT2 EQU    30H
       ORG    0000H
       LJMP MAIN
       ORG    0030H
MAIN:  MOV    R0,#DAT1    ; 立即数寻址,数据块首地址送 R0
       MOV    R1,#DAT2    ; 立即数寻址,数据块首地址送 R1
       CLR    C           ; 位寻址,清进位位 CY
LOOP:  MOV    A,@R0       ; 寄存器间接寻址,将寄存器 R0 里的数据作为地址,将该地址内的
                          ; 内容送给累加器 A
       ADDC   A,@R1       ; 寄存器间接寻址,两数相加
       MOV    @R0,A       ; 寄存器间接寻址,保存结果
       INC    R0          ; 寄存器寻址,修改地址指针,寄存器 R0 内容加 1
       INC    R1          ;寄存器寻址
       DJNZ   R2,LOOP     ;相对寻址,字节数减 1,不为 0,继续求和
       CLR    A
       ADDC   A,#00H      ;加进位
```

```
        MOV      @R0,A          ;进位值存入高地址
        END
```

51单片机指令操作数的寻址方式主要有7种方式，分别为直接寻址、立即寻址、寄存器寻址、寄存器间接寻址、变址、寻址、位寻址、相对等址，其中，上述程序中涉及立即寻址、寄存器寻址、寄存器间接寻址、位寻址和相对寻址 5 种寻址方式。下面将详细介绍这7种寻址方式。

2.2.3 知识总结——直接寻址

直接寻址方式是指指令中含有操作数的地址，该地址指出了参与运算或传送的数据所在的字节单元或位地址。

例如，已知(30H)=0FFH，执行指令：

```
MOV  A,30H                         ;(A)←(30H)
```

结果：(A)=0FFH

该指令表示把内部RAM 30H单元的内容传送给累加器A。源操作数采用的是直接寻址方式。直接寻址的操作数在指令中以存储单元的形式出现，而直接寻址方式只能给出 8 位地址，因此，这种寻址方式的寻址范围只限于片内RAM，具体来说：

(1) 低128B单元在指令中直接以单元地址形式给出。

(2) 特殊功能寄存器除可以用单元地址形式给出外，还可以用寄存器符号形式给出。

注意：直接寻址方式是访问特殊功能寄存器的唯一方法。

2.2.4 知识总结——立即寻址

立即寻址方式是指操作数在指令字节中给出，即操作数以指令字节的形式存放于程序存储器中，为了与直接寻址指令中的直接地址相区别，需要在操作数前面加前缀标志“#”。

例如，执行指令：

```
MOV  A,#30H
MOV  DPTR,#8000H
```

第1条指令表示将立即数30H送入累加器A中。第2条指令表示把16位立即数送入数据指针DPTR中，其中高8位送DPH，低8位送DPL。

2.2.5 知识总结——寄存器寻址

寄存器寻址方式是指由指令指出某一个寄存器的内容作为操作数的寻址方式。寄存器寻址一般用于访问选定的通用寄存器R0～R7。如果寄存器寻址方式使用了另一个操作数，那么该操作数必须是累加器A。寄存器寻址指令都是单字节指令(一条指令在程序存储器中占一个字节地址)。

例如，执行指令：

```
MOV A, R0                    ;(A)←(R0)
INC  R0                      ;(R0)+1→R0
DEC  R0                      ;(R0)-1→R0
```

第1条指令把寄存器R0中的内容传送给累加器A，源操作数采用寄存器寻址方式；第2条指令使R0中的内容加1，源操作数和目的操作数均为寄存器寻址方式；第3条指令使R0中的内容减1，源操作数和目的操作数均为寄存器寻址方式。

寄存器寻址的寻址范围如下。

(1) 当前通用寄存器组。

(2) 部分特殊功能寄存器。例如，累加器A、寄存器B和数据指针DPTR。

2.2.6　知识总结——寄存器间接寻址

寄存器间接寻址是指由指令指出某一个寄存器的内容作为操作数地址的寻址方式。寄存器的内容不是操作数，而是操作数所在的存储器地址，操作数是通过寄存器间接得到的。

寄存器间接寻址需要以寄存器符号的形式表示，为了区别寄存器寻址和寄存器间接寻址，在寄存器间接寻址方式中，应在寄存器的名称前面加前缀标志“@”。访问内部RAM或外部数据存储器的低256个字节时，只能采用R0或R1作为间接寻址寄存器。

例如，已知R0中存放片内RAM地址65H，数据指针DPTR内存放片外RAM地址8000H，地址65H和8000H里面都存放着立即数30H，执行指令：

```
MOV  A, @R0
MOVX A, @DPTR
```

其中，累加器A的内容为30H。

寄存器间接寻址的寻址范围如下。

(1) 片内RAM低128B单元：这里只能用R0和R1作为间接寻址寄存器。

(2) 片外RAM 64KB：使用DPTR作为间接寻址寄存器。

(3) 片外RAM低256B单元：可以使用DPTR、R0和R1作为间接寻址寄存器。

(4) 堆栈区：以堆栈指针SP作为间接寻址寄存器。

2.2.7　知识总结——变址寻址

变址寻址方式用于访问程序存储器中的数据表格，以程序计数器PC或数据指针DPTR作为基址寄存器，以累加器作为变址寄存器。基址寄存器和变址寄存器的内容相加形成16位地址，该地址即作为操作数的地址。

例如，执行指令：

```
MOVC A, @A+PC              ;((A)+(PC))→A
MOVC A, @A+DPTR            ;((A)+(DPTR))→A
```

这两条指令中源操作数采用了基址加变址的间接寄存器寻址方式。

2.2.8　知识总结——位寻址

80C51单片机有位处理功能，可以对数据位进行操作，因此就有了相应的位寻址方式。位寻址指令中可以直接使用位地址。

例如，执行指令：

```
MOV C,40H;该指令的功能是把40H位的值送进位C
```

位寻址的寻址范围如下。

(1) 片内 RAM 中的位寻址区。

(2) 可位寻址的特殊功能寄存器。

2.2.9 知识总结——相对寻址

相对寻址用于访问程序存储器，只出现在转移指令中。以 PC 的当前值加上指令中给出的相对偏移量(rel)形成转移地址。其中，rel 是一个带符号的 8 位二进制数，以补码形式置于操作码之后存放。程序的转移范围以 PC 当前值为中心，介于-128～+127 之间。

例如，执行指令：

```
JC   rel
```

设 rel=85H，CY=1，这是一条以 CY 状态为条件的转移指令，因为该指令为两字节指令，CPU 取出第二个字节时，PC 当前值为原 PC 值加 2。由于 CY=1，所以程序转向(PC)+2+rel 单元去执行。注意，此时 rel=85H 为负值。

2.3 80C51 指令集

根据指令功能的不同，51 单片机指令通常分为数据传送类、算术运算、逻辑运算类、控制转移类和位操作类这 5 大类指令。

知识点

- 熟练掌握数据传送类指令、控制转移类及位操作的应用。
- 了解逻辑运算类和算术运算类指令，熟记其标志符。

2.3.1 数据传送类指令

51 指令系统中，数据传送类指令共有 29 条。这类指令将源操作数传送到指定的目的地址，传送后源操作数保持不变。数据传送类指令可以在累加器 A、R0～R7 工作寄存器与片内数据存储器、片外数据存储器和程序存储器之间进行数据传送。数据传送类指令一般不影响标志位，只有堆栈操作可以直接修改程序状态字 PSW。

数据传送类指令汇编语句的格式为：

```
MOV  <目的操作数>,<源操作数>
```

1. 内部数据的传送指令

1) 以累加器 A 为目的操作数的指令

```
        ┌Rn                         ;寄存器寻址，(Rn)→A
MOV A,  ┤direct                     ;直接寻址，(direct)→A
        │@Ri                        ;寄存器间接寻址，((Ri))→A
        └#data                      ;立即寻址，data→A
```

例如，将立即数 F3H 送入累加器 A 中，可执行以下指令：

```
MOV  A,Rn
```

例如，将立即数 35H 送入片内 30H 单元，可执行以下指令：

```
MOV     A,#35H
MOV     R0,#30H
MOV     @R0,A
```

也可执行以下指令：

```
MOV     30H,#35H
```

2)　以寄存器 Rn 为目的操作数的指令

```
MOV     Rn,A                    ;寄存器寻址,(A)→Rn
MOV     Rn,direct               ;直接寻址,(direct)→Rn
MOV     Rn,#data                ;立即寻址,data→Rn
```

例如，若(A)=20H，(20H)=F0H，程序执行后，寄存器的内容如下：

```
MOV     R0,A                    ;(R0)=20H
MOV     R0,20H                  ;(R0)=F0H
MOV     R0,#20H                 ;(R0)=20H
```

3)　以直接地址为目的操作数的指令

```
MOV     direct,A                ;寄存器寻址,(A)→direct
MOV     direct,Rn               ;寄存器寻址,Rn→direct
MOV     direct1,direct2         ;直接寻址,direct2→direct1
MOV     direct,@Ri              ;寄存器间接寻址,((Ri))→direct
MOV     direct,#data            ;立即寻址,data →direct
```

例如，将累加器 A 的内容送至 30H 单元，R6 的内容送至 32H 单元，立即数 66H 送至 36H 单元，38H 单元内容送至 40H 单元，可以用以下指令：

```
MOV     30H,A                   ;(A)→30H
MOV     32H,R6                  ;(R6)→32H
MOV     36H,#66H                ;66H→(36H)
MOV     38H,40H                 ;(40H)→(38H)
```

4)　以寄存器间接地址为目的操作数的指令

```
MOV     @Ri,A                   ;寄存器寻址,(A)→((Ri))
MOV     @Ri,direct              ;直接寻址,direct→((Ri))
MOV     @Ri,#data               ;立即寻址,data→(( Ri))
```

例如，若累加器 A 的内容为 20H，32H 单元的内容为 46H，42H 单元的内容为 52H，R0 的内容为 42H，执行以下指令后，寄存器中的内容如下：

```
MOV     @R0,A                   ;(42H)=20H,(A)=20H
MOV     @R0,32H                 ;(42H)=32H,(32H)=46H
MOV     @R0,#35H                ;(42H)=35H
```

5)　16 位数据传送指令

```
MOV     DPTR,#data16            ;立即寻址,data16→(DPTR)
                                ;高 8 位送 DPH,低 8 位送 DPL
```

例如，执行指令：

```
MOV     DPTR,#1234H             ;(DPL)←12H,(DPH)←34H
```

6) 堆栈操作指令 PUSH、POP

堆栈操作是通过堆栈指针(SP)实现的，分为入栈操作和出栈操作。入栈操作是把直接寻址单元的内容传送到 SP 所指的单元中，出栈操作是把 SP 所指单元的内容送到直接寻址单元，开辟栈区向 SP 中送一个数。80C51 单片机开机或复位后(SP)=07，一般需要重新设定 SP 的初始值。SP 的初始值就是栈顶的位置。堆栈指令有两条，分别为进栈指令和出栈指令。

(1) 进栈指令。

```
PUSH direct
```

这条指令的功能是首先将堆栈指针(SP)加 1，然后把直接地址指出的内容传送到堆栈指针(SP)寻址的内部 RAM 单元中。

(2) 出栈指令。

```
POP direct
```

这条指令的功能是把堆栈指针(SP)寻址的内部 RAM 单元的内容送入直接地址指出的字节单元中，堆栈指针(SP)减 1。

例如，已知(A)=10H，(B)=40H，执行指令：

```
MOV     SP,#30H                     ;(SP)=30H      设堆栈指针
PUSH    ACC                         ;(SP)←(SP)+1,(SP)=31H
                                    ;((SP))←(A)
PUSH    B                           ;(SP)←(SP)+1,(SP)=32H
                                    ;((SP))←(B)
```

结果：(31H)=10H，(32H)=40H，(SP)=32H。

```
POP     B                           ;(B)←((SP)),(SP)=(SP)-1
                                    ;(SP)=31H
POP     ACC                         ;(ACC)←((SP)),(SP)=(SP)-1
                                    ;(SP)=30H
```

注意：由于 80C51 单片机堆栈操作指令中的操作数只能使用直接寻址方式，不能使用寄存器寻址方式，所以将累加器压入堆栈时，累加器(ACC)不能简写 A。堆栈操作时指令 PUSH 和 POP 要成对出现，且遵循后进先出(LIFO)和先进后出(FILO)的原则。

7) 字节交换指令

```
XCH     A,Rn                        ;寄存器寻址,(Rn)⟷(A)
XCH     A,direct                    ;直接寻找,(direct)⟷(A)
XCH     A,@Ri                       ;寄存器间接寻址,((Ri))⟷(A)
```

这组指令的功能是将累加器的内容和源操作数的内容相互交换。

例如，已知(ACC)=80H，(R0)=08H，(08H)=36H，执行指令：

```
XCH     A, @R0
```

结果：(A)=36H，(36H)=80H，(R0)=08H。

8) 半字节交换指令

```
XCHD    A,@Ri                       ;寄存器间接寻址,(A3~0)⟷((Ri)3~0)
```

这条指令将累加器 A 的低 4 位和 R0 或 R1 指出的 RAM 单元低 4 位相互交换，各自的

高 4 位不变。源操作数只有寄存器间接寻址方式。因此，在专用寄存器间没有半字节交换的功能。

```
SWAP      A                               ;(A3~0)←→(A7~4)
```

这条指令将累加器 A 的高半字节与低半字节的内容互换。

2. 累加器 A 与片外 RAM 或 I/O 接口的数据传送指令

```
MOVX     A,@Ri                            ;寄存器间接寻址,(A)←((Ri))
MOVX     A,@DPTR                          ;寄存器间接寻址,(A)←((DPTR))
MOVX     @Ri,A                            ;寄存器间接寻址,((Ri))←(A)
MOVX     @DPTR,A                          ;寄存器间接寻址,((DPTR))←(A)
```

这组指令的功能是在累加器和外部 RAM、 I/O 接口之间进行数据传送。采用 16 位的 DPTR 作间接寻址时，可寻址整个 64KB 片外数据存储器空间，高 8 位地址(DPH)由 P2 口输出，低 8 位地址(DPL)由 P0 口输出，并由 ALE 信号将 P0 端口信号(低 8 位地址)锁存在地址锁存器中。由 R0 和 R1 进行间接寻址时，高 8 位地址在 P2 口中，由 P2 口输出，低 8 位地址在 R0 或 R1 中，由 P0 口输出，组成 16 位地址，并由 ALE 信号锁存在地址锁存器中。向累加器传送数据时，80C51 单片机 P3.7 产生读信号，选通片外 RAM 或 I/O 口；累加器向片外 RAM 或 I/O 端口传送数据时，80C51 单片机 P3.6 产生写信号选通片外 RAM 或 I/O 口。

例如，已知(DPTR)=2000H，(2000H)=10H，执行指令：

```
MOVX    A,@DPTR                           ;(A)←((DPTR))
```

结果：(A)=10H

例如，已知(P20=20H，(R1)=48H，(A)=60H，执行指令：

```
MOVX     @R1,A                            ;((R1))←(A)
```

结果：(2048H)=60H。

3. 查表指令

这类指令有两条，均采用变址寻址方式，为单字节指令，用于读取程序存储器中的数据表格，不能写。

```
MOVC     A,@A+PC                          ;(PC)←(PC)+1
                                          ;(A)←((A)+(PC))
MOVC     A,@A+DPTR                        ;(A)←((A)+(DPTR))
```

例如，设(A)=30H，执行指令：

```
MOVC A,@A+PC                              ;若本指令的存储地址为 1000H
```

结果：将程序存储器中 1031H 单元的内容送入累加器 A。

这条指令以 PC 作为基址寄存器，当前的 PC 值是由查表指令的存储地址确定的，而累加器 A 的内容为 0～255，所以(A)和(PC)相加所得到的地址只能在该查表指令以下的 256 个单元的地址之内，因此所查的表格只能存放在该查表指令以下的 256 个单元内，表格的大小也受到限制。

例如，设(DPTR)=8200H，(A)=30H，执行指令：

```
MOVC A, @A+DPTR
```

结果：将程序存储器中 8230H 单元的内容送入累加器。

这条指令的执行结果只和指针 DPTR 及累加器的内容有关，与该指令存放的地址无关，因此表格大小和位置可在 64KB 程序存储器中任意安排，只要在查表之前对 DPTR 和累加器 A 赋值，就能使一个表格被各个程序共用。

2.3.2 算术运算指令

C51 的算术运算指令有加、减、乘、除法指令，以及增量和减量指令。大多数指令都要以累加器 A 来存放一个源操作数，另一个源操作数可以存放于任何一个工作寄存器 Rn 或片内 RAM 单元中，也可以是指令码中的一个立即数。

1. 加法指令

1) H 不带进位的加法指令

```
ADD      A,Rn                          ;A←(A)+(Rn)
ADD      A,direct                      ;A←(A)+(direct)
ADD      A,@Ri                         ;A←(A)+((Ri))
ADD      A,#data                       ;A←(A)+data
```

这组指令的功能是把所指出的操作数 2 和累加器 A 的内容相加，其结果放在累加器 A 中。

如果位 7 有进位输出，则进位 CY 置 1，否则清 0。如果位 6 有进位输出而位 7 没有，或者位 7 有进位输出而位 6 没有，则溢出标志 OV 置 1，否则清 0。如果位 3 有进位输出，则辅助进位 AC 置 1，否则清 0。操作数 2 有寄存器寻址、直接寻址、寄存器间接寻址和立即寻址 4 种寻址方式。

例如，设(A)=45H，(R0)=20H，(20H)=0ADH，执行指令：

```
ADD  A,@ R0
     01000101
+    10101101
     --------
     11110010
```

结果：(A)=F2H，CY=0，AC=1，OV=0，P=1。

2) 带进位的加法指令

```
ADDC     A,Rn                          ;A←(A)+(Rn)+(CY)
ADDC     A,direct                      ;A←(A)+(direct)+(CY)
ADDC     A,@Ri                         ;A←(A)+((Ri))+(CY)
ADDC     A,#data                       ;A←(A)+data+(CY)
```

这组指令的功能是同时把所指出的操作数 2、进位标志与累加器 A 的内容相加，结果放在累加器 A 中。如果位 7 有进位输出，则进位 CY 置 1，否则 CY 清 0。如果位 6 有进位输出而位 7 没有，或者位 7 有进位输出而位 6 没有，则溢出标志 OV 置 1，否则清 0。如果位 3 有进位输出，则辅助进位 AC 置 1，否则清 0。操作数 2 的寻址方式同样有寄存器寻址、直接寻址、寄存器间接寻址和立即寻址 4 种方式。

例如，设(A)=85H，(20H)=0FFH，CY=1，执行指令：

```
      ADDC A,20H
      10000101
      11111111
+            1
  (1) 10000101
```

结果：(A)=85H，CY=1，AC=1，OV=0，P=1。

3)　加 1 指令

```
INC     A                   ;(A)←(A)+1
INC     Rn                  ;Rn ←(Rn)+1
INC     direct              ;direct←(direct)+1
INC     @Ri                 ;(Ri)←((Ri))+1
INC     DPTR                ;DPTR←(DPTR)+1
```

这组指令的功能是把所指出的操作数加 1，若原来为 FFH，将溢出为 00H，除第一条指令对累加器 A 操作影响奇偶标志位 P 外，其他指令执行时均不会对任何标志产生影响。操作数有寄存器寻址、直接寻址和寄存器间接寻址 3 种方式。前 4 条是 8 位数加 1 指令，第 5 条是 DPTR 中的内容加 1，是 16 位算术运算指令。

例如，设(A)=0FFH，(R3)=0FH，(30H)=0E2H，(R0)=40H，(40H)=0AAH，执行指令：

```
INC     A
INC     R3
INC     30H
INC     @R0
```

结果：(A)=00H，(R3)=10H，(30H)=0E3H，(40H)=0ABH，PSW 状态不变。

4)　十进制调整指令

计算机的运算以二进制为基础，源操作数、目的操作数和结果都是二进制数，如果是十进制数(即 BCD 码)相加想得到正确的十进制数结果，就必须进行十进制调整。调整指令如下：

```
DA      A
```

这条指令对累加器(A)中由上一条加法指令所获得的 8 位结果进行调整。

调整方法由单片机中 ALU 硬件的十进制修正电路自动进行，无需用户干预。调整规则如下：

若 AC=1 或 $A_{3\sim0}>9$，则 A←(A)+06H。

若 CY=1 或 $A_{7\sim4}>9$，则 A←(A)+60H。

十进制调整指令执行后，程序状态字(PSW)中的进位标志位(CY)表示结果的百位值。

例如，完成 BCD 码 56+17 的编程，执行指令：

```
MOV     A,#56H
MOV     B,#17H
ADD     A,B
DA      A
SJMP $
```

2.　减法指令

带借位减法指令格式：

```
SUBB    A,Rn              ;A←(A)-(Rn)-(CY)
SUBB    A,direct          ;A←(A)-(direct)-(CY)
SUBB    A,@Ri             ;A←(A)-((Ri))-(CY)
SUBB    A,#data           ;A←(A)-(A)-data-(CY)
```

在进行减法操作时，如果累加器A中的最高位D7需借位，则将进位标志位CY置1，否则清0；如果D3需借位，则将辅助进位标志位AC置1，否则将AC清0；如果D7需借位而D6不需借位或D6需借位而D7不需借位，则将溢出标志位OV置1，否则清0；奇偶标志位P随着累加器A中1的个数而变化。

例如，设(A)=76H，立即数为C5H，CY=0，执行指令：

```
SUBB     A，#0C5H
         10000101
         11111111
      -         0
      ------------
         10110001
```

结果：(A)=0BH，CY=1，AC=0，OV=1，P=0。

减1指令格式：

```
     ┌ A                       ;(A)←(A)-1
DEC ─┤ Rn                      ;Rn ←(Rn)-1
     │ direct                  ;direct←(direct)-1
     └ @Ri                     ;(Ri)←((Ri))-1
```

这组指令的功能是将指定的操作数减1。若原来为00H，减1后下溢为FFH，不影响标志(除第一条指令(A)减1影响奇偶标志位P外)。

当本指令用于修改并行口内容时，修改的是端口锁存器的内容，而不是引脚的内容。

例如，设(A)=0EH，(R7)=36H，(30H)=00H，(R1)=70H，(70H)=0FFH，执行指令：

```
DEC     A                 ;A←(A)-1
DEC     R7                ;R7←(R7)-1
DEC     30H               ;30H←(30H)-1
DEC     @R1               ;(R1)←((R1))-1
```

结果：(A)=0DH，(R7)=35H，(30H)=0FFH，(70H)=0FEH，P=1，不影响其他标志。

3. 乘法指令

乘法指令格式：

```
MUL     AB
```

这条指令的功能是把累加器A和寄存器B中的位无符号整数相乘，其16位积的低位字节放在累加器A中，高位字节放在寄存器B中。该指令将对CY、OV和P三个标志位产生影响。如果积大于255(FFH)，则溢出标志OV置1，否则OV清0。进位标志CY总是清0。

例如，设(A)=4EH，(B)=5DH，执行指令：

```
MUL     AB
```

结果：(B)=1CH，(A)=56H，即积(BA)为1C56H。

4. 除法指令

除法指令格式：

```
DIV     AB
```

这条指令的功能是累加器 A 中的 8 位无符号整数除以寄存器 B 中的 8 位无符号整数，所得商的整数部分放在累加器 A 中，余数部分放在寄存器 B 中。

如果原来 B 中的内容为 0，即除数为 0，则结果 A 和 B 中的内容不定，并将溢出标志 OV 置 1，在其他情况下，OV 被复位为 0，表示除法操作是合理的。CY 位在任何情况下都清 0。

例如，设(A)=BFH，(B)=32H，执行指令：

```
DIV     AB
```

结果：(A)=03H，(B)=29H，CY=0，OV=0。

2.3.3　逻辑运算及移位类指令

逻辑运算指令可以完成数字逻辑的与、或、异或、清 0 和取反操作。移位类指令是对累加器 A 的循环移位操作，包括左、右方向，以及带与不带进位标志位的方式，此类指令共有 24 条。

1. 逻辑与指令 ANL

```
     ┌ Rn
ANL  │ direct
     │ @Ri
     └ #data

ANL  ┌ A
     └ #data
```

例如，若(A)=07H，(R0)=FCH，执行指令：

```
ANL  A,R0
        00000111
   ∧    11111100
        --------
        00000100
```

结果：(A)=04H。

2. 逻辑或指令 ORL

```
     ┌ Rn
ORL  │ direct
     │ @Ri
     └ #data

ORL  ┌ A
     └ #data
```

例如，若(A)=07H，(R0)=F0H，执行指令：

```
ORL  A,R0
        00000111
     ∨  11110000
--------------------
        11110111
```

结果：(A)=F7H。

3. 逻辑异或指令 XRL

```
             ┌ Rn
XRL   A      │ direct
             │ @Ri
             └ #data

XRL  direct, ┌ A
             └ #data
```

例如，若(A)=07H，(R0)=FDH，执行指令：

```
XRL A,R0
      00000111
  ⊕   11111100
-----------------
      11111011
```

结果：(A)=FBH。

在使用中，逻辑与用于实现对指定位清 0，其余位不变；逻辑或用于实现对指定位置 1，其余位不变；逻辑异或用于实现指定位取反，其余位不变。

例如，根据要求写指令

(1) 对累加器 A 的 1、3、5 位清 0，其余位不变：

```
ANL A,#0D5H
```

(2) 对累加器 A 中的 2、4、6 位置 1，其余位不变：

```
ORL A,#54H
```

(3) 对累加器 A 中的 0、1 位取反，其余位不变：

```
XRL A,#03H
```

4. 清零和求反指令

1) 清零指令

```
CLR  A
```

2) 求反指令

```
CPL  A
```

在 51 单片机系统中只能对累加器 A 中的内容进行清零和求反，如要对其他的寄存器或存储器单元进行清零和求反，则需放在累加器 A 中进行，运算后再放回原位置。

例如，下面的指令对 R0 中的内容求反：

```
MOV A,R0
CPL A
MOV R0,A
```

5. 循环移位指令

51 单片机有 4 条对累加器 A 的循环移位指令，如下：

```
RL  ⎫                                  ;累加器 A 循环左移
RR  ⎬ A                                ;累加器 A 循环右移
RLC ⎪                                  ;带进位的循环左移
RRC ⎭                                  ;带进位的循环右移
```

例如，若累加器 A 中的内容为 99H，CY=0，执行指令：

```
RLC      A
```

结果：(A)=32H，CY=1。

2.3.4　控制转移类指令

控制转移类指令通常用于实现循环结构和分支结构，共有 17 条，包括无条件转移指令、条件转移指令、子程序调用及返回指令。

1. 无条件转移指令

无条件转移指令是指当执行到该指令时，程序无条件地转移到指令所提供的地址处执行。其中包括长转移指令、绝对转移指令、相对转移指令和间接转移指令。

```
LJMP    addr16                          ;PC←addr16
```

执行这条指令时，直接将该 16 位地址送给程序计数器 PC，程序无条件地转向指定地址。转移的目标地址可以在 64KB 程序存储器地址空间的任何地方，不影响任何标志。缺点是：执行时间长，字节数多。

1)　绝对转移指令

```
AJMP    addr11                          ;PC10~0← addr11
```

这是 2KB 范围内的无条件跳转指令。该指令在执行时先将 PC 加 2(该指令长度为 2 字节)，然后把指令的 11 位地址 addr11 送给 PC 的低 11 位，其高 5 位不变，执行后转移到 PC 指针指向的新位置。

2)　相对转移指令

```
SJMP    rel                             ;PC←PC+2+rel
```

操作数 rel 是 8 位带符号补码数，取值范围为-128～+127，所以该指令的转移范围是：相对 PC 当前值向前 128 字节，向后 127 字节。执行时先将程序计数器 PC 加 2(该指令长度为 2 字节)，然后将 PC 的值与指令中的偏移量 rel 相加得到转移的目的地址。

3)　间接转移指令

```
JMP     @A+DPTR                         ;PC←A+DPTR
```

80C51 系统中的唯一一条间接转移指令，转移的目的地址由数据指针(DPTR)中的内容与累加器 A 中的 8 位无符号数相加得到，可实现在 64KB 范围内无条件跳转。指令执行过程中对 DPTR、A 和标志位均不产生影响。

2. 条件转移指令

条件转移指令是指当条件满足时，程序转移到指定位置；条件不满足时，程序将顺序执行。在 80C51 系统中，条件转移指令有 3 种：判 0 或判 1 条件转移指令、比较转移指令，

以及减 1 不为 0 转移指令。

1) 判 0 或判 1 条件转移指令

判 0 转移指令：

```
JZ   rel                        ;若A=0,则PC←PC+2+rel,否则,
                                ;PC←PC+2
```

判 1 转移指令：

```
JNZ  rel                        ;若A≠0,则PC←PC+2+rel,否则,
                                ;PC←PC+2
```

2) 比较转移指令

```
            ┌ direct,rel        ;若(A)≠(direct),则PC←PC+3+rel,
CJNE    A, ─┤                   ;转移,否则,顺序执行
            └ #data,rel         ;若(A)≠data,则PC←PC+3+ rel,
                                ;转移,否则,顺序执行
CJNE    Rn,#data,rel            ;若(Rn)≠data,则PC←PC+3+ rel,
                                ;转移,否则,顺序执行
CJNE    @Ri,#data,rel           ;若((Ri))≠data,则PC←PC+3+ rel,
                                ;转移,否则,顺序执行
```

3) 减 1 不为 0 转移指令

```
DJNZ  Rn,rel                    ; 若(Rn)-1≠0,则PC←PC+2+rel,
                                ; 转移,否则,顺序执行
DJNZ  direct,rel                ; 若(direct)-1≠0,则PC←PC+3+rel,
                                ; 转移,否则,顺序执行
```

在 80C51 系统中，通常用 DJNZ 指令来构造循环结构，实现重复处理。

3. 子程序调用与返回指令

通常把具有一定功能的子公用程序作为子程序，为实现主程序对子程序的一次完整调用，主程序要在需要时自动调用子程序，在子程序的末尾安排一条返回主程序的指令，执行完后即可返回到主程序中调用下一条指令。这类指令有 4 条：两条子程序调用指令，两条返回指令。

1) 长调用指令

```
LCALL   addr16              ;(PC)←(PC)+3,(SP)←(SP)+1
                            ;(SP)←(PC)7～0,(SP)←(SP)+1
                            ;(SP)←(PC)15～8,(PC)←addr16
```

该指令无条件的调用位于指定地址的子程序，由于后面带 16 位地址，因此可以调用 64KB 范围内程序存储器中的任何子程序，执行后不影响任何标志。

2) 绝对调用指令

```
ACALL   addr11              ;(PC)←(PC)+2,(SP)←(SP)+1
                            ;(SP)←(PC)7～0,(SP)←(SP)+1
                            ;(SP)←(PC)15～8,(PC)←addr11
```

该指令执行过程与 LCALL 指令类似，但由于后面带 11 位地址，因此它只能实现调用 2KB 范围内程序存储器中的任何子程序。

3) 子程序返回指令

```
RET                                  ;(PC)15~8←((SP)),(SP)←(SP)-1
                                     ;(PC)7~0←((SP)),(SP)←(SP)-1
```

当程序执行到该指令时，表示结束子程序的执行，返回执行断点处的指令继续往下执行。

4) 中断返回指令

```
RETI                                 ;(PC)15~8←((SP)),(SP)←(SP)-1
                                     ;(PC)7~0←((SP)),(SP)←(SP)-1
```

该指令和 RET 指令的功能相似，只是 RETI 在执行后，转移之前将先清除内部的中断状态寄存器(以保证正确的中断逻辑)。用于中断子程序后面，作为中断子程序的最后一条指令。它的功能是返回主程序中断的断点位置，继续执行断点位置后面的指令。

在 51 单片机系统中，中断都是硬件中断，没有软件中断调用指令。硬件中断时，有一条长转移指令使程序转移到中断服务程序的入口位置，在转移之前由硬件将当前的断点位置压入堆栈保存，以便于以后通过中断返回指令返回到断点位置继续执行。

4. 空操作指令

```
NOP
```

该指令经取址、译码后不进行任何操作(空操作)而后执行下一条指令。该指令常用于产生一个机器周期的延时。

2.3.5 位操作类指令

51 单片机的一个显著有特点就是具有位操作功能。相应的位操作指令共有 17 条，主要分为 4 类，即位传送指令、位状态控制指令、位逻辑运算指令和位条件转移指令。进行位操作时，以进位标志位 CY 作为位累加器。位地址可用以下方式表示。

- 直接用位地址表示方式，如 20H、D4H。
- 采用字节地址加位的方式表示，两者之间用“.”隔开，如 20H.0。
- 采用寄存器名称加位的方式，如 ACC.0、PSW.7、88H.7。
- 位名称方式，如 EA、TR0。

1. 位传送指令

```
MOV C,bit                            ;CY←(bit)
MOV bit,C                            ;bit←CY
```

2. 位状态控制指令

1) 位清 0

```
CLR C                                ;CY←0
CLR bit                              ;bit←0
```

2) 位置 1

```
SETB C                               ;CY←1
SETB bit                             ;bit←1
```

3. 位逻辑运算指令

1) 位逻辑“与”

ANL C,bit ;CY←(CY)∧(bit)
ANL C,/bit ;CY←(CY)∧($\overline{bit}$)

2) 位逻辑“或”

ORL C,bit ;CY←(CY)∨(bit)
ORL C,/bit ;CY←(CY)∨($\overline{bit}$)

3) 位取反

```
CPL C                    ;CY ←(CY)
CPL bit                  ;bit ←(bit)
```

4. 位条件转移指令

1) 判 CY 转移

```
JC     rel               ;若(CY)=1,则转移;否则,顺序执行
JNC    rel               ;若(CY)=0,则转移;否则,顺序执行
```

2) 判 bit 转移

```
JB     bit,rel           ;若(bit)=1,则转移;否则,顺序执行
JNB    bit,rel           ;若(bit)=0,则转移;否则,顺序执行
JBC    bit,rel           ;若(bit)=1,则转移并清除该位;否则,顺序执行
```

2.4 51 单片机汇编语言程序设计示例

汇编语言程序共有 3 种基本结构形式，即顺序结构、分支结构和循环结构。本节将从应用的角度出发，介绍这 3 种程序结构及各种常用程序的设计方法，并列举一些具有代表性的汇编语言源程序，作为参考。

知识点

- 了解汇编语言程序设计的设计步骤。
- 掌握汇编语言中常用伪指令的写法及功能。
- 理解汇编语言常见的程序结构。
- 掌握子程序的调用方法。
- 熟悉常用程序的编写方法。

2.4.1 设计步骤

程序设计有时可能是一件很复杂的工作，为了把复杂的工作条理化，就要有相应的编写步骤和方法。汇编语言程序设计的步骤主要分为以下几步。

1. 分析问题，确定算法

首先对需要解决的问题进行具体的分析。例如，要解决问题的任务是什么？工作过程

是什么？已知的数据、对运算的精度和速度方面的要求是什么？找出合理的计算方法及适当的数据结构。有时，可能有几种不同的算法，在编写程序之前，先要对不同的算法进行分析、比较，找出最适宜的算法。

2. 根据算法，画出程序流程图

画程序流程图可以把算法和解决问题的步骤逐步具体化。通过程序流程图，把程序中具有一定功能的各部分有机地联系起来，从而使人们能够抓住程序的基本线索，对全局有完整的了解。这样，设计人员容易发现设计上的错误和矛盾，减少出错的可能性。

3. 分配内存工作区及有关端口地址

分配内存工作区，尤其是片内 RAM 的分配，把内存区、堆栈区和各种缓冲区进行合理分配，并确定每个区域的首地址，以便于编程使用。要确定外部扩展的各种 I/O 端口的地址，并分配 I/O 接口线。

4. 编写程序

根据程序流程图所表示的算法和步骤，选择适当的指令排列起来，构成一个有机的整体，即程序。在这一步，设计者应在掌握程序设计的基本方法和技巧的基础上，注意所编写程序的可读性和正确性，养成在程序的适当位置加上注释的好习惯。

5. 上机调试

上机调试可以验证程序的正确性。任何程序编写完成后总难免有缺点和错误，只有上机调试和运行才能比较容易地发现和纠正它们。编写完毕的程序在上机调试前必须汇编成机器代码才能调试和运行，调试与硬件有关的程序还要借助于仿真开发工具，并且要与硬件连接。

2.4.2 伪指令

前面介绍了 80C51 单片机汇编语言指令系统。在用 80C51 单片机设计应用系统时，可通过汇编指令来编写程序。用汇编语言编写的程序称为汇编语言源程序。伪指令是放在汇编语言源程序中用于指示汇编程序如何对源程序进行汇编的指令，它不同于指令系统中的指令，指令系统中的指令在汇编程序汇编时能产生相应的指令代码，而伪指令在汇编程序汇编时不会产生代码，只是对汇编过程进行相应的控制和说明。

伪指令通常在汇编语言源程序中用于定义数据、分配存储空间，以及控制程序的输入输出等。80C51 相对于一般的微型计算机汇编语言源程序来说结构简单，伪指令数目少。常用的伪指令只有几条，如下。

1. ORG 定位伪指令

```
ORG addr16
```

这条伪指令向汇编程序说明该伪指令后的地址是下面程序段或数据的起始地址。表达式通常是十六进制地址，也可以是已定义的标号地址。若省略 ORG 伪指令，则程序从 ROM 中 0000H 单元开始存放。在一个源程序中，可以多次使用 ORG 伪指令来规定不同程序段和数据段存放的起始地址，但要求地址由小到大依序排列，不允许空间重叠。

2．汇编结束伪指令 END

```
END
```

汇编程序遇到 END 伪指令后即结束汇编。处于 END 之后的程序，汇编程序将不对其处理。

3．赋值伪指令 EQU

```
符号名    EQU  项
```

该指令的功能是将指令中的项的值赋予 EQU 前面的标号，项可以是常数、地址标号或表达式。赋值后可以方便地通过使用该符号使用相应的项。

4．数据地址赋值伪指令 DATA

```
符号名    DATA  数或表达式
```

DATA 伪指令与 EQU 类似，但也有差别，如下。

(1) 用 DATA 定义的标示符汇编时作为标号登记在符号表中，所以可以先使用后定义，而 EQU 定义的标示符必须先定义后使用。

(2) 用 EQU 可以把一个汇编符号赋给字符名，而 DATA 只能把数据赋给字符名。

(3) DATA 可以把一个表达式赋给字符名，只要表达式是可求值的。

5．字节数据定义伪指令 DB

```
[标号：]  DB  项或项表
```

这条伪指令的功能是从标号指定的地址单元开始，在 ROM 中存放 8 位字节数据，可以定义一个字节，也可定义多个字节。定义多个字节时，两两之间用逗号隔开，定义的多个字节在存储器中是连续存放的；定义的字节可以是一般的常数，也可以是字符，还可以是字符串，字符和字符串以引号括起来；字符数据在存储器中以 ASCII 码的形式存放。

6．字数据定义伪指令 DW

```
[标号：]  DW  项或项表
```

这条伪指令与 DB 类似，但用于在 ROM 中定义字数据。项或项表所定义的一个字在存储器中占两个字节。汇编时，机器自动按低字节在前，高字节在后存放，即低字节存放在低地址单元，高字节存放在高地址单元。

7．位地址符号定义伪指令 BIT

```
符号名     BIT  位地址表达式
```

该伪指令用于将位地址赋给指定的符号名，其中位地址表达式可以是绝对地址，也可以是符号地址。经赋值后可用该符号代替 BIT 后面的位地址。

2.4.3　顺序程序设计

顺序结构程序是一种最简单、最基本的程序，无分支，按照程序编写的顺序依次执行。一般用来处理比较简单的算术或逻辑问题，主要用数据传送类指令和数据运算类指令来实现。2.1节中的案例就是一个典型的顺序程序，下面再列举两个实例供大家参考。

例 2-1 编写程序，将外部RAM的8000H单元和内部RAM的30H单元的内容互相交换。

此程序较简单，不必画其流程图。程序如下：

```
        ORG     0000H
        LJMP MAIN
        ORG     0030H
MAIN:   MOV     DPTR,#8000H
        MOVX    A,@DPTR
        XCH     A,30H
        MOVX    @DPTR,A
        SJMP $
        END
```

例 2-2 设变量保存在片内RAM的20H单元，取值范围为00H～05H，编写查表程序，查出变量的平方值，并存入片内RAM的21H单元。

程序如下：

```
        ORG     0000H
        LJMP MAIN
        ORG     0030H
MAIN:   MOV     DPTR,#TAB
        MOV     A,20H
        MOVC    A,@A+DPTR
        MOV     21H,A
        SJMP $
TAB:DB  0,1,4,9,16,25
        END
```

2.4.4　分支程序设计

在很多实际问题中，都需要根据不同的情况进行不同的处理，这就用到了分支程序结构。所谓分支结构就是利用条件转移指令，使程序执行某一指令后，根据所给的条件是否满足来改变程序执行的顺序。

例如：

```
LOOP:    JNB       RI,LOOP
MOV      A,SBUF
```

这就是分支结构的程序，如果RI(串行接收中断标志位，在第6章中会讲到，此处意在说明分支程序结构，不必看懂语句的意思)为“0”，则转移；反之，就顺序执行。

分支程序的结构有两种：双分支结构和多分支结构(散转分支结构)，如图2-3所示。

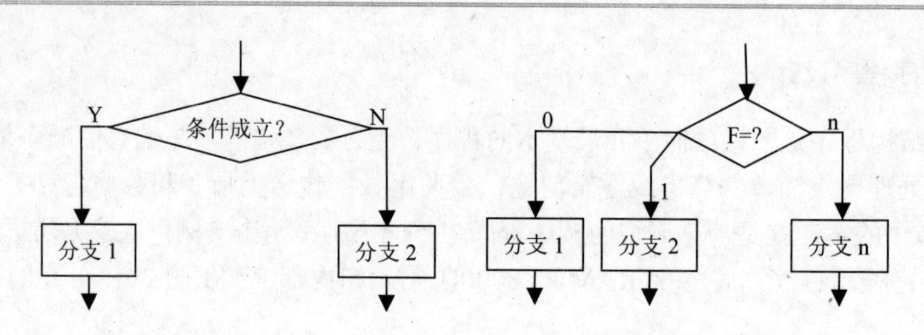

(a) 双分支结构　　(b) 多分支结构

图 2-3　支程序结构

在 51 系列单片机中，可以直接用于分支程序的指令有 JB(JNB)、JC(JNC)、JZ(JNZ)、CJNE 和 JBC 等，它们可以完成诸如正负判断、大小判断和溢出判断等功能。分支程序设计的技巧就在于正确而巧妙地使用这些指令。

例 2-3 设变量 x 以补码形式存放在内部 RAM 的 30H 单元，变量 y 与 x 有如下关系：

$$y = \begin{cases} 1 & x>0 \\ 0 & x=0 \\ -1 & x<0 \end{cases}$$

试编写程序，根据 x 的取值求出 y，并将其存入内部 RAM 的 31H 单元。

流程图如图 2-4 所示。

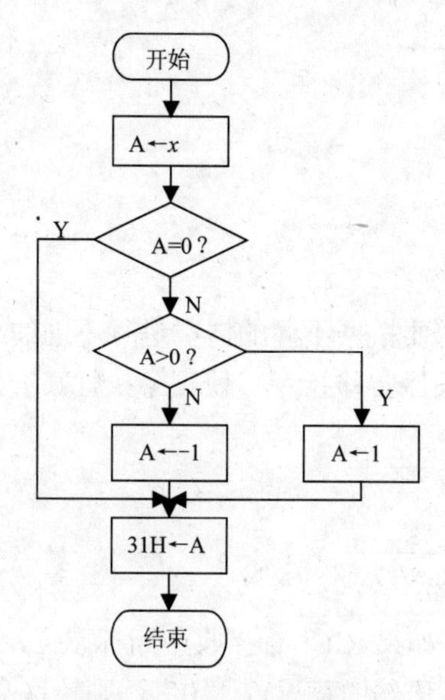

图 2-4　例 2-3 流程图

根据流程图编程如下：

```
ORG       0000H
LJMP MAIN
```

```
          ORG       0030H
MAIN:     MOV       A,30H
          CLR       C
          SUBB      A,#0
          JZ        RESULT                  ; x=0,则转至 RESULT
          JNB       ACC.7,POSITIVE          ; x>0,则转至 POSITIVE
          MOV       A,#0FFH                 ; x<0,则将-1 的补码存入 A
          SJMP RESULT
POSITIVE:MOV        A,#1                    ; x>0,则将 1 存入 A 中
RESULT     MOV      31H,A
          SJMP $
          END
```

例 2-4 在内部 RAM 的 20H 和 21H 单元中，有两个无符号数，试编写程序，比较两个数的大小，将大数存于内部 RAM 的 GR 单元，小数存于 LE 单元；若两数相等，则分别送入 GR 和 LE 两个单元。假设 GR 单元在内部 RAM 的 30H，LE 单元在内部 RAM 的 31H。

程序如下：

```
          GR        EQU       30H
          LES       EQU       31H
          ORG       0000H
          LJMP MAIN
          ORG       0030H
MAIN:     CLR       C
          MOV       A,20H
          CJNE      A,21H,NEQ               ;不等，则转至 NEQ
          MOV       GR,A                    ;相等，GR 和 LES 单元均存放此值
          MOV       LES,A
          SJMP $
NEQ: JC        LESS                         ;20H 单元内容小，则转至 LESS
          MOV       GR,A                    ;20H 单元内容大，大数存放在 GR 单元
          MOV       LES,21H
          SJMP $
LESS:     MOV       LES,A                   ;20H 单元内容小，小数存于 LE 单元
          MOV       GR,21H
          SJMP $
          END
```

上述两例都是用条件转移指令实现分支，下面介绍利用间接转指令 JMP 来实现多分支程序转移(称为散转程序)，通常有两种设计方法，如下。

(1) 查转移地址表，用转移地址构成散转表，将表中的内容作为转移的目标地址。

(2) 查转移指令表，用转移到不同程序的转移指令构成散转表，判断条件后，转到表中指令执行。

下面用两个例子说明，其中例 2-5 是利用转移址实现转移，例 2-6 利用转移指令表实现转移。

例 2-5 试编写根据 R7 的内容转向对应的入口地址的程序，R7 的内容为 0～*n*，处理程序的入口地址为 PR0～PRn(n<128)。

分析：将 PR0～PRn 入口地址列在表格中，每一项占两个单元，PRn 在表中的偏移量为 2n，因此将 R7 的内容乘以 2 即得到 PRn 在表中的偏移地址，从偏移地址 2n 和 2n+1 两个单元分别取出 PRn 的高 8 位地址和低 8 位地址送至 DPTR 寄存器，用 JMP @A+DPTR 指令(A 先清零)即转移到 PRn 入口地址。程序如下：

```
        PR0     EQU     0110H
        PR1     EQU     0220H
        PR2     EQU     0330H
        …
        ORG     0000H
        MOV     A,R7
        ADD     A,ACC               ;A*2
        MOV     DPTR,#TAB
        PUSH    ACC
        MOVC    A,@A+DPTR           ;取地址表中高字节
        MOV     B,A                 ;暂存于B
        INC     DPL
        POP     ACC
        MOVC    A,@A+DPTR           ;取地址表中低字节
        MOV     DPL,A
        MOV     DPH,B               ;DPTR为表中地址
        CLR     A
        JMP     @A+DPTR
TAB:DW  PR1,PR1,PR2, …, PRn
        END
```

例 2-6 要求同例 2-5，试用转移指令表实现转移。

```
        PR0     EQU     0110H
        PR1     EQU     0220H
        PR2     EQU     0330H
        …
        ORG     0000H
        LJMP MAIN
        ORG     0030H
MAIN:   MOV     DPTR,#TAB           ;转移表首地址送数据指针DPTR
        MOV     A,R7                ;分支序号送A
        ADD     A,R7                ;分支序号*2
        JMP     @A+DPTR             ;跳转在转移表
TAB:AJMP PR0                        ;转移指令组成的转移表
        AJMP PR1
        …
        AJMP PRn
        END
```

2.4.5 循环程序设计

循环程序是最常用的程序结构形式。在单片机的程序设计中，有时会遇到一段程序要重复执行多次的情况，此时就要用到循环结构程序，这有助于缩短程序，同时也节省了程序的存储空间，提高程序的质量。

循环结构程序一般由4部分组成。

(1) 初始化部分。主要用来设置循环的初始值，包括预置数、计数器和数据指针的初值。

(2) 循环处理部分。此部分是循环程序的主题部分，也称为循环体，是重复执行的程序段，通过它可以完成程序处理的任务。

(3) 循环修改。每循环一次，就要修改循环次数、数据及地址指针等。

(4) 循环控制部分。根据循环结束条件，判断是否应该结束循环。

循环可以是单重循环和多重循环。如果在循环程序的循环体中不再包含循环程序，即为单重循环；如果在循环体中还包含有循环程序，这种现象就称为循环嵌套，这样的程序就称为多重循环程序。在多重循环中，内外循环不得交叉，也不允许从循环程序的外部跳入循环程序的内部。

循环程序设计的一个主要问题是循环次数的控制，一般有两种控制方式，其结构框图如图 2-5 所示。

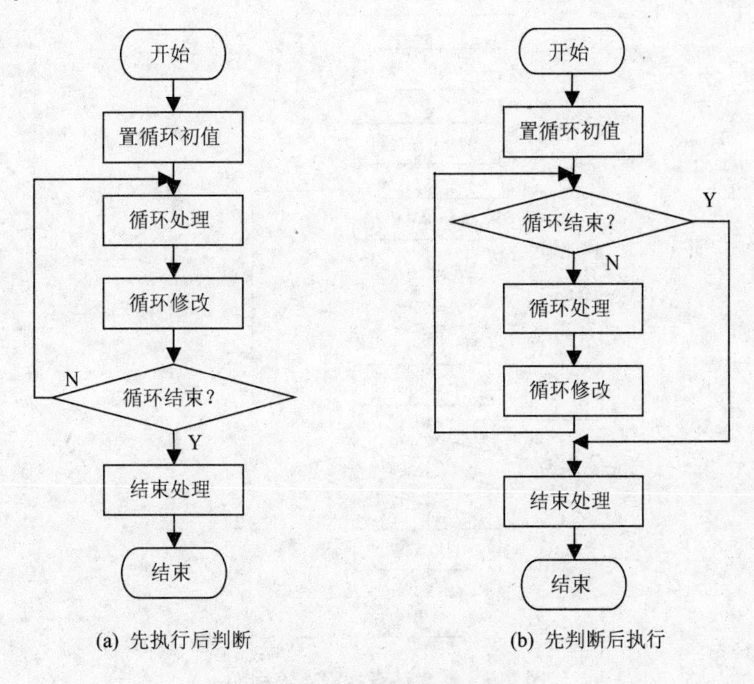

图 2-5　循环程序结构框图

图 2-5(a)所示的结构是“先执行后判断”，适用于循环次数已知的情况，其特点是先执行循环处理部分，然后根据循环次数判断是否结束循环。

图 2-5(b) 所示的结构是“先判断后执行”，适用于循环次数未知的情况。其特点是先根据循环控制条件判断是否结束循环，若不结束，则执行循环操作；若结束，则退出循环。下面通过实例说明循环程序的设计方法。

例 2-7　设计一个延时 10ms 的子程序，已知单片机使用的晶振 12MHz。

```
        ORG     0000H
        LJMP DELAY
        ORG     0030H
DELAY:  MOV     R7,#20          ;外循环 20 次
D1:     MOV     R6,#250         ;内循环 250 次    内   外
        DJNZ    R6,$
        DJNZ    R7,D1
        SJMP $
        END
```

若需要延时更长时间，可以采用多重循环。但需注意这种方式产生的延时有一定的误差，在学习了定时器后，我们可以通过定时器来产生精确的延时时间。

例 2-8 编写查找最大值程序：假设从内部 RAM 的 30H 单元开始存放 10 个无符号数，找出其中的最大值送入内部 RAM 的 MAX 单元。

流程图如图 2-6 所示。

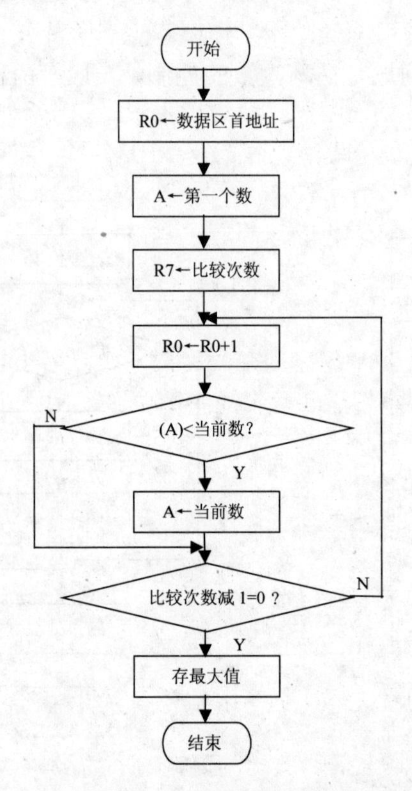

图 2-6 最大值查找程序流程图

根据流程图编写程序如下：

```
        MAX  EQU        20H
        ORG             0000H
        LJMP MAXP
        ORG             0030H
MAXP:   MOV             R0,#30H         ;送数据区首地址
        MOV             A,@R0           ;取第一个数作基准数
        MOV             R7,#9           ;比较次数送计数器 R7
LOOP:   INC             R0              ;修改地址指针，指向下一地址单元
        MOV             40H,@R0         ;将要比较的数暂存 40H
        CJNE            A,40H,NEQ       ;比较两数
        JMP             SUB             ;相等转移
NEQ:    JNC             SUB             ;A 大，则转移
        MOV             A,@R0           ;A 小，则将大数存于 A
SUB:    DJNZ            R7,LOOP         ;未比较完，继续
        MOV             MAX,A           ;比较完，保存结果
        SJMP $
        END
```

2.4.6 子程序设计

在实际问题中，有很多经常要进行的操作，如多字节的加、减、乘、除处理，代码转

换及字符处理等。其实不必每次遇到这种操作都重复编写程序，可以把这样多次使用的程序段，按一定结构编好，存放在内存中，当需要时，程序可以去调用这些独立的程序段。通常称这种能够完成一定功能、可以被其他程序调用的程序段称为子程序。调用子程序的程序称为主程序或调用程序。调用子程序的过程称为子程序调用。子程序执行完后返回主程序的过程称为子程序返回。

子程序是具有某种功能的独立程序段，从结构上看，它与一般程序没有多大区别，唯一的区别是在子程序的末尾有一条子程序返回指令(RET)，其功能是当子程序执行完后能自动地返回到主程序中去。

在编写和调用子程序时要注意以下几点。

(1) 要给每个子程序赋一个名字，作为子程序入口的符号。

(2) 明确入口条件和出口条件。入口条件表明子程序需要哪些参数，放在哪个寄存器和哪个存储单元；出口条件则表明子程序处理的结果是如何存放的。只有正确理解并运用这两个条件，才能完成子程序和主程序间数据的正确传递。

(3) 保护现场和恢复现场。若在调用之前，主程序已经使用了某些存储单元或寄存器，在调用子程序时，这些寄存器或存储单元又有其他用途，就应先把这些单元或寄存器中的内容压入堆栈(使用压栈指令 PUSH)进行保护，调用完子程序后再从堆栈中弹出(使用出栈指令 POP)，以便加以恢复。注意：在 51 单片机中，堆栈操作遵循“先入后出”的原则，因此，先压栈的参数应该后弹出，才能保证恢复原来的数据。如果有较多的寄存器要保护，应使主程序和子程序使用不同的寄存器组。

(4) 在子程序中可包含对另外子程序的调用，称为子程序嵌套。

(5) 若存在子程序调用，则需要在主程序中正确地设置堆栈指针。

子程序是构成单片机程序必不可少的部分，80C51 单片机有 ACALL 和 LCALL 两条子程序调用指令，可以十分方便地来调用任何地址的子程序。子程序节省占用的存储单元，使程序简短、清晰。善于灵活地使用子程序，是程序设计中的重要技巧之一。下面通过具体例子说明子程序的设计和调用。

例 2-9 编写两组 16 位数据的加法程序。

给出如下范例：

```
ADD16:  MOV     A,@R0
        CLR     C
        ADD     A,@R1
        MOV     @R0,A
        INC     R0
        INC     R1
        MOV     A,@R0
        ADDC    A,@R1
        MOV     @R0,A
        RET
```

该子程序的调用方式如下：

```
        MOV     R0,#VALUE1
        MOV     R1,#VALUE2
        LCALL   ADD16
```

其中，VALUE1 和 VALUE2 为两个 16 位数据的存放首地址，最后结果存放在以 VALUE1

为首地址的单元。应特别注意的是，若加完后有进位时，其进位标志位会改变为 1。

例 2-10 编写程序，将 ACC 上位 3～0 的 0000～1111B 数据转成 0～F 的 ASCII 码，结果放在 ACC 上。

给出如下范例：

```
BIN2ASC:ANL       A,#0FH                   ;只取 bit3~bit0
        CJNE      A,#10,BIN2               ;A=10
BIN2: JC       NUM09                       ;A<10
        SUBB      A,#10                    ;A=A-10
        ADD       A,#'A'
        SJMP BIN2_END
NUM09:  ADD       A,#'0'                   ;A=A+30H
BIN2_END: RET
```

该子程序调用方式如下：

```
        MOV       BUF,#6BH
        MOV       R0,#20H
        MOV       A,BUF
        SWAP      A                        ;高低半字节交换
        LCALL     BIN2ASC                  ;高 4 位转存到(R0)
        MOV       @R0,A
        INC       R0
        MOV       A,BUF
        LCALL     BIN2ASC
        MOV       @R0,A                    ;低 4 位再转存到 R0
```

经过此程序转换后，这些 ASCII 值可以通过串行通信端口传出，送给其他的设备用于显示或控制。

习 题

1. 51 单片机的指令系统包括多少条指令？按字节划分为几种？按执行时间如何划分？按功能如何划分？

2. 列举 51 单片机的几种寻址方式。

3. 列举访问外部数据存储器的几种方法。

4. 列举访问程序存储器的几种指令，并理解各个指令的用法。

5. 列举 51 单片机汇编程序中常用的几个伪指令，并说明其含义。

6. 现有两个双字节无符号数，分别存放在 R3R4 和 R5R6 中，高字节在前，低字节在后。编写程序使两数相加，结果存放在 20H21H22H 单元。

7. 编写程序，将片内 RAM30H 单元开始的 15B 的数据传送到片外 RAM3000H 开始的单元中去。

8. 将一个单字节十六进制数转成 BCD 码。

9. 求 1、2、3、…、N 之和，N<256。

10. 编写程序，将片外数据存储器中 20H 单元的内容相乘，并将结果存放在 22H 和 23H 单元中，高位存放高地址中。

11. 请将片外数据存储器地址 40H～60H 区域的数据块，全部搬到片内 RAM 相同地址区域，并将原数据区域全添 FFH。

第 3 章　C51 程序设计

单片机应用系统的程序设计，可以采用汇编语言完成，也可以采用 C 语言实现。汇编语言对单片机内部资源的操作直接、简洁，实现的程序紧凑。但是当系统的规模较大时，设计人员更趋于采用 C 语言完成程序设计任务。这是由于 C 语言具有良好的可读性、易维护性、可移植性和硬件操作能力。

3.1　C51 的特点

与汇编语言相比，C51 在功能、结构、可读性和可维护性上有明显的优势，因而易学易用。另外使用 C51 可以缩短开发周期，降低开发成本，可靠性高，可移植性好。

C51 具备如下特点。

(1)　提供了对位、字节和地址的操作，使程序可以直接对内存及指定寄存器进行操作。

(2)　能够很方便的与汇编语言进行混合编程，在 C51 中可以很方便地调用汇编。

(3)　C51 中每一个函数都可以单独编译，有利于分工编写和调试。

(4)　C51 程序中的函数允许递归调用，有利于算法的实现。

目前，C51 的代码长度已经达到汇编程序水平的 1.2～1.5 倍。当代码长度超过 1KB 以上时，C51 比汇编语言具有明显的优势。同时，由于单片机生产工艺的改善，单片机的运行速度和内部存储器容量都有了较大的提高，这些都为 C51 应用程序的应用创造了有利的条件。

3.2　C51 程序设计基础

3.2.1　案例介绍及知识要点 1

先看下面一段程序，该程序实现的功能是利用定时器控制小灯 1s 间隔闪烁。亮时，蜂鸣器以 20Hz 的频率鸣叫。通过该程序能够对 C51 程序的结构组成有一个大体的了解。

```
#include <REGX51.H>              //51 头文件
#define uchar unsigned char      //数据类型宏定义
#define uint unsigned int
#define led P0                   //端口宏定义
sbit bee=P3^5;                   //特殊位寄存器定义
uchar num=19;
void main()                      //主程序
{
    TMOD=0X01;
    TH0=(65536-50000)/256;
    TL0=(65536-50000)%256;
    TR0=1;
    EA=1;
    ET0=1;
```

```
    while(1);
}
void Timer0() interrupt 1 using 0 //中断子程序
{
    TH0=(65536-50000)/256;
    TL0=(65536-50000)%256;
    bee=~bee;
    num--;
    if(num==0)
    {
        num=19;
        led=~led;
    }
}
```

从这段程序来看，C51 和 C 语言是一致的，由标识符、常量、变量、运算符和分隔符等组成。接下来将对各知识点进行逐一介绍。

知识点

- 了解 C51 的标识符和关键字。
- 熟知 C51 的数据类型。

3.2.2 知识总结——C51 的标识符与关键字

1. C51 的标识符

标识符是用来表示组成 C51 程序的常量、变量、语句标号以及用户自定义函数的名称等。标识符必须满足以下规则。

(1) 所有标识符必须由一个字母(a～z，A～Z)或下划线开头。

(2) 标识符的其他部分可以用字母、下划线或数字(0～9)组成。

(3) 大小写字母表示不同意义，即代表不同的标识符。

(4) 标识符一般默认 32 个字符。

(5) 标识符不能使用 C51 的关键字。

2. C51 的关键字

关键字是 C51 已定义的具有固定名称和特定含义的特殊标识符，又称保留字。ANSI C 标准关键字这里不作介绍。C51 扩展的关键字说明如表 3-1 所示。

表 3-1 C51 扩展关键字说明

C51 扩展关键字		
关 键 字	用 途	说 明
at	定位变量	将变量存放在存储区的固定位置
*alien	函数属性说明	指定 PL/M－51 函数
bdata	存储器类型说明	说明位寻址内部数据区
bit	数据类型说明	可位寻址数据
code	存储器类型说明	说明程序存储区

续表

C51 扩展关键字		
关 键 字	用 途	说 明
compact	存储模式说明	缺省，变量位于外部 RAM 区的一页(256B)
data	存储器类型说明	说明直接寻址内部数据区
far	存储类型说明	说明扩展的 RAM 和 ROM 区(最多 16MB)
idata	存储器类型说明	说明间接寻址内部数据区
interrupt	中断函数声明	将函数说明为中断函数
large	存储模式说明	缺省，变量位于外部 RAM 区的 64KB 空间
pdata	存储器类型说明	说明分页外部数据区
*priority	多工优先说明	设定 RTX51 或 RTX51 Tiny 多工优先等级
reentrant	函数属性说明	指定可重入函数
sbit	数据类型说明	特殊功能位寻址数据
sfr	数据类型说明	特殊功能字节寻址数据
sfr16	数据类型说明	特殊功能字寻址数据
small	存储模式说明	缺省，变量位于内部 RAM
*task	任务说明	说明多任务函数
using	函数属性说明	说明函数使用的寄存器组
xdata	存储器类型说明	说明外部数据区

下面几个字符串虽不属于关键字，但用户不要在程序中随便使用：define、undef、include、ifdef、ifndef、endif 和 line

3.2.3 知识总结——C51 的数据类型

C51 常用的基本数据类型有无符号字符型、有符号字符型、无符号整型、有符号整型、无符号长整型、有符号长整型、浮点型和指针，这些类型和标准 C 相同。需要注意的是，在 C51 编译器中 int 和 short 相同，float 和 double 相同，这里就不举例说明了。C51 扩展的数据类型有 bit、sbit、sfr 和 sfr16。表 3-2 为 C51 支持的基本数据类型，表 3-2 中的[ ]部分可以省略。

表 3-2 C51 支持的基本数据类型

数据类型		长 度	取值范围
字符型	[signed] char	1B	−128～+127
	unsigned char	1B	0～255
整型	[signed] int	2B	−32768～+32767
	unsigned int	2B	0～65535
长整型	[signed] long	4B	−2147483648～+2147483647
	unsigned long	4B	0～4294967295
浮点型	float	4B	±1.175494E-38～±3.402823E+38

续表

数据类型		长　度	取值范围
指针型	*	1～3 B	对象的地址
位型	bit	1bit	0 或 1
	sbit	1bit	0 或 1
访问 SFR	sfr	1B	0～255
	sfr16	2B	0～65 535

1. char 字符型

char 字符型的长度是一个字节，通常用于定义处理字符数据的变量或常量，分无符号字符类型(unsigned char)和有符号字符类型(signed char)，默认值为 signed char 类型。unsigned char 类型用字节中所有的位来表示数值，可以表达的数值范围是 0～255。signed char 类型用字节中最高位字节表示数据的符号，0 表示正数，1 表示负数，负数用补码表示，所能表示的数值范围是-128～+127。unsigned char 常用于处理 ASCII 码或用于处理小于或等于 255 的整型数。

2. int 整型

int 整型长度为两个字节，用于存放一个双字节数据，分有符号 int 整型数(signed int)和无符号整型数(unsigned int)，默认值为 signed int 类型。signed int 表示的数值范围是-32 768～+32 767，字节中最高位表示数据的符号，0 表示正数，1 表示负数。unsigned int 表示的数值范围是 0～65 535。

3. long 长整型

long 长整型长度为 4 个字节，用于存放一个 4 字节数据。分有符号 long 长整型(signed long)和无符号长整型(unsigned long)，默认值为 signed long 类型。signed int 表示的数值范围是-2 147 483 648～+2 147 483 647，字节中最高位表示数据的符号，0 表示正数，1 表示负数。unsigned long 表示的数值范围是 0～4 294 967 295。

4. float 浮点型

float 浮点型在十进制中具有 7 位有效数字，是符合 IEEE－754 标准的单精度浮点型数据，占用 4 个字节。

5. 指针型

指针型本身就是一个变量，在这个变量中存放的是另一个数据的地址。这个指针变量要占据一定的内存单元，对不同的处理器长度也不尽相同，在 C51 中它的长度一般为 1～3 个字节。指针变量也具有类型，将在 3.5 节中做详细介绍。

6. bit 位变量

bit 位变量是 C51 编译器的一种扩充数据类型，利用它可定义一个位变量，但不能定义位指针，也不能定义位数组。它的值是一个二进制位，不是 0 就是 1。它的声明与别的 C

数据类型的声明相似，例如：

```
static bit done_flag=0;          //位变量
bit testfunc(                    //位函数
bit flag1,                       //位参数
bit flag2)
{
……[….
return(0);                       //位返回值
}
```

所有的bit位变量都放在80C51内部存储区的可位寻址区，而该区域只有16字节长，所以在某个范围内只能声明最多128个位变量。

C51编译器对bit位变量的声明及使用有如下限制。

(1) 禁止中断的函数(#pragma disable)和使用一个明确的寄存器组(using n)声明的函数不能返回一个位值。

(2) 一个位不能被声明为一个指针 例如：

```
bit*ptr;                  //无效
```

(3) 不能声明一个bit类型的数组，例如：

```
bit ware[5];              //无效
```

7. sfr 特殊功能寄存器

sfr也是一种扩充数据类型，占用一个内存单元，值域为0～255。利用它可以访问51单片机内部的所有特殊功能寄存器。如用sfr P1 = 0x90 这一句定义P1为P1端口在片内的寄存器，在后面的语句中可以用P1 = 255(对P1端口的所有引脚置高电平)之类的语句来操作特殊功能寄存器。

8. sfr16 16位特殊功能寄存器

sfr16占用两个内存单元，值域为0～65 535。sfr16和sfr一样用于操作特殊功能寄存器，所不同的是它用于操作占两个字节的寄存器，如定时器T0和T1。

9. sbit 可寻址位

sbit是C51中的一种扩充数据类型，利用它可以访问芯片内部的RAM中的可寻址位或特殊功能寄存器中的可寻址位。如先前定义了sfr P1 = 0x90，因P1端口的寄存器是可位寻址的，所以可以定义sbit P1_1 = P1 ^ 1，意思是定义P1_1为P1中的P1.1引脚。

当用sbit访问内部数据存储区的可位寻址区时，则必须要有用bdata存储类型声明的变量，并且是全局的，即必须有如下变量声明：

```
int bdata ibase;              //可位寻址的整型变量
char bdata array[4];          //可位寻址的字符型数组
```

变量ibase和bary是可位寻址的，因此这些变量的每个位都是可以直接访问和修改的，故可以用sbit关键字声明新的变量，来访问它们的各个位，例如：

```
sbit mybit0=ibase^0;          //ibase的第0位
sbit mybit15=ibase^15;        //ibase的第15位
sbit Ary07=array[0]^7;        //数组元素array[0]的第7位
```

```
sbit Ary37=array[3]^7;            //数组元素 array[3]的第 7 位
```

上面的例子只是声明并不分配位空间。例子中“^”符号后的表达式指定位的位置，此表达式必须是常数，其范围由声明的基变量决定：char 型和 unsigned char 型的范围是 0～7，int 型和 unsigned int 型的范围是 0～15，long 型和 unsigned long 型的范围是 0～31。

若要在别的模块中使用已定义的 sbit 类型，同样应该对其提供外部变量声明，方式如下：

```
extern bit mybit0;
extern bit mybit15;
extern bit Ary07;
extern bit Ary37;
```

对表 3-2 中的数据类型的使用作如下附加说明，希望引起读者注意。

- 使用有符号(signed)数据类型时，编译器要进行符号位的检测并需要调用库函数，生成的程序代码比无符号格式要长得多，程序运行速度将减慢，占用的存储空间也会变大，出现错误的几率将会大大增加。所以通常情况下，在编程时，如果只强调运算速度而不进行负数运算时，最好采用无符号(unsigned)格式。
- 位型变量与单片机的硬件结构有关，应注意将其定义在单片机内部可位寻址区域。bit 位型变量定位在单片机内部 RAM 的 20H～2FH 单元相应的区域。sbit 用于定义可独立寻址访问的位变量，常用于定义单片机 SFR 中可以进行位寻址的确定的位，也可以定义内部 RAM 的 20H～2FH 单元中相应的位。
- 程序编译时，C51 编译器会自动进行类型转换。如将一个位变量赋值给一个整型变量时，位型值自动转换为整型值；当运算符两边为不同类型的数据时，编译器先将低级的数据类型转换为较高级的数据类型，运算后的结果为较高级的数据类型。

总之，无论何时，应尽可能使用无符号字符变量，因为它能直接被 C51 所接受。基于同样的原因，也应尽量使用位变量。有符号字符变量虽然也只占用一个字节，但需要进行额外的操作来进行测试代码的符号位，这无疑会降低代码效率。

3.2.4 案例介绍及知识要点 2

八路花样流水灯实例，电路图如图 3-1 所示。

```
#include<reg51.h>
void main(void)
{
    //定义花样数据
    const unsigned char tab[32]={0xFF,0xFE,0xFD,0xFB,0xF7,0xEF,0xDF,0xBF,0x7F,
                                 0x7F,0xBF,0xDF,0xEF,0xF7,0xFB,0xFD,0xFE,0xFF,
                                 0xFF,0xFE,0xFC,0xF8,0xF0,0xE0,0xC0,0x80,0x0,
                                 0xE7,0xDB,0xBD,0x7E,0xFF};
    unsigned int a;                          //定义延时用的变量
    unsigned char data b;                    //在内部数据 data 区定义循环用的变量
    do
    {
        for(b=0;b<32;b++)
        {
            for(a=0;a<50000;a++);            //延时一段时间
                P0=tab[b];                   //读已定义的花样数据并写花样数据到 P0 口
```

```
        }
    }while(1);
    }
```

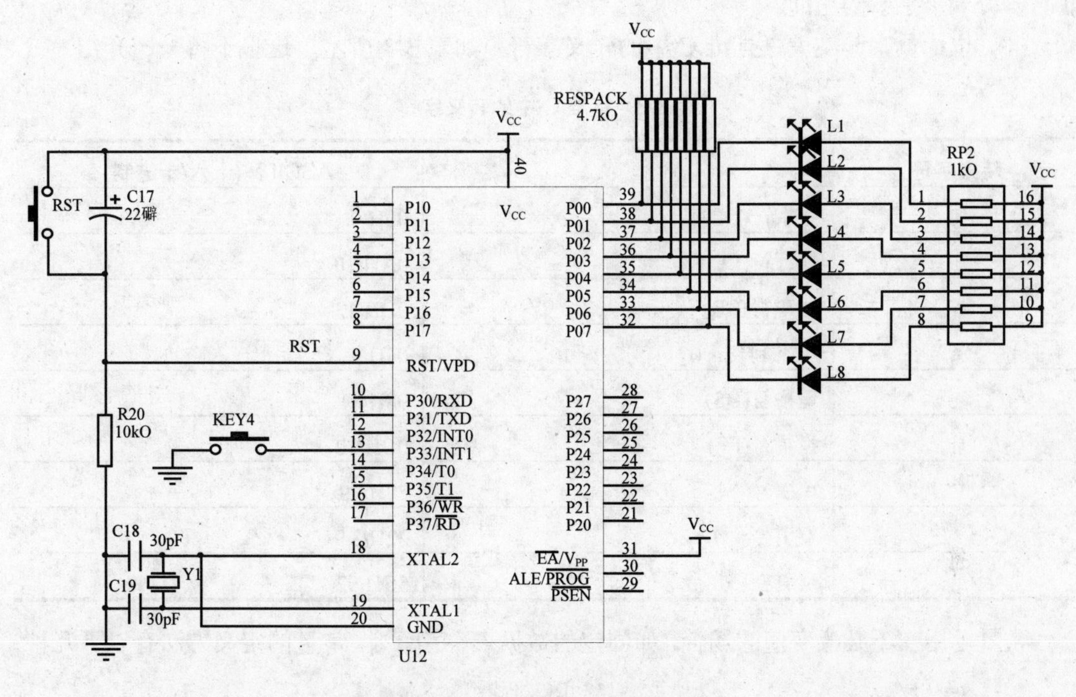

图 3-1　八路花样流水灯电路图

程序中的花样数据可以定义成常量数据，显示的速度可以根据需要调整用于延时的变量 a 的值，但注意不要超过变量数据类型的值域，循环计数器 b 定义在内部数据 data 区，可以提高系统的性能。

知识点

- 理解常量和变量的含义。
- 熟知 C51 的存储类型。

3.2.5　知识总结——常量和变量

1．常量

常量是在程序运行过程中不能改变的量，常量的数据类型只有整型、浮点型、字符型、字符串型和位标量。常量的数据类型说明方式如下。

(1)　整型常量可以表示为十进制，如 123，0，-66 等；也可以表示为十六进制，以 0x 开头，如 0x12、0xf4 等；长整型在数字后面加字母 L，如 100L、36L 等。

(2)　浮点型常量可分为十进制和指数表示形式。十进制由数字和小数点组成，如 0.456、0.10 等，整数和小数部分为 0，可以省略但必须有小数点。指数表示形式为：[±]数字[. 数字]E[±]数字，[ ]中的内容为可选项，如 123E4、82E-3 等。

(3)　字符型常量由双引号内的字符组成，如“abc”、“123”等，当引号内没有字符时，则为空字符串。在使用特殊字符时，同样要使用转义字符，如双引号。在 C 中字符串常量是作为字符类型数组来处理的，在存储字符串时，系统会在字符串尾部加上\0(数字 0，而非字母 o)转义字符，作为字符串的结束符。字符串常量 A 和字符常量 A 是不同的，前者在存储时多占一个字节的空间。

(4) 位标量，其实就是标准 C 中的转义字符，如表 3-3 所示，这里不再一一介绍。

表 3-3 标准 C 中的转义字符

转义字符	含 义	ASCII 码(十六/十进制)
\0	空字符(NULL)	00H/0
\n	换行符(LF)	0AH/10
\r	回车符(CR)	0DH/13
\t	水平制表符(HT)	09H/9
\b	退格符(BS)	08H/8
\f	换页符(FF)	0CH/12
\'	单引号	27H/39
\"	双引号	22H/34
\\	反斜杠	5CH/92

常量可用在不必改变值的场合，如固定的数据表、字库等，常量的定义方法有以下几种：

```
#define  false  0                    //用预处理语句定义常量
#define  true  1
```

当程序中用到 false 编译时自动用 0 替换；同理 true 用 1 替换。

```
unsigned  int  code  flag=100;       //用 code 把 flag 定义为无符号 int 常量并赋值
const  unsigned  int  arr=100;       //用 const 定义 arr 为无符号 int 常量并赋值
```

以上两个常量的值都保存在程序存储器中，而程序存储器在运行中是不允许被修改的，所以如果在这两句后面用了类似 flag=110 或 arr++的语句，编译时将会出错。

2. 变量

变量是可以在程序运行过程中不断变化的量，变量的定义可以使用所有 C51 编译器支持的数据类型。变量定义时不仅要指明变量名，还要指出所用的数据类型和存储模式，这样编译系统才能为变量分配相应的存储空间。定义一个变量的格式如下：

[存储种类]　数据类型　[存储器类型]　变量名表

在定义格式中除了数据类型和变量名表是必要的，其他都是可选项。

存储种类有 4 种：自动(auto)、外部(extern)、静态(static)和寄存器(register)，缺省类型为自动(auto)。

存储器类型的说明就是指定该变量在 C51 硬件系统中所使用的存储区域，用于在编译时准确的定位。如果省略存储器类型，系统则会按编译模式 SMALL、COMPACT 或 LARGE 所规定的默认存储器类型来指定变量的存储区域。系统的编译模式会在第 5 章中详细介绍。

需要指出的是，变量的存储种类与存储器类型是完全无关的。

3.2.6　知识总结——C51 的存储类型

C51 是面向 80C51 系列单片机的程序设计语言，应用程序中使用的任何数据(变量和常数)都必须以一定的存储器类型定位于单片机的相应的存储区域中。而 C51 变量定义中的存储器类型部分指定了该变量的存储区域，存储器类型可以由关键字直接声明指定。C51 编译器支持的存储器类型如表 3-4 所示。

表 3-4　C51 存储器类型

关 键 字	存储器类型	描　述
data	内部 RAM 的 0～7FH 区域	直接寻址的内部 RAM 区，速度最快(128B)
bdata	内部 RAM 的 20H～2FH 区域	允许位与字节直接访问(16B)
idata	内部 RAM 的 00H～FFH 区域	间接寻址，可访问全部内部地址空间(256B)
pdata	外部 RAM 某一页 0～FFH 区域	分页(256B)外部数据存储区，由操作码 MOVX　@Ri 间接访问
xdata	外部 64KB RAM 0～FFFFH 区域	由操作码 MOVX　@Ri 间接访问
code	64KB 程序存储器区域	用 MOVC 指令访问

内部数据区可以分成 3 个不同的存储类型：data、bdata 和 idata。

- data 存储类型标识符通常指低 128B 的内部数据区，存储的变量直接寻址，因此访问 data 区中的变量速度最快，但 data 区空间有限，所以应把使用频率最高的变量定义在 data 区。
- bdata 存储类型标识符指内部可位寻址的 16B 存储区(20H 到 2FH)，可以在本区域声明可位寻址的数据类型。bdata 区主要存放位变量，也可以存放字符变量和基本整型变量，但不允许在该区域定义长整型和浮点型变量。
- idata 存储类型标识符指内部的 256B 的存储区，但是只能间接寻址，速度比直接寻址慢。idata 区通常是指内部 RAM 中除了工作寄存器区、位变量区和堆栈区之外的区域，通常根据该区域是否满足应用需求来决定是否扩展外部 RAM。
- Cx51 编译器提供两种不同的存储类型访问外部数据：xdata 和 pdata。当应用系统扩展了外部 RAM 时，就可以将变量设置在 pdata 或 xdata 区域。

3.2.7　案例介绍及知识要点 3

在前面列举的所有的 C 程序中，都有一共同点，就是在程序的开头都有“#include<reg51.h>”这条语句，它的含义已经很清楚了，但对于 reg51.h 文件内部却还不了解，下面以该头文件为例来分析。

```
/*--------------------------------------------------------------------------
AT89X51.H

Header file for the low voltage Flash Atmel AT89C51 and AT89LV51.
Copyright (c) 1988-2002 Keil Elektronik GmbH and Keil Software, Inc.
All rights reserved.
--------------------------------------------------------------------------*/
#ifndef __AT89X51_H__
```

```
#define __AT89X51_H__
/*-------------------------------------------------
Byte Registers
-------------------------------------------------*/
sfr P0      = 0x80;
sfr SP      = 0x81;
sfr DPL     = 0x82;
sfr DPH     = 0x83;
sfr PCON    = 0x87;
sfr TCON    = 0x88;
sfr TMOD    = 0x89;
sfr TL0     = 0x8A;
sfr TL1     = 0x8B;
sfr TH0     = 0x8C;
sfr TH1     = 0x8D;
sfr P1      = 0x90;
sfr SCON    = 0x98;
sfr SBUF    = 0x99;
sfr P2      = 0xA0;
sfr IE      = 0xA8;
sfr P3      = 0xB0;
sfr IP      = 0xB8;
sfr PSW     = 0xD0;
sfr ACC     = 0xE0;
sfr B       = 0xF0;
/*-------------------------------------------------
P0 Bit Registers
-------------------------------------------------*/
sbit P0_0 = 0x80;
sbit P0_1 = 0x81;
sbit P0_2 = 0x82;
sbit P0_3 = 0x83;
sbit P0_4 = 0x84;
sbit P0_5 = 0x85;
sbit P0_6 = 0x86;
sbit P0_7 = 0x87;
/*-------------------------------------------------
PCON Bit Values
-------------------------------------------------*/
#define IDL_    0x01

#define STOP_   0x02
#define PD_     0x02    /* Alternate definition */

#define GF0_    0x04
#define GF1_    0x08
#define SMOD_   0x80
/*-------------------------------------------------
TCON Bit Registers
-------------------------------------------------*/
sbit IT0  = 0x88;
sbit IE0  = 0x89;
sbit IT1  = 0x8A;
sbit IE1  = 0x8B;
sbit TR0  = 0x8C;
sbit TF0  = 0x8D;
sbit TR1  = 0x8E;
sbit TF1  = 0x8F;
/*-------------------------------------------------
TMOD Bit Values
-------------------------------------------------*/
```

```
#define T0_M0_   0x01
#define T0_M1_   0x02
#define T0_CT_   0x04
#define T0_GATE_ 0x08
#define T1_M0_   0x10
#define T1_M1_   0x20
#define T1_CT_   0x40
#define T1_GATE_ 0x80

#define T1_MASK_ 0xF0
#define T0_MASK_ 0x0F

/*------------------------------------------------
P1 Bit Registers
------------------------------------------------*/
sbit P1_0 = 0x90;
sbit P1_1 = 0x91;
sbit P1_2 = 0x92;
sbit P1_3 = 0x93;
sbit P1_4 = 0x94;
sbit P1_5 = 0x95;
sbit P1_6 = 0x96;
sbit P1_7 = 0x97;

/*------------------------------------------------
SCON Bit Registers
------------------------------------------------*/
sbit RI   = 0x98;
sbit TI   = 0x99;
sbit RB8  = 0x9A;
sbit TB8  = 0x9B;
sbit REN  = 0x9C;
sbit SM2  = 0x9D;
sbit SM1  = 0x9E;
sbit SM0  = 0x9F;

/*------------------------------------------------
P2 Bit Registers
------------------------------------------------*/
sbit P2_0 = 0xA0;
sbit P2_1 = 0xA1;
sbit P2_2 = 0xA2;
sbit P2_3 = 0xA3;
sbit P2_4 = 0xA4;
sbit P2_5 = 0xA5;
sbit P2_6 = 0xA6;
sbit P2_7 = 0xA7;

/*------------------------------------------------
IE Bit Registers
------------------------------------------------*/
sbit EX0  = 0xA8;       /* 1=Enable External interrupt 0 */
sbit ET0  = 0xA9;       /* 1=Enable Timer 0 interrupt */
sbit EX1  = 0xAA;       /* 1=Enable External interrupt 1 */
sbit ET1  = 0xAB;       /* 1=Enable Timer 1 interrupt */
sbit ES   = 0xAC;       /* 1=Enable Serial port interrupt */
sbit ET2  = 0xAD;       /* 1=Enable Timer 2 interrupt */

sbit EA   = 0xAF;       /* 0=Disable all interrupts */
/*------------------------------------------------
P3 Bit Registers (Mnemonics & Ports)
```

```
-------------------------------------------------*/
sbit P3_0 = 0xB0;
sbit P3_1 = 0xB1;
sbit P3_2 = 0xB2;
sbit P3_3 = 0xB3;
sbit P3_4 = 0xB4;
sbit P3_5 = 0xB5;
sbit P3_6 = 0xB6;
sbit P3_7 = 0xB7;

sbit RXD  = 0xB0;       /* Serial data input */
sbit TXD  = 0xB1;       /* Serial data output */
sbit INT0 = 0xB2;       /* External interrupt 0 */
sbit INT1 = 0xB3;       /* External interrupt 1 */
sbit T0   = 0xB4;       /* Timer 0 external input */
sbit T1   = 0xB5;       /* Timer 1 external input */
sbit WR   = 0xB6;       /* External data memory write strobe */
sbit RD   = 0xB7;       /* External data memory read strobe */
/*-------------------------------------------------
IP Bit Registers
-------------------------------------------------*/
sbit PX0  = 0xB8;
sbit PT0  = 0xB9;
sbit PX1  = 0xBA;
sbit PT1  = 0xBB;
sbit PS   = 0xBC;
sbit PT2  = 0xBD;

/*-------------------------------------------------
PSW Bit Registers
-------------------------------------------------*/
sbit P    = 0xD0;
sbit FL   = 0xD1;
sbit OV   = 0xD2;
sbit RS0  = 0xD3;
sbit RS1  = 0xD4;
sbit F0   = 0xD5;
sbit AC   = 0xD6;
sbit CY   = 0xD7;

/*-------------------------------------------------
Interrupt Vectors:
Interrupt Address = (Number * 8) + 3
-------------------------------------------------*/
#define IE0_VECTOR    0  /* 0x03 External Interrupt 0 */
#define TF0_VECTOR    1  /* 0x0B Timer 0 */
#define IE1_VECTOR    2  /* 0x13 External Interrupt 1 */
#define TF1_VECTOR    3  /* 0x1B Timer 1 */
#define SIO_VECTOR    4  /* 0x23 Serial port */

#endif
```

知识点

熟悉单片机硬件结构的 C51 定义及操作。

3.2.8 知识总结——51 单片机硬件结构的 C51 定义

C51 是适合于 51 单片机的 C 语言，它对标准 C 语言进行了扩展，从而具有对 51 单片机硬件结构的良好支持和操作能力。3.2.3 节中已简单提到 C51 扩展数据类型 sfr、sfr16、sbit 和 bit 声明变量的方法，接下来的问题就是怎样利用它们对 51 单片机的寄存器进行操作。

1. 对特殊功能寄存器 SFR 的定义

51 单片机内部 RAM 的 80H～FFH 区域有 21 个特殊功能寄存器，为了直接访问它们，C51 编译器利用扩展的关键字 sfr 和 sfr16 对这些特殊功能寄存器进行定义。

8 位特殊功能寄存器变量用关键字 sfr 说明，定义格式为：

```
sfr  SFR 名=绝对地址;
```

例如：

```
sfr  SCON=0x98;                 /*串行通信控制寄存器地址为 98H*/
sfr  TCON=0x88;                 /*定时/计数器控制寄存器地址为 88H*/
sfr  P1=0x90;                   /*P1 端口地址为 90H*/
```

在新型 51 系列单片机中，两个 8 位特殊功能寄存器经常组合为 16 位寄存器使用，当 16 位寄存器的高端地址直接位于低端地址之后，就可以定义一个 16 位特殊功能寄存器变量，定义格式为：

```
sfr16    SFR 名=sfr16 低端地址;
```

例如：

```
sfr16  TL2=0xcc;          /* T2 寄存器低端地址为 CCH，高端地址为 CDH*/
```

定义之后，在程序中就可以直接引用寄存器名。

2. 特殊功能寄存器中特定位的定义

在 C51 中可以利用关键字 sbit 定义可独立寻址访问的位变量，如定义 80C51 单片机 SFR 中的一些特定位。定义方法有多种，如下。

1)　用字节地址位定义

例如：

```
sbit  CY=0xd0^7;                /*定义 CY 位字节地址为 0xd0 单元的第 7 位*/
```

2)　用寄存器名位定义

例如：

```
sfr  PSW=0xd0;                  /*定义 PSW 地址为 d0H*/
sbit CY=PSW^7;                  /*CY 为 PSW.7*/
```

3)　用直接位地址定义

例如：

```
sbit  OV=0xd2;                  /*定义 OV 位地址为 D2H*/
sbit  CY=0xd7;                  /*定义 CY 位地址为 D7H*/
```

4)　使用头文件 reg51.h，再直接用位名称

例如：

```
#include<reg51.h>
TR0=1;
EA=1;
```

```
TF0=0;
```

5)　使用头文件及 sbit 定义符，常用于无位名称的可位寻址位

例如：

```
#include<reg51.h>
sbit  p10=P1^0;
sbit  a7=ACC^7;
```

3. 对一般位变量的定义

当位变量位于内部 RAM 的可位寻址区(20H～2FH 单元)时，可以利用 C51 编译器提供的 bdata 存储器类型进行访问，带有 bdata 类型的变量可以进行字节或位寻址，用 sbit 指定 bdata 变量的相应位后就可以进行位寻址。

例如：

```
char bdata temp;                /*在位寻址区定义一个字符型变量 temp */
      sbit bit7=temp^7;         /*bit7 定义为 temp 的第 7 位*/
      bit7=1;                   /*位寻址，将 temp 的第 7 位置 1*/
```

另外，也可以用关键字 bit 定义普通位变量，此时 C51 编译器会自行将该位变量定位于可位寻址的 bdata 区。

例如：

```
bit  flag;
```

值得注意的是，不能定义 bit 类型指针，也不能定义 bit 类型数组。

Kiel C51 编译器提供了多种型号 51 系列单片机的特殊功能寄存器和可位寻址的 SFR 的位定义的头文件，如 reg51.h、AT89X51.h 和增强型的 reg52.h，可以直接引用，可以对它们编辑、补充未定义的 sfr、sfr16、sbit 变量，也可以自己写定义文件，用自己认为好记的名字。使用时，只要用包含语句 include<xxx.h>，就可以直接引用已定义的特殊功能寄存器名和位名称。

4. C51 对存储器和外接 I/O 接口的绝对地址访问

3.2.3 节中介绍的用关键字 sfr、sfr16 和 sbit 说明变量就是指定变量的绝对地址，对这些变量的访问就是绝对地址访问。C51 程序对绝对地址单元的访问还可以使用宏定义实现：用 C51 提供的宏定义绝对地址访问头文件 absacc.h 定义的绝对地址变量，可对不同的存储区进行访问。该头文件的函数有：

CBYTE　(访问 code 区字符型)　　CWORD　(访问 code 区 int 型)
DBYTE　(访问 data 区字符型)　　DWORD　(访问 data 区 int 型)
PBYTE　(访问 pdata 区字符型)　　PWORD　(访问 pdata 区 int 型)
XBYTE　(访问 xdata 区字符型)　　XWORD　(访问 xdata 区 int 型)

定义绝对地址变量的格式为：

```
#include<absacc.h>                 /*预处理命令，包含绝对宏定义头文件 absacc.h*/
#define 变量名 CBYTE[绝对地址]      /*在程序存储器中定义绝对地址字节变量*/
#define 变量名 DBYTE[绝对地址]      /*在内部 RAM 中定义绝对地址字节变量*/
#define 变量名 PBYTE[绝对地址]      /*在外部某一页中定义绝对地址字节变量*/
#define 变量名 XBYTE[绝对地址]      /*在外部 RAM 中定义绝对地址字节变量*/
```

```
#define 变量名 CWORD[绝对地址]          /*在程序存储器中定义绝对地址字变量*/
#define 变量名 DWORD[绝对地址]          /*在内部 RAM 中定义绝对地址字变量*/
#define 变量名 PWORD[绝对地址]          /*在外部某一页中定义绝对地址字变量*/
#define 变量名 XWORD[绝对地址]          /*在外部 RAM 中定义绝对地址字变量*/
```

例如：

```
#include<absacc.h>                     /*包含宏定义头文件 absacc.h*/
#define cmd XBYTE[0x7fff]              /*定义命令寄存器地址*/
#define PA8255 XBYTE[0x7ffc]           /*定义 8255A 口绝对地址*/
```

在后面程序中出现 com 或 PA8255 的地方，就是对地址为 0x7fff 或 0x7ffc 的外部 RAM 或 I/O 口进行访问。

也可以不使用宏定义的方法，直接使用，如：

```
var=XBYTE[0x8000];
XBYTE[0x8000]=0x21;
```

由于单片机的 I/O 口和外部 RAM 统一编址，因此对 I/O 口地址的访问同样可以使用上述方法。

3.3 C51 运算符和表达式

C 语言的运算符有以下几类：算术运算符、逻辑运算符、位操作运算符、赋值运算符、条件运算符、逗号运算符和关系运算符等。用运算符和括号将运算对象(操作数)连接起来并符合 C 语言规则的式子称为表达式，C 语言有算术表达式、赋值表达式、逗号表达式、关系表达式和逻辑表达式等。在任意一个表达式的后面加一个“；”就构成了一个表达式语句。由运算符和表达式可以构成 C51 程序的各种语句。

知识点

- 熟悉各运算符的写法及功能。
- 熟练使用各运算表达式。

3.3.1 赋值运算符

1. 关于赋值运算符的使用举例

程序代码如下：

```
main()
{
    idata var1,var2,*p,var3;
    var1=4;
    var2=7;
    var3=5;
    while(1);
}
```

运行结果如图 3-2 所示。

此例中，仅是对变量赋初值，在以后各小节中，均能看到赋值运算符的应用。

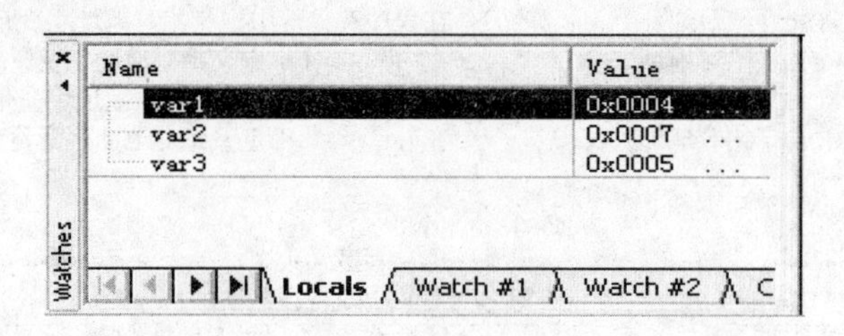

图 3-2 运行结果

2. 知识点分析

赋值运算是对变量操作的基本运算。

赋值运算符及其说明如表 3-5 所示。

表 3-5 赋值运算符

符 号	运算符类型	运算符功能
=	双目	赋值

3.3.2 算术运算符和算术表达式

1. 关于算术运算符的使用举例

除法和求模运算，测试代码如下：

```
#include<stdio.h>
main()
{
        idata a,b,c,d;
        a=7;
        b=4;
        c=a/b;
        d=a%b;
        while(1);
}
```

运行结果如图 3-3 所示。

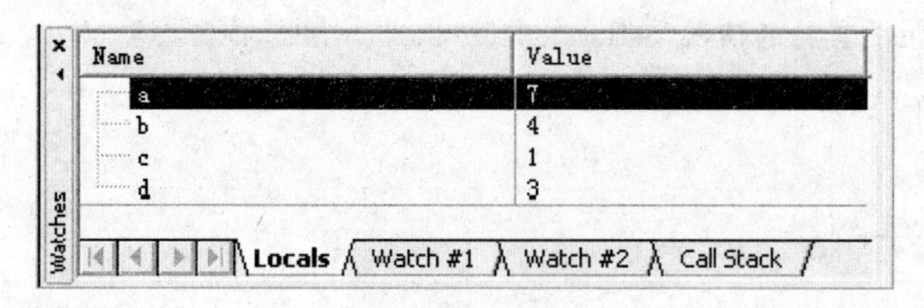

图 3-3 运行结果

“/”为除法运算，而“%”为取模运算，运算符左侧为被除数，右侧为除数。两个整数相除，结果仍为整数(商)，舍去小数部分(余数)。取余运算中，参与运算的两个量必须是整型数，结果为两个数相除之后的余数。程序中 7/4 的结果为商 1，而 7%4 的结果为余数 3。

2. 知识点分析

算术运算符及其说明如表 3-6 所示。

表 3-6　算术运算符

符　号	运算符类型	运算符功能
+	双目	加法运算
-	双目	减法运算
*	双目	乘法运算
/	双目	除法运算
%	双目	取模运算
++	单目	自加运算
--	单目	自减运算

3.3.3　关系运算符和关系表达式

1. 关于关系运算符的使用举例

几种关系运算符的测试，代码如下：

```
main()
{
    int a,b,c,d,e,f;
    a=(7>4);
    b=(4<4);
    c=(7>=4);
    d=(7<=4);
    e=(7==4);
    f=(7!=4);
    while(1);
}
```

运行结果如图 3-4 所示。

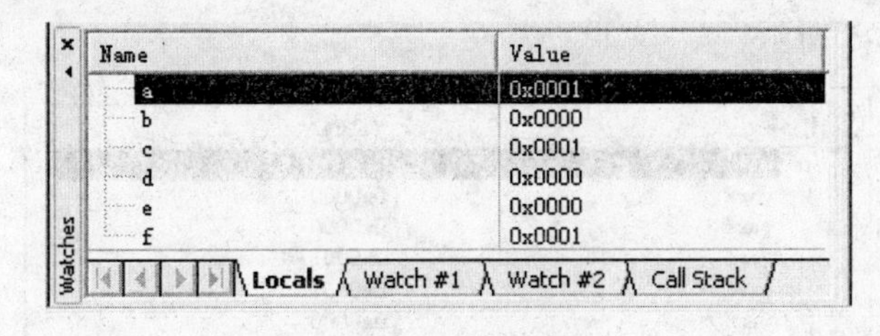

图 3-4　运行结果

关系表达式的值为逻辑值：真和假。在 C51 中用 0 表示假，用 1 表示真。

2. 知识点分析

关系运算符及其说明如表 3-7 所示。

表 3-7　关系运算符

符　号	运算符类型	运算符功能
>	双目	大于
<	双目	小于
>=	双目	大于或等于
<=	双目	小于或等于
==	双目	等于
!=	双目	不等于

关系运算符即比较运算符，就是判断两个数的关系。其优先级低于算术运算，高于赋值运算。而在这 6 种关系运算中，前 4 种优先级相同，后 2 种优先级相同，且前 4 种的优先级高于后 2 种。

3.3.4　逻辑运算符和逻辑表达式

1. 关于逻辑运算符的使用举例

程序代码如下：

```
main()
{
    int var1,var2,var3,var4,var5,var6,var7,var8,var9;
    var1=(7>3)&&(7>4);
    var2=(7>3)&&(4>7);
    var3=(7<3)&&(7<4);
    var4=(7>3)||(7>4);
    var5=(7>3)||(7<4);
    var6=(7<3)||(7<4);
    var7=!(7>3);
    var8=!(7<3);
    var9=(7>3)&&(7<4)+(7<3)||(7<4)+!(7>3);
    while(1);
}
```

运行结果如图 3-5 所示。

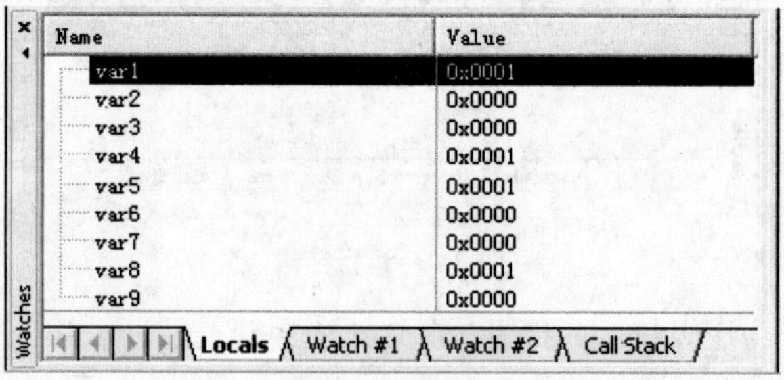

Name	Value
var1	0x0001
var2	0x0000
var3	0x0000
var4	0x0001
var5	0x0001
var6	0x0000
var7	0x0000
var8	0x0001
var9	0x0000

Watches　Locals　Watch #1　Watch #2　Call Stack

图 3-5　运行结果

逻辑表达式值与关系表达式值相同，均为逻辑值，用 0 表示假，用 1 表示真。

对于逻辑与运算，只有二者都为真时，结果才为真。

对于逻辑或运算，只有二者都为假时，结果才为假。

对于逻辑非运算，非真即为假，非假即为真。

2. 知识点分析

逻辑运算符及其说明如表 3-8 所示。

表 3-8　逻辑运算符

符　号	运算符类型	运算符功能
&&	双目	逻辑与
||	双目	逻辑或
!	单目	逻辑非

在逻辑运算中，最基本的是二值逻辑，即真和假，而逻辑运算就是以真假逻辑为对象的运算。在以上 3 种逻辑运算中，逻辑非的优先级最高，且高于算术运算符；逻辑或的优先级最低，低于关系运算符，但高于赋值运算符。

3.3.5　位运算符和位运算

1. 位运算符的使用举例

程序代码如下：

```
main()
{
    char var1,var2,var3,var4,var5,var6;
    var1=7&4;
    var2=7|4;
    var3=7^4;
    var4=~7;
    var5=7<<3;
    var6=4>>2;
    while(1);
}
```

运行结果如图 3-6 所示。

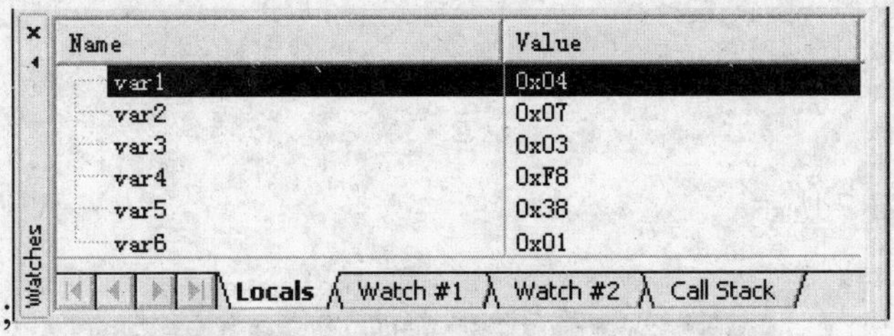

图 3-6　运行结果

位运算与、或、非的运算规则类似逻辑运算的与、或、非。“&”的功能相当于 51 系列的 ANL 指令，“|”的功能相当于 51 系列的 ORL 指令，“^”的功能相当于 51 系列的 XOR 指令，“～”的功能相当于 51 系列的 CPL 指令。

移位运算法则如下：对于有符号数，要对符号进行扩展，最高位为符号位，正数的最高位保持为 0，而负数的最高位保持为 1(除非移位后数据溢出)。对于无符号数移位操作，空缺位直接补 0 即可。

位运算的优先级顺序为：位取反、左移和右移、位与、位异或、位或。

2. 知识点分析

C51 提供 6 种位运算符，如表 3-9 所示。

表 3-9　位运算符

符　号	运算符类型	运算符功能
&	双目	按位与
|	双目	按位或
～	双目	按位取反
^	双目	按位异或
<<	双目	按位左移
>>	双目	按位右移

位运算符的功能是对数据进行按位运算，使其能对单片机的硬件直接进行操作，位运算符只能用于字符型和整型数据，不能用于浮点型数。

3.3.6　复合运算符及其表达式

1. 复合运算符的使用举例

程序代码如下：

```
main()
{
        char idata var1=1,var2=2,var3=3,var4=4,var5=5,var6=6,var7=7,var8=8;
        var1*=2;                        //var1 乘以 2 再放回 var1 中
        var2*=var1;                     //var2 乘以 var1 再放回 var2 中
        var3<<=1;                       //var3 左移一位再放回 var3 中
        var4<<=var1;                    //var4 左移 var1 位再放回 var4 中
        var5&=0x07;                     //var5 和 0x07 相与后的结果再放回 var5 中
        var6&=var5;                     //var6 和 var5 相与后的结果再放回 var6 中
        var7=4>7?var1:var2;             //var2 放到 vvar7 中
        var8=7>4?var1:var2;             //var1 放到 var8 中
        while(1);
}
```

运行结果如图 3-7 所示。

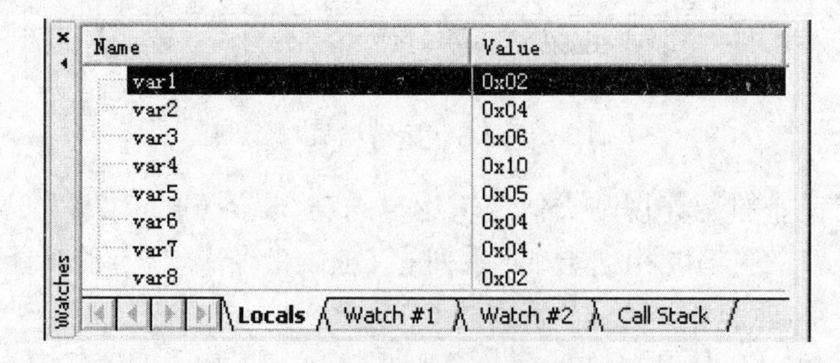

图 3-7　运行结果

2. 知识点分析

复合运算的运算符及说明如表 3-10 所示。

表 3-10　复合运算符

符　号	运算符类型	运算符功能
+=	双目	加并赋值
-=	双目	减并赋值
*=	双目	乘并赋值
/=	双目	除并赋值
%=	双目	取模并赋值
&=	双目	与并赋值
|=	双目	或并赋值
^=	双目	非并赋值
～=	双目	取反并赋值
<<=	双目	右移并赋值
>>=	双目	左移并赋值
?:	双目	条件运算

C 语言中的复合运算符使得语句的书写更加简洁，符号左边的变量既是源操作数也是目的操作数。

3.4　C51 控制语句和结构化程序设计

C51 语句是计算机执行的操作指令，一条语句以分号结尾(注意程序中的变量和函数声明部分不称为语句，但也以分号结尾)。C 语句有表达式语句、复合语句、控制语句、空语句和函数调用语句等。C 语言是一种结构化程序设计语言，从结构上可以把程序分为顺序、选择和循环结构。

知识点

- 了解表达式、复合语句的基本形式。
- 熟练使用选择语句及选择程序结构。
- 熟悉 3 种循环语句的使用及循环程序结构。

3.4.1　表达式语句、复合语句和顺序结构程序

1. 案例介绍

求两个数的和与差，程序代码如下：

```
main()
{
    int var1,var2,sum,differ;
    var1=7;var2=4;
    sum=var1+var2;
```

```
    differ=var1-var2;
}
```

2．知识点分析

表达式语句的一般形式为：

```
表达式;
```

例如：

```
    var1=7;                    /*赋值语句*/
    sum=var1+var2;             /*相加赋值语句*/
```

顺序结构程序由按顺序执行的多个语句组成。在 C 语言中，常常将按顺序执行的语句用花括号({ })括起来构成复合语句，复合语句中每个语句以分号结尾，花括号后不加分号。只有分号，不执行任意操作的语句称为空语句。像赋值语句那样的不包含其他语句的语句，称为简单语句。通常用复合语句来描述顺序结构程序。

3.4.2 选择语句和选择结构程序

1．案例分析——if 语句

求两个数中的较大者和较小者，程序代码如下：

```
main()
{
        unsigned char data var1,var2,max,min;
        var1=7;var2=4;
        if(var1>var2)
        {
            max=var1;
            min=var2;
        }
        else
        {
max=var2;
            min=var1;
        }
}
```

if 语句用来判定所给的条件是否满足来决定执行哪种操作。If 语句有 3 中形式。

1)　if(表达式)语句

例如：

```
if(TF0)
{
TF0=0;         /*若 TF0=1,则清除 TF0*/
TH0=0x3c;      /*重装寄存器初值*/
TL0=0xf0;
P10=!P10;      /*p10 为已定义的脉冲输出端口*/
}
```

表达式一般为关系表达式或逻辑表达式。当表达式的值为非 0 时执行语句，否则不执行语句。语句可以是简单语句或复合语句。

2) 典型的if…else语句

```
if(表达式)语句1; else 语句2;
```

当表达式的值为非零时执行语句1，否则执行语句2。其中，语句1和语句2可以是简单语句或复合语句。上面案例所示为典型的if…else语句。

3) if语的嵌套

```
if(表达式1)语句1;
          else if(表达式2)语句2;
               else if(表达式3)语句3;
                    …
                    else if(表达式n)语句n;
                         else语句n+1;
```

这种形式的if语句可以实现多种条件的选择。

在后两种if语句中，应注意if和else的配对，else总是和最近的if配对，在if语句中可以再包含if语句，构成if语句的嵌套。

2. 案例分析——条件表达式

上例中的程序可改写如下：

```
main()
{
     unsigned char data var1,var2,max,min;
     var1=7; var2=4;
     max= var1>var2?var1:var2;
     min=var1<var2?var1:var2;
}
```

在“if(表达式)语句1；else语句2；”这种形式中，若语句1、语句2都是给同一个变量赋值，则可以用条件表达式来实现。条件表达式的一般形式为：

```
表达式1  ?  表达式2  : 表达式3
```

条件表达式求解时，先求表达式1的值，若非零求解表达式2的值，并作为条件表达式的值，若表达式1的值为0，则求解表达式3的值，并作为条件表达式的值。例如：

```
     if (var1>var2) max=var1;        /*取var1、var2中的较大值赋给max*/
          else max=var2;
```

也可以改写为：

```
max=(var1>var2)?var1:var2;          /*(var1>var2)?var1:var2是一个*/
                                    /*条件表达式,若a>b成立*/
                                    /*max=var1,否则max=var2*/
```

3. 案例分析——switch语句

在一个应用系统中，要求设计程序把某些采集到的数据显示在数码管上，且显示驱动电路没有译码功能。设变量i为要显示的数据，c_code为共阴极数码管用来显示的七段码，则其中的译码程序如下：

```
{
switch(i)
```

```
{
    case 0:c_code=0x3f;break;
    case 1:c_code=0x06;break;
    case 2:c_code=0x5b;break;
    case 3:c_code=0x4f;break;
    case 4:c_code=0x66;break;
case 5:c_code=0x6d;break;
case 6:c_code=0x7d;break;
case 7:c_code=0x07;break;
case 8:c_code=0x7f;break;
case 9:c_code=0x6f;break;
default:break;
}
}
```

switch 语句是直接处理多分支的选择语句，其功能类似于 51 单片机的散转指令 JMP @A+DPTR。一般形式为：

```
    switch(表达式)
{
case  常量表达式1:语句1;
case  常量表达式2:语句2;
...
case  常量表达式n:语句n;
default:语句n+1;
}
```

switch 语句中的表达式一般为整型或字符型表达式，当表达式的值和某一个 case 后的常量表达式 i 相同时，就执行语句 i；要使各种情况相互排斥，只执行语句 i，应在每个语句后加上退出循环的语句 break；若表达式和所有的常量表达式都不匹配，则执行“default:语句 n+1；”。同时，要求在 switch 语句中的所有的常量表达式必须不同。

3.4.3 循环语句和循环结构程序

循环语句有 3 种：for、while 和 do…while 循环语句。其执行过程分别如下。

1. while 语句

等待串行口接收中断的程序：

```
{
        while(!RI);        /*循环体为空语句*/
    }
```

while 语句的一般形式为：

```
    while(表达式)语句;
```

其中，表达式为循环条件，一般为关系表达式或逻辑表达式；语句为循环体，可以是简单语句、复合语句或空语句。

2. Do…while 语句

要求从 P1.0 输出 16 次跳变，产生 8 个脉冲，P1.1 初态为 0.则程序如下：

```
main()
{
unsigned char i=0;
do
```

```
{
P1=P1^1;
i++;
}while(i<16);
        }
```

do…while 语句的一般形式：

```
        do
        {
            语句;            /*循环体,可以是简单语句或复合语句*/
        }
        while(表达式);       /*注意此分号不可少，表达式为关系表达式或逻辑表达式*/
```

do…while 语句执行循环体语句，再求解表达式值，判断是否退出循环。

3. for 语句

要求编写延时 2ms 的子程序，已知单片机晶振为 12MHz，程序代码如下：

```
    delay()
{
        unsigned char i,j=250;
        for(i=40; i>0; i--)
            while(--j);
    }
```

for 语句的一般形式为：

```
for(表达式 1;表达式 2;表达式 3)语句;
```

循环程序由循环变量初始化、循环体、修改循环变量、判断循环终止条件等部分组成。只不过 while、do-whlie 语句循环变量初始化放在语句的前面，循环变量的修改放在循环体中。而 for 语句具有循环程序所有部分：

```
for(循环变量赋初值; 循环条件; 循环控制变量修改)

{
语句;                  /*循环体，可以是简单语句、复合语句或空语句*/
}
```

for 语句中的表达式 1 可以有几个表达式，表达式之间用逗号隔开。表达式 1 也可以省略，但分号不可省略；若表达式 2 省略(;同样不可省)，则不进行条件判断，成为死循环；表达式 3 也可省略，此时应在循环体中增加修改循环控制变量的语句。

While、do…while、for 语句执行过程如图 3-8 所示。

4. goto 语句、break 语句和 continue 语句

(1) goto 语句为无条件跳转语句，一般形式为：

```
goto  语句标号;        /*goto 语句尽量少用，它会使得程序流程无规律，可读性差*/
```

(2) break 语句用于循环体中，功能是跳出循环体，终止整个循环。一般形式为：

```
break;
```

(3) continue 语句也用于循环体中，功能为跳过本次循环中尚未执行的语句，继续下一次循环，而不是终止整个循环，一般形式为：

```
continue;
```

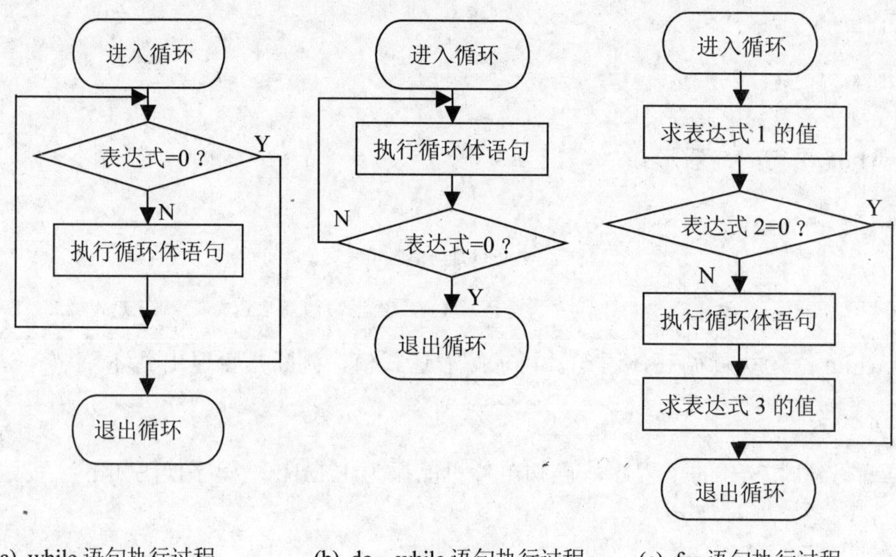

(a) while 语句执行过程　　(b) do…while 语句执行过程　　(c) for 语句执行过程

图 3-8　几种循环语句的执行过程

3.5　C51 构造数据类型简介

3.5.1　数组

分析下列程序，了解数组的用法：

```
#include <REGX51.H>

sbit sck=P2^7;                                        //移位时钟
sbit tck=P2^6;                                        //锁存时钟
sbit data1=P2^5;                                      //串行数据输入
                                                      //数组的定义及初始化,共阴极数码管显示代码
uchar code led[16]={0xfc,0x60,0xda,0xf2,              //0,1,2,3
                    0x66,0xb6,0xbe,0xe0,              //4,5,6,7
                    0xfe,0xe6,0xee,0x3e,              //8,9,A,b
                    0x9c,0x7a,0x9e,0x8E};             //C,d,E,F
void send(uchar data8);
void delay();
void main()
{
    uchar num,i;
    weixuan=0;
    while(1)
    {
        for(i=0;i<=15;i++)
        {
            num=led[i];                               //数组的引用
            send(num);
            delay();
        }
    }
}
```

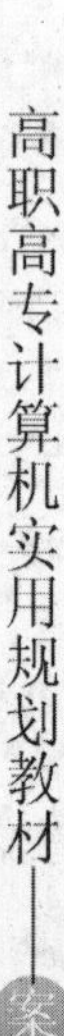

数组是一种构造类型的数据，通常用来处理具有相同属性的一批数据。数组中各元素的数据类型必须相同，元素的个数必须固定。数组中的元素按顺序存放，每个元素对应于一个序号(称下标)，各元素按下标存取。数组元素下标的个数由数组的维数决定，一维数组有一个下标，二维数组有两个下标。这里仅介绍C51中常用的一维数组。

知识点

- 了解一维数组的定义方式。
- 掌握数组的引用及初始化方式。

1. 一维数组的定义

C51数组定义与标准C相比，增加了存储器类型选项，定义的格式如下：

```
数据类型 [存储器类型] 数组名 [常量表达式];
```

数据类型指定数据中元素的基类型，[存储器类型]选项指定存放数组的存储器类型，数组名是一个标识符，其后的[]是数组的标志，方括号中的常量表达式指定数组元素的个数，不能包含变量，即C51不允许对数组的大小作动态定义。

例如：在外部RAM中定义一个存放键盘中的10个键号的数组：

```
unsigned char xdata key[10];
```

在程序存储器中定义一个用于存放七段显示码表的数组：

```
uchar code led[16]={0xfc,0x60,0xda,0xf2,//0,1,2,3
                    0x66,0xb6,0xbe,0xe0, //4,5,6,7
                    0xfe,0xe6,0xee,0x3e, //8,9,A,b
                    0x9c,0x7a,0x9e,0x8E};//C,d,E,F
```

2. 一维数组的引用

数组必须先定义，再引用，而且只能逐个引用数组中的元素，不能一次引用整个数组。

例如：

```
num=led[i];
```

3. 一维数组的初始化

- 在定义数组时如果给所有元素赋值，可以不指定数组元素的个数，如char b[]={0，1，2，3，4}。注意，数组标志括号不可省。
- 在定义数组时可只给部分元素赋初值，例如unsigned char a[10]={9，8，7，6}。
- 初始化数组时全部元素初值为0，例如：char b[5]={0，0，0，0，0}或char b[5]={0}。

3.5.2 指针

在汇编语言程序中，要取某个存储单元的内容，可用直接寻址方式，也可用寄存器间接寻址方式。若用R1寄存器指示该存储单元的地址，则用@R1取该单元的内容。对应地，在C语言中，用变量名表示要取变量的值(相当于直接寻址)，也可用另一个变量p存放该存储单元地址，p即相当于R1寄存器。用*p取得存储单元的内容(相当于汇编中的间接寻址方式)，此处p即为指针型变量。

C51 编译器支持两种类型的指针：通用指针和指定存储区指针。下面将具体介绍这两种指针类型。

知识点

- 了解指针的基本概念。
- 熟悉 C51 中简单的指针类型及使用方式。

1. 通用指针

通用指针的声明和使用均与标准 C 指针相同，只不过同时还可以说明指针的存储类型。例如：

```
char *str;
int *ptr;
long *lptr;
```

上述例子中分别声明了指向 char 型、int 型和 long 型数据的指针，而各指针 str、ptr、lptr 本身则缺省依照存储模式存放。当然也可以显式定义指针本身存放的存储区，如：

```
char *data str;                /*指针 str 存放在内部直接寻址区*/
int *idata ptr;                /*指针 ptr 存放于内部间接寻址区*/
long *xdata lptr;              /*指针 lptr 存放于外部数据区*/
```

通用指针用 3 个字节保存：第一个字节是存储类型，第二个是偏移的高地址字节，第三个是偏移的低地址字节。通用指针指向的变量可以存放在 80C51 存储空间的任何区域。

2. 指定存储区的指针

指定存储区的指针在指针的声明中经常包含一个存储类型标识符，并指向一个确定的存储区。例如：

```
char data *str;                /*指针 str 指向位于 data 区的 char 型变量*/
int xdata *ptr;                /*指针 ptr 指向位于 xdata 区的 int 型变量*/
long code *tab;                /*指针 tab 指向位于 code 区的 long 型数据*/
```

可见，指定存储区的指针的存储类型是经过显式定义的，在编译时是确定的。指定存储区的指针存放时不再像通用指针那样需要保存存储类型，指向 idata、data 、bdata 和 pdata 存储区的指针只需要一个字节存放，而 code 和 xdata 指针也才需要两字节，从而减少了指针长度，节省了存储空间。

指定存储区的指针只用来访问声明在 80C51 存储区的变量，提供了更有效的方法访问数据目标。

像通用指针一样，可以指定一个指定存储区的指针的保存存储区，只需在指针声明前加一个存储类型标识符即可，例如：

```
char data *xdata str;          /*指针本身位于 xdata 区，指向 data 区的 char 型变量*/
int xdata *data ptr;           /*指针本身位于 data 区，指向 xdata 区的 int 型变量*/
long code *idata tab;          /*指针本身位于 idata 区，指向 code 区的 long 型数据*/
```

需要说明的是：一个指定存储区指针产生的代码比一个通用指针产生的代码运行速度快，因为存储区在编译时就知道了指针指向的对象的存储空间位置，编译器可以用这些信息优化存储区访问。而通用指针的存储区在运行前是未知的，编译器不能优化存储区访问，必须产生可以访问任何存储区的通用代码。

当需要用到指针变量时，我们可以根据需要选择。如果运行速度优先，就应尽可能的用指定存储区的指针；如果想使指针能适用于指向任何存储空间，则可以定义指针为通用型。

总之，同标准C一样，不管使用哪种指针，一个指针变量只能指向同一类型(包括变量的数据类型和存储类型)的变量，否则将不能通过正确的方式访问所指向的对象所在的存储空间，生成的代码将存在bug。读者可通过应用练习，根据生成的汇编代码慢慢领会。

3.5.3　结构体

结构体是另一种构造类型数据。结构体是由基本数据类型构成的并用一个标识符来命名的各种变量的组合。结构体中可以使用不同的数据类型。

知识点

- 了解结构体的基本概念。
- 掌握结构体变量的定义及引用方法。

1. 结构体变量的定义

在C51定义中，结构体也是一种数据类型，可以使用结构体变量，因此，像其他类型的变量一样，在使用结构体变量时应先对其进行定义。

定义一个结构体类型的一般形式为：

```
    struct 结构类型名              /*struct 为结构体类型关键字*/
{
成员表列                          /*对每个成员进行类型说明*/
};                                /*分号不能少*/
```

成员表由若干个成员组成，每个成员都是该结构体的一个组成部分，对每个成员也必须作类型说明，格式为：

```
    类型说明符　成员名;
```

成员名的命名应符合标识符的书写规定。例如：

```
    sruct  stu
{
int num;
char name[20];
char sex;
float score;
};
```

在这个结构体定义中，结构名为stu，该结构体由4个成员组成：第一个成员为num，整型变量；第二个成员为 name，字符数组；第三个成员为 sex，字符变量；第四个成员为score，实型变量。注意，括号后的分号不可少。结构定义以后，即可进行变量说明。凡说明为结构体stu的变量都由上述4个成员组成。由此可见，结构体是一种复杂的数据类型。

定义一个结构体变量的一般格式为：

```
    struct  结构类型名
    {
        类型  变量名;
        类型  变量名;
    ...
```

```
}结构变量名表列;
```

结构名是结构体的标识符，不是变量名。构成结构体的每一个类型变量称为结构成员，它像数组的元素一样，但数组中元素是以下标来访问的，而结构体是按变量名字来访问成员的。

结构体的成员类型可以为 4 种基本数据类型，即整型、浮点型、字符型和指针型，也可以为结构类型。

例如：

```
sruct  stu
{
int  num;
char name[20];
char sex;
float score;
}stu_1, stu_2;
```

也可以先定义结构体类型，再定义结构体类型变量。若如上已经定义一个结构名为 stu 的结构体，则结构体变量可按如下形式定义：

```
struct  stu  stu_1, stu_2;
```

2. 结构体变量的引用

因为结构体可以像其他类型的变量一样赋值、运算，不同的是结构变量以成员作为基本变量。对结构体变量的成员只能一个一个地引用。引用结构体变量成员的方法有两种，如下。

(1) 用结构体变量名引用结构成员，格式如下：

```
结构变量名.成员名
```

例如：

```
stu_1.score=89.5;
```

(2) 用指向结构体的指针引用成员，格式如下：

```
指针变量名->成员名
```

例如：

```
sruct  stu *p;                /*定义指向结构体类型数据的指针 p*/
        P= &stu_1;            /*指向结构体变量 stu_1 */
        P->score=89.5;        /*结构体变量 stu_1 中成员 score 的值为 89.5*/
```

3.5.4 联合体

联合体也称公用体，联合体中的成员是几种不同类型的变量，它们公用一个存储区域，任意时刻只能存取其中的一个变量，即一个变量被修改了，其他变量原来的值也消失了。

知识点

了解联合体的基本概念及简单的应用。

1. 联合类型变量的定义

联合类型和联合类型变量可以像结构那样既可以一起定义，也可以先定义联合类型，再定义联合类型变量。联合类型和变量一起定义的格式如下：

```
        union  联合类型名          /*union为联合类型关键字*/
        {
            成员表列;              /*对每个成员进行类型说明*/
}联合变量名表列;                   /*分号不能少*/
```

如果同一个数据要用不同的表达方式，就可以定义为一个联合类型变量。例如：有一个双字节的系统状态字，有时按字节存取，有时按字存取，则可以定义如下联合类型变量：

```
        union  status              /*定义联合类型*/
{
unsigned char status[2];
unsigned char status_val;
}sys_status;                       /*同时定义联合类型变量*/
```

2. 联合类型变量成员的引用

联合类型变量成员的引用方法类似于结构体，格式为：

```
变量名.成员名.
```

例如：

```
  sys_status.status_val=0;
  sys_status.status[1]=0x60;
```

3.6　C51函数

C语言是函数式语言，函数相当于汇编语言中的子程序，它有完成一个特定的功能。C源程序中有一个主函数main()。由主函数调用其他的函数，程序的功能是由函数完成的。

3.6.1　案例介绍及知识要点1

大家可以回忆3.5.1节中提到的案例，在该程序中有两个未实现的函数“void send(uchar data8);void delay(uint time);”下面将把它补齐。

```
#include <REGX51.H>
#include <intrins.h>

#define uchar unsigned char
#define uint unsigned int
#define weixuan P0

sbit sck=P2^7;                                      //移位时钟
sbit tck=P2^6;                                      //锁存时钟
sbit data1=P2^5;                                    //串行数据输入
//共阴极数码管显示代码
uchar code led[16]={0xfc,0x60,0xda,0xf2,            //0,1,2,3,
                    0x66,0xb6,0xbe,0xe0,            //4,5,6,7
                    0xfe,0xe6,0xee,0x3e,            //8,9,A,b
                    0x9c,0x7a,0x9e,0x8E};           //C,d,E,F
```

```
void send(uchar data8);                              //函数的声明
void delay(uint time);
void main()
{
    uchar num,i;
    weixuan=0xfe;
    while(1)
    {
        for(i=0;i<=7;i++)
        {
            num=led[i];
            send(num);                               //调用发送函数
            delay(1);                                //调用延时函数
            weixuan=_crol_(weixuan,1);
        }
    }
}

void send(uchar data8)//定义发送子函数，带传递参数，无返回值
{
    uchar i;                                         //设置循环变量
    sck=1;
    tck=1;
    for(i=0;i<=7;i++)
    {
        if((data8>>i)&0x01)
        data1=1;
        else
        data1=0;
        sck=0;
        sck=1;
    }
    tck=0;
    tck=1;
}
void delay(uint time)                                //定义延时子函数，带传递参数，无返回值
{
    uint a,b;
    for(a=0;a<=time;a++)
        for(b=0;b<=500;b++);
}
```

知识点

- 了解函数的一般形式，掌握函数的定义方式。
- 了解如何声明函数。
- 学会函数的调用。

3.6.2 知识总结——函数的定义、调用和声明

1. 函数的定义

C51 提供丰富的库函数(如前面所用到的头文件 reg51.h、absacc.h 等)，只要在源文件开头用#include 包含相应的头文件，就可以调用库函数，同时允许用户根据任务自定义函数。用户自定义的函数从参数形式上可分为无参函数和有参函数。有参函数就是在调用时，调

用函数用实际参数代替形式参数，调用完后将结果返回给调用函数。函数的一般形式如下：

```
返回值类型 函数名(类型说明 形参表列)
{
局部变量声明;
执行语句
return(返回形参名);
}
```

其中，形参表列的各项要用“，”隔开。函数的返回值通过return语句返回给调用函数，若函数没有返回值，则可以将返回值类型设为void或缺省不写。

2. 函数的调用

1) 函数调用的一般形式

一般形式如下。

```
函数名(实参表列);
```

实参与形参的数目、顺序和数据类型必须一一对应。若没有参数，则函数名后的括号可为空。

2) 函数的调用方式

函数的调用方式一般有3种，如下。

- 函数调用语句：被调用函数名作为调用函数的一个语句。这种方式适用于无参数传递的函数，如：function1()。
- 函数表达式：被调函数作为表达式的运算对象，如mul=2*get(data1，data2)。
- 函数参数：被调用函数作为另一个数的实际参数，如maxmum=max(mul，get(data1，data2))。

3. 对被调用函数的声明

若要调用自定义函数，且被调用函数出现在主调用函数之后，则在主调用函数前应对被调用函数予以说明，若主调用函数与被调用函数不在同一文件中，则需要在声明中加关键字extern(表示调用外部函数)，函数声明的一般形式如下：

```
[extern]返回值类型 被调函数名(形参列表);
```

如果被调用函数出现在主调用函数之前，可以不对被调用函数说明。

3.6.3 案例介绍及知识要点2

本例程序电路图可参考图3-1。下面的程序的功能是：对外部中断1的中断次数计数，并送P0口显示。

```
 #include <REG51.H>
unsigned char ex1_counter = 0;
void ex1_isr (void) interrupt 2
{
  P0=ex1_counter++;      //加1送P0显示
}
void main (void)
{
  IT1 = 1;               //INT0下降沿触发
```

```
    EX1 = 1;        // 使能 INT0
    EA = 1;         // 开总中断
    while (1);      // 死循环
}
```

本例意在说明中断函数的编写方法，不要求看懂程序。在学习了第 7 章中断系统之后，反过来看此程序，应当是相当轻松的。

知识点

- 了解中断函数的特点。
- 掌握中断函数的书写形式。

3.6.4 知识总结——中断函数

C51 函数声明对 ANSIC 作了扩展，以调用中断函数的方法处理中断，编译器在中断入口产生中断向量，当中断发生时，跳转到中断函数，中断函数以 RETI 指令返回。

1. 中断函数的定义

C51 用关键字 interrupt 和中断号定义中断函数，一般形式如下：

```
    [void] 中断函数名()interrupt 中断号 [using n]
{
声明部分
执行语句
}
```

说明：

(1) 中断函数无返回值，数据类型以 void 表示，也可以省略。

(2) 中断函数名为标识符，一般以中断名称表示，力求简明易懂，如 timer0。

(3) ()为函数标志，interrupt 为中断函数的关键字。

(4) 中断号为该中断在 IE 寄存器的使能位位置，如外部中断 0 的中断号为 0，定时/计数器 1 的中断号为 3。应用时应根据所选用单片机的器件手册正确编写中断号。

(5) 选项[using n]，指定中断函数使用的工作寄存器组号，n=0～3。如果使用[using n]选项，编译器不产生保护和恢复 R0～R7 的代码，执行速度会快些。这时中断函数及其调用的函数必须使用同一工作寄存器，否则会破坏主程序的现场。如果不使用[using n]选项，中断函数使用和主程序使用同一组寄存器，在中断函数中编译器自动产生保护和恢复 R0～R7 现场，执行速度慢些。一般情况下，主程序和低优先级中断使用同一组寄存器，而高优先级中断可使用选项[using n]指定工作寄存器组。

2. 未用到的中断的处理

为了提高代码的容错能力和系统的可靠性，对于不使用的中断，可编写一个空的中断函数，使其在中断入口处生成 RETI 指令并能通过该指令返回主程序。例如外中断 0 若不用，则可以编写如下空中断函数。

```
int0_int() interrupt 0             //外中断 0
{
}
timer0_int() interrupt 1          //定时器 0 中断
```

```
{
}
Int1_int() interrupt 2          //外中断 1
{
}
timer1_int()interrupt 3         //定时器 1 中断
{
}
serial_int()interrupt 4         //串行口中断
{
}
```

3.6.5 重入函数

由于 51 单片机内部堆栈空间有限，所以 C51 没有像大系统那样使用堆栈。一般在 C 语言中，调用函数时会将函数的参数和函数中使用的局部变量入栈。为了提高效率，C51 没有提供这种堆栈方式，而是提供一种压缩栈的方式，即为每个函数设定一个空间用于存放局部变量。

一般函数中的每个变量都存放在这个空间的固定位置，当递归调用这个函数时会导致变量被覆盖，所以在某些实时应用中，一般函数是不可取的。因为函数调用时可能会被中断程序中断，而在中断程序中可能再次使用这个函数，所以 C51 允许将函数声明成重入函数。重入函数，又叫再入函数，是一种可以在函数体内间接调用其自身的函数。重入函数可被递归调用和多重调用而不用担心变量被覆盖，这是因为每次函数调用时的局部变量都会被单独保存。由于这些堆栈是模拟的，重入函数一般都比较大，运行起来比较慢，所以模拟栈不允许传递 bit 类型的变量，也不能声明局部位变量。

声明重入函数的关键字是 reentrant。格式为：

```
返回值类型 函数名(类型说明 形参表列) reentrant
```

例如：

```
int calculate(char I,int b) reentrant
{
int x;
x=table[i];
return(x*b);
}
```

使用重入函数应注意以下几个问题。

- 重入函数不能传递 bit 类型参数。
- 与 PL/M51 兼容的函数不能具有 reentrant，也不能调用重入函数。
- 在编译时，重入函数建立的是模拟堆栈区。在 SMALL 存储模式下，模拟堆栈区位于 IDATA 区；在 COMPACT 存储模式下，模拟堆栈区位于 PDATA 区；在 LARGE 存储模式下，模拟堆栈区位于 XDATA 区。
- 在同一程序中可以声明和使用不同存储器模式的重入函数。任何模式的重入函数不能调用不同存储器模式的重入函数，但可以调用普通函数。
- 实际参数可以传递给间接调用的重入函数。无重入属性的间接调用函数不能包含调用参数。

重入函数所有的模拟堆栈都有自己的堆栈指针，它独立于51单片机堆栈的堆栈指针。堆栈和堆栈指针在STARTUP.A51文件中定义和初始化。表3-11列出了堆栈指针汇编变量名、数据区和每种存储模式的大小。

表3-11　重入函数堆栈

模　式	堆栈指针	堆 栈 区
SMALL	?C_IBP(1Byte)	间接访问内部存储区(idata)，堆栈区最大256B
COMPACT	?C_PBP(1Byte)	外部页寻址存储区(pdata)，堆栈区最大256B
LARGE	?C_XBP(2Byte)	外部可访问存储区(xdata)，堆栈区最大64KB

在SMALL存储模式下，模拟堆栈和51硬件堆栈分享共同的存储区，但方向相反。重入函数的模拟堆栈区是从上到下的，51单片机硬件堆栈与之相反，是从下到上的。

3.7　预处理命令和库函数

3.7.1　预处理命令

预处理命令是在编译前预处理的命令，编译器不能直接对它们进行处理。下面将简要介绍常用的预处理命令。

1. 宏定义#define

1)　不带参数的宏定义

用指定的标识符来代表一个字符序列。一般的定义形式为：

```
#define  标识符  字符序列                    /*宏定义命令后不加分号*/
```

例如：

```
#define  PI  3.1415926
```

宏定义后PI作为一个常量使用，预处理时将程序中的PI换成3.141 592 6。

2)　带参数的宏定义

预处理时不但进行字符替换，而且替换字符序列中的形参。一般定义形式如下：

```
#define  标识符(形参)  字符列表            /*字符串中含有形参*/
```

例如：

```
#define  S(a,b)  a*b
```

宏定义后，程序中可以使用宏名，并将形参换成实参。如：

```
area=S(3, 2);                          /*使用带实参的宏名*/
```

预处理时换成

```
area=3*2;                              /*a*b 换成 3*2*/
```

2. 类型定义typedef

使用基本类型定义后声明变量时，用数据类型关键字指明变量的数据类型，而用结构或联合等定义变量时，先定义结构或联合的类型，再使用关键字和类型名定义变量。如果用typedef定义新的类型名后，只要用类型名就可定义新的变量。例如：

```
typedef  struct {
                      int num;
                      char *name;
                      char sex;
                      float score;
}std;                 /*定义结构类型 std*/
```

之后即可以定义这种类型的结构变量。如：

```
std  stu1, stu2;                    /*定义 std 类型的结构变量*/
```

3. 文件包含#include

文件包含命令是将另外的文件插入到本文件中，作为一个整体文件编译。C51提供了丰富的库函数，并有相应的头文件，只有用#include命令包含了相应头文件，才可以调用库中的函数。包含命令的一般使用形式为：

```
#include“文件名”
```

或

```
#include<文件名>
```

例如：

```
#include<stdio.h>                        /*包含标注 I/O 头文件，包含命令后无分号*/
          #include<reg51.h>              /*包含 51 系列单片机 SFR 定义的头文件*/
```

3.7.2 库函数

C51提供了大量的库函数，每个函数库都有相应的头文件，用户若要用库函数，必须将其用#include命令包含相应的头文件。下面将介绍常用的几个头文件。

1. 本征函数头文件intrins.h

intrins.h含有常用的本征函数，本征函数也称内联函数，这种函数不采用调用形式，编译时直接将代码插入当前行。C51的本征库函数只有11个，常用的本征库函数如下：

```
_nop_();                                 /*空操作，相当于汇编中的 NOP 指令*/
_testbit_(bit);                          /*位测试，相当于汇编中的 JBC 指令*/
_cror_(a,n);                             /*将字符型变量 a 循环右移 n 位*/
_crol_(a,n);                             /*将字符型变量 a 循环左移 n 位*/
_iror_(a, n);                            /*将整型变量 a 循环右移 n 位*/
_irol_(a, n);                            /*将整型变量 a 循环左移 n 位*/
_lrol_(a, n);                            /*将长整型变量 a 循环左移 n 位*/
_lror_(a, n);                            /*将长整型变量 a 循环右移 n 位*/
```

更多的本征库函数及各自的函数原型可以直接查看头文件intrins.h。

下面串行口中断的例子使用了本征函数，更多的用法还有待读者自己在以后的使用中慢慢体会总结，这里不做更详细的介绍。

```
#include<instrins.h>
void serial_int(void)interrupt 4
{
if(!_testbit_(TI))                        /*是否发送中断*/
{
P0=1;                                     /*翻转 P0.0*/
_nop_();                                  /*等待一个指令周期*/
P0=0;
...
}
if(!_testbit_(RI))
{
test=_cror_(SBUF,1);                      /*将 SBUF 中的数据循环右移一位*/
...
}
}
```

2. SFR 定义的头文件 regxxx.h

regxxx.h 包含了各种型号单片机的特殊功能寄存器及特殊功能寄存器中特定位的定义，是用 C 语言对单片机编程时最为常用的头文件。

3. 绝对地址访问宏定义头文件 absacc.h

absacc.h 包含了几个宏，以确定各存储空间的绝对地址。通过包含此头文件，可以定义直接访问扩展存储器的变量。

常用的库函数头文件还有：stdlib.h(标准函数)、string.h(字符串函数)、stdio.h(一般 I/O 函数)和 stdarg.h(变量参数表)等。

注意：在#include 命令中，文件名可以用双撇号或尖括号括起来。如可以在 TEXT1.C 中用 #include“diy.h”或#include<diy.h>都是合法的。二者的区别是：使用双撇号时，系统首先到当前工程文件所在目录寻找要包含的头文件，若没有找到，则到编译器库函数头文件所在目录寻找；而使用尖括号时，系统则到存放编译器库函数头文件的目录中寻找。一般的，如果为调用库函数而用#include 命令来包含相关的头文件，则用尖括号以节省查找时间；如果要包含的是用户自己编写的文件(这种文件一般都在当前目录中)，一般用双撇号。若文件不在当前目录中，双撇号内可给出文件路径。

3.8 汇编语言与 C 语言混合编程

为了发挥 C51 语言和汇编语言各自的优势，提高程序的开发效率，常常需要进行二者的混合编程。由于 C51 语言是“使用函数的语言”，因而实现二者混合编程的关键在于实现不同语言之间函数的交叉调用。由于 C51 语言对函数的参数、返回值传送规则以及段的选用和命名都做了严格规定，因而在混合编程时汇编语言要按照 C51 语言的规定来编写。这也是一般高级语言和低级语言混合编程的通用规则，即低级语言要向高级语言看齐，按照高级语言的规定进行编写。

汇编语言与 C51 混合编程时，通常用 C51 编写主程序，用汇编语言编写与硬件相关的子程序。在不同的编译程序中，C 语言对汇编语言的编译方法不同。在 Keil C51 中，是将不同模块分别编译或汇编，再通过连接来产生一个目标文件。

3.8.1 案例介绍及知识要点

案例一：编写程序从 P1.0 口输出方波，要求在 Keil C 环境下的 C51 程序中嵌入汇编程序段。

程序如下：

```
    #include<reg51.h>
sbit p10=P1^0;
/*主函数*/
main()
{
        while(1)
        {
            p10=!p10;                          /*P1.0 输出取反*/
            #pragma ASM                        /*汇编程序段开始*/
            MOV R7,#2;                         /*延时等待*/
D1: MOV R6,#250
        DJNZ R6,$;
        DJNZ R7,D1
            #pragma ENDASM                     /*汇编程序段结束*/
    }                                          /*程序结束*/
}
```

案例二：编写一个准确的延时程序，实现 C 程序调用汇编子程序。

> 分析：在很多程序中会调用软件延时程序，但 C51 的延时程序不如汇编程序能准确控制延时时间。在要求精确的时间控制时(且不使用定时器延时)，应该用汇编语言编写程序。主程序采用 C 语言编写，调用汇编语言编写的延时子程序模块。

先用 C 语言编写延时子程序的模块(delay.c)，程序如下：

```
    #define uchar unsigned char
delay(uchar x)                          /*哑函数*/
{
}
```

编译后，产生的列表文件如下：

```
C51 COMPILER V8.08  DELAY  08/03/2008 10:20:27 PAGE 1

C51 COMPILER V8.08, COMPILATION OF MODULE DELAY
OBJECT MODULE PLACED IN delay.OBJ
COMPILER INVOKED BY: C:\Keil\C51\BIN\C51.EXE delay.c BROWSE DEBUG OBJECTEXTEND CODE

line level    source
   1          #define uchar unsigned char
   2          delay(uchar x)                                  /*哑函数*/
   3          {
   4    1     }
*** WARNING C280 IN LINE 2 OF DELAY.C: 'x': unreferenced local variable
C51 COMPILER V8.08 DELAY 08/03/2008 10:20:27 PAGE 2

ASSEMBLY LISTING OF GENERATED OBJECT CODE
```

```
            ; FUNCTION _delay (BEGIN)
                                        ; SOURCE LINE # 2
0000 8F00       R     MOV     x,R7
                                        ; SOURCE LINE # 3
                                        ; SOURCE LINE # 4
0002 22               RET
            ; FUNCTION _delay (END)

MODULE INFORMATION:   STATIC OVERLAYABLE
   CODE SIZE        =      3    ----
   CONSTANT SIZE    =   ----    ----
   XDATA SIZE       =   ----    ----
   PDATA SIZE       =   ----    ----
   DATA SIZE        =   ----       1
   IDATA SIZE       =   ----    ----
   BIT SIZE         =   ----    ----
END OF MODULE INFORMATION.

C51 COMPILATION COMPLETE.  1 WARNING(S),  0 ERROR(S)
```

按照 C 程序调用汇编程序时的规则，重新用汇编语言编写延时子程序 delay.a51，程序如下：

```
PUBLIC    _DELAY
DELAYP    SEGMENT  CODE
RSEG DELAYP
_DELAY:   NOP
DELAY:    MOV      ACC,#250
DEL: NOP
          NOP
          DJNZ     ACC,DEL
          DJNZ     R7,DELAY
          MOV      A,R6
          JZ       EXIT
          DJNZ     R6,DELAY
EXIT:     RET
          END
```

在主程序中调用汇编子程序，在主程序前要先进行声明，如下：

```
extern   delay(unsigned char);
```

在上例中调用此延时程序如下：

```
#include<reg51.h>
sbit p10=P1^0;
extern   delay(unsigned char);
main()
{
    while(1)
    {
        p10=!p10;          /*P1.0 取反*/
        delay(2);          /*调用延时函数*/
    }
}
```

知识点

- 掌握 C 程序中嵌入汇编的基本方法。
- 掌握 C 程序中调用汇编子程序的基本方法。
- 了解 C 程序与汇编之间的参数传递。

3.8.2　知识总结——C 语言中的汇编程序

Keil C 编译器支持在 C51 程序中直接插入汇编语言，也可以调用以汇编语言编写的子程序。

1. 在 C51 中直接嵌入汇编语言指令

在 C51 中直接嵌入汇编语言指令有如下两种方法。

(1) 使用 asm 功能：在某一行写入“asm”字符串时，可以把双引号中的字符串按汇编语言看待，通常用于直接改变标志和寄存器的值或做一些高速处理，双引号中只能包含一条指令。

格式如下：

```
_asm
汇编语言代码
```

(2) 使用#pragma ASM 功能：如果嵌入的汇编代码包含多行，可以使用#pragma ASM 识别程序段，并直接插入编译通过的汇编程序到 C51 源程序中。

格式如下：

```
#pragma ASM
汇编语言代码
#pragma ENDASM
```

2. 在 C51 中调用汇编子程序

Keil C 支持在 C51 程序中调用汇编语言子程序。使用 C 语言传递参数的最简单方法是编写一个哑函数(使编译器产生后来将用到的函数的接口信息)，并使其编译的列表选项中 Assembly Code 选项有效，这样在编译后，就会在列表文件中清楚地看到产生的汇编程序，在自己的调用子程序中以此作模块。

3.8.3　C 程序与汇编程序之间的参数传递

在混合语言编程中，需要解决的主要问题是入口参数和出口参数的传递。Keil C51 可以使用寄存器来传递参数(用寄存器最多只能传递 3 个参数)，也可以使用固定的存储器或堆栈。参数传递的寄存器选择如表 3-12 所示。

表 3-12　寄存器传递函数参数

参数序号	char	int	long 或 float	一般指针
1	R7	R6、R7	R4～R7	R1～R3
2	R5	R5、R4	R4～R7	R1～R3
3	R3	R3、R2	无	R1～R3

汇编语言通过寄存器或存储器传递参数给 C51 程序，如表 3-13 所示。如果需要传递更多的参数，可以使用固定寄存器传送，通过数组进行。

表 3-13　函数返回值

返回类型	寄 存 器	说　明
位型	CY	进位标志
字符型或单字节指针	R7	—
整型或双字节指针	R6、R7	高位在 R6，低位在 R7
长整型	R4～R7	高位在 R4，低位在 R7
浮点型	R4～R7	32 位 IEEE 格式指数和符号位 R7
普通指针	R1～R3	R3 存储类型 R2(高)、R1(低)

在 C51 中调用汇编语言程序还需注意以下几点。

(1)　被调用函数要在主程序中声明，在汇编程序中，要使用伪指令使 code 选项有效，并且声明为可再定位段类型，根据具体情况的不同对函数名进行转换，如表 3-14 所示。

表 3-14　函数名的转换

说　明	符 号 名	解　释
void func(void)	FUNC	无参数传递或不含寄存器参数的函数名不作改变转入目标文件中，名字只是简单地转换为大写形式
void func(char)	_FUNC	带寄存器参数的函数名加入“_”字符前缀以示区别，它表明这类函数包含寄存器内的参数传递
void func(void) reentrant	?_FUNC	对于重入函数加上“_？”字符前缀以示区别，它表明这类函数包含栈内的参数传递

(2)　对其他模块要使用的符号进行 public 声明，对外部符号要进行 extern 声明。

(3)　保证参数的正确传递。

习　　题

1. 试分别说明关键字 sfr、sfr16、sbit、using 和 interrupt 的功能。
2. C51 编译器对 bit 变量的声明及使用有什么限制？
3. 如何访问一个绝对地址？
4. 在 C 程序中如何使用汇编程序？
5. 叙述函数的几种调用方式。
6. 如何定义指定存储器指针？它有什么优点？

第 4 章　Keil μ Vision2 编译环境

随着单片机开发技术的不断发展，从普遍使用汇编语言到逐渐使用高级语言开发，单片机的开发软件也在不断发展。Keil 软件是美国 KEIL software 公司出品的基于 Windows 的 51 系列单片机 C 语言集成开发系统，是目前最流行的开发 51 系列单片机的软件，近年来各仿真机厂商纷纷宣布全面支持 Keil。

Keil 提供了包括 C 编译器、宏汇编、连接器、库管理和一个功能强大的仿真调试器等在内的完整开发方案，通过一个集成开发环境(μ Vision)将这些部分组合在一起。通过第 1 章的学习，我们已经对 Keil 软件的基本应用有了一个大体的了解，本章将要进一步的学习 Keil 软件的开发环境，希望通过下面的学习能够使读者熟练应用 Keil 的各项功能，对该开发环境有更深的认识。

4.1　keil 软件环境界面简介

4.1.1　Keil C 软件的初始化界面

首先，启动 Keil 软件，双击桌面上的启动图标，屏幕上就会出现如图 4-1 所示的界面。等待几秒后进入初始化界面，如图 4-2 所示。

图 4-1　启动时的界面

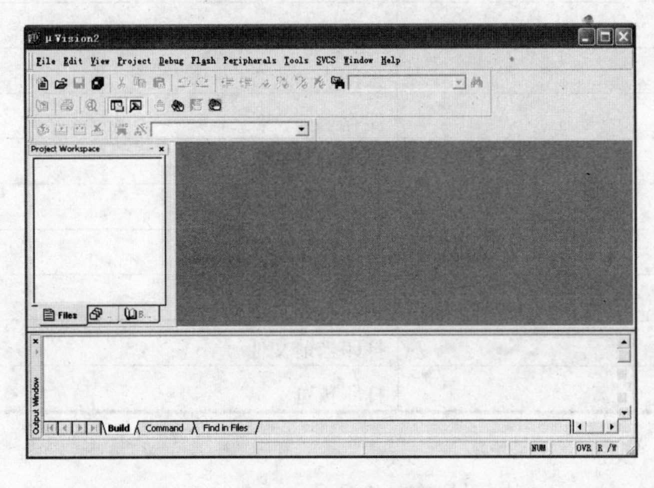

图 4-2　初始化界面

具体案例参见 1.2 节，这里不作重复介绍。

知识点

- 了解 Keil 常用的菜单选项和窗口。
- 熟悉工程建立的基本过程。
- 了解工程各配置选项的含义。

4.1.2 知识点总结——Keil C 菜单与窗口

在 Keil C 中，用户可通过键盘或鼠标选择开发工具的菜单命令、设置和选项，也可使用键盘输入程序文本。Keil C 界面提供一个用于命令输入的菜单条、一个可迅速选择命令按钮的工具条和一个或多个原程序窗口及显示信息，使用工具条上的按钮可快速执行 Keil C 的许多功能。

1. 菜单命令

可以通过菜单条上的下拉菜单命令和编辑器命令来控制 Keil C 的操作。用户可使用鼠标或键盘选取菜单条上的命令。菜单条提供文件操作、编辑器操作、项目保存、外部程序执行、开发工具选项、设置窗口选择及操作和在线帮助等功能，如图 4-3 所示。

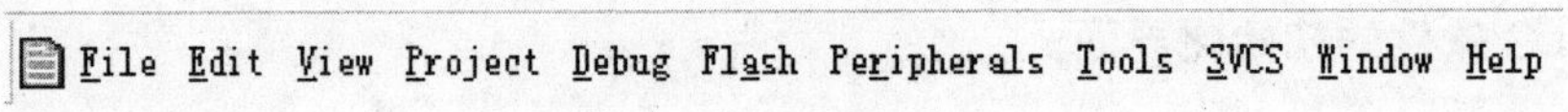

File Edit View Project Debug Flash Peripherals Tools SVCS Window Help

图 4-3 菜单命令

1) 文件菜单(File)

Keil C 文件菜单命令及其描述如表 4-1 所示。

表 4-1 文件菜单表

菜 单	描 述
New	创建新文件
Open	打开已经存在的文件
Close	关闭当前文件
Save	保存当前文件
Save all	保存所有文件
Save as	另存为
Device Database	维护器件库
Print Setup	设置打印机
Print	打印当前文件
Print Preview	打印预览

2) 编辑菜单(Edit)

Keil C 编辑菜单命令及其描述如表 4-2 所示。

表 4-2　编辑菜单表

菜　单	描　述
Undo	取消上次操作
Redo	重复上次操作
Cut	剪切上次操作
Copy	复制上次操作
Paste	粘贴
Indent Selected Text	经所选文本右移一个制表格的距离
Unindent Selected Text	经所选文本左移一个制表格的距离
Toggle Bookmark	设置/取消当前行的标签
Goto Next Bookmark	移动光标到下一个标签处
Goto Previous Bookmark	移动光标到上一个标签处
Clear All Bookmarks	清除当前文件的所有标签
Find	在当前文件中查找文本

3)　视图菜单(View)

Keil C 视图菜单项命令及其描述如表 4-3 所示。

表 4-3　视图菜单表

菜　单	描　述
Status Bar	显示/隐藏状态条
File Toolbar	显示/隐藏文件菜单条
Build Toolbar	显示/隐藏编译菜单条
Debug Toolbar	显示/隐藏调试菜单条
Project Window	显示/隐藏项目窗口
Output Window	显示/隐藏输出窗口
Source Brower	打开资源浏览器
Disassembly Window	显示/隐藏反汇编窗口
Watch & Call Stack Window	显示/隐藏观察和堆栈窗口
Memory Window	显示/隐藏存储器窗口
Code Coverage Window	显示/隐藏代码报告窗口
Performance Analyzer Window	显示/隐藏性能分析窗口
Symbol Window	显示/隐藏字符变量窗口
Serial Window #1	显示/隐藏串口 1 的观察窗口
Serial Window #2	显示/隐藏串口 2 的观察窗口
Toolbox	显示/隐藏自定义工具条
Periodic Window Update	程序运行时刷新调试窗口
Workbook Mode	显示/隐藏窗口框架模式
Options	设置颜色字体快捷键和编辑器的选项

4) 工程菜单(Project)

Keil C 工程菜单项命令及其描述如表 4-4 所示。

表 4-4 工程菜单表

菜 单	描 述
New Project	创建新工程
Import μ Vision1 Project	转化μ Vision1 的工程
Open Project	打开一个已经存在的工程
Close Project	关闭当前的工程
Target Environment	定义工具包含文件和库的路径
Select Device for Target	选择对象的 CPU
Remove	从项目中移走一个组或文件
Options	设置对象组或文件的工具选项
Build Target	编译修改过的文件并生成应用
Rebuild all target files	重新编译所有的文件并生成应用
Translate	编译当前文件
Stop Build	停止生成应用的过程

5) 调试菜单(Debug)

Keil C 调试菜单项命令及其描述如表 4-5 所示。

表 4-5 调试菜单表

菜 单	描 述
Start/Stop Debut Session	开始停止调试模式
Go	运行程序直到遇到一个中断
Step	单步执行程序遇到子程序则进入
Step over	单步执行程序跳过子程序
Step out of Current function	执行到当前函数的结束
Stop Running	停止程序运行
Breakpoints	打开断点对话框
Insert/Rimove Breakpoint	设置取消当前行的断点
Enable/Disable Breakpoint	使能禁止当前行的断点
Disable All Breakpoints	禁止所有的断点
Kill All Breakpoints	取消所有的断点
Show Next Statement	显示下一条指令
Enable/Disable Trace Recording	使能禁止程序运行轨迹的标识
View Trace Records	显示程序运行过的指令
Memory Map	打开存储器空间配置对话框
Performance Analyze	打开设置性能分析的窗口
Inline Assembly	对某一行重新汇编，可以修改汇编代码
Function Editor	编辑调试函数和调试配置文件

6)　外围器件菜单(Peripherals)

Keil C 外围器件菜单项命令及其描述如表 4-6 所示。

表 4-6　外围器件菜单表

菜　单	描　述
Reset CPU	复位 CPU
Interrupt	中断
I/O-Ports	I/O 口
Serial	串行口
Timer	定时器

7)　工具菜单(Tools)

Keil C 工具菜单项命令及其描述如表 4-7 所示。

表 4-7　工具菜单表

菜　单	描　述
Setup PC-Lint	配置 Gimpel Software 的 PC-Lint 程序
Lint	用 PC-Lint 处理当前编辑的文件
Lint all C Source Files	用 PC-Lint 处理项目中所有的 C 源代码文件
Setup Easy-Case	配置 Siemens 的 Easy-Case 程序
Start/Stop Easy-Case	用 Easy-Case 开始或停止处理当前编辑的文件
Show File(Line)	显示文件
Customize Tools Menu	添加用户程序到工具菜单中

2. Keil C 的几个窗口

(1)　编辑窗口，如图 4-4 所示。

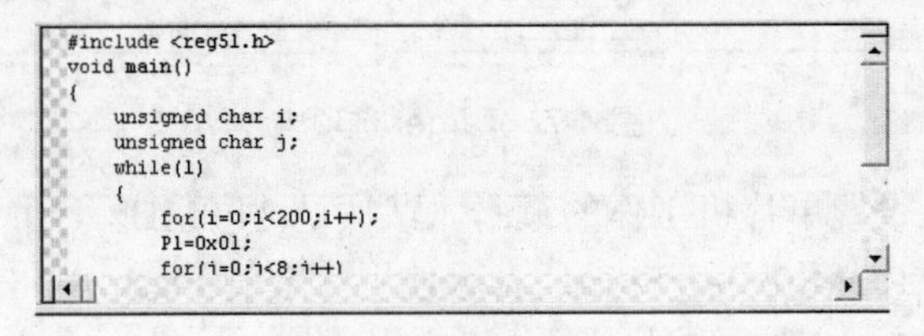

图 4-4　编辑窗口

(2)　工程窗口，如图 4-5 所示。

图 4-5　工程窗口

(3) 输出窗口，如图 4-6 所示。

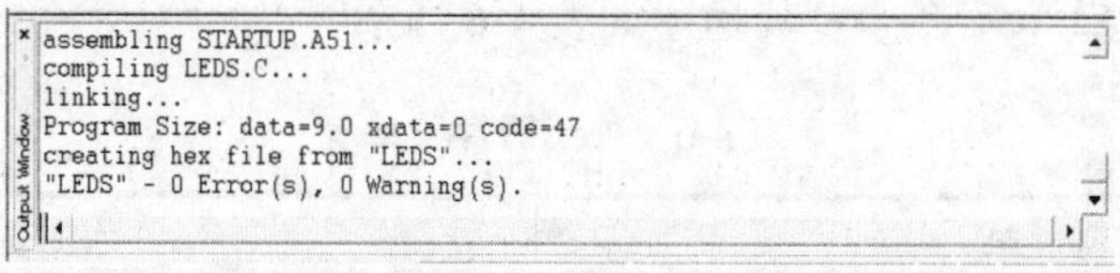

```
assembling STARTUP.A51...
compiling LEDS.C...
linking...
Program Size: data=9.0 xdata=0 code=47
creating hex file from "LEDS"...
"LEDS" - 0 Error(s), 0 Warning(s).
```

图 4-6 输出窗口

4.1.3 知识点总结——配置工程

在编译连接之前，可以根据需要配置 Cx51 编译器、Ax51 宏汇编器、BL51/Lx51 链接定位器，以及 Debug 调试器。选择 project|Options for Target 命令，弹出如图 4-7 所示对话框，其中包括 Device、Target、Output、Listing、C51、A51、Bl51 Locate、BL51 Misc 和 Debug 等多个选项卡，大部分选项直接为默认值，必要时可进行适当调整。

1. 设置 Target 选项卡

Target 选项卡如图 4-7 所示。

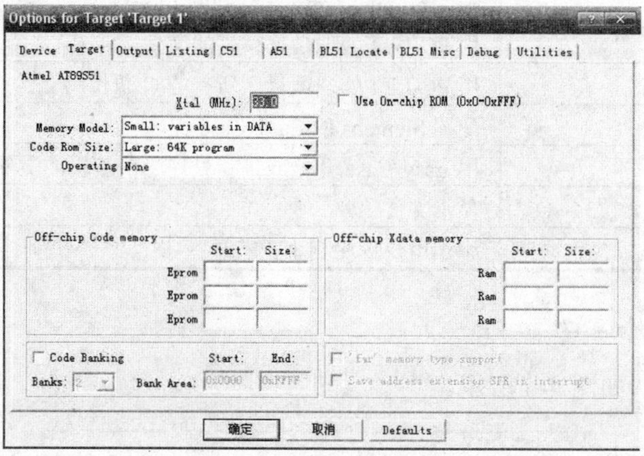

图 4-7 Target 选项卡

(1) Xtal(MHz)：设置单片机工作的频率，默认是 24.0MHz。

(2) Use On-chip ROM(0x0-0xFFF)：表示使用片上的 Flash ROM，At89C51 有 4KB 的可重编程的 Flash ROM，该选项取决于单片机应用系统，如果单片机的 EA 接高电平，则选中该复选框，表示使用内部 ROM；如果单片机的 EA 接低电平，表示使用外部 ROM，则取消选中该复选框。这里选中该复选框。

(3) Off-chip Code memory：表示片外 ROM 的开始地址和大小，如果没有外接程序存储器，那么不需要填写任何数据。这里假设使用一个片外 ROM，地址从 0x8000 开始，一般填十六进制的数，Size 为片外 ROM 的大小。假设外接 ROM 的大小为 0x1000 字节，则最多可以外接 3 块 ROM。

(4) Off-chip Xdata Memory：表示可以填上外接 Xdata 外部数据存储器的起始地址和大小，一般的应用为 62 256，这里特殊地指定 Xdata 的起始地址为 0x2000，大小为 0x8000。

(5) Code Banking：表示使用 Code Banking 技术。Keil 可以支持程序代码超过 64KB

的情况，最大可以有 2MB 的程序代码。如果代码超过 64KB，那么就要使用 Code Banking 技术，以支持更多的程序空间。Code Banking 支持自动的 Bank 切换，这在建立一个大型系统时是必需的。例如，要在单片机里实现汉字字库和汉字输入法就都要用到该技术。

(6) Memory Model：单击 Memory Model 后面的倒三角按钮，将弹出带有 3 个选项的下拉列表，如图 4-8 所示。

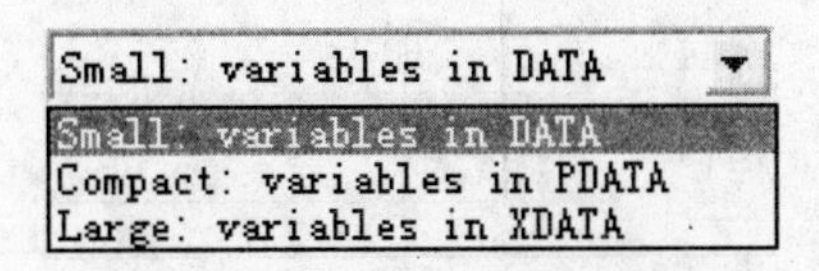

图 4-8　Memory Model 选项

- Small：variables in DATA，表示变量存储在内部 RAM 里。
- Compact：variables in PDATA，表示变量存储在外部 RAM 里，使用 8 位间接寻址。
- Large：variables in XDATA，表示变量存储在外部 RAM 里，使用 16 位间接寻址。

一般使用 Small 来存储变量，此时单片机优先将变量存储在内部 RAM 里，如果内部 RAM 空间不够，才会存到外部 RAM 中。Compact 模式要通过程序来指定页的高位地址，编程比较复杂，如果外部 RAM 很少，只有 256B，那么对该 256 B 的读取就比较快。如果超过 256B，而且需要不断地进行切换，就比较麻烦。Compact 模式适用于比较少的外部 RAM 的情况。Large 模式是指变量会优先分配到外部 RAM 里。需要注意的是，3 种存储方式都支持内部 256B 和外部 64KB 的 RAM。因为变量存储在内部 RAM 里，运算速度比存储在外部 RAM 要快得多，所以大部分的应用都是选择 Small 模式。

使用 Small 模式时，并不说明变量就不可以存储在外部，只是需要特别指定，例如下面两种情况。

- unsigned char xdata a：变量 a 存储在外部的 RAM。
- unsigned char a：变量 a 存储在内部的 RAM。

这就是它们之间的区别，可以看出，这几个选项只影响没有特别指定变量的存储空间的情况，此时变量会存储在所选模式默认的存储空间，比如上面的变量定义 unsigned char a。

(7) Code Rom Size：单击 Code Rom Size 后面的倒三角按钮，将弹出带有 3 个选项的下拉列表，如图 4-9 所示。

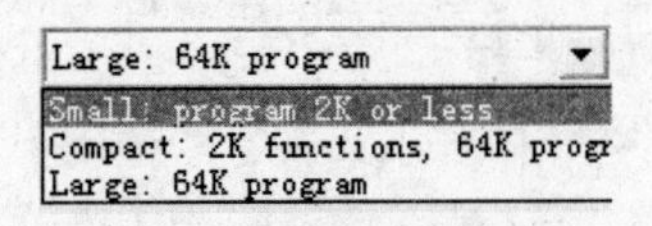

图 4-9　Code Rom Size 选项

Small：program 2K or less，适用于 AT89C2051 芯片。AT89 2051 只有 2KB 的代码空间，所以跳转地址只有 2KB，编译时会使用 ACALL、AJMP 这些短跳转指令，而不会使用 LCALL、LJMP 指令。如果代码地址跳转超过 2KB，则会出错。

Compact：2K functions，64K program，表示每个子函数的代码大小不超过 2KB，整个项目可以有 64KB 的代码。即在 main()里可以使用 LCALL、LJMP 指令，但在子程序里只会使用 ACALL、AJMP 指令。只有确定每个子程序不会超过 2KB，才可以使用 Compact 方式。

Large：64K program，表示程序或子函数代码都可以达到 64KB，使用 code bank 还可以更大，通常都选用该方式。选择 Large 方式速度不会比 Small 慢很多，所以一般没有必要选择 Compact 和 Small 方式。这里选择 Large 方式。

(8) Operating：单击 Operating 后面的倒三角按钮，将弹出带有 3 个选项的下拉列表，如图 4-10 所示。

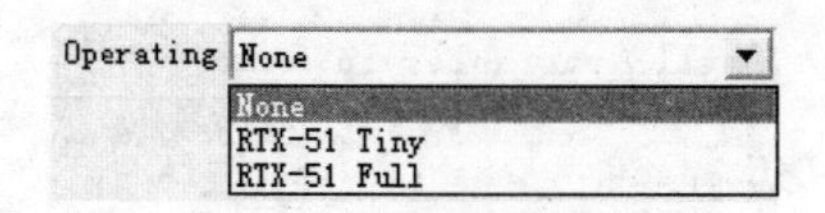

图 4-10　Operating 选项

- None：表示使用操作系统。
- RTX-51 Tiny：表示使用 Tiny 操作系统。
- RTX-51 Full：表示使用 Full 操作系统。

Tiny 是一个多任务操作系统，使用定时器 0 做任务切换。在 11.0592MHz 时，切换任务的速度为 30ms。如果有 10 个任务同时运行，那么切换时间为 300ms。不支持中断系统的任务切换，也没有优先级，因为切换的时间太长，实时性大打折扣。例如，多任务情况下，如 5 个任务，轮循一次需要 150ms，即 150ms 才处理一个任务，这连键盘扫描这些事情都实现不了，更不要说串口接收、外部中断了。同时切换需要大概 1000 个机器周期，对 CPU 的浪费很大，对内部 RAM 的占用也很严重。实际上用到多任务操作系统的情况很少。

Keil C51 Full Real-Time OS 是比 Tiny 要好一些的系统(但需要用户使用外部 RAM)，支持中断方式的多任务和任务优先级，但是 Keil C51 里不提供该运行库，需要另外购买。这里选择 None。

2. 设置 Output 选项卡

Output 选项卡如图 4-11 所示。

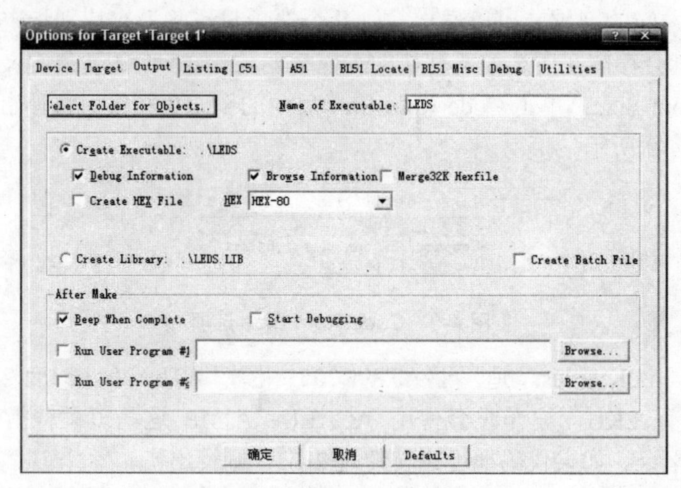

图 4-11　Output 选项卡

(1) Select Folder for Objects：单击该按钮可以选择编译后目标文件的存储目录，如果不设置，就存储在项目文件目录里。

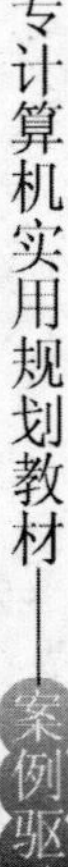

(2) Name of Executable：设置生成的目标文件的名字，缺省情况下和项目名字一样。目标文件生成库或者 obj、HEX 的格式。

(3) Create Executable：如果要生成 OMF 和 HEX 文件，一般选中 Debug Information 和 Browse Information 复选框，这样才能调试所需的详细信息，比如要调试 C 语言程序，如果不选中这两个复选框，调试时将无法看到高级语言写的程序。

(4) Greate HEX File：要生成 HEX 文件，一定要选中该复选框，如果编译之后没有生成 HEX 文件，就是因为这个复选框没有被选中。默认是取消选中的。

(5) Greate Library：选中该单选按钮时将生成 lib 库文件。根据需要决定是否要生成库文件，一般的应用是不生成库文件的。

(6) After Make 选项组中有以下几个设置。

- Beep When Complete：编译完成之后发出“咚”的声音。
- Start Debugging：马上启动调试(软件仿真或硬件仿真)，根据需要设置，一般取消选中该复选框。
- Run User Program #1，Run User Program #2：这两个复选框可以设置编译完之后所要运行的其他应用程序(比如有些用户自己编写了少些芯片的程序，编译完便执行改程序，将 HEX 文件写入芯片)，或者调用外部的仿真程序。根据自己的需要设置。

3. 设置 Listing 选项卡

Listing 选项卡如图 4-12 所示。

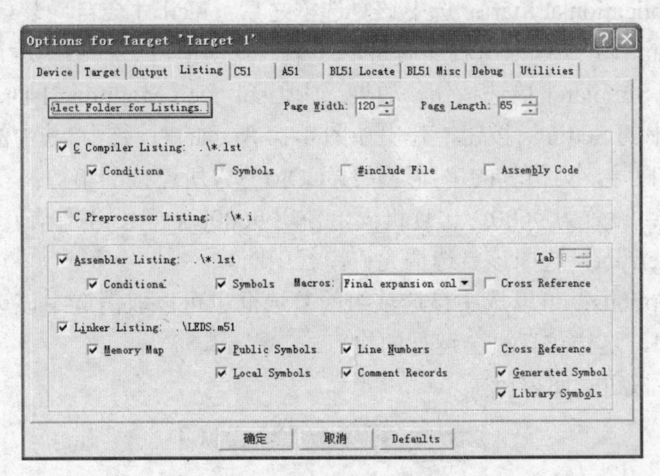

图 4-12　Listing 选项卡

Keil C51 在编译之后除了生成目标文件之外，还生成了*.lst 和*.m51 的文件。这两个文件可以通知程序员程序中所用的 idata、data、bit、xdate、code、RAM、ROM 和 stack 等的相关信息，以及程序所需的代码空间。

选中 Assembly Code 复选框会生成会变的代码。这非常有好处，如果不知道如何用汇编来编写一个 long 型数的乘法，那么可以先用 C 语言来写，写完之后编译，就可以得到用汇编语言实现的代码。对于一个高级的单片机程序员来说，往往既要熟悉汇编语言，同时也要熟悉 C 语言，才能更好地编写程序。因为某些地方用 C 语言无法实现，但用汇编语言却很容易；有些地方用汇编语言很烦琐，但用 C 语言就很方便。

单击 Select Folder for Listings 按钮后，在弹出的对话框中可以选择生成的列表文件的存放目录。不作选择时，则使用项目文件所在的目录。

4. 设置 Debug 选项卡

Debug 选项卡如图 4-13 所示。

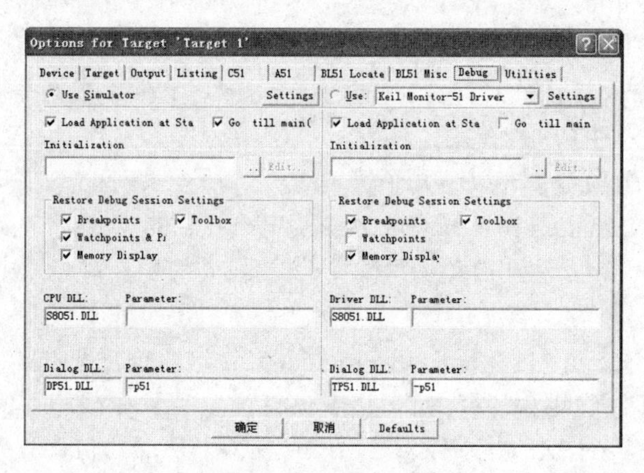

图 4-13 Debug 选项卡

这里有两类仿真形式可选：一是 Use Simulator，二是 Use：Keil Monitor-51 Driver。前一种是纯软件仿真，后一种是带有 Monitor-51 目标仿真器的仿真。

(1) Load Application at Start：选中该复选框之后，Keil 才会自动装载程序代码。

(2) Go till main：调试 C 语言程序时可以选中该复选框，PC 会自动运行到 main 程序处。

这里选中 Use Simulator 单选按钮。如果选中 Use：Keil Monitor-51 Driver 单选按钮，还可以单击图 4-13 中的 Settings 按钮，弹出如图 4-14 所示的对话框，其中的设置如下。

- Port：串口号，为仿真的串口连接线 COM_A 所连接的串口。
- Baudrate：设置为 9600，仿真机固定使用 9600b/s 与 Keil 通信。
- Serial Interrupt：选中该复选框允许串行中断。
- Cache Options：可以选中该选项组的复选框也可以取消选中该选项组的复选框，推荐选中，这样仿真机会运行的快点。

最后单击 OK 按钮关闭窗口。

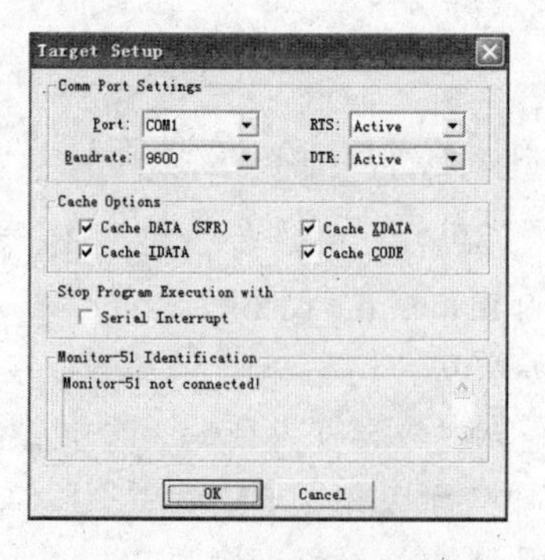

图 4-14 Target 设置

4.1.4　知识点总结——编译连接

选择 Project|Rebuild all target files 命令或直接单击工具条上的按钮，则开始编译程序，如果编译成功，则会弹出如图 4-15 所示的界面。与第 1 章的图 1-11 对比，观察两图的不同之处。

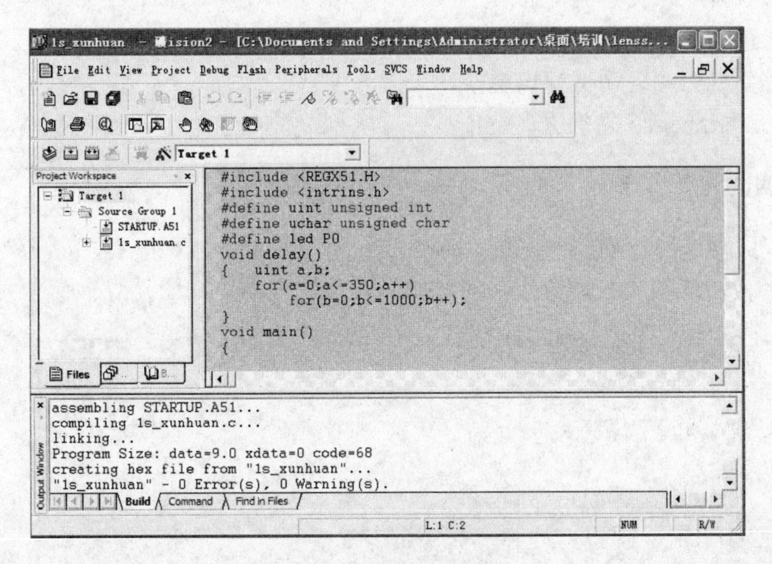

图 4-15　编译成功界面

提示信息所表示的内容如下。

第一行表示“编译目标文件”。

第二行表示“连接”。

第三行表示“生成项目大小：片内 RAM 占 9 个字节，片外 RAM 占 0 个字节，程序存储区 ROM 占 47 个字节”。

第四行表示“生成 HEX 文件”，在图 1-11 中，在 4.1.3 节的配置工程输出选项卡 output 中没有选中 Create HEX File 复选框，因此没有这一行的提示。

第五行表示“编译结果有 0 个错误，0 个警告”。如果提示有错误，则要根据提示的错误信息重新检查程序代码，直到提示 0 个错误为止。如果有警告信息，对于初学者可以暂时忽略，因为这并不影响目标代码的生成。

4.2　keil 软件的调试方法及技巧

前面已经学习了如何建立工程、配置工程、编译链接，并获得目标代码，但这只是表示源代码没有语法错误，至于源程序中存在的其他错误，必须通过调试才能发现并解决。事实上，除极简单的程序外，绝大多数程序都要通过反复调试才能得到正确的结果。因此，调试是软件开发中的重要环节，熟练掌握程序的调试技巧可以大大提高工作效率。下面将详细介绍调试的方法。

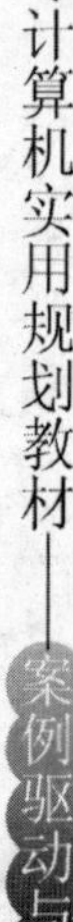

4.2.1 案例介绍及知识要点

结合 1.2 节的案例，将其编译通过后，对该程序进行调试，单步执行程序，观察各变量中值的变化及单片机各端口状态的变化。

知识点

- 掌握最基本的调试方法。
- 能够熟练应用各调试窗口观察结果。
- 熟悉 Peripherals 菜单仿真设置。

4.2.2 软件调试的操作步骤

当对工程成功地进行编译链接后，选择 Debug|Start/Stop Debug Session 命令或直接单击工具条上的 按钮或使用快捷方式，即可以进入调试环境，如图 4-16 所示。

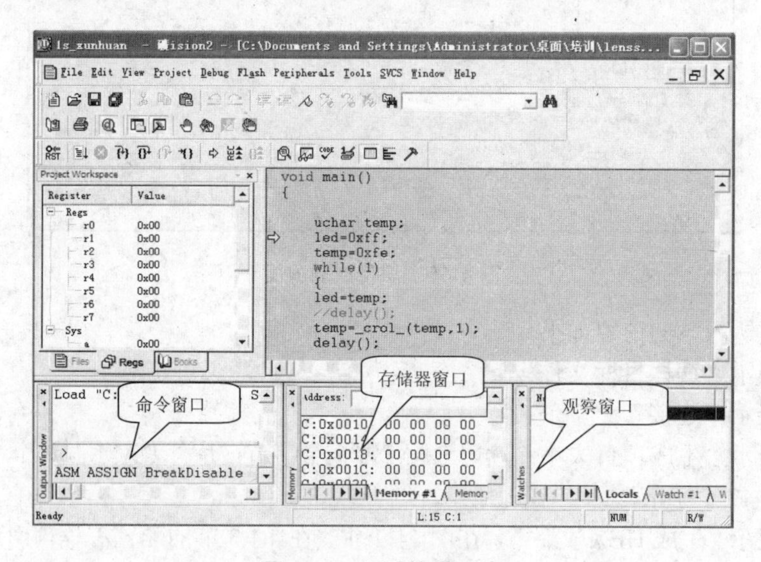

图 4-16 调试仿真环境

进入调试状态后，工程管理窗口自动跳转到寄存器窗口，Debug 菜单中原来不可以使用的命令现在就可以使用了，调试工具栏如图 4-17 所示。关于各图标功能在 4.1 节已作介绍，这里不再赘述。

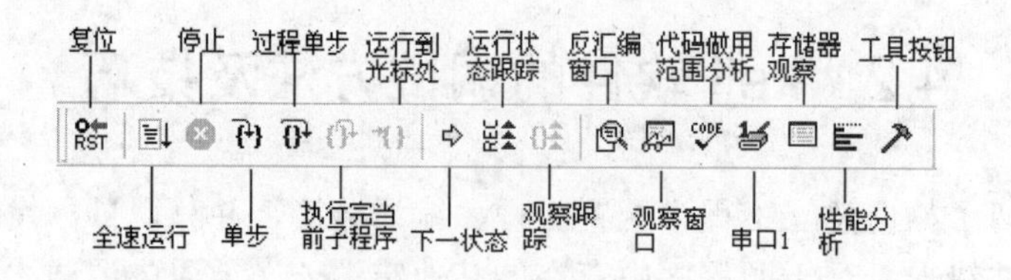

图 4-17 调试工具栏

单击图 4-17 中的“观察窗口”图标，调出观察窗口，在该窗口中可以查看程序中变量的值，如图 4-18 所示，变量 temp 的值显示在窗口中，并将随着程序的执行而发生变化。

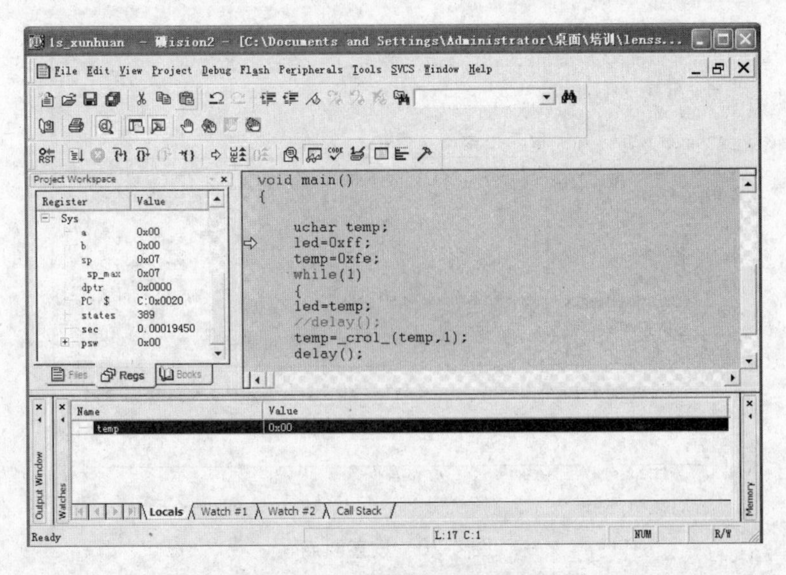

图 4-18 观察窗口显示方式

选择 Peripherals|I/O-Ports|Port0 命令，调出 P0 口状态窗口，如图 4-19 所示，单击图 4-17 中的“单步”执行图标，可以看到 temp 的值和 P0 口的状态在随着程序的执行而发生变化。

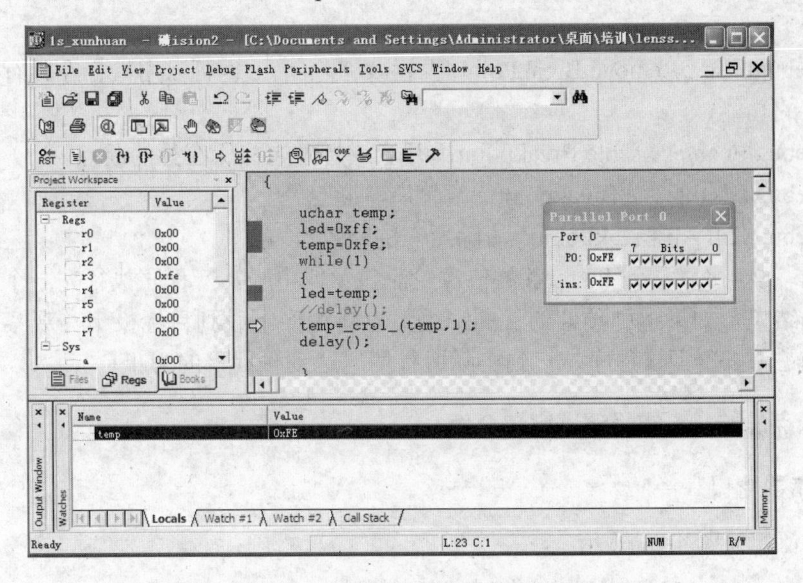

图 4-19 P0 口状态窗口显示模式

在 delay()语句上双击设置断点，然后单击“全速运行”图标，箭头就会在该语句上停下来，如图 4-20 所示。

程序调试时，一些程序行必须满足一定的条件才能够被执行。例如：有键盘输入的程序，程序中要求键盘输入某个指定值时才执行对应程序的情况；有中断产生时，执行中断程序；串口接收到数据等。这些条件往往是异步发生的或难以预先设定的，这种情况使用单步执行的方法是很难调试的，此时就要使用到程序调试中的另一种非常重要的方法——断点调试。

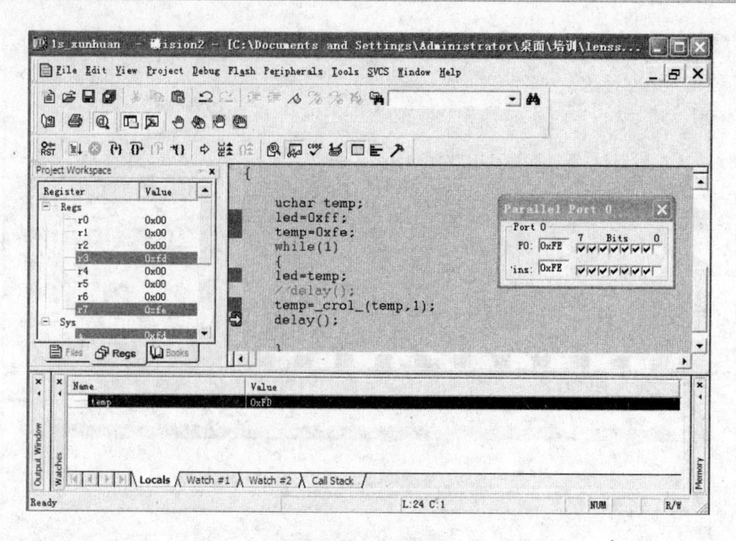

图 4-20　设置断点

断点调试的方法有很多种，常用的是在某一行程序处设置断点，设置好断点后可以全速运行程序，一旦执行到该行程序即停止执行。可以在此时观察有关变量或寄存器的值，以确定问题所在。在程序行设置或移除断点的方法是将光标定位于需要设置断点的程序行，使用菜单如下。

- Debug|Insert/Remove BreakPoint：设置或移除断点(也可以用鼠标在该行双击实现同样的功能)。
- Debug|Enable|Disable Breakpoint：开启或暂停光标所在行的断点。
- Debug|Disable All Breakpoint：暂停所有断点。
- Debug|Kill All BreakPoint：清除所有的断点设置。

再按 F5 键，可以看到 P0 口各位依次轮流显示低电平。待程序执行完一个周期后，观察程序仿真结果，如果达到预期的目的，就可以将程序下载到目标板上，观察实际运行结果。如有问题可以再调试程序，直到实际运行情况达到预期目的为止。

4.2.3　知识点总结——常用调试窗口介绍

1．存储器窗口

存储器窗口如图 4-21 所示。

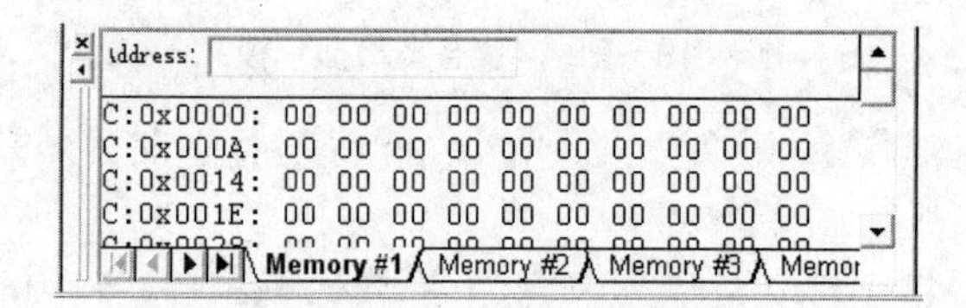

图 4-21　存储器窗口

存储器窗口中可以显示系统中各种内存中的值。DATA 是可直接寻址的片内数据存储区，XDATA 是外部数据存储区，IDATA 是间接寻址的片内数据存储区，CODE 是程序存储区。通过在 Address 文本框内输入“字母：单元地址”即可显示相应内存值。其中字母可以是 C、D、I、X，其代表的含义如下。

- C：代码存储空间。
- D：直接寻址的片内存储空间。
- I：间接寻址的片内存储空间。
- X：扩展的外部 RAM 空间。

数字代表想要查看的地址。例如输入“D：0x00” 即可观察到地址 0 开始的片内 RAM 单元值，输入“C：0x00”即可显示从 0 开始的 ROM 单元中的值，并查看程序的二进制代码。该窗口的显示值可以以各种形式显示，如十进制、十六进制或字符型等。改变显示方式的方法是右击，在弹出的快捷菜单中选择相应命令，如图 4-22 所示。

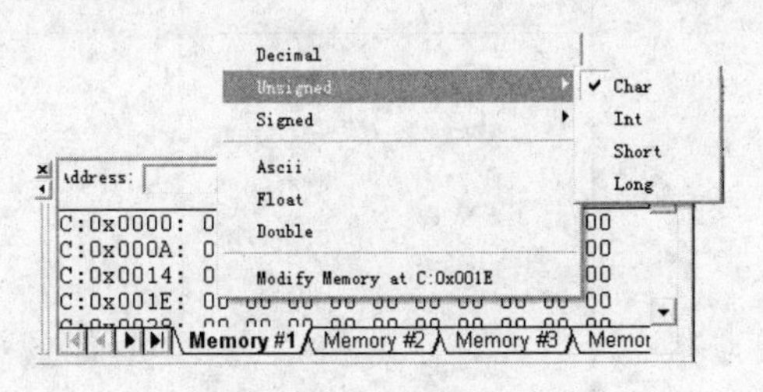

图 4-22　显示方式选择

该菜单用分隔条分成 3 部分，其中第一部分与第二部分的 3 个选项为同一级别，选中第一部分的任一选项，内容将以整数形式显示，而选择第二部分的 Ascii 项则将以字符型式显示，选择 Float 项将以相邻 4B 组成的浮点数形式显示，选择 Double 项则将以相邻 8B 组成双精度形式显示。第一部分又有多个选择项，其中 Decimal 项是一个开关，如果选择该项，则窗口中的值将以十进制的形式显示，否则按默认的十六进制的形式显示。

Unsigned 和 Signed 后分别有存储器数值的各种显示格式。Unsigned 有 4 个选项：Char、Int、Short 和 Long，分别代表以单字节方式显示、将相邻双字节组成整型数方式显示、将相邻双字节组成整型数方式显示和将相邻 4 字节组成长整型方式显示，而 Unsigned 和 Signed 则分别代表无符号形式和有符号形式，究竟从哪一个单元开始的相邻单元则与用户的设置有关，以整型为例，如果输入的是 I：0，那么 00H 和 01H 单元的内容将会组成一个整型数，而如果输入的是 I：1，01H 和 02H 单元的内容会组成一个整型数，以此类推。有关数据格式与 C 语言规定相同，请参考 C 语言书籍，默认以无符号单字节方式显示。

第三部分的 Modify Memory at X:xx 用于更改鼠标处的内存单元值，选择该项即弹出如图 4-23 所示的对话框，可以在该对话框的文本框中输入要修改的内容。

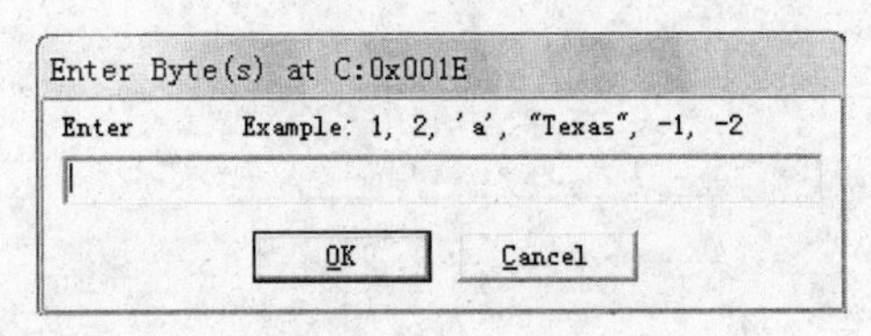

图 4-23　输入对话框

2. 工程窗口寄存器页

如图 4-24 所示，是工程窗口寄存器页的内容，寄存器页包括了当前的工作通用寄存器组和部分专用寄存器，系统寄存器组有一些是实际存在的寄存器，如 A、B、SP、DPTR 和 PSW 等，有一些是实际中并不存在或虽然存在却不能对其操作的寄存器，如 PC、Status 和 sec 等。每当程序中执行到对某寄存器操作时，该寄存器会以反色(蓝底白字)显示，单击鼠标并按 F2 键，即可修改该值。

Register	Value
Regs	
r0	0x00
r1	0x00
r2	0x00
r3	0x00
r4	0x00
r5	0x00
r6	0x00
r7	0x00
Sys	
a	0x00
b	0x00
sp	0x07
sp_max	0x07
dptr	0x0000
PC $	C:0x0800
states	389
sec	0.00038900
psw	0x00
p	0
f1	0
ov	0
rs	0
f0	0
ac	0
cy	0

Files　Regs　B...

图 4-24　寄存器窗口

3．观察窗口

如图 4-25 所示，观察窗口是一个很重要的窗口，工程窗口中仅可以观察到工作寄存器和有限的寄存器，如 A、B 和 DPTR 等，如果需要观察其他的寄存器的值或者在高级语言编程时需要直接观察变量，就要借助于观察窗口。观察窗口有 4 个标签，分别是局部变量(Locals)、观察 1(Watch #1)、观察 2(Watch #2)和调用栈(Call Stack)。显示内容分别如下。

- Locals：显示用户程序调试过程中当前局部变量的使用情况。
- Watch1：显示用户程序中已经设置了的观察点在调试过程中的当前值。
- Call Stack：显示程序执行过程中对子程序的调用情况。

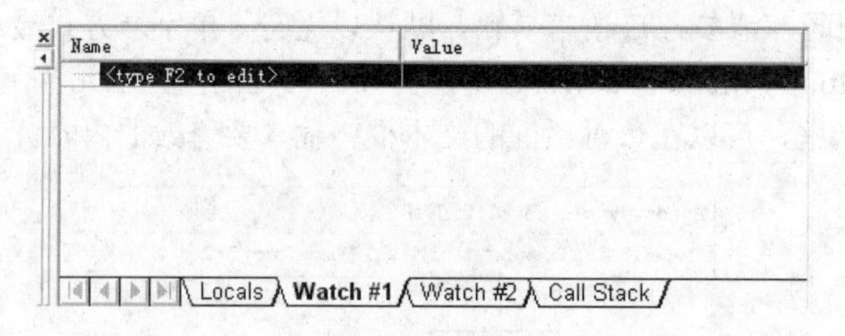

图 4-25　观察窗口

注意：Watch #1 和 Watch #2 的功能相同。在 Locals、Watch #1 和 Watch #2 选项卡中右击可以改变局部变量或观察点的值，使其按十六进制(HEX)或十进制(Decimal)方式显示；还可以通过选中后按 F2 键来改变其值。

4. 反汇编窗口

选择 View|Disassembly Windows 命令可以打开反汇编窗口，如图 4-26 所示。反汇编窗口用于显示已经装入μ Vision2 的用户程序汇编语言指令、反汇编代码及其地址，当采用单步或断点方式运行程序时，反汇编窗口的显示内容会随指令的执行而滚动。

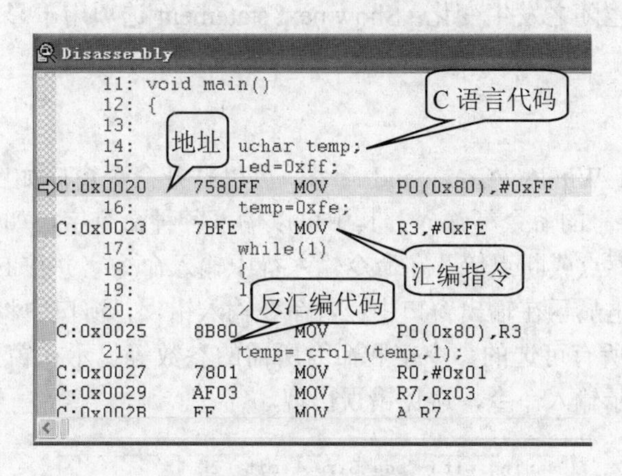

图 4-26　反汇编窗口

反汇编窗口可以使用右键快捷菜单，将鼠标指向反汇编窗口并右击，可以弹出如图 4-27 所示的快捷菜单。

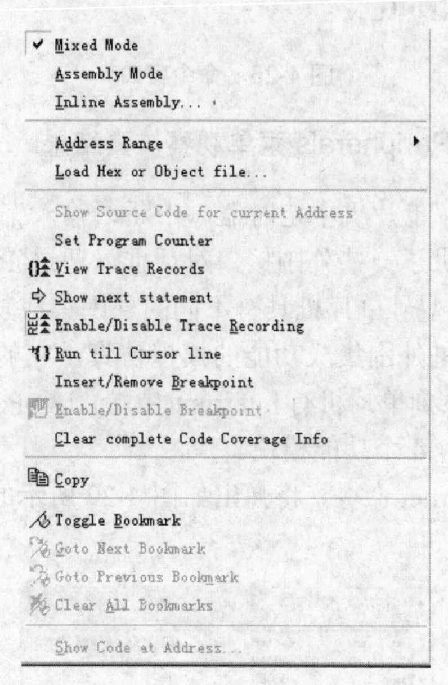

图 4-27　快捷菜单

第一栏中的选项用于选择窗口内反汇编内容的显示方式，Mixed Mode 选项采用高级语言与汇编语言混合方式显示；Assembly Mode 选项采用汇编语言方式显示；Inline Assembly 选项用于程序调试中的在线汇编。

第二栏 Address Range 选项用于显示用户程序的地址范围；Load Hex or Object file 用于重新装入 Hex 或 Object 文件到μ Vision2 中进行调试。

第三栏 View Trace Records 选项用于在反汇编窗口中显示指令执行的历史记录，该选项只有在该栏中的另一个选项 Enable/Disable Trace Recording 被选中，并且已经执行过用户程序指令的情况下才能起作用，这时反汇编窗口上部将以不同颜色显示出已经被执行过的指令的历史记录，将光标向上移动可以查看更多历史记录，查看历史记录的同时项目窗口 Regs 标签页中的显示内容也随之发生变化；Show next statement 选项用于显示下一条将被执行的指令。

5. 命令窗口

选择 View|Output Window/Command 命令，可以打开命令窗口如图 4-28 所示。窗口中有一个显示提示符“>”的命令行输入，其中可以输入各种命令字，如装入用户程序的目标文件、运行、设置观察点或断点等。在命令输入行中输入命令字并按 Enter 键，该命令将立即被执行，执行结果也显示在输出窗口中；若命令输入错误，窗口中将显示错误信息。Keil 在输入命令时自动将所有可选的命令字和命令所需的参数等显示在窗口下边的命令提示行上。用户可以根据提示输入命令，避免错误出现。

图 4-28　命令窗口

4.2.4　知识点总结——通过 Peripherals 菜单观察仿真结果

为了能够比较直观地了解单片机中定时器、中断、输入/输出端口和串行口等各模块及相关寄存器的状态，Keil 提供了一些外围接口对话框，通过 Peripherals 菜单进行选择，目前 51 单片机型号繁多，不同型号单片机具有不同的外围集成功能，keil μ Vison2 通过内部集成器件库实现对各种单片机外围集成功能的模拟仿真，它的选项内容会根据选用的单片机型号而有所变化。针对 51 系列单片机有 Interrupt(中端)、I/O-Ports(输入/输出端口)、Serial(串行口)和 Timer (定时器/计数器)4 个功能模块。

(1) 选择 Peripherals|Internet 命令，将弹出如图 4-29 所示的中断系统观察对话框，用于显示 51 单片机中断系统状态。

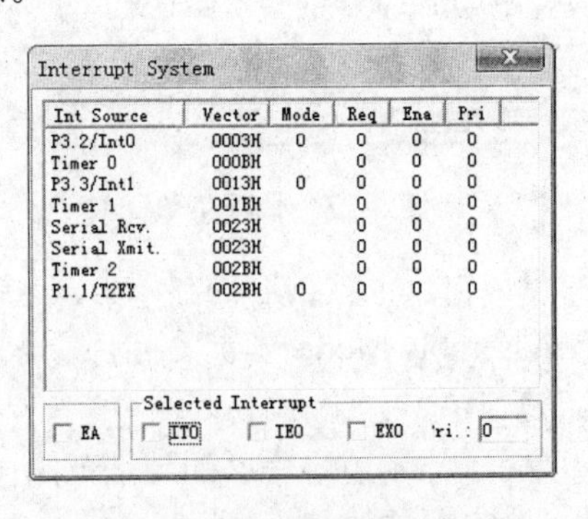

图 4-29　中断系统观察对话框

选中不同的中断源，对话框中 Selected Interrupt 选项组中将出现与之相对应的中断允许和中断标志位的复选框，通过对这些状态位的置位和复位操作，很容易实现对单片机中断系统的仿真。对于具有多个中断源的单片机，如 8052 等，除了如上所述几个基本中断源之外，还可以对其他中断源(如监视定时器(Watchdog Timer)等)进行模拟仿真。

(2) 选择 Peripherals|I/O-Port 命令，用于仿真 80C51 单片机的并行 I/O 接口 Port 0、Port 1、Port 2 和 Port 3，选中 Port 1 后将弹出如图 4-30 所示的窗口。其中 P1 栏显示 51 单片机 P1 口锁存器状态，ins 栏显示 P1 口各个引脚的状态，仿真时它们各位的状态可根据需要进行修改。

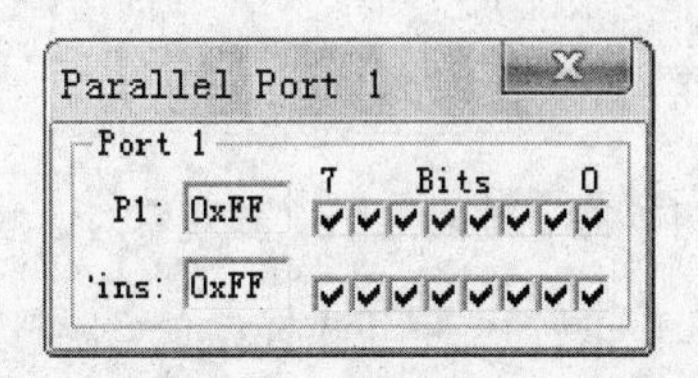

图 4-30 P1 口观察对话框

(3) 选择 Peripheral|Serial 命令，用于仿真 80C51 单片机的串行口，弹出如图 4-31 所示的。

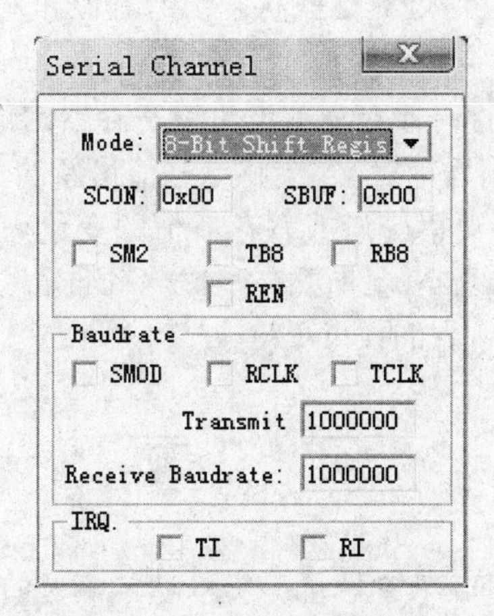

图 4-31 串行口观察对话框

① Mode 下拉列表框用于选择串行口的工作方式，单击倒三角按钮，弹出下拉列表，可以选择 8 位移动寄存器、8 位/9 位可变波特率 UART 和 9 位固定波特率 UART 等不同工作方式。选定工作方式后，相应特殊工作寄存器 SCON 和 SBUF 的控制字也显示在窗口中。通过对特殊控制位 SM2、REN、TB8、RB8、TI 和 RI 复选框的置位和复位操作，很容易实现对 51 单片机内部串行口的仿真。

② Baudrate 选项组用于显示串行口的工作波特率，选中 SMOD 复选框将使波特率加倍。

③ IRQ 选项组用于显示串行口的发送和接收中断标示位。

(4) 选择 Peripheral|I/O-Ports|Timer0 命令，将弹出图 4-32 所示的定时/计数器 0 的观察对话框。

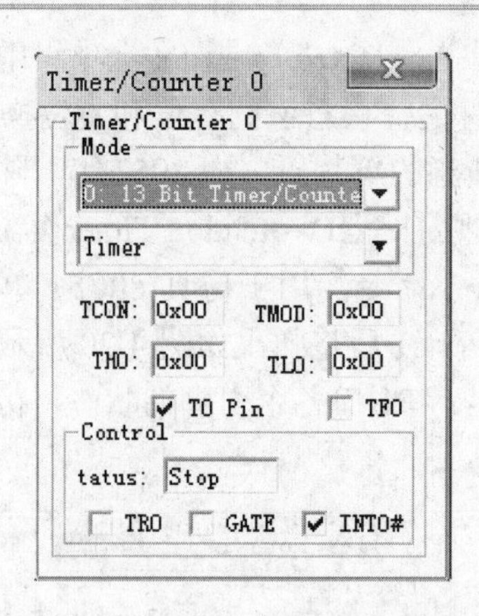

图 4-32　定时器/计数器观察对话框

① Mode 选项组用于选择工作方式，可选择定时器或计数器方式，选定工作方式后，相应的特殊工作寄存器 TCON 和 TMOD 的控制字也显示在窗口中，TH0 和 TL0 文本框用于显示计数初值，T0 Pin 和 TF0 复选框用于显示 T0 引脚和定时/计数器溢出状态。

② Control 选项组用于显示和控制定时/计数器的工作状态(Run 或 Stop)，TR0、GATE 和 INT 0 复选框是启动控制位，通过对这些状态位的置位和复位操作，很容易实现对 80C51 单片机内部定时/计数器的仿真。

调试时，通常仅在单步执行时才对观察变量或寄存器的值，当程序全速运行时，变量的值是不更新的，只有在程序停止运行后，才会将这些值最新的变化反映出来。但是，在一些特殊场合下，需要在全速运行时观察变量或寄存器值的变化，这时可以选择 View| Periodic Window Updata(周期更新窗口)命令，即可在全速运行时动态地观察有关值的变化，但是，选择该命令，将会使程序模拟执行的速度变慢。

习　题

1. 建立一个简单的工程，并编译调试，练习调试工具的使用。
2. 说明 Target 选项卡中各个选项的含义。
3. 如何查看寄存器的内容？
4. 如何测试子程序的运行时间？
5. 列举查看数据存储器的几个区域内变量内容的方法？
6. 熟悉 I/O 口、定时器、串行口以及各中断标志位的状态查看方法，并通过实际操作验证。
7. 总结程序调试的基本步骤。

第 5 章　并行 I/O 端口

51 系列单片机有 4 组 I/O 端口，每组端口都是 8 位准双向口，共占 32 根引脚。每个端口都包括一个锁存器(即专用寄存器 P0～P3)、一个输出驱动器和一个输入缓冲器。通常把 4 组端口笼统地表示为 P0～P3。

在无片外扩展存储器的系统中，这 4 个端口的每一位都可以作为准双向通用 I/O 端口使用。在具有片外扩展存储器的系统中，P2 口作为高 8 位地址线，P0 口作为低 8 位地址线和双向数据总线。51 系列单片机 4 个 I/O 端口线路设计得非常巧妙，学习 I/O 端口逻辑电路，不仅有利于正确合理地使用端口，而且会给设计单片机外围逻辑电路有所启发。

5.1　P0　口

P0 口是一个多功能的三态双向口，能驱动 8 个 TTL 负载。P0 口可以进行字节访问，也可以进行位访问，其字节访问地址为 80H，位访问地址为 80H～87H。

5.1.1　案例介绍及知识要点

P0 口做通用 I/O 输出口，控制 8 只发光二极管从左到右依次轮流点亮，然后再从右到左依次轮流点亮，电路图如图 5-1 所示。

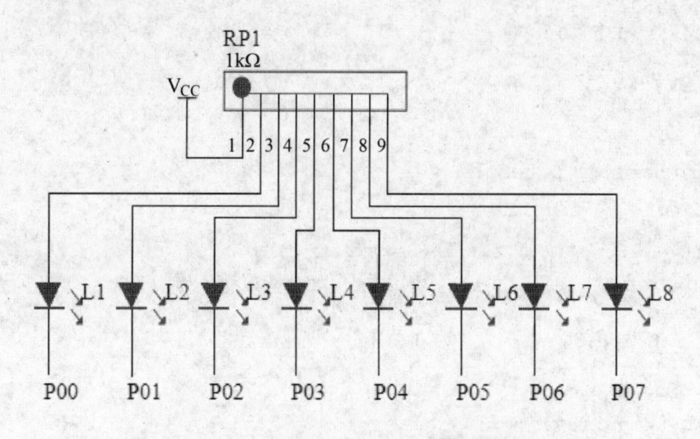

图 5-1　P0 口控制发光二极管电路

知识点

- 了解 P0 口的基本结构。
- 掌握 P0 口的控制方式及基本控制电路的设计。
- 掌握 P0 口基本的程序设计。

5.1.2　程序示例

【汇编程序】：

```
                ORG 0030H
START:          MOV     R2,  #8          ; 设置循环变量
                    MOV     A,   #0FEH   ; 设置 P0 口要赋的初值
                    SETB C               ; 置位 CY 位
LOOP:           MOV P0, A                ; 初始化 P0 口
                    LCALL   DELAY        ; 调用延时程序
                    RLC     A            ; 循环移位
                    DJNZ    R2,  LOOP    ; 判断是否循环完
                    MOV     R2,  #8
LOOP1:          MOV     P0,  A
                    LCALL  DELAY         ; 调用延时子程序
                    RRC     A
                    DJNZ    R2,  LOOP1
                    LJMP    START        ; 跳转到 START

DELAY:          MOV     R5,  #20         ; 延时子程序
D1:             MOV R6,  #20
D2:             MOV R7,  #248
                    DJNZ R7,  $
                    DJNZ    R6,  D2
                    DJNZ    R5,  D1
                    RET
                    END
```

【C 程序】：

```
#include <REGX52.H>
void delay(void)                    //循环间隔时间
{
     unsigned char m,n,s;
     for(m=20;m>0;m--)
     for(n=20;n>0;n--)
     for(s=248;s>0;s--);
}

int main()
{
    unsigned char i,a,b,temp;
    delay();
    while(1)
    {
        temp=0xfe;                  //设定点亮第一个 LED 的初值
        P0=temp;                    //点亮第一个 LED
        for(i=0;i<8;i++)            //在循环中实现轮流点亮
        {
            a=temp<<i;
          b=temp>>(8-i);
        P0=a|b;
        delay();
        }
        temp=0x7f;                  //设定点亮最后一个 LED 的初值
        P0=temp;                    //点亮最后一个 LED
        for(i=0;i<8;i++)            //相反方向循环点亮
        {
            a=temp>>i;
            b=temp<<(8-i);
            P0=a|b;
            delay();
        }
    }
```

```
    return 0;
}
```

5.1.3　知识总结——P0 口的位电路结构及特点

1. 位电路结构

P0 口位结构如图 5-2 所示。

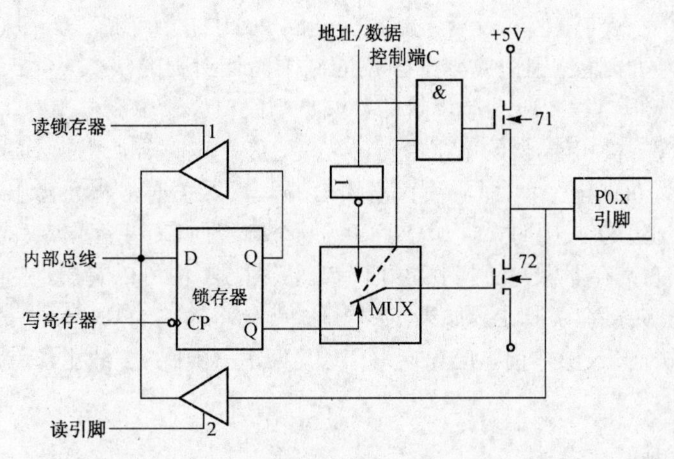

图 5-2　P0 口位结构

2. P0 口作为通用 I/O 口

1)　输出时

CPU 发出控制电平 0 封锁“与”门，将输出上拉场效应管 T1 截止，同时使多路开关 MUX 把锁存器与输出驱动场效应管 T2 栅极接通，故内部总线与 P0 口同相。由于输出驱动级是漏极开路电路，当驱动 NMOS 或其他电流负载时，需要外接上拉电阻。P0 的输出级可驱动 8 个 LSTTL 负载。

2)　输入时——分读引脚和读锁存器

读引脚：由传送指令(MOV)实现。下面一个缓冲器用于读端口引脚数据，当执行一条由端口输入的指令时，读脉冲把该三态缓冲器打开，这样端口引脚上的数据经过缓冲器读入到内部总线。

读锁存器：读锁存器是先从锁存器中读取数据，进行处理后，再将处理后的数据重新写入锁存器中，这类指令称为“读-修改-写”指令。当目的操作数为 P0 口或 P0 口的某一位时，执行该类指令是读锁存器的内容，而不是引脚上的内容，这类指令如下：

- ANL(逻辑与指令)　　　ANL P0,A
- ORL(逻辑或指令)　　　ORL P0,A
- XRL(逻辑异或指令)　　XRL P0,A
- JBC(测位转移指令)　　JBC P0.x,LABEL
- CPL(位取反指令)　　　CPL P0.x
- INC(增量指令)　　　　INC P0
- DEC(减量指令)　　　　DEC P0

- DJNZ(循环判跳指令)　　DJNZ P0,LABEL
- MOV(传送指令)　　MOV P0.x,C
- CLR(清 0 指令)　　CLR P0.x
- SET(置位指令)　　SET P0.x

其中，x=0～7，为 P0 口中某一位。

例如执行 CPL P0.0 指令时，单片机内部产生“读锁存器”操作信号，使锁存器 Q 端的数据送到内部总线，在对该位取反后，结果又送回 P0.0 的端口锁存器并从引脚输出。

“读锁存器”可以避免因引脚外部电路的原因而使引脚的状态发生改变造成误读。例如，若用 P0 口的一根口线去驱动晶体管的基极，当此口线输出高电平时，晶体管导通，因而将引脚(与晶体管基极相连)上的电平拉低(0.7V 左右)，这时若从引脚上读取数据则会把数据 1(高电平)错读为 0(低电平)，而从锁存器的 Q 端读取数据时，将不会出现上述错误。

当 P0 作为普通 I/O 来用时，此时 P0 口为一个准双向口。所谓准双向口就是在读数据之前，先要向相应的锁存器做写 1 操作的 I/O 口。从图 5-1 中可以看出，在读入端口数据时，由于输出驱动 FET 并接在引脚上，如果 T2 导通，就会将输入的高电平拉成低电平，产生误读。所以在端口进行输入操作前，应先向端口锁存器写 1，使 T2 截止，引脚处于悬浮状态，变为高阻抗输入。

3. P0 作为地址/数据总线

在系统扩展时，如果 P0 端口作为地址/数据总线使用，这时 P0 口在 CPU 的控制信号管理下，分时复用作为外部存储器的地址总线和数据总线。当 P0 口用作地址/数据复用总线后，就再也不能作通用用 I/O 口了。

1) P0 引脚输出地址/数据信息

CPU 发出控制电平 1，打开“与”门，又使多路开关 MUX 把 CPU 的地址/数据总线与 T2 栅极反相接通，输出地址或数据。由图 5-1 可以看出，上下两个 FET 处于反相，构成了推拉式的输出电路，其负载能力大大增强。

2) P0 引脚输出地址/输入数据

输入信号是从引脚通过输入缓冲器进入内部总线。此时，CPU 自动使 MUX 向下，并向 P0 口写 1，“读引脚”控制信号有效，下面的缓冲器打开，外部数据读入内部总线。此时，P0 口是一个真正双向口。

5.2 P1 口和 P2 口

P1 口是一个准双向口，它只用作通用的 I/O 口，其功能与 P0 口作为通用 I/O 口时的功能相同。作为输出口使用时，由于其内部有上拉电阻，所以不需要外接上拉电阻；作为输入口使用时，必须先向锁存器写入 1，使场效应管 T 截止，然后才能读取数据。P1 口能驱动 4 个 TTL 负载。P1 口既可以进行字节访问，也可以进行位访问，其字节访问地址为 90H，位访问地址为 90H～97H。

P2 口也是一个准双向口，它有两种使用功能：一种是在不需要进行外部 ROM、RAM 等扩展时，用作通用的 I/O 口使用，其功能和原理与 P0 口第一功能相同，只是作为输出口时不需外接上拉电阻；另一种是当系统进行外部扩展时，P2 口用作系统扩展的地址总线口，输出高 8 位的地址 A15～A7，与 P0 口第二功能输出的低 8 位地址相配合，共同访问外部程序或数据存储器(64KB)。P2 口能带 3～4 个 TTL 负载。P2 口可以进行字节访问，也可以进行位访问，其字节访问地址为 A0H，位访问地址为 A0H～A7H。

5.2.1　案例介绍及知识要点

P2 口输入、P1 口输出功能的应用：利用 8 个拨动开关，把 8 位数据送到 P2 口，程序读入，然后送 P1 口显示，如图 5-3 所示。

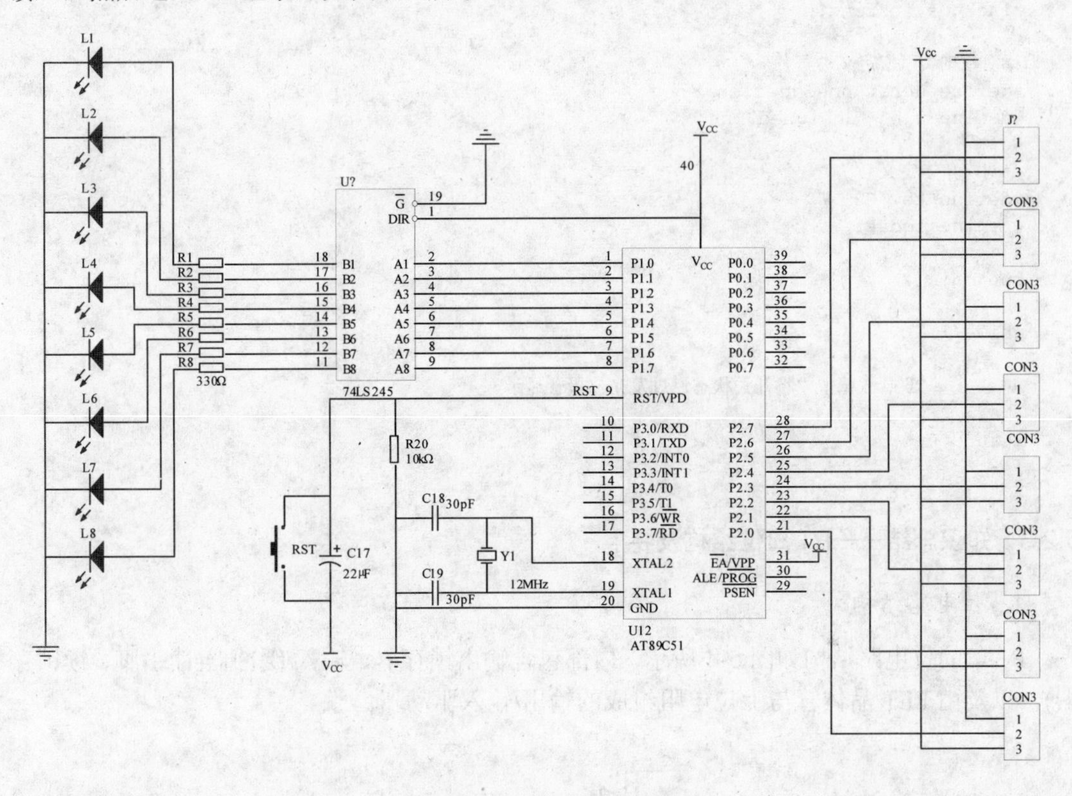

图 5-3　I/O 口输入/输出电路

知识点

- 了解 P1 口和 P2 口的基本结构。
- 掌握基本的电路设计方式。
- 掌握 I/O 口输入/输出控制方法和基本程序设计方法。

5.2.2　程序示例

【汇编程序】：

```
ORG       0000H
LJMP MAIN
ORG       0030H
     MAIN:     MOV       SP,#30H
               MOV       P1,#0FFH     ;P1 口初始化
```

```
        MOV     P2,#0FFH      ;P2 口初始化
LOOP:   MOV     A,P2          ;读 P2 口置的数
        MOV  P1,A             ;送 P1 口显示
        MOV  20H,A            ;保存 P2 口数据
SCAN:   MOV     A,P2          ;再次扫描 P2 口
        CJNE A,20H,LOOP       ;有新数据则送 P1 口显示
        SJMP SCAN             ;没有新数据则继续扫描
        END
```

【C 程序】:

```
#include<reg52.h>
#include<intrins.h>

/*对数据类型宏定义*/
#define uchar unsigned char
#define uint  unsigned int

/*对端口宏定义*/
#define key P2
#define led P1

int main()
{
while(1)
        {
        led=key;//将开关状态通过发光二极管显示
        }
return 0;
}
```

5.2.3 知识总结——P1 口位结构及特点

1. 位电路结构

P1 口的位电路结构如图 5-4 所示，内部包含输出锁存器、输入/缓冲器(读引脚、读锁存器)，以及由 FET 晶体管与上拉电阻组成的输出/输入驱动器。

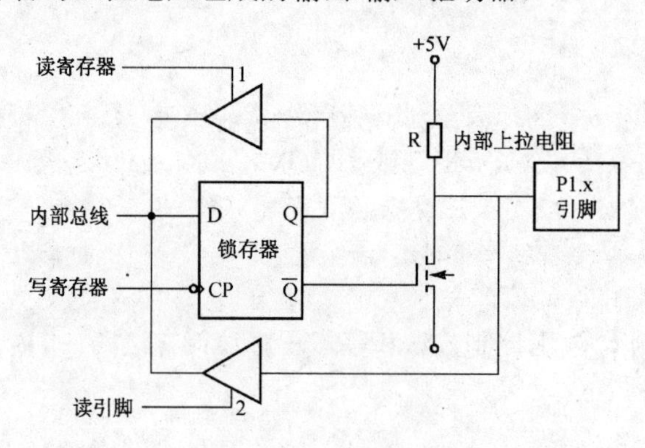

图 5-4 P1 口位结构图

2. P1 口作为通用 I/O 口

1) P1.x 作 I/O 口的输出线

当 CPU 对 P1.x 锁存器写入高电平 1 时，$\overline{Q}$=“0”，场效应管 V1 截止，P1.x 引脚输出

高电平。当 CPU 对 P1.x 锁存器写入低电平 0 时，$\overline{Q}$=“1”，场效应管 V1 导通，P1.x 引脚输出低电平。注意输出高电平不要带较重的负载。

2)　P1.x 作 I/O 口的输入线

软件首先对 P1.x 锁存器写高电平 1，使场效应管 V1 截止，P1.x 引脚呈高电平 1。由于很微弱的电流就可把 P1.x 引脚拉为低电平，所以 P1.x 引脚的电平是随外电路驱动的电平变化而变化的。软件读 P1.x 引脚时，CPU 使“读引脚”=“1”，三态缓冲器 1 导通，将 P1.x 引脚的电平读入内部数据总线。

5.2.4　知识总结——P2 口位结构及特点

1. 位电路结构

P2 口有 8 条端口线，命名为 P2.7～P2.0，每条线的结构如图 5-5 所示。它由一个输出锁存器、转换开关 MUX、两个三态缓冲器、一个非门、输出驱动电路和输出控制电路等组成。输出驱动电路上有上拉电阻。

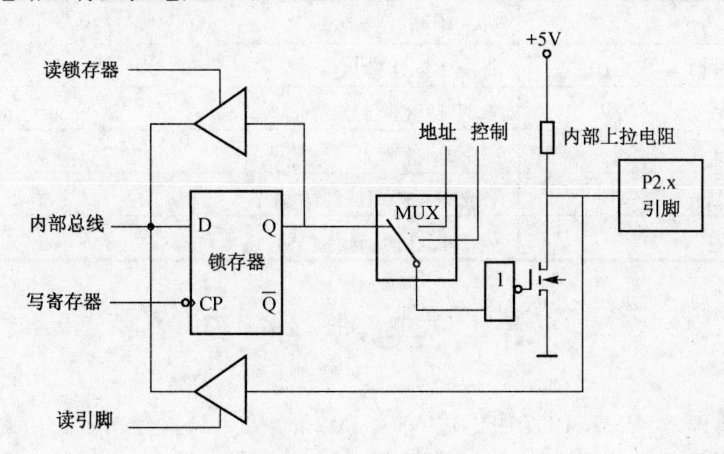

图 5-5　P2 口位结构图

2. P2 口用作通用 I/O 口

当不需要在单片机芯片外部扩展程序存储器，只需扩展 256B 的片外 RAM 时，访问片外 RAM 就可以利用“MOVX A，@Ri”或“MOVX @Ri，A”之类的指令来实现。这时只用到了地址线的低 8 位，P2 口不受该类指令的影响，仍可以用作通用的 I/O 口。

- 输出口：CPU 在执行输出指令时(如 MOV P2, A)，内部数据总线的数据在“写寄存器”信号的作用下由 D 端进入锁存器，输出经非门反相送到驱动管 T，再经驱动管 T 反相输出。
- 输入口：与 P0 口相同。
- 读-修改-写类指令的端口输出：与 P0 口相同。

3. P2 口作地址总线

CPU 在执行读片外 ROM、读/写片外 RAM 或 I/O 口指令时，单片机内硬件自动控制 C=1，MUX 开关接到地址线，地址信息经非门和驱动管 T 输出。

5.3 P3 口

P3 口是一个多功能准双向口，第一功能是用作通用的 I/O 口，其功能和原理与 P1 口相同，可以驱动 4 个 TTL 负载。第二功能是用作控制和特殊功能口，可以进行字节访问，也可以进行位访问，其字节访问地址为 B0H，位访问地址为 B0H～B7H。

通常情况下，P3 口不常用作通用 I/O 口，因此对于其基本用法这里不多做介绍。相反，其第二功能在应用中比较重要，此时各引脚定义如表 5-1 所示。

表 5-1 P3 口的第二功能

引 脚	第二功能	功能说明
P3.0	RXD	串行口输入
P3.1	TXD	串行口输出
P3.2	INT0	外部中断 0 输入
P3.3	INT1	外部中断 1 输入
P3.4	T0	定时/计数器 0 计数输入
P3.5	T1	定时/计数器 1 计数输入
P3.6	/ WR	外部 RAM 写选通(输出)
P3.7	/RD	外部 RAM 读选通信号(输出)

5.4 实 战 练 习

【例 5-1】P1.5、P1.6、P1.7 用作输入口，P0 口连接 8 只发光二极管，要求通过与 P1.5、P1.6、P1.7 相连的 3 个按键来控制 P0 口的循环灯的循环速度，控制发光二极管的电路如图 5-1 所示，输入部分如图 5-6 所示。

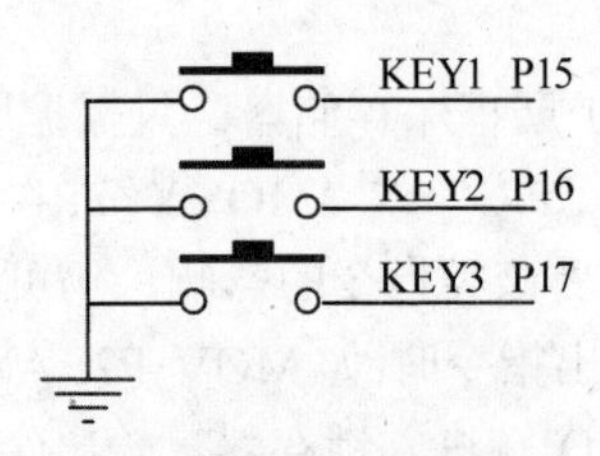

图 5-6 独立式键盘电路

参考程序如下：

```
#include <reg52.h>
#include <intrins.h>
#define uchar unsigned char
#define uint unsigned int

sbit K3=P1^5;              //按键调整 LED 的闪亮速度
sbit K2=P1^6;
sbit K1=P1^7;
```

```
bit ldelay;            //长定时溢出标志

static uchar t;        //定时时间变量

uchar speed=10;        //循环速度控制
//预定跑马灯段码
uchar code led[9]={0x7f,0xbf,0xdf,0xef,0xf7,0xfb,0xfd,0xfe,0xff};
//主函数
void main(void)
{
    uchar ledi;        //用来控制显示顺序
    TMOD=0x01;
    TH0=0x10;          //定时器 0 赋初值
    TL0=0x00;
    EA=1;              //开总中断
    ET0=1;             //开定时器 0 中断
    TR0=1;             //启动定时器 0
    while(1)
    {
     //检查按键，设置跑马速度
    //按键控制 LED 灯的循环速度
    //并带有按键消抖
        if(!K1) {  speed=4; t=0; while(!K1) ; }
        if(!K2) {  speed=7; t=0; while(!K2) ; }
        if(!K3) {  speed=9; t=0; while(!K3) ; }
        if(ldelay)               //定时到，执行跑马灯
        {
            ldelay=0;
            P0=led[ledi];        //段码送 P0 口
            ledi++;              //送下一位
            if(ledi==9)          //是否显示完一遍
            {
                ledi=0;
            }
        }
    }
}
//定时器中断 0 服务子函数
void timer0() interrupt 1
{
    TH0=0x10;                    //定时器 0 赋初值
    TL0=0x00;
    t++;
    if(t==speed)
    {
        t=0;                     //时间到，重新开始
        ldelay=1;                //定时时间溢出，设置标志位
    }
}
```

【例 5-2】P3.7 口用作通用 I/O 输出口，控制继电器的开合，以实现对外部装置(如 L1 灯)的控制，电路图如图 5-7 所示。

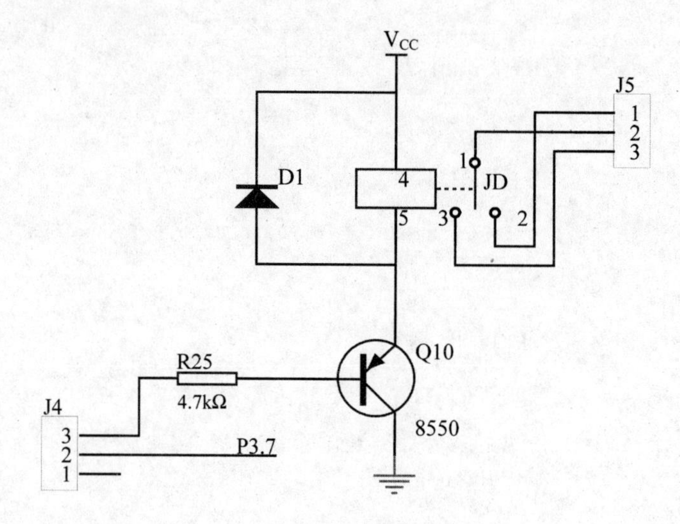

图 5-7　继电器电路

参考程序如下：

```
#include<reg51.h>
#define uchar unsigned char
sbit LED=P3^7;

//****************************************************//
//函数名称：delay()
//函数功能：延时 100ms
//****************************************************//

delay()
{
    uchar i,j=250;
    for(i=200;i>0;i--)
        while(--j);
}

//****************************************************//
//函数名称：main()
//函数功能：主函数
//****************************************************//

main()
{
    bit flag=0;
    while(1)
    {
        LED=flag;
        delay();
        LED=!flag;
        delay();
    }
}
```

【例 5-3】P3.5 口用作通用 I/O 输出口，控制蜂鸣器断续发声，电路图如图 5-8 所示。

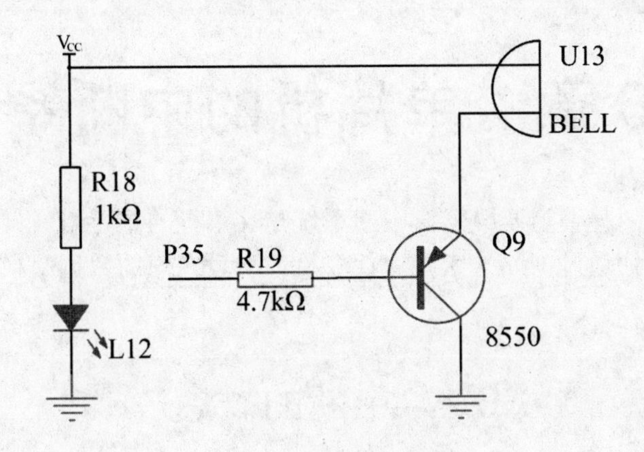

图 5-8　蜂鸣器电路

参考程序如下：

```
#include<reg51.h>
sbit BEEP=P3^5;          //蜂鸣器端口
void delayms(unsigned char ms)
// 毫秒延时子程序
{
 unsigned char i;
while(ms--)
{
for(i = 0; i < 120; i++);
}
}
void main(void)          //主程序
{
while(1)                 //循环程序
{
delayms(250);
BEEP =1;                 //启动蜂鸣器
delayms(250);
BEEP =0;                 //熄灭蜂鸣器
}
}
```

习　题

1. 读引脚和读寄存器有什么区别？为什么要区分？
2. P0 口如何实现地址与数据的复用？
3. 思考为什么 P0 口作为输入使用时要先向 P0 口写 1？
4. 列举 P3 口的第二功能。

第 6 章　单片机的中断系统

中断是计算机中的一个重要概念，中断系统是计算机的重要组成部分。自动检测、实时控制和故障处理往往通过中断来实现，计算机与外设之间的数据交换也常常采用中断处理方式。

6.1　中断的概念

在计算机中，由于计算机内外部的原因或软硬件的原因，使 CPU 暂停当前的工作，转到需要处理的中断源的服务程序的入口(中断响应)，一般在入口处执行一个跳转指令转去处理中断事件(中断服务)，执行完中断服务后，再回到原来程序被中断的地方继续处理执行程序(中断返回)，这个过程称为中断，如图 6-1 所示。

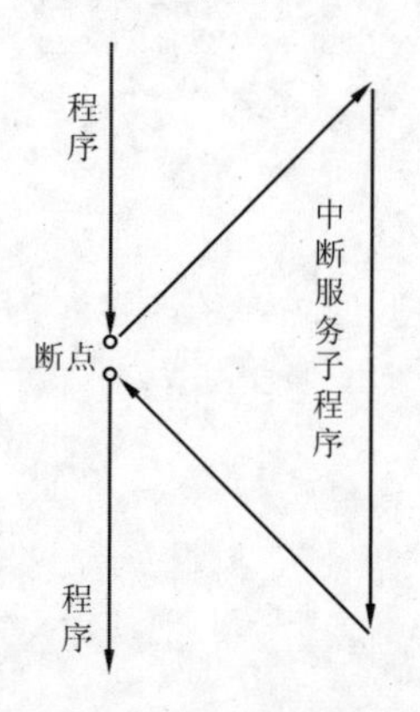

图 6-1　中断过程示意图

实现中断功能的软件和硬件统称为“中断系统”。能向 CPU 发出请求的事件称为“中断源”，80C51 系列单片机中断系统提供了 5 个中断源。中断源向 CPU 提出的处理请求称为“中断请求”或“中断申请”。CPU 暂停自身事务转去处理中断请求的过程，称为“中断响应”。对事件的整个处理过程称为“中断服务”或“中断处理”。处理完毕后回到原来被中断的地方，称为“中断返回”。若有多个中断源同时发出中断请求时，或 CPU 正在处理某中断请求时，又有另一事件发出中断申请，则 CPU 根据中断源的紧急程度将其进行排序，然后按优先顺序处理中断源的请求。

6.2　中断应用快速入门

6.2.1　案例介绍及知识要点

如图 6-2 所示，按键 K 接至外部中断 INT1，试编写程序使得按一次键 LED 点亮，再按一次，LED 熄灭，循环往复。

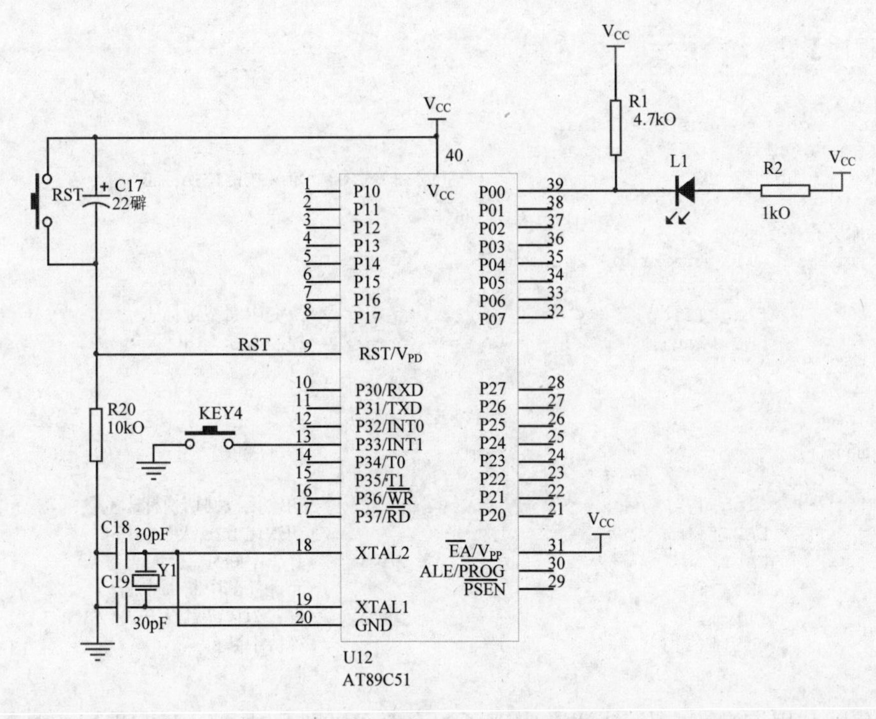

图 6-2 外部中断 1 实例电路图

知识点

- 认识简单的电路原理图。
- 了解中断的基本概念、中断的优点及中断的分类。
- 掌握中断相关寄存器及配置方式。
- 掌握中断服务子程序的基本写法。

6.2.2 程序示例

【汇编程序】：

```
            ORG     0000H
            LED     BIT     P0.0
            LJMP MAIN                   ;跳转至主程序
            ORG     0013H
            LJMP INT1_INT               ;跳转至INT1中断服务程序
            ORG     0100H
MAIN:       MOV     SP,#60H             ;设置堆栈指针
SETB EA                                 ;开总中断
            SETB EX1                    ;允许INT0中断
            SETB IT1                    ;采用边沿触发方式
            SETB F0                     ;按键切换标志,F0=1,LED灭
                                        ;F0=0,LED亮
            SJMP $                      ;等待中断
INT0_INT:   CPL     F0                  ;不需保护现场,按键标志取反
MOV     C,F0
            MOV     LED,C               ;控制LED输出
```

```
            RETI                           ;中断返回
            END
```

【C 程序】:

```
#include<reg51.h>
#define  uchar   unsigned char
sbit LED=P0^0;
bit      flag;                                   /*定义按键切换标志*/

/*中断服务程序*/
void int1_int ()  interrupt 2 using 0
{
          flag=!flag;                            /*改变中断按键标志 */
          LED=flag;                              /*控制 LED 输出*/
}

/*主程序*/
void main()
{
          flag=1;                                /*初始化按键切换标志*/
          LED=flag;                              /*初始化 LED 灭*/
          EA=1;                                  /*开总中断*/
          EX1=1;                                 /*允许外部中断 1 中断*/
          IT1=1;                                 /*设置为边沿触发方式*/
          while(1);                              /*等待中断*/
}
```

上面分别利用汇编语言和 C 语言实现了一个简单的外部中断，其实现思想是一样的。需要注意的是，在调用中断子程序两者写法上的区别，汇编语言要明确入口地址，中断入口接地并执行一条长调用指令，如下所示：

```
ORG      0013H
            LJMP INT1_INT                  ;跳转至 INT1 中断服务程序
```

而 C 语言只需要对应相关的中断号，如下所示：

```
void int1_int ()  interrupt 2 using 0
```

这里 interrupt 关键字后面的 2 是对应中断号，C51 中 5 个中断源对应的中断号如表 6-1 所示，using n 表示选用第 n 组通用寄存器，这里可以省略。

表 6-1　中断源的入口地址及优先次序

中 断 源	请求标志	入口地址	中 断 号	优 先 级
外部中断 0	IE0	0003H	0	最高级
定时器中断 0	TF0	000BH	1	↓
外部中断 1	IE1	0013H	2	
定时器中断 1	TF1	001BH	3	最低级
串行口发送/接受中断	TI/RI	002BH	4	

6.2.3 知识总结——中断源分类

1. 外部中断源

外部中断有两个中断源，即外部中断 0 和外部中断 1。它们的中断信号分别由引脚/INT0(P3.2)和/INT1(P3.3)输入。中断请求标志为 IE0 和 IE1(定时/计数器控制寄存器 TCON 的 D1 位和 D3 位)。

2. 定时器中断

定时中断是由内部定时器计数产生计数溢出所引起的中断，属于内部中断。当计数溢出时即表明定时/计数器已满，产生中断请求。定时/计数器中断包括定时/计数器 T0 溢出中断和定时器/计数器 T1 溢出中断。中断请求标志位为 TF0 和 TF1(TCON 的 D5 位和 D7 位)。

3. 串行中断

串行中断是为满足串行数据传送的需要而设置的，属于内部中断，每当串行口接受或发送完一帧数据时，就产生一个中断请求。中断标志为 TI 或 RI(分别为串行口控制寄存器 SCON 的 D1 和 D0 位)。

6.2.4 知识总结——中断的优点

当 CPU 与外设交换信息时，采用中断的方式有以下优点。

1. 分时操作

中断可以使 CPU 和外设同时工作。CPU 在启动外设工作后，就继续执行主程序，同时外设也在工作，当外设把数据准备好后，发出中断申请，请求 CPU 中断主程序，执行中断服务程序，中断服务程序处理完以后 CPU 恢复执行主程序，外设也继续工作。使用中断还可以使 CPU 与多个外设同时工作，使 CPU 的利用率大大提高。

2. 实时处理

在实时控制系统中，现场的各种参数和信息可在任何时间发出中断申请要求 CPU 处理，CPU 就可以马上响应(若中断是开放的)并加以处理。这样的及时处理在查询的方式下几乎不可能。

3. 故障处理

计算机在运行过程中，往往会出现预料不到的情况，或出现一些故障：如掉电、存储出错、运算溢出等。计算机可以利用中断系统自行处理，而不必停机或报告工作人员。

6.2.5 知识总结——中断的控制与实现

中断的控制与实现是通过 4 个与中断相关的特殊功能寄存器配置来完成的，它们分别是定时/计数器控制寄存器 TCON、串行口控制寄存器 SCON、中断允许控制寄存器 IE 以及中断优先级控制寄存器 IP。下面将详细介绍这些特殊功能寄存器。

1. 定时/计数器控制寄存器 TCON(88H)

TCON 是定时/计数器控制寄存器，它锁存两个定时/计数器的溢出中断标志及外部中断 $\overline{\text{INT0}}$ 和 $\overline{\text{INT1}}$ 的中断标志，对 TCON 可进行字节寻址和位寻址。与中断有关的各位定义如表 6-2 所示。

表 6-2　寄存器 TCON 位定义

位	D7	D6	D5	D4	D3	D2	D1	D0	字节地址
TCON	TF1	TR1	TF0	TR0	IE1	IT1	IE0	IT0	88H
位地址	8FH	8EH	8DH	8CH	8BH	8AH	89H	88H	

(1) IT0：外部中断 0 触发方式控制位。

IT0=0，为电平触发方式(低电平有效)。

IT0=1，为边沿触发方式(下降沿有效)。

(2) IE0：外部中断 0 中断请求标志位。当 IE0=1 时，表示 $\overline{\text{INT0}}$ 向 CPU 请求中断。

(3) IT1：外部中断 1 触发方式控制位，其操作功能与 IT0 类似。

(4) IE1：外部中断 1 中断请求标志位。当 IE1=1 时，表示 $\overline{\text{INT1}}$ 向 CPU 请求中断。

(5) TF0：定时/计数器 T0 溢出中断请求标志位。启动 T0 后，定时/计数器 T0 从初值开始加 1 计数，当最高位产生溢出时，由硬件将 TF0 置 1，向 CPU 申请中断，CPU 响应 TF0 中断时，TF0 由硬件清 0，也可由软件清 0。

(6) TF1：定时/计数器 T1 溢出中断请求标志位，其操作功能和 TF0 类似。

TR1、TR0 这两位与中断无关，仅与定时/计数器 T1 和 T0 有关，它们的功能将在 6.3 节中详述。

当单片机复位后，TCON 被清 0，则 CPU 关中断，所有中断请求被禁止。

2. 串行口控制寄存器 SCON(98H)

SCON 是串行口控制寄存器，其低 2 位锁定串行口的发送中断和接受中断的中断请求标志 TI 和 RI。对 SCON 可进行字节寻址和位寻址，其格式如表 6-3 所示。

表 6-3　寄存器 SCON 位定义

位	D7	D6	D5	D4	D3	D2	D1	D0	字节地址
SCON	—	—	—	—	—	—	TI	RI	98H
位地址	—	—	—	—	—	—	99H	98H	

(1) TI：串行口发送中断标志位。CPU 将 1B 的数据写入发送缓冲器 SBUF 时，就启动 1 帧串行数据的发送，每发送完 1 帧串行数据后，硬件自动置 TI 为 1。值得注意的是，CPU 响应串行口发送中断时，并不清除 TI 发送中断请求标志，必须由用户在中断服务子程序中用软件对其清 0。

(2) RI：串行口接受中断请求标志位。在串行口接受完一个串行数据帧，硬件自动置 RI 为 1。同样，CPU 在响应串行口接受中断时，并不清除 RI 接受中断请求标志，必须由用户在中断服务子程序中用软件对其清 0。

3. 中断允许控制寄存器 IE(A8H)

在 51 系列单片机中，开中断与关中断是由中断允许控制寄存器 IE 控制的。对 IE 可进行字节寻址和位寻址，其格式如表 6-4 所示。

表 6-4　寄存器 IE 位定义

位	D7	D6	D5	D4	D3	D2	D1	D0	字节地址
IE	EA	—	—	ES	ET1	EX1	ET0	EX0	A8H
位地址	AFH	AEH	ADH	ACH	ABH	AAH	A9H	A8H	

(1) EA：中断允许总控制位。

EA=0，CPU 关总中断，屏蔽所有中断请求。

EA=1，CPU 开总中断，这时只要各中断源中断允许未被屏蔽，当中断到来时，就有可能得到响应。

(2) ES：串行口中断允许控制位。

ES=0，禁止串行口中断；ES=1，允许串行口中断。

(3) ET1 和 ET0：定时器 1 和定时器 0 中断允许控制位。

ET1(ET0)=0，禁止定时/计数器 T1 或 T0 中断。

ET1(ET0)=1，允许定时/计数器 T1 或 T0 中断。

(4) EX1 和 EX0：外部中断 1 和外部中断 0 的中断允许控制位。

EX1(EX0)=0，禁止 $\overline{\text{INT0}}$($\overline{\text{INT1}}$)外部中断。

EX1(EX0)=1，允许 $\overline{\text{INT0}}$($\overline{\text{INT1}}$)外部中断。

单片机复位后(IE=00H)，所有中断处于禁止状态。若允许某一个中断源中断，除了开放总中断(置位 EA)外，必须同时开放该中断源的中断允许位。可见，51 系列单片机通过中断允许控制寄存器对中断的允许实行两级控制。

6.3　中断嵌套的应用

当 CPU 正在处理某一中断源的请求时，若有优先级比它高的中断源发出中断申请，则 CPU 暂停正在进行的中断服务程序，并保留这个程序的断点。在高级的中断处理完毕后，再回到原来被中断的源程序中执行中断服务程序。此过程称为“中断嵌套”，如图 6-3 所示。

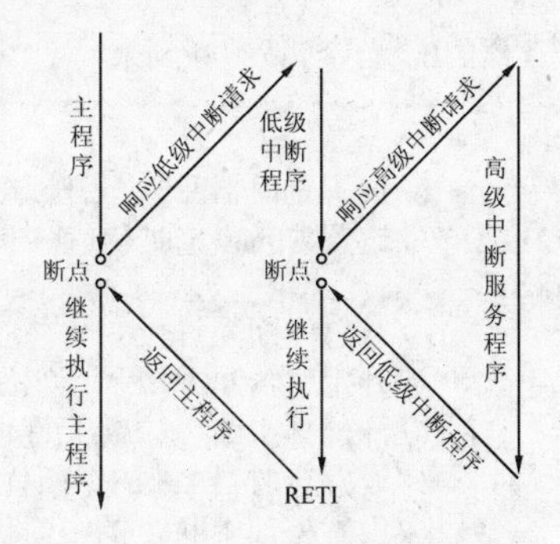

图 6-3　中断嵌套示意图

6.3.1 案例介绍及知识要点

要求单片机上电 1s 后，蜂鸣器开始鸣叫，然后按外部中断按键，触发外部中断使蜂鸣器停止发声，一段时间后再发声。电路如图 6-4 和图 6-5 所示，其中 KEY4 为外部中断触发按键。

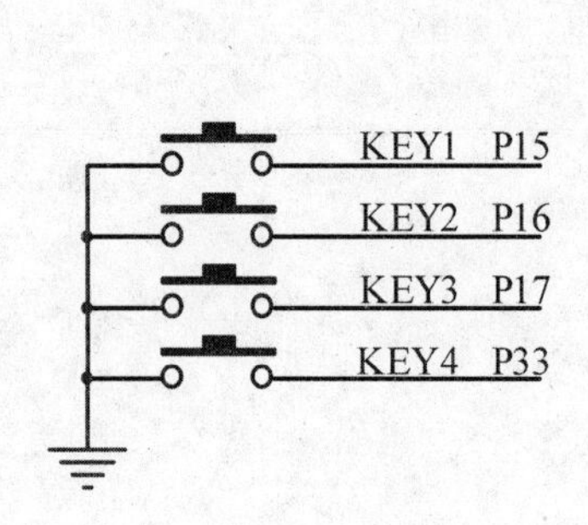

图 6-4 按键电路

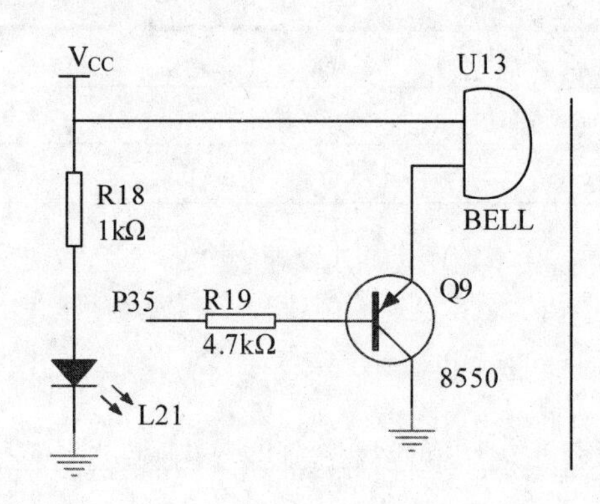

图 6-5 蜂鸣器电路

知识点

- 了解电路的设计方法。
- 了解中断嵌套的基本原理。
- 掌握中断优先级的控制方式及原则。
- 了解中断的处理过程。

6.3.2 程序示例

```
#include <REGX51.H>             //51 头文件

#define uchar unsigned char     //宏定义常用数据类型关键字
#define uint unsigned int

void delay();                   //声明延时子程序

sbit key4=P3^3;                 //外部中断按键
sbit bee=P3^5;                  //蜂鸣器
uchar num;

/*在主程序中完成对各相关寄存器的配置，等待中断到来*/
void main()
{
    TMOD=0x01;                  //设置定时器 T0，工作方式 1
    TH0=(65536-50000)/256;      //设置 50ms 定时初值
    TL0=(65536-50000)%256;
    EA=1;                       //开总中断允许位
    ET0=1;                      //开定时器 T0 中断允许位
    EX1=1;                      //开外部中断 1 中断允许位
    PT0=0;                      //设置定时器 T0 的中断优先级为低
    PX1=1;                      //设置外部中断 1 的中断优先级为高
    TR0=1;                      //启动定时器
```

```
    IT1=0;                      //外部中断电平触发
    while(1);                   //等待
}

void Timer0() interrupt 1   //定时器 T0 中断服务子程序
{
    TH0=(65536-50000)/256;  //重新赋初值
    TL0=(65536-50000)%256;
    num++;
    if (num==2 0)           //1s 时间到，蜂鸣器开始鸣叫
    {
        num=0;
        while(1)
        {
            bee=0;
        }
    }
}

void int1() interrupt 2     //外部中断 1 服务子程序
{
    bee=1;                  //关闭蜂鸣器
    TR0=0;                  //关闭定时器
    delay();                //延时一段时间
}

void delay()                //延时子程序
{
    uint i,ii;
    for(i=0;i<=1000;i++)
    for(ii=0;ii<=1000;ii++);
}
```

6.3.3 知识总结——优先级控制

1. 中断优先级控制寄存器 IP(B8H)

80C51 单片机有两个中断优先级，即高优先级和低优先级，对于每一个中断请求源均可设置为高优先级或低优先级中断。中断优先级控制寄存器 IP 就是用来设置中断源中断优先级的。

对 IP 可进行字节寻址和位寻址，其格式如表 6-5 所示。

表 6-5　寄存器 IP 位定义

位	D7	D6	D5	D4	D3	D2	D1	D0	字节地址
IP	—	—	—	PS	PT1	PX1	PT0	PX0	B8H
位地址	BH	BEH	BDH	BCH	BBH	BAH	B9H	B8H	

(1) PS：串行口中断优先级控制位。

PS=0，设置串行口中断为低优先级。

PS=1，设置串行口中断为高优先级。

(2) PT1(PT0)：定时/计数器 T1(T0)中断优先级控制位。

PT1(PT0)=0，设置定时/计数器 T1(T0)为低优先级。

PT1(PT0)=1，设置定时/计数器 T1(T0)为高优先级。

(3) PX1(PX0)：$\overline{\text{INT0}}$($\overline{\text{INT1}}$)中断优先级控制位。

PX1(PX0)=0，设置外部中断 1(外部中断 0)为低优先级。

PX1(PX0)=1，设置外部中断 1(外部中断 0)为高优先级。

系统复位后，IP 各位为 0，所有中断源设置为低优先级，通过更新 IP 的内容，就可以很容易地改变各中断源的中断优先级。

2. 51 单片机的中断优先级原则

51 单片机的中断优先级有 3 条原则，如下。

- CPU 同时接收到几个中断时，首先响应优先级别最高的中断请求。
- 正在进行的中断过程不能被新的同级或低优先级的中断请求所中断。
- 正在进行的低优先级中断服务，能被高优先级中断请求所中断。

为了实现上述后两条原则，中断系统内部设有两个用户不能寻址的优先级状态触发器。其中一个置 1 时表示正在响应高优先级的中断，它将阻断后来所有的中断请求；另一个置 1 时表示正在响应低优先级中断，它将阻断后来所有的低优先级中断请求。

总结：采用中断工作方式时，要从以下几个方面对中断进行控制和管理。

- CPU 开中断和关中断。
- 某个中断源中断请求的允许与屏蔽。
- 各中断优先级别的设置。
- 外部中断请求的触发方式。

6.3.4 知识总结——中断的处理过程

中断处理过程分为 4 个阶段：中断请求→中断响应→中断服务→中断返回。其中，中断请求和中断响应是由中断系统硬件自动完成的。

1. 中断响应的条件

CPU 中断响应的条件如下。

- 中断源有中断请求。
- 此中断的中断允许位为 1。
- CPU 开总中断。

同时满足以上 3 个条件时，CPU 才有可能响应中断。

CPU 执行程序过程中，在每个机器周期的 S5P2 期间，中断系统对各个中断源进行采样。这些采样值在下一个机器周期内按优先级和内部顺序被依次查询。如果某个中断标志在上一个机器周期的 S5P2 时被置 1，则它将在现在的查询周期中及时被发现。接着 CPU 便执行一条由中断系统提供的硬件 LCALL 指令，转向被称为中断向量的特定地址单元，进入相应的中断服务程序。

若遇到下列任一条件，硬件将受阻，不能产生 LCALL 指令。

- CPU 正在处理同级或高优先级的中断。
- 当前查询的机器周期不是所执行指令的最后一个机器周期，即在完成所执行指令前，不会响应中断，从而保证指令在执行过程中不被打断。

- 在执行的指令为 RET、RETI 或任何访问 IE 或 IP 的指令时，只有在这些指令后面至少再执行一条指令时才能接受中断请求。

2. 外部中断响应的时间

外部中断 $\overline{INT0}$ 和 $\overline{INT1}$ 电平在每一个机器周期的 S5P2 被采样并锁存到 IE0、IE1 中，这个新置入的 IE0、IE1 的状态等到下一个机器周期才被查询电路查询到，如果中断被激活，并且满足响应条件，CPU 接着执行一条由硬件生成的子程序调用指令以转到相应的中断服务子程序入口，该硬件调用指令本身需要两个机器周期，这样，从产生外部中断请求到开始执行中断服务子程序的第一条指令之间至少需要 3 个完整的机器周期。

如果中断请求被前面列出的 3 个条件之一所阻止，则需要更长的响应时间。如果已经在处理同级或更高级中断，额外的等待时间取决于正在执行的中断服务子程序的处理时间。如果正在处理的指令没有执行到最后的机器周期，所需要的额外等待时间不会多于 3 个机器周期，因为最长的指令(乘法指令 MUL 和除法指令 DIV)也只有 4 个机器周期。如果正在处理的指令为 RETI 或访问 IE、IP 的指令，额外的等待时间不会多于 5 个机器周期(执行这些指令最多需一个机器周期)。这样，在一个单一中断的系统里，外部中断响应时间总是在 3～8 个机器周期之间。

3. 中断响应的过程

中断响应的过程如下。

- 将相应的优先级状态触发器置 1(以阻断后来的同级或低级的中断请求)。
- 执行一条硬件 LCALL 指令，即把程序计数器 PC 的内容压入堆栈保存，再将相应的中断服务程序的入口地址送入 PC。
- 执行中断服务程序。

中断响应过程的前两步是由中断系统内部自动完成的，而中断服务程序则要由用户编写程序来完成。

4. 中断返回

中断服务程序的最后一条指令必须是中断返回指令 RETI。RETI 指令能使 CPU 结束中断服务程序的执行，返回到曾经中断过的程序处，继续执行主程序。RETI 指令的具体功能如下。

- 将中断响应时压入堆栈保存的断点地址从栈顶弹出送回 PC，CPU 从原来中断的地方继续执行程序。
- 将相应的中断优先级触发器清 0，通知中断系统，中断服务已执行完毕。

应当注意，不能用 RET 指令代替 RETI 指令，因为用 RET 指令虽然也能控制 PC 返回到原来中断的地方，但 RET 指令没有清 0 中断优先级触发器的功能，中断控制系统会认为中断仍在进行，其后果是与此同级的中断请求不被响应。所以中断程序结束时必须使用 RETI 指令。

若用户在中断服务程序中进行了入栈操作，则在 RETI 指令执行前应进行相应的出栈操作，使栈顶指针 SP 与保护断点后的值相同，即在中断服务程序中 PUSH 指令与 POP 指令必须成对使用，否则不能正确返回断点。

5．外部中断的触发方式

外部中断请求有两种触发方式：电平触发和边沿脉冲触发。

1)　电平触发方式

电平触发是低电平有效。只要单片机在中断请求输入端($\overline{\text{INT0}}$ 或 $\overline{\text{INT1}}$)上采样到有效的低电平时，就激活外部中断。此时，中断标志位的状态随 CPU 在每个机器周期采样到的外部中断输入引脚的电平变化而变化，这样提高了 CPU 对外部中断请求的响应速度。但外部中断若有请求必须把有效的低电平保持到请求获得响应为止，不然就会漏掉；而在中断服务程序结束之前，中断源又必须撤销其有效的低电平，否则中断返回主程序后会再次产生中断。所以电平触发方式适合于外部中断以低电平输入且中断服务程序能清除外部中断请求源的情况。

2)　边沿脉冲触发方式

边沿脉冲触发则是脉冲的下降沿有效。该方式下，CPU 在每个机器周期的 S5P2 期间对引脚 $\overline{\text{INT0}}$ 或 $\overline{\text{INT1}}$ 输入的电平进行采样。若 CPU 第一个机器周期采样到高电平，在另一个机器周期内采样到低电平，即在两次采样期间产生了先高后低的负跳变时，则认为中断请求有效。因此，在这种中断请求信号方式下，中断请求信号的高电平状态和低电平状态都应至少维持一个机器周期，以确保电平变化能被单片机采样到。边沿脉冲触发方式适合于以负脉冲形式输入的外部中断请求。

6.3.5　知识总结——中断服务程序的设计步骤

中断系统虽是硬件系统，但必须由相应软件配合才能发挥其作用。设计中断服务程序的一般步骤如下。

1．中断的初始化

(1)　将中断允许控制寄存器 IE 的相应位置 1，允许相应的中断源中断。

(2)　当有多个中断源共存时，根据要求设置中断优先级控制寄存器的相应位，确定并分配所使用的中断源的优先级。

(3)　对外部中断源，要设置中断请求的触发方式 IT1 和 IT0，以确定采用的是电平触发方式还是边沿脉冲触发方式。

2．编写中断服务程序，处理中断请求

单片机响应中断后，就进入中断服务程序。中断服务程序的基本流程如图 6-6 所示。

1)　现场保护和现场恢复

所谓现场是指中断时刻单片机中某些寄存器和存储单元中的数据或状态。为了使中断程序的执行不破坏这些数据或状态，以免在中断返回后影响主程序的运行，因此要把它们送入堆栈中保存起来，即现场保护。现场保护一定要位于中断处理程序的前面。中断处理结束后，在返回主程序前，则需要把保存的现场内容从堆栈中弹出来，以恢复那些寄存器和存储器单元中的原有内容，即现场恢复。现场恢复一定要位于中断处理程序的后面。80C51 的堆栈操作指令 PUSH 和 POP 主要用于现场保护和现场恢复。要保护的内容，由用户根据中断处理程序的具体情况来确定。

2) 关中断和开中断

在图 6-6 中，现场保护之前关中断，是为了防止此时有高一级的中断进入，破坏现场；在现场恢复之前的关中断是为下一次的中断做准备，同时为了允许更高级的中断进入。结果是：中断处理可以被打断，但原来的现场保护和现场恢复不允许改变。除了保护现场和恢复现场的片刻外，仍然保持着中断嵌套的功能。中断的开与关，通过指令 SETB 和 CLR 将中断允许寄存器 IE 中的有关位置 1 或清 0。

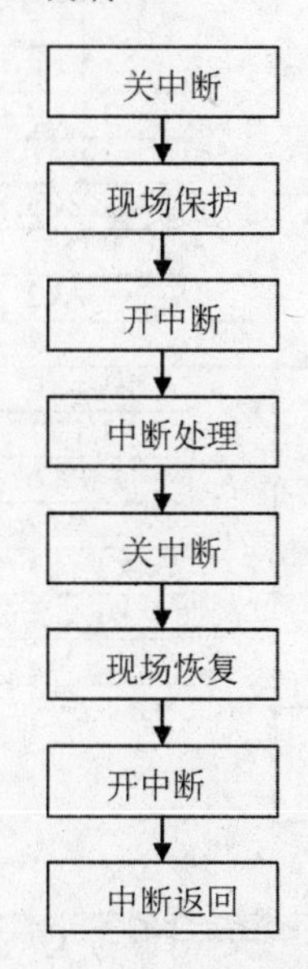

图 6-6 中断服务程序的基本流程

3) 中断处理

中断处理是中断源请求中断的具体目的。应用设计者应根据具体要求来编写中断处理部分的程序。

4) 中断返回

中断服务程序的最后一条指令必须是中断返回指令 RETI，RETI 指令是中断程序结束的标志。

6.4 实战练习

1. 应用一：多外部中断源系统设计——中断和查询结合的方法

51 单片机为用户提供两个外部中断请求输入端 $\overline{\text{INT0}}$(P3.2)和 $\overline{\text{INT1}}$(P3.3)。在实际的应用系统中，两个外部中断请求源往往不够用，需对外部中断源进行扩充。扩充外部中断源的方法一般有两种：利用定时/计数器作为外部中断源；中断和查询相结合的方法扩充外部中断源。此处先介绍第二种方法。

【例 6-1】当有多个外部中断请求源时，可以按图 6-7 所示的连接方法：将最高级别的中断源直接接到单片机的一个外部中断请求源，其余的外部中断请求源可以用多个 OC

门连到另一个外部中断源，同时还连到 P1 口，外部中断源的中断请求由外设的硬件电路产生，这种方法原则上可以处理任意多个外部中断源。

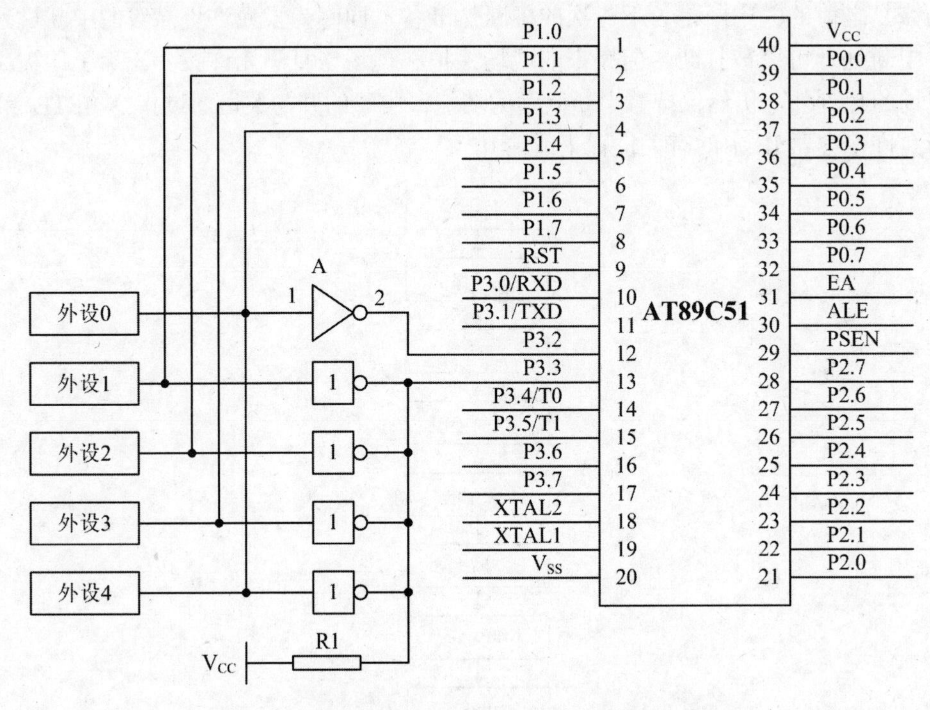

图 6-7　中断和查询相结合的多外部中断请求源系统

如图 6-7 所示无论哪一个外设提出高电平有效的中断请求信号，都会使 $\overline{\text{INT1}}$ 引脚得到的电平变低。究竟是哪个外设提出的中断请求，可通过查询 P1.0～P1.3 引脚上的逻辑电平来确定。假设此 4 个中断源的高电平都可由相应的中断服务程序清 0。

$\overline{\text{INT1}}$ 的中断服务程序如下：

```
                ORG        0013H
                LJMP INT0_INT
                …
INT0_INT:  PUSH    PSW
                PUSH    ACC
                JB          P1.0,IR1
                JB          P1.1,IR2
                JB          P1.2,IR3
                JB          P1.3,IR4
RETURN:     POP         ACC
                POP         PSW
                RETI
IR1:       IR1 的中断处理程序

                LJMP   RETURN
IR2:       IR1 的中断处理程序

                LJMP   RETURN
IR3:       IR1 的中断处理程序

                LJMP   RETURN
IR4:       IR1 的中断处理程序
```

```
        LJMP   RETURN
```

C51 的相应程序：

```
#include <reg51.h>
unsigned char status;
bit flag;
/* INT0 中断服务程序，使用第 1 组工作寄存器 */
void service_int0( ) interrupt 0 using 1
{
flag=1;                                     /* 设置中断标志 */
status=P1&0x0f;                             /*保存 P1 口状态 */
}
void  main(void)
{
IP=0x01;                                    /* 置 INT0 为高优先级中断 */
   IE=0x81;                                 /* INT0 开中断，CPU 开中断 */
while(1)
{
if(flag)                                    /* 有中断 */
   {
switch(status)                              /* 根据中断源分支 */
         {
               case 1:
                      {
                      IR1 的中断处理程序       /* 处理 IR1 */

                      }
break;
case 2:
                      {
                      IR2 的中断处理程序       /* 处理 IR2 */

                      }
break;
case 4:
                      {
                      IR3 的中断处理程序       /* 处理 IR3 */

                      }
break;
case 8:
                      {
                      IR4 的中断处理程序       /* 处理 IR4 */

                      }
break;
             default:  ;
              }
              flag=0 ;                      /* 处理完成清中断标志 */
          }
      }
 }
```

说明：查询法扩展外部中断源比较简单，但当扩展的外部中断源个数较多时，查询时间较长。用定时/计数器扩展外部中断源时，响应速度较快，实时性较好。

2. 应用二：外部中断的一般应用

【例 6-2】如图 6-8 所示，按键 K 接至外部中断 $\overline{\text{INT1}}$，试编写程序使得按一次键 LED 点亮，再按一次，LED 熄灭，循环往复。

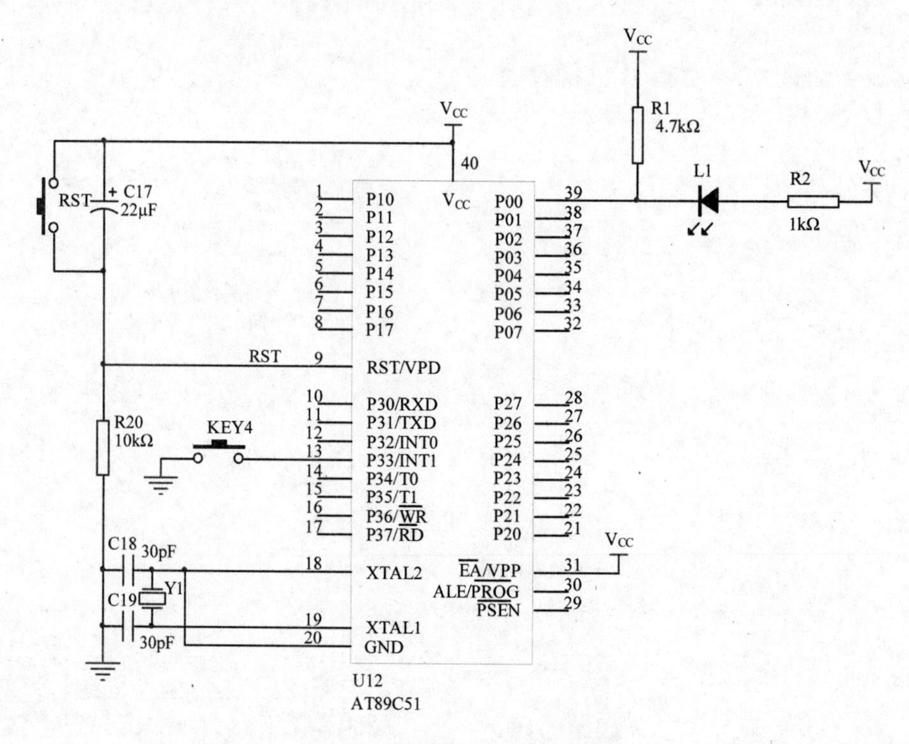

图 6-8　外部中断 1 实例电路图

【汇编程序】：

```
            ORG      0000H
            LED      BIT      P0.0
            LJMP MAIN                         ;跳转至主程序
            ORG      0013H
            LJMP INT1_INT                     ;跳转至INT1中断服务程序
            ORG      0100H
MAIN:       MOV      SP,#60H                  ;设置堆栈指针
SETB EA                                       ;开总中断
            SETB EX1                          ;允许INT0中断
            SETB IT1                          ;采用边沿触发方式
            SETB F0                           ;按键切换标志,F0=1,LED灭
                                              ;F0=0,LED亮
            SJMP $                            ;等待中断
INT0_INT:   CPL      F0                       ;不需保护现场,按键标志取反MOV
    C,F0
            MOV      LED,C                    ;控制LED输出
            RETI                              ;中断返回
            END
```

【C 程序】：

```
    #include<reg51.h>
#define  uchar    unsigned char
```

```
sbit LED=P0^0;
bit      flag;                                   /*定义按键切换标志*/
/*中断服务程序*/
void int1_int () interrupt 2
{
          flag=!flag;                            /*改变中断按键标志 */
          LED=flag;                              /*控制 LED 输出*/
}
/*主程序*/
void main()
{
          flag=1;                                /*初始化按键切换标志*/
          LED=flag;                              /*初始化 LED 灭*/
          EA=1;                                  /*开总中断*/
          EX1=1;                                 /*允许外部中断 1 中断*/
          IT1=1;                                 /*设置为边沿触发方式*/
          while(1);                              /*等待中断*/
}
```

【例 6-3】如图 6-9 所示，用 P0 口控制的 8 只发光二极管，实现 8 位二进制计数器，对 INT1 上出现的脉冲进行计数，试编写程序。

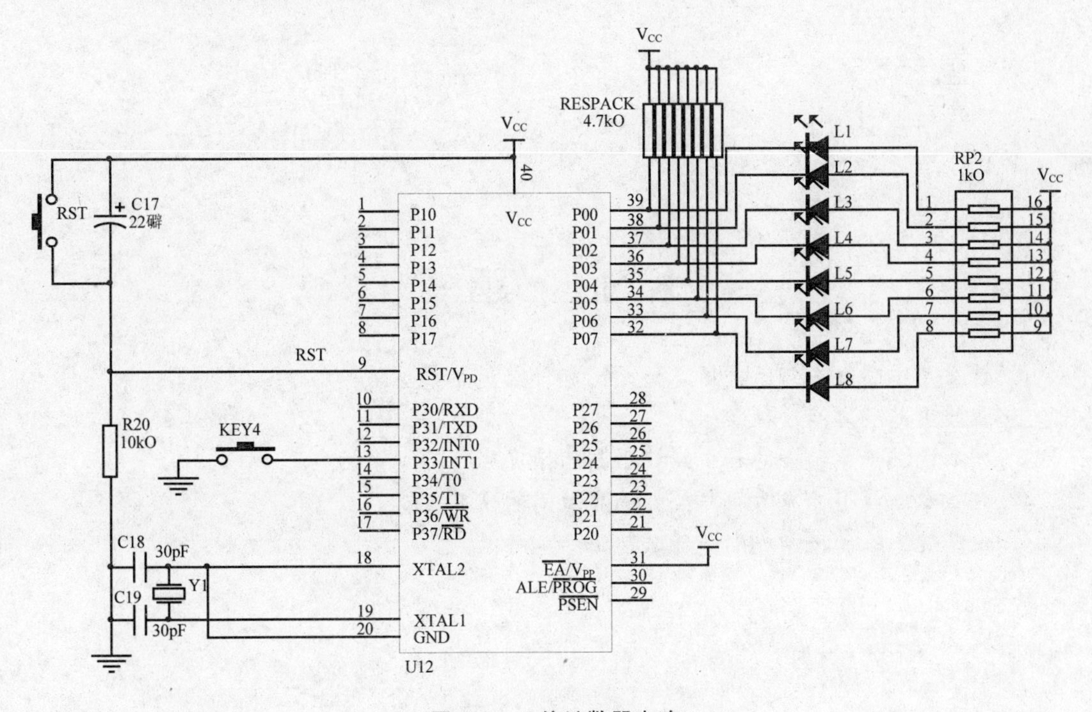

图 6-9　八位计数器电路

【汇编程序】：

```
          ORG     0000H
          LJMP MAIN                              ;跳转至主程序
          ORG     0013H
          LJMP INT1_INT                          ;转至外部中断 1 服务程序
          ORG     0100H
 MAIN:    MOV     SP,#60H                        ;设置堆栈指针
SETB EA                                          ;开总中断
               SETB EX1                          ;允许外部中断 1 中断
```

```
            SETB IT1                        ;边沿触发方式
            SETB A
            MOV      P0,A                   ;清显示
            SETB A                          ;计数单元清 0
            SJMP $                          ;等待中断
INT1_INT:   INC      A                      ;计数单元加 1
            CPL      A
MOV     P1,A                                ;显示脉冲个数
CPL     A
            RETI                            ;中断返回
            END
```

【C 程序】：

```
#include<reg51.h>
unsigned char pulse_number= 0;
/*中断服务程序*/
void int1_int (void) interrupt 2
{
        P0=~(pulse_number++);               /*加 1 送 P0 显示 */
}
/*主程序*/
void main (void)
{
        EA = 1;                             /*开总中断*/
        EX1 = 1;                            /*使能 INT1 */
        IT1 = 1;                            /* INT1 下降沿触发*/
        while (1);                          /*死循环*/
}
```

习　题

1. 什么是中断？中断的作用是什么？有什么优点？
2. 叙述中断响应的过程。
3. 列举中断响应的条件和中断被阻断的情况。
4. 分析中断最小响应时间与最大响应时间的情况。
5. 中断优先级的控制规则是什么？

第 7 章　定时/计数器

定时/计数器是单片机中的重要功能模块之一，在实际系统中应用极为普遍。在检测、控制和智能仪器等设备中经常用它来定时。另外，它还可用于对外部事件计数。51 系列单片机内部有两个 16 位可编程定时/计数器，即定时器 T0 和定时器 T1。它们都具有定时和计数的功能，并有 4 种工作方式可供选择。

7.1　定时/计数器的基本结构与工作原理

1. 定时/计数器的结构

定时/计数器的基本结构如图 7-1 所示。基本部件是两个 16 位寄存器 T0 和 T1，每个寄存器都是由两个独立的 8 位寄存器(TH0、TL0 和 TH1、TL1 组成)，用于存放定时/计数器的计数初值。TMOD 是定时/计数器的工作方式寄存器，由它确定定时/计数器的工作方式和功能；TCON 是定时/计数器的控制寄存器，用于控制 T0、T1 的启动和停止，以及设置溢出标志。

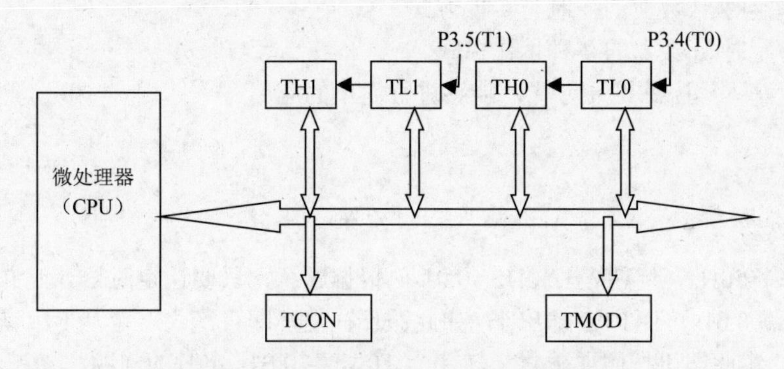

图 7-1　定时/计数器 T0、T1 的结构框图

2. 定时/计数器的工作原理

定时/计数器 T0 和 T1 的实质是加 1 计数器，即每输入一个脉冲，计数器加 1，当加到计数器全为 1 时，再输入一个脉冲，就使计数器归零，且计数器的溢出使 TCON 中的标志位 TF0 或 TF1 置 1，向 CPU 发出中断请求，只是输入的计数脉冲来源不同，把它们分成定时与计数两种功能。作定时器时，脉冲来自于内部时钟振荡器；作计数器时，脉冲来自于外部引脚。

1)　定时器模式

在作定时器使用时，输入脉冲是由内部振荡器的输出经 12 分频后送来的，所以定时器也可看作是对机器周期的计数器。若晶振频率为 12MHz，则机器周期是 1μs，定时器每接收一个输入脉冲的时间为 1μs；若晶振频率为 6MHz，则一个机器周期是 2μs，定时器每接收一个输入脉冲的时间是 2μs。因此，要确定定时时间的长短，只需对脉冲进行计数。

2) 计数模式

在作计数器使用时，输入脉冲是由外部引脚 P3.4(T0)或 P3.59(T1)输入到计数器的。在每个机器周期的 S5P2 期间采样 T0、T1 引脚电平。当某周期采样到一高电平输入，而下一周期又采样到一低电平时，则计数器加 1。由于检测一个从 1 到 0 的下降沿需要两个机器周期，因此要求被采样的电平至少要维持一个机器周期，以保证在给定的电平再次变化之前至少被采样一次，否则会出现漏计数现象，所以最高计数频率为晶振频率的 1/24。当晶振频率为 12MHz 时，最高计数频率不超过 500kHz，即计数脉冲的周期要大于 2μs；当晶振频率为 6MHz 时，最高计数频率不超过 250kHz，即计数脉冲的周期要大于 4μs。

7.2 定时/计数器应用快速入门

7.2.1 案例介绍及知识要点

利用定时/计数器(T0)的方式 1，产生一个 50Hz 的方波，此方波由 P1.0 引脚输出，假设晶振频率为 12MHz。

知识点

- 了解定时器的基本结构和工作原理。
- 掌握定时/计数器的控制与实现方式。
- 了解定时/计数器的 4 种工作模式。
- 掌握基本程序的设计方式，能够进行简单的应用。

7.2.2 程序示例

1. 案例分析

方波频率 f=50Hz，周期 t=1/50Hz =0.01s。根据题意，只要让定时器计满 0.01s，使 P1.0 输出 0，再计满 0.01s，使 P1.0 输出 1，如此循环往复，即可产生一个从 P1.0 输出的频率为 50Hz 的方波。由此即可按照要求将之转化为 T0 产生 0.01s 定时的问题。

1) 确定定时器初值 X

由于晶振为 12MHz，所以一个机器周期 $T_{cy}=12\times(1/12\times10^6)=1\mu s$。计数初值 $X=2^{16}-t/T_{cy}$=65 536−0.01s/1μs=65 536−10 000=55 536=D8F0H，即应将 D8H 送入 TH0 中，F0H 送入 TL0 中。

2) 根据要求求得 T0 的方式控制字 TMOD

GATE=0，$C/\overline{T}$=0，M1M0=01，可得方式控制字 TMOD=01H，即 T0 的方式 1。

2. 源程序

【汇编程序】：

1) 查询方式

```
ORG     0000H
LJMP MAIN
ORG     0100H
```

```
MAIN:   MOV     TMOD,#01H                   ;T0 定时方式 1
LOOP:   MOV     TH0,#0D8H                   ;装入计数初值
        MOV     TL0,#0F0H
        SETB TR0                            ;启动定时器 T0
        JNB     TF0,$                       ;等待定时时间到
        CLR     TF0                         ;定时时间到，清 TF0
        CPL     P1.0                        ;P1.0 取反输出
        SJMP LOOP
        END
```

2)　中断方式

```
        ORG     0000H
        LJMP MAIN
        ORG     000BH
        LJMP T0_INT
        ORG     0100H
MAIN:   MOV     SP,#60H                     ;设置堆栈指针
MOV     TMOD,#01H                           ;T0 定时方式 1
        MOV     TH0,#0D8H                   ;装入计数初值
        MOV     TL0,#0F0H
        SETB ET0                            ;T0 开中断
        SETB EA                             ;开总中断
        SETB TR0                            ;启动定时器 T0
        SJMP $                              ;等待中断
T0_INT:CPL      P1.0                        ;P1.0 取反输出
        MOV     TH0,#0D8H                   ;重装计数初值
        MOV     TL0,#0F0H
        RETI                                ;中断返回
        END
```

【C 程序】：

1)　查询方式

```
#include<reg51.h>
sbit pulse_out=P1^0;                        /*定义脉冲输出位*/
/*主函数*/
main()
{
    TMOD=0x01;                              /* T0 定时方式 1*/
    TH0=0xD8;                               /*装入计数初值*/
    TL0=0xF0;
    TR0=1;                                  /*启动定时器 T0*/
while(1)
    {
        if(TF0)                             /*查询 TF0,等待定时时间到*/
      {
            TF0=0;                          /*定时时间到，清 TF0*/
        TH0=0xD8;                           /*重装计数初值*/
        TL0=0xF0;
        pulse_out=!pulse_out;               /*脉冲输出位取反*/
      }
    }
}
```

2)　中断方式

```
#include<reg51.h>
sbit pulse_out=P1^0;                        /*定义脉冲输出位*/
```

```
/*中断服务程序*/
void T0_int() interrupt   1
{
        TH0=0xD8;                                  /*重装计数初值*/
        TL0=0xF0;
        pulse_out=!pulse_out;                      /*脉冲输出位取反*/
}
/*主程序*/
main()
{
        TMOD=0x01;                                 /*T0 定时方式 1*/
        TH0=0xD8;                                  /*装入计数初值*/
        TL0=0xF0;
        ET0=1;                                     /*T0 开中断*/
        EA=1;                                      /*开总中断*/
        TR0=1;                                     /*启动定时器 T0*/
        while(1);                                  /*等待中断*/
}
```

该定时问题通过两种方式实现：一是查询方式，通过查询 T0 的溢出标志 TF0 是否为 1，判断定时时间是否已到。当 TF=1 时，定时时间到，对 P1.0 进行取反操作。此方法的缺点是，CPU 一直忙于查询工作，占用了 CPU 的有效时间。二是中断方式，CPU 正常执行主程序，一旦定时时间到，TF0 将被置 1，向 CPU 申请中断，CPU 响应 T0 的中断请求，去执行中断程序，在中断程序里对 P1.0 进行取反操作。

7.2.3 知识总结——定时/计数器的控制与实现

80C51 单片机定时/计数器的控制和实现由两个特殊功能寄存器 TMOD 和 TCON 完成。TMOD 用于设置定时/计数器的工作方式；TCON 用于控制定时/计数器的启动和中断申请。

1. 工作方式寄存器 TMOD

TMOD 是一个特殊的专用寄存器，用于设定 T0 和 T1 的工作方式。只能对其进行字节操作，不能进行位寻址。其格式如表 7-1 所示。

表 7-1 TMOD 各位定义

位	D7	D6	D5	D4	D3	D2	D1	D0	字节地址
TMOD	GATE	$C/\overline{T}$	M1	M0	GATE	C/T	M1	M0	89H

1) GATE：门控位

GATE=0 时，只要软件使 TR0 或 TR1 置 1 就可启动定时器，与 $\overline{INT0}$ 或 $\overline{INT1}$ 引脚的电平状态无关。

GATE=1 时，只有 $\overline{INT0}$ 或 $\overline{INT1}$ 引脚为高电平且 TR0 或 TR1 由软件置 1 后，才能启动定时器。

2) $C/\overline{T}$：定时或计数功能选择位

$C/\overline{T}$=0 时，用于定时；$C/\overline{T}$=1 时，用于计数。

3) M1 和 M0 位：T1 和 T0 工作方式选择位

定时/计数器有 4 种工作方式，由 M1M0 进行设置，如表 7-2 所示。

表 7-2　定时/计数器工作方式设置表

M1M0	工作方式	功能选择
00	方式 0	13 位定时/计数器
01	方式 1	16 位定时/计数器
10	方式 2	8 位自动重装初值定时/计数器
11	方式 3	T0 分成 2 个独立的 8 位定时/计数器；T1 此时停止计数

系统复位时，TMOD 所有位清 0，定时/计数器工作在非门控方式 0 状态。

2. 控制寄存器 TCON

TCON 既参与中断控制，又参与定时控制。其低 4 位用于控制外部中断，已在前面介绍，高 4 位用于控制定时/计数器的启动和中断申请，其格式如表 7-3 所示。

表 7-3　TCON 各位定义

位	D7	D6	D5	D4	D3	D2	D1	D0	字节地址
TCON	TF1	TR1	TF0	TR0	IE1	IT1	IE0	IT0	88H
位地址	8FH	8EH	8DH	8CH	8BH	8AH	89H	88H	

1)　TF1 和 TF0：T0 和 T1 的溢出标志位

当定时/计数器产生计数溢出时，由硬件置 1，向 CPU 发出中断请求。中断响应后，由硬件自动清 0。在查询方式下，这两位作为程序的查询标志位；在中断方式下，这两位作为中断请求标志位。

2)　TR1 和 TR0：定时/计数器运行控制位

TR1(TR0)=0 时，定时/计数器停止工作；TR1(TR0)=1 时，启动定时/计数器工作。TR1 和 TR0 根据需要，由用户通过软件将其清 0 或置 1。

7.2.4　知识总结——定时/计数器的工作方式

80C51 单片机定时/计数器 T0 有 4 种工作方式(方式 0、方式 1、方式 2、方式 3)，T1 有 3 种工作方式(方式 0、方式 1、方式 2)，另外，T1 还可作为串行通信接口的波特率发生器。下面以定时/计数器 T0 为例，对其各种工作方式的计时结构及功能作详细介绍。

1. 方式 0

当 TMOD 的 M1M0=00 时，定时/计数器工作于方式 0。如图 7-2 所示，方式 0 是一个 13 位的定时/计数器，16 位的寄存器只用了高 8 位(TH0)和低 5 位(TL0 的 D_4～D_0 位)，TL0 的高 3 位未用。计数时，TL0 的低 5 位溢出时向 TH0 进位，TH0 溢出时，置位 TCON 中的 TF0，向 CPU 发出中断请求。

GATE 位的状态决定定时/计数器的启动、运行状态。

(1)　GATE=0 时，只要用软件将 TR0 置 1，定时/计数器就开始工作；将 TR0 清 0，定时/计数器停止工作。

(2)　GATE=1 时，为门控方式。仅当 TR0 且 $\overline{\text{INT0}}$ 引脚上出现高电平时，定时/计数器才开始工作。如果引脚$\overline{INT0}$上出现低电平，则定时/计数器停止工作。所以，在门控方式下，定时/计数器的启动受外部中断请求的影响，可用来测量$\overline{INT0}$引脚上出现的正脉冲的宽度。这种情况下计数控制是由 TR0 和$\overline{INT0}$两个条件控制。

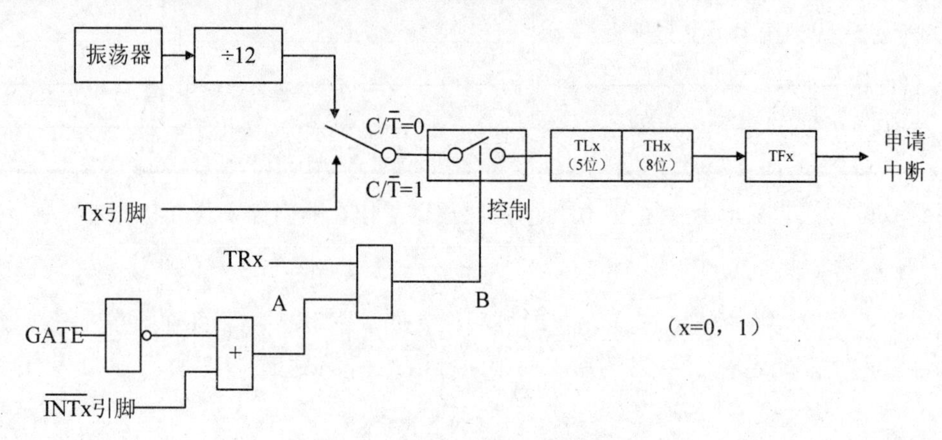

图 7-2　方式 0 时，定时/计数器结构图

2．方式 1

当 M1M0=01 时，定时/计数器工作于方式 1。该方式为 16 位定时/计数器，寄存器 TH0 作为高 8 位，TL0 作为低 8 位，计数范围 0000H～FFFFH，内部结构如图 7-3 所示。

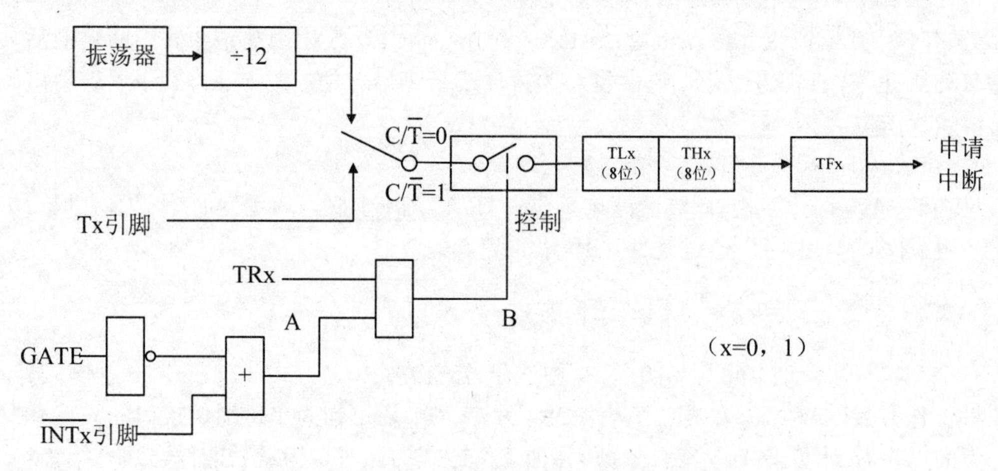

图 7-3　方式 1 时，定时/计数器结构图

方式 1 用于定时工作方式时，定时时间由下式确定：

$$t=N\times T_{cy}=(2^{16}-X)\times T_{cy}=(65\,536-X)\times T_{cy}$$

其中，X 为计数初值，N 为计数个数，从而可计算出计数初值 X：

$$X=216-t/T_{cy}=65\,536-t/T_{cy}$$

若晶振频率为 12MHz，则 T_{cy}=1μs，定时范围为 1μs～65.536ms。

方式 1 用于计数模式时，计数值由下式确定：

$$N=216-X=65\,536-X$$

由上式可知计数初值 X 范围为 0～65 535，计数范围为 1～65 536。

方式1与方式0基本相同，只是方式1改用了16位计数器。要求定时周期较长时，常用16位计数器。13位定时/计数器是为了与Intel公司早期的产品MCS-48系列兼容，该系列已过时，且计数初值装入容易出错，所以在实际应用中常由16位的方式1取代。

3. 方式2

当M1M0=10时，定时/计数器工作于方式2，该方式为自动重装初值的8位定时/计数器，寄存器TH0为8位初值寄存器，保持不变，TL0作为8位定时/计数器，如图7-4所示。

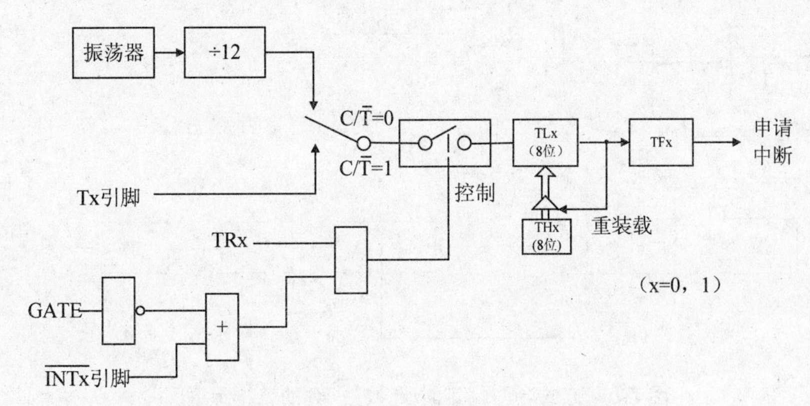

图7-4 方式2时，定时/计数器结构图

当TL0溢出时，由硬件将TF0置1，向CPU发出中断请求，而溢出脉冲打开TH0和TL0之间的三态门，将TH0中的初值自动送入TL0。TL0从初值重新开始加1计数，直至TR0=0才会停止。

方式2用于定时工作方式，定时时间由下式确定：

$$t=N\times T_{cy}=(2^8-X)\times T_{cy}=(256-X)\times T_{cy}$$

其中，X为计数初值，N为计数个数，从而可计算出计数初值X：

$$X=2^8-t/T_{cy}=256-t/T_{cy}$$

若晶振频率为12MHz，则T_{cy}=1μs，定时范围为1～256μs，定时器初值范围为0～255。

方式2用于计数模式时，计数初值由下式确定：

$$X=2^8-N=256-N$$

由上式可知计数初值X范围为0～255，计数范围为1～256。

由于工作方式2省去了用户软件中重装初值的程序，可以相当精确的确定定时时间。因此，在涉及异步通信的单片机应用系统中，常常使T1工作在方式2作为波特率发生器(参见8.1.5节)。

4. 方式3

当M1M0=11时，定时/计数器工作于方式3。该方式只适用于定时/计数器T0，此时T0分为两个独立的8位计数器：TH0和TL0，TL0使用T0的状态控制位C/T、GATE、TR0和$\overline{\text{INT0}}$，而TH0被固定为一个8位定时器(不能对外部脉冲计数)，并使用定时器T1的控制位TR1和TF1，同时占用定时器T1的中断请求源TF1，如图7-5所示。

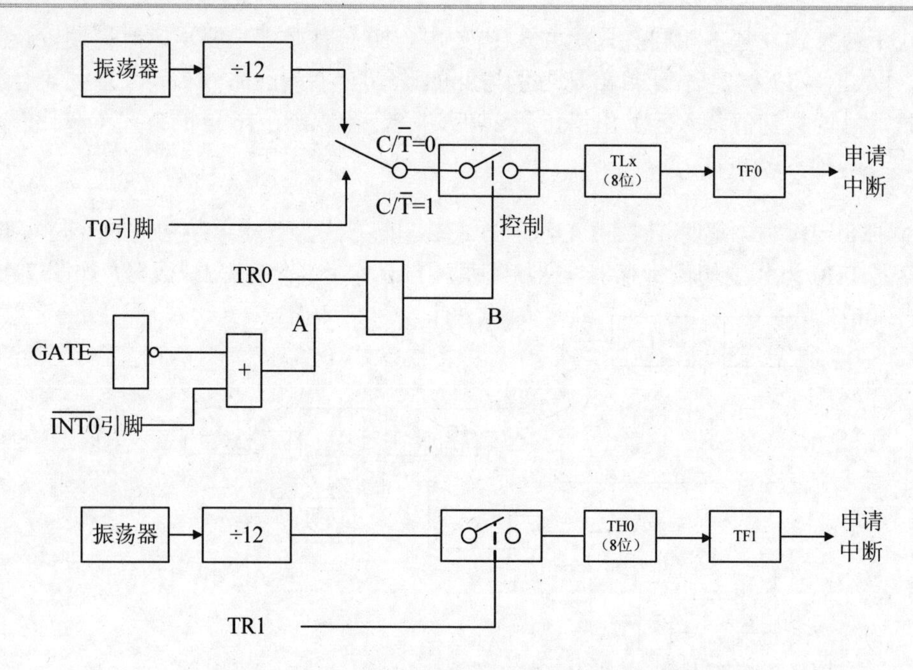

图 7-5　方式 3 时，定时/计数器 T0 的结构示意图

一般的，当 T1 工作于串行口的波特率发生器时，T0 才工作于方式 3。T0 工作于方式 3 时，T1 可定为方式 0、方式 1 和方式 2，用来作为串行口的波特率发生器，或不需要中断的场合。T0 工作在方式 3 下时，T1 的各种工作方式的示意图如图 7-6 所示。

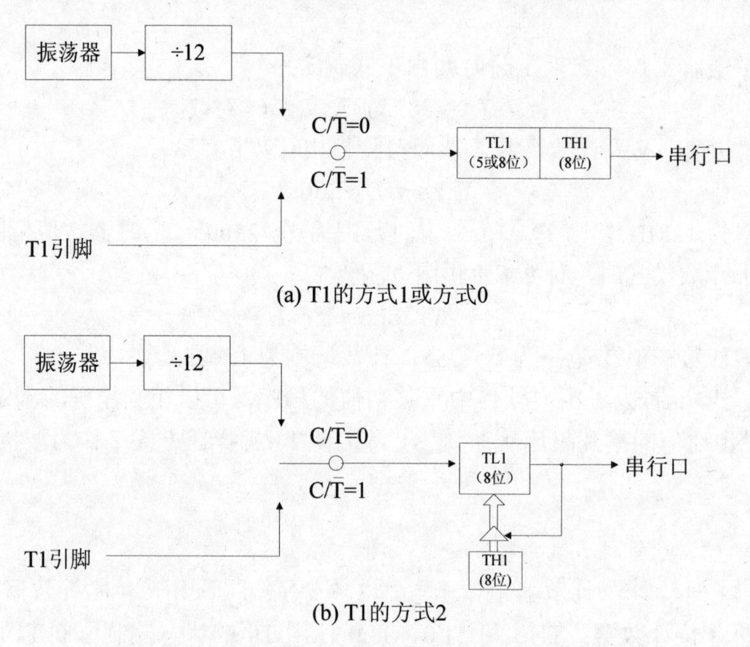

图 7-6　方式 3 时，定时/计数器 T1 的结构示意图

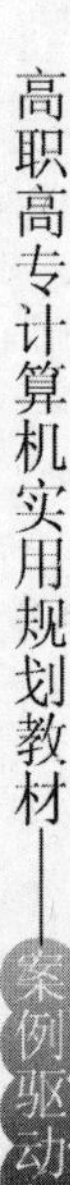

7.3　定时器的扩展应用

7.3.1　案例介绍及知识要点

假设某 80C51 应用系统的两个外部中断源已被占用，现要求增加一个外部中断源，并控制 P1.0 引脚输出一个周期为 1ms 的方波。假设晶振频率为 6MHz。

分析：根据定时器作为外部中断源的思想，可以将 T0 设定为方式 1 计数模式，初值 FFFFH，即外部计数输入端 T0(P3.4)发生一次负跳变时，计数器 T0 加 1 溢出，TF0 置 1，向 CPU 发出中断请求。在中断程序中设置参数，转向方波发生程序。而周期为 1ms 的方波的产生可以用定时/计数器 T1 定时一定时间段来实现，由此可将 T1 设定为方式 2 定时模式，T0 引脚产生负跳变之后，启动 T1 工作，每 500μs 产生一次中断，在中断服务程序中对 P1.0 引脚取反，使 P1.0 产生周期为 1ms 的方波。

知识点

- 理解定时器与计数器的本质区别。
- 理解利用计数器扩展外部中断的具体方法。
- 掌握基本程序的设计，总结定时器初始化程序的设计步骤。

7.3.2　程序示例

【汇编程序】：

```
                ORG     000BH
                LJMP T0_INT
                ORG     001BH
                LJMP T1_INT
                ORG     0100H
MAIN:   MOV     SP,#60H                     ;设置堆栈指针
                MOV     TMOD,#25H           ;T0 计数，方式 1；1 定时，方式 2
                MOV     TH0,#0FFH           ;T0 置初值
                MOV     TL0,#0FFH
                MOV     TH1,#06H            ;T1 置初值
                MOV     TL1,#06H
                SETB ET1                    ;T1 开中断
                SETB EA                     ;开总中断
                SETB ET0                    ;T0 开中断
                SETB TR0                    ;启动定时器 T0
                CLR     F0                  ;清 0，T0 中断标志
LOOP:   MOV     C,F0
JNC     LOOP                                ;若 T0 未产生过中断，
                                            ;则查询中断标志位以等待中断
                SETB TR1                    ;若 T0 产生过中断，则启动 T1
                SJMP $                      ;等待 T1 中断
T0_INT: CLR     TR0                         ;T0 中断服务程序，停止 T0 工作
                SETB F0                     ;产生中断标志位置 1
                RETI
T1_INT: CPL     P1.0                        ;T1 中断服务程序，P1.0 位取反
                RETI
                END
```

【C 程序】：

```
        #include<reg51.h>
sbit pulse_out=P1^0;
unsigned char flag;                              /*定义 T0 产生中断标志位*/
/*定时器初始化程序*/
init_timer()
{
            TMOD=0X25;                           /*T0 计数，方式 1
/*1 定时，方式 2*/
            TH0=0XFF;                            /*T0 置初值*/
            TL0=0XFF;
            TH1=0X06;                            /*T1 置初值*/
            TL1=0X06;
            IE=0X8A;                             /*开中断*/
            TR0=1;                               /*启动 T0*/
}
/*T0 中断服务程序*/
void t0_int() interrupt 1
{
            TR0=0;                               /*T1 停止工作*/
            flag=1;                              /*置 1 中断产生标志位*/
}
/*T1 中断服务程序*/
void t1_int() interrupt 3
{
            pulse_out=!pulse_out;                /*脉冲输出位取反*/
}
/*主程序*/
main()
{
            init_timer();                        /*调用定时器初始化程序*/
            flag=0;                              /*T0 产生中断标志位清 0*/
            while(!flag);                        /*等待 T0 产生中断*/
            TR1=1;                               /*T0 中断后，启动 T1*/
            while(1);                            /*等待 T 中断*/
}
```

将 T0 设定为方式 1 计数模式，初值 FFFFH，即外部计数输入端 T0(P3.4)发生一次负跳变时，计数器 T0 加 1 溢出，TF0 置 1，向 CPU 发出中断请求。在中断程序中设置参数，转向方波发生程序。而周期为 1ms 的方波的产生可以用定时/计数器 T1 定时一定时间段来实现，由此可将 T1 设定为方式 2 定时模式，T0 引脚产生负跳变之后，启动 T1 工作，每 500μs 产生一次中断，在中断服务程序中对 P1.0 引脚取反，使 P1.0 产生周期为 1ms 的方波。

7.3.3 知识总结——定时/计数器用于外部中断扩展

80C51 单片机有两个外部中断，当实际应用系统中有两个以上的外部中断源，而片内定时/计数器未使用时，可利用定时/计数器来扩展外部中断源。方法如下：将定时/计数器设置为计数模式，计数初值设定为满值，将待扩展的外部中断源接到定时/计数器的外部引脚。当从该引脚输入一个下降沿信号，计数器加 1 后便产生定时/计数器溢出中断。因此，可把定时/计数器的外部引脚作为扩展中断源的中断输入端。

例如，利用定时/计数器 T0 扩展一个外部中断源，将 T0 设置为方式 2(自动重装初值方式)外部计数工作模式，TH0 和 TL0 的初值均为 0FFH，允许 T0 中断，CPU 开中断。其初始化程序如下：

```
INIT_T0:     MOV     TMOD,#06H          ;T0 计数方式 2
             MOV TH0,#0FFH              ;装入计数初值
             MOV TL0,#0FFH
             SETB    ET0                ;T0 开中断
             SETB    EA                 ;开总中断
             SETB    TR0                ;启动计数器 T0，开始计数
```

当接在 T0 引脚(P3.4)的外部中断请求输入线上的电平发生负跳变时，TL0 加 1 产生溢出，置位 TF0，向 CPU 发出中断请求。同时 TH0 的内容 FFH 装入 TL0，即 TL0 恢复初值 FFH。这样，P3.4 引脚每输入一个下降沿，都将 TF0 置 1，向 CPU 发出中断请求，则此时 P3.4 就相当于一个边沿触发的外部中断请求源输入端。同理，对 T1 引脚(P3.5)也可作类似的处理。

7.3.4　知识总结——定时/计数器初始化步骤

80C51 单片机的定时/计数器是可编程的，在利用定时/计数器进行定时或计数之前必须通过软件对它们进行初始化。初始化的内容包括以下几个方面。

- 对 TMOD 赋初值，以确定 T0 和 T1 的工作方式。
- 计算定时/计数器初值，并填充定时/计数器(THX 和 TLX)。
- 当定时/计数器工作于中断方式时，则进行中断初始化，即对中断允许控制寄存器 IE 和中断优先级控制寄存器 IP 赋初值。
- 置位 TR0 或 TR1，启动定时/计数器开始定时或计数。

7.4　实 战 练 习

【例 7-1】假设系统时钟为 6MHz，编写定时器 T0 定时 1s 的程序。

分析：晶振频率为 6MHz 时，在方式 1 下最长可定时 131.072ms。由此可选方式 1 每隔 100ms 中断一次，中断 10 次为 1s。定时 100ms 时，定时/计数器 T0 的初值 $X=2^{16}-t/T_{cy}=2^{16}-10^{-1}/(2\times10^{-6})$=3CB0H，可得 TH0=3CH，TL0=B0H。对于中断 10 次计数，可采用循环程序的设计方法，也可采用 T0 中断计数的设计方法。本例中，汇编程序中采用前者，C 程序中采用后者。

参考程序如下。

【汇编程序】：

```
         ORG       0000H
         LJMP MAIN
         ORG       000BH
         LJMP T0_INT
         ORG       0100H
MAIN:    MOV       SP,#60H          ;设堆栈指针
         MOV       R7,#0AH          ;设循环次数 10 次
         MOV       TMOD,#01H        ;T0,定时方式 1
         MOV       TH0,#3CH         ;装入定时初值
         MOV       TL0,#0B0H
```

```
        SETB EA                             ;开总中断
        SETB ET0                            ;T0 开中断
        SETB TR0                            ;启动定时器 T0
        SJMP $                              ;等待中断
T0_INT: MOV     TH0,#3CH                    ;重装定时初值
        MOV     TL0,#0B0H
        DJNZ R7,EXIT                        ;1s 定时未到，返回继续定时
        CLR     TR0                         ;1s 到，停止 T0 工作
EXIT:   RETI                                ;中断返回
        END
```

【C 程序】：

```
#include<reg51.h>
/*定时器 T0 中断服务程序*/
void T0_int() interrupt   1
{
        static   unsigned char count;           /*声明静态变量 count*/
        count++;                                /*累计中断次数*/
        TH0=0x3C;                               /*重装计数初值*/
        TL0=0xB0;
        if(count==10)
        {
            TR0=0;                              /*1s 到，停止 T0 工作*/
        }
}
/*主程序*/
main()
{
        TMOD=0x01;                              /* T0 定时方式 1*/
        TH0=0x3C;                               /*装入计数初值*/
        TL0=0xB0;
        ET0=1;                                  /*T0 开中断*/
        EA=1;                                   /*开总中断*/
        TR0=1;                                  /*启动定时器 T0*/
        while(1);                               /*等待中断*/
}
```

【例 7-2】利用定时/计数器 T1 的方式 2 对外部信号计数。要求每计满 200 个数，将 P1.0 引脚信号取反。

分析：外部信号由 T1(P3.5)引脚输入，每发生一次负跳变计数器加 1，每输入 200 个脉冲，计数器产生一次中断，在中断服务程序中将 P1.0 引脚信号取反一次。由此可知定时/计数器 T1 工作于计数模式，计数初值 $X=2^8-N=256-200=56=38H$，TH0=38H，TL0=38H。

参考程序如下。

【汇编程序】：

```
            ORG     0000H
            LJMP MAIN
            ORG     001BH
            LJMP T1_INT
            ORG     0100H
MAIN:       MOV     SP,#60H                 ;设置堆栈指针
            MOV     TMOD,#60H               ;T1 计数方式 2
            MOV     TH1,#0F8H               ;装入计数初值
```

```
              MOV       TL1,#0F8H
              SETB EA                        ;开总中断
              SETB ET1                       ;T1 开中断
              SETB TR1                       ;启动计数器 T1
              SJMP $                         ;等待中断
T1_INT:  CPL  P1.0                           ;计数到 200，取反 P1.0
              RETI                           ;中断返回
              END
```

【C 程序】：

```
#include<reg51.h>
sbit pulse_out=P1^0;                         /*定义脉冲输出位*/
void t1_int() interrupt 3
{
    pulse_out=!pulse_out;                    /*取反脉冲输出位*/
}
main()
{
    TMOD=0x60;                               /* T0 定时方式 1*/
    TH1=0x38;                                /*装入计数初值*/
    TL1=0x38;
    ET1=1;                                   /*T0 开中断*/
    EA=1;                                    /*开总中断*/
    TR1=1;                                   /*启动定时器 T0*/
    while(1);                                /*等待中断*/
}
```

方式 2 是一个可以自动重装初值的 8 位定时/计数器。这种工作方式省去了用户在程序中重装初值的指令，因此可产生相当精确的定时时间。

【例 7-3】定时/计数器 T1 作波特率发生器用，增加一个外部中断源，并用它来控制 P1.0 引脚输出一个 5kHz 的方波。假设晶振频率为 6MHz。

分析：由于 T1 用作波特率发生器，一般选择方式 2 定时模式。增加的外部中断源可以用 T0 实现，但方波的发生程序也要用到定时器。因此，只能选择 T0 工作在方式 3 下。把 T0 引脚(P3.4)作增加的外部中断源输入端，设置 TL0 工作在方式 3 计数模式，TL0 初值设为 FFH。TH0 设为方式 3 下 8 位定时模式，定时控制 P1.0 引脚输出的方波信号。TH0 初值 $X=2^8-N=256-50=$CEH。

参考程序如下。

【汇编程序】：

```
              ORG       0000H
              LJMP MAIN
              ORG       000BH
              LJMP TL0_INT
              ORG       001BH
              LJMP TH0_INT
              ORG       0100H
  MAIN:MOV    SP,#60H                        ;设置堆栈指针
              MOV       TMOD,#27H            ;T1 方式 2 定时模式
;T0 方式 3，TL0 计数模式
              MOV       TL0,#0FFH            ;TL0 装入计数初值
              MOV       TH0,#0CEH            ;TH0 装入定时初值
              MOV       TL1,#datal           ;根据波特率设定初值
```

```
                MOV       TH1,#datah
                MOV       IE,#9AH                  ;允许中断
                SETB TR0                           ;启动 TL0
                SJMP $                             ;等待中断
TL0_INT:MOV     TL0,#0FFH                          ;TL0 重装初值
                SETB TR1                           ;启动 TH0
                RETI
TH0_INT:MOV     TH0,#0CEH                          ;TH0 重装初值
                CPL       P1.0                     ;P1.0 取反
                RETI
                END
```

【C 程序】：

```
          #include<reg51.h>
sbit pulse_out=P1^0;                               /*定义脉冲输出位*/
/*定时器初始化程序*/
init_timer()
{
          TMOD=0X27;                               /*设置定时器工作方式*/
          TL0=0XFF;                                /*装入初值*/
          TH0=0XCE;
          TL1=0Xxx;                                /*根据波特率设置初值*/
          TH1=0Xxx;
          IE=0X9A;                                 /*允许中断*/
          TR0=1;                                   /*启动 TL0*/
}
/*TL0 中断服务程序*/
void tl0_int() interrupt 1
{
          TR1=1;                                   /*启动 TH0*/
          TL0=0XFF;                                /*重装初值*/
}
/*TH0 中断服务程序*/
void th0_int() interrupt 3
{
          TH0=0XCE;;                               /*重装初值*/
          pulse_out=!pulse_out;                    /*脉冲输出位取反*/
}
/*主程序*/
main()
{
          init_timer();                            /*调用定时器初始化程序*/
          while(1);                                /*等待中断*/
}
```

方式 3 对于 T0 和 T1 大不相同。T0 工作在方式 3 时，T1 只能工作在方式 0、方式 1 和方式 2。此时，TL0 和 TH0 被分成两个独立的 8 位定时/计数器。其中，TL0 可作为 8 位的定时/计数器，而 TH0 只能作为 8 位定时器。

一般情况下，当定时器 T1 用作串行口波特率发生器时，T0 才设置为方式 3。此时，常把定时器 T1 设置为方式 2，用作波特率发生器。

习　题

1. 定时/计数器的初始化主要有哪些内容？

2. 定时/计数器的工作方式 2 有什么特点？适用于哪些应用场合？

3. 编写一段程序，功能要求为：当 P1.0 引脚的电平正跳变时，对 P1.1 的输入脉冲进行计数；当 P1.2 引脚的电平负跳变时，停止计数，并将计数值写入 R0、R1(高位存 R1，低位存 R0)。

4. 编写程序，要求使用 T0，采用方式 2 定时，在 P1.0 输出周期为 400μs，占空比为 10∶1 的矩形脉冲。

第 8 章　单片机的数据通信

单片机系统除了要完成对外部设备的控制外，与外围设备、单片机之间，以及与 PC 之间进行数据交换也是必不可少的，我们把这种情况称为单片机的数据通信。

单片机数据通信的方式有并行通信和串行通信两种。有关并行通信在前面章节已作详细介绍。串行通信方法较为多样，包括 51 单片机自带串行口的通信方式及常用的几种串行总线，例如 1-wire 总线、IIC 总线和 SPI 总线。本章将围绕着单片机在实际应用中对串口的使用，根据通信的方法分别介绍单片机的各种通信和数据传送的方式。对于 1-wire 总线、IIC 总线和 SPI 总线等知识由于内容较多，本书将在后面单独作为一章来介绍。

8.1　单片机的串行通信

8.1.1　案例介绍及知识要点

利用单片机 a 将一段流水灯控制程序发送到单片机 b，利用 b 来控制其 P1 口点亮 8 位 LED，如图 8-1 所示。

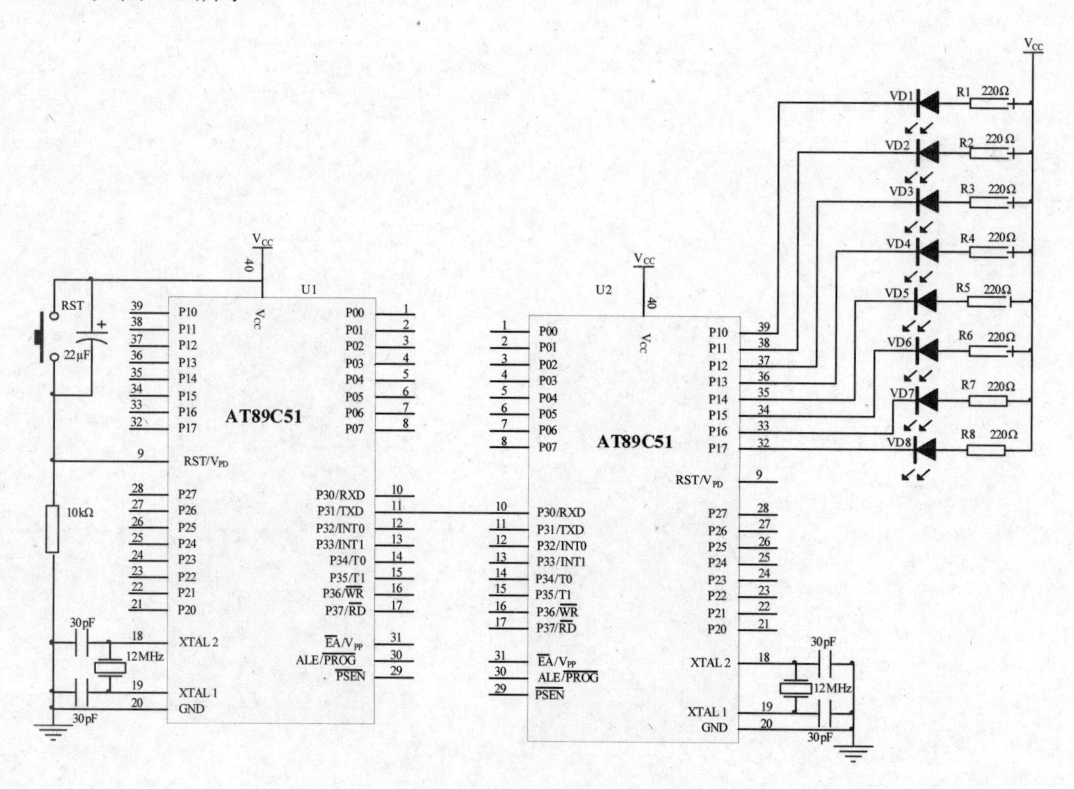

图 8-1　方式 1，点对点通信

知识点

- 了解串行口的基本结构和工作原理。
- 掌握相关寄存器的配置方式。
- 了解串行口的工作方式，掌握串行通信波特率的计算方式。
- 掌握应用程序的编写方法。

8.1.2　程序示例

1. 案例分析

a 完成发送，b 完成接收。编写程序设置 a，令 SM0=0，SM1=1。设置 b，令 SM0=0，SM1=1，REN=1，使接收允许。

2. 源程序

1)　数据发送程序

```
#include<reg51.h>                          //包含单片机寄存器的头文件
unsigned char code Tab[]={0xFE,0xFD,0xFB,0xF7,0xEF,0xDF,0xBF,0x7F};
                                           //流水灯控制码，该数组被定义为全局变量
/*****************************************************************
函数功能：发送一个字节数据
*****************************************************************/
void Send(unsigned char dat)
{
    SBUF=dat;                              //将待发送数据写入发送缓存器中
    while(TI==0)                           //若发送中断标志位没有置1(正在发送)，就等待
        ;                                  //空操作
    TI=0;                                  //将TI清0
}
/*****************************************************************
函数功能：延时约150ms
*****************************************************************/
void delay(void)
{
    unsigned char m,n;
    for(m=0;m<200;m++)
        for(n=0;n<250;n++);
}
/*****************************************************************
函数功能：主函数
*****************************************************************/
void main(void)
{
    unsigned char i;
    TMOD=0x20;                             //定时器T1工作于方式2
    SCON=0x40;                             //串口工作方式1
    PCON=0x00;
    TH1=0xf4;                              //波特率为2400b/s
    TL1=0xf4;
    TR1=1;                                 //启动定时器T1
    while(1)
    {
        for(i=0;i<8;i++)                   //一共8位流水灯控制码
        {
```

```
            Send(Tab[i]);             //发送数据 i
            delay();                  //每 150ms 发送一次数据(等待 150ms 后再发送一次数据)
        }
    }
}
```

2) 数据接收程序

```
#include<reg51.h>                     //包含单片机寄存器的头文件
/****************************************************************
函数功能：接收一个字节数据
****************************************************************/
unsigned char Receive(void)
{
    unsigned char dat;
    while(RI==0)                      //只要接收中断标志位 RI 没被置 1 就等待，直至接收完毕
        ;                             //空操作
    RI=0;                             //为了接收下一帧数据，需用软件将 RI 清 0
    dat=SBUF;                         //将接收缓存器中的数据存于 dat
    return dat;                       //将接收到的数据返回
}
/****************************************************************
函数功能：主函数
****************************************************************/
void main(void)
{
    TMOD=0x20;                        //定时器 T1 工作于方式 2
    SCON=0x50;                        //串口工作方式 1
    PCON=0x00;
    TH1=0xf4;                         //波特率为 2400b/s
    TL1=0xf4;
    TR1=1;                            //启动定时器 T1
    REN=1;                            //允许接受
    while(1)
    {
        P1=Receive();                 //将接收到的数据送 P1 口显示
    }
}
```

8.1.3 知识总结——串行口的结构

51 系列单片机的串行口占用 P3.0 和 P3.1 两个引脚，是一个全双工的异步串行通信接口，可以同时发送和接收数据。P3.0 是串行数据接收端 RXD，P3.1 是串行数据发送端 TXD。51 单片机串行接口的内部结构如图 8-2 所示。

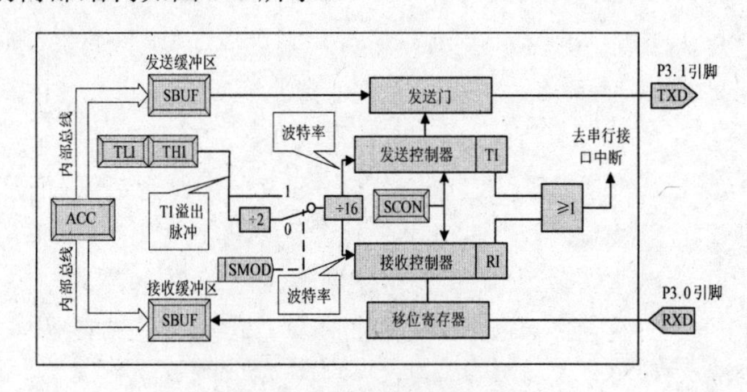

图 8-2 串行口结构示意图

51 单片机串行接口的结构由串行接口控制电路、发送电路和接收电路 3 部分组成。发送电路由发送缓冲器(SBUF)和发送控制电路组成。接收电路由接收缓冲器(SBUF)和发送控制电路组成。两个数据缓冲器在物理上是相互独立的，在逻辑上却占用同一个字节地址(99H)。

8.1.4　知识总结——串行口相关特殊功能寄存器

串行口控制寄存器 SCON 存放串行口的控制和状态信息，串行口用定时器 T1 作为波特率发生器(发送接受时钟)，电源控制寄存器 PCON 的最高位 SMOD 为串行口波特率的倍率控制位，中断允许控制寄存器 IE 控制串行通信中断是否允许。具体格式如下。

1. 串行口控制寄存器 SCON

串行口的工作方式是由串行口控制寄存器 SCON 控制的，其格式如表 8-1 所示。

表 8-1　SCON 各位定义

位	D7	D6	D5	D4	D3	D2	D1	D0	字节地址
SCON	SM0	SM1	SM2	REN	TB8	RB8	TI	RI	98H
位地址	9FH	9EH	9DH	9CH	9BH	9AH	99H	98H	

(1)　SM0 和 SM1：用于设置串行接口的工作方式，有 4 种工作方式，如表 8-2 所示。

表 8-2　串行端口工作方式

SM0	SM1	方　式	功能说明	波 特 率
0	0	0	同步移位寄存器方式	fosc/12
0	1	1	10 位 UART	可变
1	0	2	11 位 UART	fosc/64 或 fosc/32
1	1	3	11 位 UART	可变

(2)　SM2：方式 2 和方式 3 的多级通信控制位。对于方式 2 或方式 3，如 SM2 置为 1，则接收到的第 9 位数据(RB8)为 1 时置位 RI，否则不置位；对于方式 1，若 SM2=1，则只有接收到有效的停止位时才会置位 RI。对于方式 0，SM2 应该为 0。

(3)　REN：允许串行接收位。由软件置位或清零。REN=1 时，串行接口允许接收数据；REN=0 时，则禁止接收。

(4)　TB8：对于方式 2 和方式 3，是发送数据的第 9 位。可用作数据的奇偶校验位，或在多机通信中，作为地址帧/数据帧的标志位，TB8=0，发送地址帧，　TB8=1，发送数据帧。需要有软件置 1 或清 0。

(5)　RB8：对于方式 2 和方式 3，是接收数据的第 9 位，作为奇偶校验位或地址帧/数据帧的标志位。对于方式 1，若 SM2=0，则 RB8 是接收到的停止位。对于方式 0，不使用 RB8。

(6)　TI：发送中断标志位。由硬件在方式 0 串行发送第 8 位结束时置位，或在其他方式串行发送停止位的开始时置位，向 CPU 发中断申请，但必须在中断服务程序中由软件将其清 0，取消此中断请求。

(7) RI：接收中断标志位。由硬件在方式 0 接收到第 8 位结束时置位，或在其他方式接收到停止位的中间时置位，向 CPU 发中断申请，但必须在中断服务程序中由软件将其清 0，取消此中断请求。

2. 数据缓冲器 SBUF

发送缓冲器只管发送数据，51 单片机没有专门的启动发送的指令，发送时，就是 CPU 写入 SBUF 的过程(MOV SBUF，A)；接收缓冲器只管接收数据，接受时，就是 CPU 读取 SBUF 的过程(MOV A，SBUF)。即数据接收缓冲器只能读出不能写入，数据发送缓冲器只能写入不能读出。CPU 对特殊功能寄存器 SBUF 执行写操作，就是将数据写入发送缓冲器；对 SBUF 执行读操作就是读出接受缓冲器的内容。所以可以同时发送和接收数据。对于发送缓冲器，由于发送时 CPU 是主动的，不会产生重叠错误。而接收缓冲器是双缓冲结构，以避免在接收下一帧数据之前，CPU 未能及时响应接收器的中断，没有把上一帧数据取走，就会丢失前一字节的内容。

3. 电源控制寄存器 PCON

PCON 的最高位是串行口波特率系数控制位 SMOD，在串行接口方式 1、方式 2 和方式 3 时，波特率与 SMOD 有关，当 SMOD=1 时，波特率加倍，否则不加倍。复位时，SMOD=0。PCON 的地址为 97H，不能位寻址，需要字节传送。

其格式如表 8-3 所示。

表 8-3 PCON 各位定义

位	D7	D6	D5	D4	D3	D2	D1	D0	字节地址
PCON	SMOD								97H

4. 中断允许控制寄存器 IE

此寄存器在 6.2.5 节中断的控制与实现中已经介绍过，此处为了串行数据通信的需要又一次列出，其格式如表 8-4 所示。

表 8-4 IE 各位定义

位	D7	D6	D5	D4	D3	D2	D1	D0	字节地址
IE	EA	—	—	ES	ET1	EX1	ET0	EX0	A8H
位地址	AFH	AEH	ADH	ACH	ABH	AAH	A9H	A8H	

其中，ES 为串行通信中断允许位：ES=0，禁止串行端口中断；ES=1，允许串行端口的接收和发送中断。

8.1.5 知识总结——串行通信工作方式及波特率的计算

通过对串行控制寄存器 SM0(SCON.7)和 SM1(SCON.6)的设置，可将 51 单片机的串行通信设置成 4 种不同的工作方式，如表 8-2 所示。

1. 方式 0

当串行通信控制寄存器 SCON 的最高两位 SM0SM1=00 时，串行口工作在方式 0。方式 0 是扩展移位寄存器工作方式，常常用于外接移位寄存器扩展 I/O 口。在此方式下，数据由 RXD 串行地输入/输出，TXD 为移位脉冲输出端，使外部的移位寄存器移位。发送和接收都是 8 位数据，为 1 帧，没有起始位和停止位，低位在前。

1)　方式 0 输出

方式 0 的输出时序如图 8-3 所示。

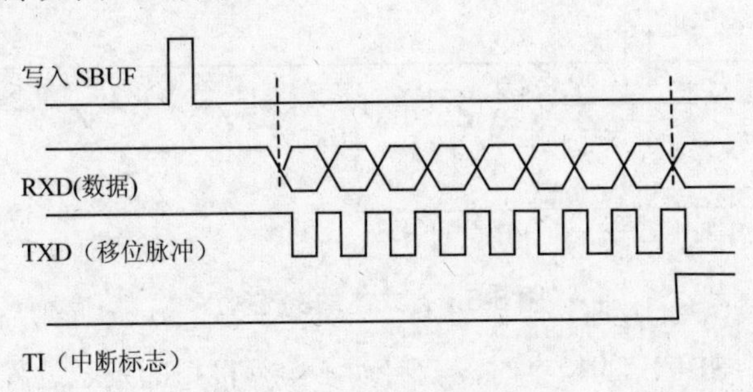

图 8-3　方式 0 的输出时序

当执行一条写入 SBUF 的指令时，就启动了串行接口的发送过程(如 MOV SBUF，A)。串行口以 $f_{osc}/12$ 的固定波特率从 TXD 引脚输出串行同步时钟，8 位同步数据从 RXD 引脚输出。8 位数据发送完后自动将 TI 置 1，向 CPU 申请中断。提示 CPU 可以发送下一帧数据，在这之前，必须在中断服务程序中用软件将 TI 清 0。

2)　方式 0 输入

方式 0 的输入时序如图 8-4 所示。

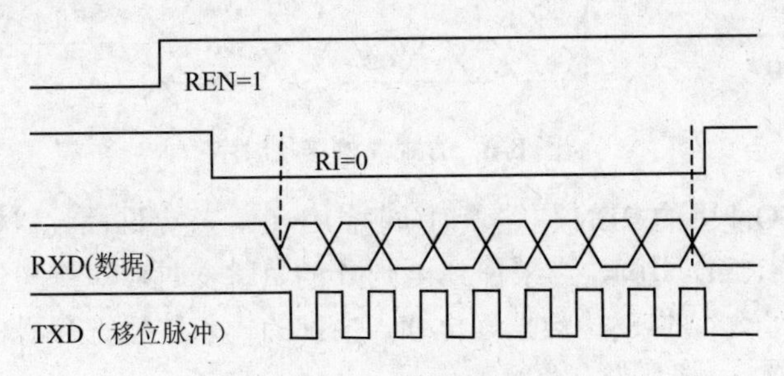

图 8-4　方式 0 的输入时序

当用户在应用程序中，将 SCON 中的 REN 位置 1 时(同时 RI=0)，就启动了一次数据接收过程。数据从外接引脚 RXD(P3.0)输入，移位脉冲从外接引脚 TXD(P3.1)输出。8 位数据接收完后，由硬件将输入移位寄存器中的内容写入 SBUF，并自动将 RI 置 1，向 CPU 申请中断。CPU 响应中断后，用软件将 RI 清 0，同时读走输入的数据，接着启动串行口接收下一个数据。

2. 方式 1

当串行通信控制寄存器 SCON 的最高两位 SM0SM1=01 时，串行口工作在方式 1。在方式 1 下，串行口是波特率可变的 10 位异步通信接口。TXD 为数据输出线，RXD 为数据输

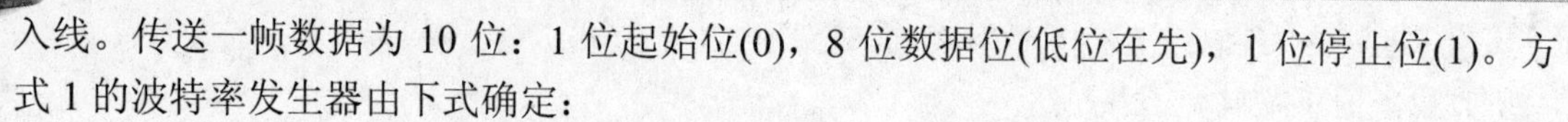

入线。传送一帧数据为 10 位：1 位起始位(0)，8 位数据位(低位在先)，1 位停止位(1)。方式 1 的波特率发生器由下式确定：

方式 1 波特率=(2^{SMOD}/32)×定时器 1 的溢出率

其中，SMOD 是特殊功能寄存器 PCON 的最高位，即波特率加倍控制位。当 SMOD=1 时，串行口的波特率加倍。

1)　方式 1 发送

方式 1 的发送时序如图 8-5 所示。

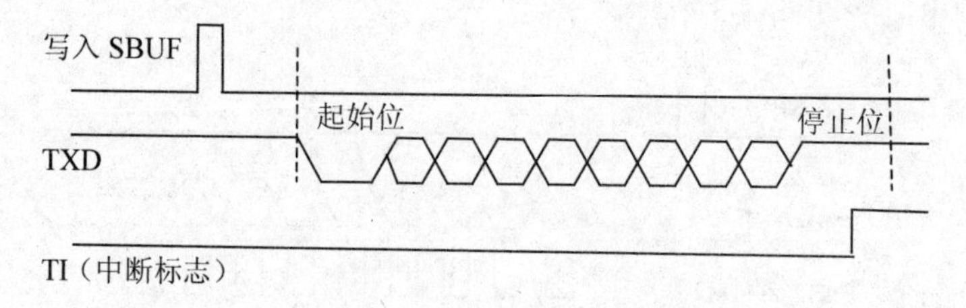

图 8-5　方式 1 的发送时序

当执行一条写入 SBUF 的指令时，就启动了串行接口的发送过程。在发送时钟脉冲的作用下，从 TXD 引脚先送出起始位(0)，然后是 8 位数据位，最后是停止位(1)。一帧数据发送完后自动将 TI 置 1，向 CPU 申请中断。若要再发送下一帧数据，必须用软件先将 TI 清 0。

2)　方式 1 接收

方式 1 的接收时序如图 8-6 所示。

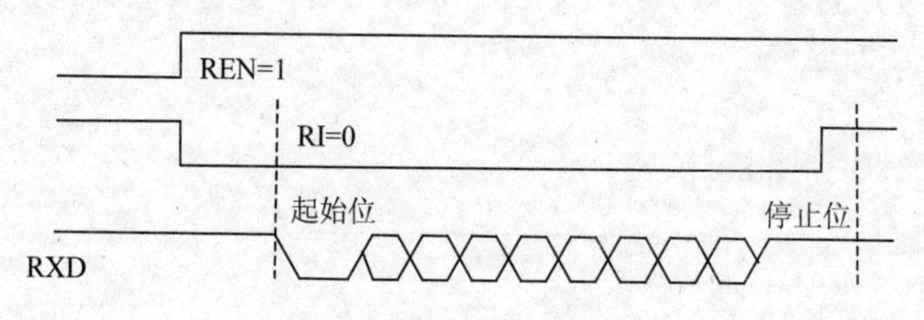

图 8-6　方式 1 的接收时序

当用软件将 SCON 中的 REN 位置 1 时(同时 RI=0)，就允许接收器接收。接收器以波特率的 16 倍速率采样 RXD 引脚，当采样到 1 到 0 的负跳变时，即检测到了有效的起始位，就开始启动接收，将输入的 8 位数据逐位移入内部的输入移位寄存器。如果接收不到起始位，则重新检查 RXD 引脚是否有负跳变信号。

当 RI=0，且 SM2=0 或接收到的停止位为 1 时，将接收到的 9 位数据的前 8 位装入接收 SBUF，第 9 位(停止位)装入 RB8，并置位 RI，向 CPU 申请中断。否则接收的信息将被丢弃。所以编程时要特别注意 RI 必须在每次接收完成后将其清 0，以准备下一次接收。通常在方式 1 时，SM2=0。

3. 方式 2

当串行通信控制寄存器 SCON 的最高两位 SM0SM1=10 时，串行口工作在方式 2。在方式 2 下，串行口是波特率可调的 11 位异步通信接口。TXD 为数据发送引脚，RXD 为数据接收引脚。传送一帧数据为 11 位：1 位起始位(0)，8 位数据位(低位在先)，第 9 位(附加位)

是 SCON 中的 TB8 或 RB8，最后 1 位是停止位(1)。方式 2 的波特率固定为晶振频率的 1/64 或 1/32，由下式确定：

方式 2 波特率=$(2^{SMOD}/64)\times f_{osc}$

其中，SMOD 是特殊功能寄存器 PCON 的最高位，即波特率加倍控制位。当 SMOD=1 时，串行口的波特率被加倍。

1) 方式 2 发送

方式 2 的发送时序如图 8-7 所示。

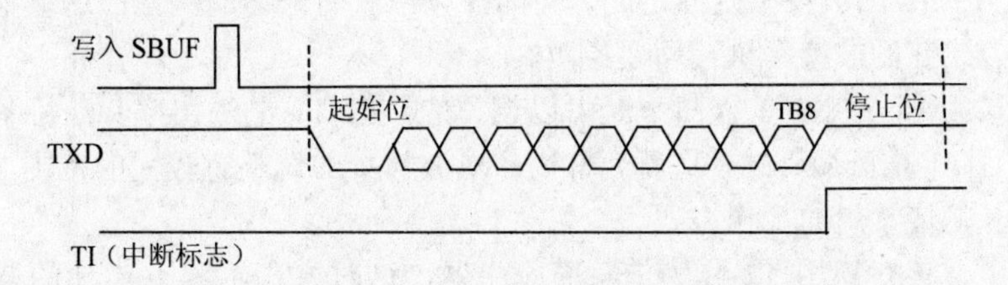

图 8-7 方式 2 和方式 3 的发送时序

当执行一条写入 SBUF 的指令时，就启动了串行接口的发送过程，信息从 TXD 引脚输出。一帧数据发送完后自动将 TI 置 1，向 CPU 申请中断。若要再发送下一帧数据，必须用软件先将 TI 清 0。发送的 11 位数据中，第 9 位(附加位)数据放在 TB8 中，在一帧信息发送之前，TB8 可以由用户在应用程序中进行清 0 或置 1，可以作为校验位和帧识别位使用。

2) 方式 2 接收

方式 2 的接收时序如图 8-8 所示。

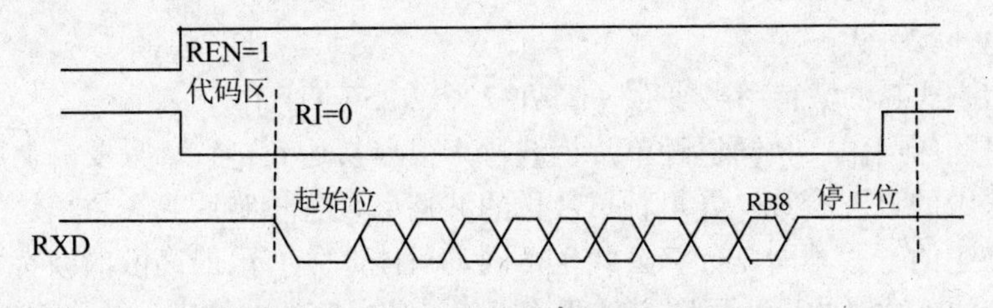

图 8-8 方式 2 和方式 3 的接收时序

51 单片机串行口以方式 2 接收数据时，REN 必须置 1，接收的信息从 RXD 引脚输入。串行口接收器在接收到第 9 位后，当满足 RI=0 和 SM2=0 或接收到的第 9 位为 1 时，接收的 8 位数据被送入 SBUF，第 9 位被送入 RB8，同时将 RI 置 1，向 CPU 申请中断。否则，接收到的信息将被丢弃。

4. 方式 3

由于方式 2 的波特率完全取决于单片机使用的晶振频率，当需要改变波特率时(除了波特率加倍外)往往需要更换系统的晶体振荡器，灵活性较差，而方式 3 的波特率是可以调整的，其波特率取决于 T1 的溢出率。当串行通信控制寄存器 SCON 的最高两位 SM0SM1=11 时，串行口工作在方式 3。方式 3 是波特率可调的 11 位异步通信方式，该方式的波特率由下式确定：

方式 3 波特率=$(2^{SMOD}/32)\times$定时器 1 的溢出率

串行口方式 3 接收数据和发送数据的时序分别如图 8-7 和图 8-8 所示。方式 2 和方式 3 除了使用的波特率发生器不同外，其他都相同，因此在这里不再做介绍。

5. 波特率

为了保证异步通信数据信息的可靠传输，异步通信的双方必须保持一致的波特率。串行口的波特率是否精确直接影响到异步通信数据传送的效率，如果两个设备之间用异步通信传输数据，但二者之间的波特率有误差，极可能造成接收方错误接收数据。

方式 0 和方式 2 的波特率是固定的，与晶振频率有着密切的关系，这里不再赘述。下面对方式 1 和方式 3 的波特率进行简要说明。

串行口方式 1 和方式 3 的波特率是可以调整的，由 T1 的溢出率和波特率加倍控制位 SMOD 决定，且 T1 是可编程的，这就允许用户对波特率的调整有较大的范围，因此串行口方式 1 和方式 3 是最常用的工作方式。

多数情况下，串行口用 T1 作为波特率发生器，这时方式 1 和方式 3 的波特率由下式确定：

方式 1 和方式 3 波特率=$2^{SMOD}\times$(T1 的溢出率)/32

定时器从初值计数到产生溢出，它每秒溢出的次数称为溢出率。SMOD=0 时，波特率等于 T1 溢出率的 1/32；SMOD=1 时，波特率等于 T1 溢出率的 1/16。

定时器 T1 作波特率发生器时，通常工作于定时模式($C/\overline{T}$=0)，禁止 T1 中断。T1 的溢出率和它的工作方式有关，一般选方式 2，这种方式可以避免重新设定初值而产生波特率误差。此时 T1 溢出率由下式确定：

T1 溢出率= f_{osc}/[12×(256-TH1)]

波特率的计算公式：

方式 1 和方式 3 的波特率=$2^{SMOD}\times f_{osc}$ /[32×12(256-TH1)]

在单片机的应用中，相同机种单片机波特率很容易达到一致，只要晶振频率相同，可以采用完全一致的设置参数。异机种单片机的波特率设置较难达到一致，这是由于不同机种的波特率产生的方式不同，计算公式也不同，只能产生有限的离散的波特率值，即波特率值是非连续的。这时的设计原则应使两个通信设备之间的波特率误差小于 2.5%。例如在 PC 与单片机进行通信时，常选择单片机晶振频率为 11.0592MHz，两者容易匹配波特率。

常用的串行口波特率及相应的晶振频率、T1 工作方式和计数初值等参数的关系如表 8-5 所示。

表 8-5 常用波特率、晶振频率与定时器(T1)的参数关系

串行口工作方式及波特率 /bit/s	f_{osc}/MHz	SMOD	定时器(T1)		
			$C/\overline{T}$	方 式	初 始 值
方式 0 最大：1M	12	×	×	×	×
方式 2 最大：375K	12	1	×	×	×
方式 1、方式 3： 62.5K	12	1	0	2	FFH
18.2K	11.0592	1	0	2	FDH

续表

串行口工作方式及波特率 /bit/s	f_{osc}/MHz	SMOD	定时器(T1)		
			C/$\overline{T}$	方 式	初 始 值
9600	12	1	0	2	F9H
4800	12	1	0	2	F3H
2400	12	0	0	2	F3H
1200	12	1	0	2	F6H
9600	11.0592	0	0	2	FDH
4800	11.0592	0	0	2	FAH
2400	11.0592	0	0	2	F4H
1200	11.0592	0	0	2	E8H

8.2 单片机与 PC 之间的串行通信

8.2.1 案例介绍及知识要点

单片机与 PC 进行通信，利用 MAX232 作为电平转换芯片，电路原理图如图 8-9 所示。

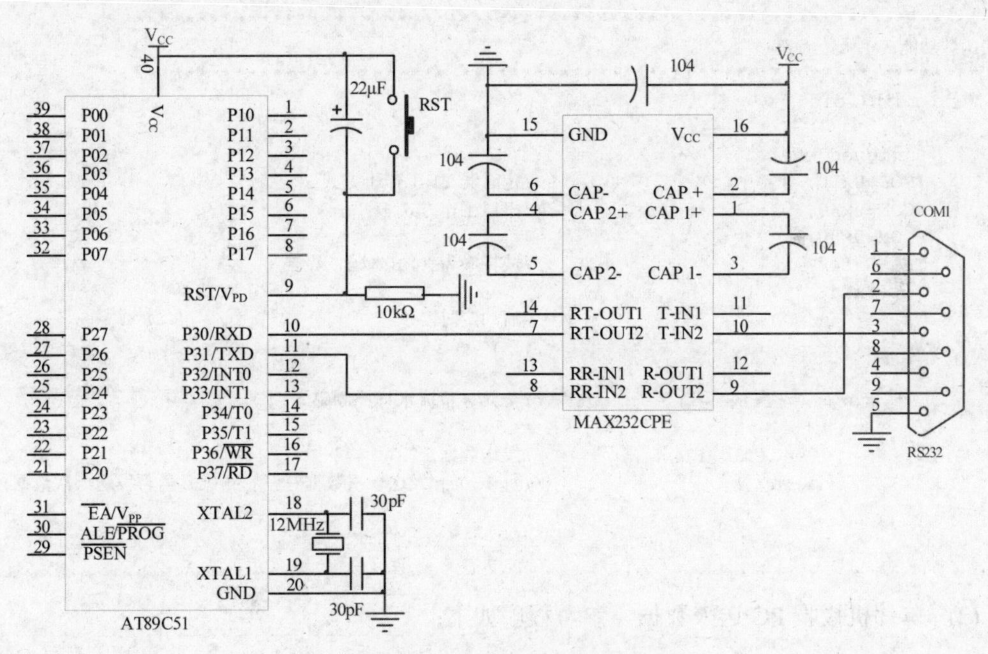

图 8-9 与 PC 串口通信原理图

知识点

- 了解 RS-232C 串行通信接口标准。
- 掌握接口电路的设计方式及电气特性。
- 学会编写基本程序。

8.2.2 程序示例

(1) 单片机向 PC 发送数据，参考程序如下：

```
#include<reg51.h>                        //包含单片机寄存器的头文件
unsigned char code Tab[]={0xFE,0xFD,0xFB,0xF7,0xEF,0xDF,0xBF,0x7F};
                                         //待发送数据
/*****************************************************************
函数功能：发送一个字节数据
*****************************************************************/
void Send(unsigned char dat)
{
     SBUF=dat;                           //将待发送数据写入发送缓存器中
     while(TI==0)                        //若发送中断标志位没有置 1(正在发送)，就等待
          ;                              //空操作
     TI=0;                               //用软件将 TI 清 0
}
/*****************************************************************
函数功能：延时约 50ms
*****************************************************************/
void delay(void)
{
     unsigned char m，n;
     for(m=0;m<200;m++)
          for(n=0;n<250;n++);
}
/*****************************************************************
函数功能：主函数
*****************************************************************/
void main(void)
{
     unsigned char i;
     TMOD=0x20;                          //定时器 T1 工作于方式 2
     SCON=0x40;                          //串口工作方式 1
     PCON=0x00;
     TH1=0xf4;                           //波特率为 2400b/s
     TL1=0xf4;
     TR1=1;                              //启动定时器 T1
     while(1)
     {
          for(i=0;i<8;i++)               //一共 8 位流水灯控制码
          {
               Send(Tab[i]);             //发送数据 i
               delay();                  //每 150ms 发送一次数据(等待 150ms 后再发送一次数据)
          }
     }
}
```

(2) 单片机接收 PC 送来数据，参考程序如下：

```
#include<reg51.h>                        //包含单片机寄存器的头文件
/*****************************************************************
函数功能：接受一个字节数据
*****************************************************************/
unsigned char Receive(void)
{
     unsigned char dat;
     while(RI==0)                        //只要接收中断标志位 RI 没有被置 1 就等待，直至接收完毕
          ;                              //空操作
```

```
    RI=0;                              //为了接收下一帧数据，需用软件将 RI 清 0
    dat=SBUF;                          //将接受缓存器中的数据存于 dat
    return dat;                        //将接收到的数据返回
}
/*****************************************************************
函数功能：主函数
*****************************************************************/
void main(void)
{
    TMOD=0x20;                         //定时器 T1 工作于方式 2
    SCON=0x50;                         //串口工作方式 1
    PCON=0x00;
    TH1=0xf4;                          //设置波特率为 2400b/s
    TL1=0xf4;
    TR1=1;                             //启动定时器 T1
    REN=1;                             //允许接受
    while(1)
    {
        P1=Receive();                  //将接收到的数据送 P1 口
    }
}
```

8.2.3　知识总结——RS232 接口标准

除了满足约定的波特率、工作方式和特殊功能寄存器的设定外，串行通信双方必须采用相同的接口标准，才能进行正常的通信。由于不同设备串行接口的信号线定义及电器规格等特性都不尽相同，因此要使这些设备能够互相连接，需要统一的串行通信接口。下面介绍常用的 RS-232C 串行通信接口标准。

RS-232C 接口标准的全称是 EIA-RS-232C 标准，其中，EIA(Electronic Industry Association)代表美国电子工业协会，RS(Recommended Standard)代表 EIA 的“推荐标准”，232 为标识号。

RS-232C 定义了数据终端设备(DTE)与数据通信设备(DCE)之间的物理接口标准。接口标准包括引脚定义、电气特性和电平转换几方面的内容。

1. 引脚定义

RS-232C 接口规定使用 25 针 D 型口连接器，连接器的尺寸及每个插针的排列位置都有明确的定义。在微型计算机通信中，常常使用的有 9 根信号引脚，所以常用 9 针 D 型口连接器替代 25 针连接器。连接器引脚定义如图 8-10 所示，RS-232C 接口的主要信号线的功能定义如表 8-6 所示。

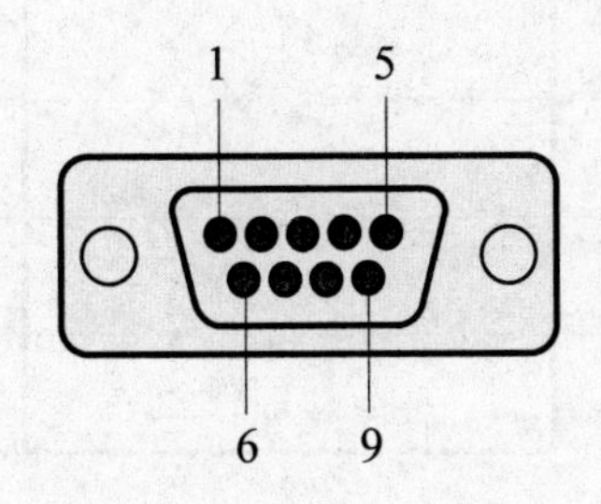

图 8-10　PC 串口 DB-9 引脚

表 8-6　PC 9 脚串口的引脚说明

引脚编号	信 号 名	描　述	I/O
1	CD	载波检测	In
2	RD	接收数据	In
3	TD	发送数据	Out
4	DTR	数据终端就绪	Out
5	SG	信号地	
6	DSR	数据设备就绪	In
7	RTS	请求发送	Out
8	CTS	允许发送	In
9	RI	振铃指示器	In

2．电气特性

RS-232C 采用负逻辑电平，规定 DC(−3～−15)为逻辑 1，DC(+3～+15)为逻辑 0。通常 RS-232C 的信号传输最大距离为 30m，最高传输速率为 20kbit/s。

RS-232C 的逻辑电平与通常的 TTL 和 MOS 电平不兼容，为了实现与 TTL 或 MOS 电路的连接，要外加电平转换电路。

3．RS-232C 电平与 TTL 电平转换驱动电路

如上所述，51 单片机串行口与 PC 的 RS-232C 接口不能直接对接，必须进行电平转换。常见的 TTL 到 RS-232C 的电平转换器有 MC1488、MC1489 和 MAX 202/232/232A 等芯片。

由于单片机系统中一般只用+5V 电源，MC1488 和 MC1489 需要双电源供电(±12V)，增加了体积和成本。生产商推出了芯片内部具有自升压电平转换电路，可在单+5V 电源下工作的接口芯片——MAX232，如图 8-11 所示，它能满足 RS-232C 的电气规范，内置电子泵电压转换器将+5V 转换成−10V~+10V，该芯片与 TTL/CMOS 电平兼容，片内有两个发送器，两个接收器，在单片机应用系统中得到了广泛使用。

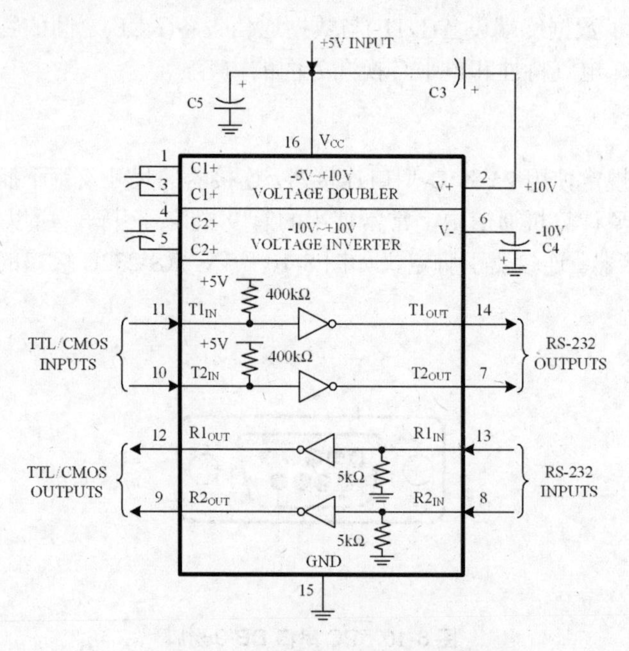

图 8-11　MAX232 内部逻辑框图

习　题

1. 并行通信和串行通信的特点是什么？

2. 串行口有几种工作方式？有几种帧格式？各种工作方式的波特率如何确定？

3. 编写程序，单片机在按键的控制下发送一组数据，PC 接收，利用串行口调试助手查看结果。

4. 编写程序，PC 发送，单片机接收数据，将数据通过数码管显示。

第 9 章　单片机常用接口电路设计

本章主要介绍单片机系统与外部设备的接口电路，例如 LED、LCD、点阵、A/D 和 D/A 等一些常用的外设接口电路。

9.1　数码管显示器接口原理及应用

在单片机应用系统中，显示器是最常用的输出设备。常用的显示器有：数码管(LED)、液晶显示器(LCD)和荧光屏显示器。其中以数码管显示最便宜，而且它的配置灵活，与单片机接口简单，广泛应用于单片机系统中。

9.1.1　案例介绍及知识要点 1

编写程序，让数码管从 0～F 依次循环显示，时间间隔为 1s，电路原理图如图 9-1 所示。

知识点

- 了解数码管的基本结构和工作原理。
- 学会设计硬件驱动电路。
- 掌握静态显示的原理。

9.1.2　程序示例 1

```
#include <REGX51.H>
#include <intrins.h>

#define uchar unsigned char
#define uint unsigned int
#define weixuan P0
/****************管脚定义*******************************/
sbit sck=P2^7;                                          //移位时钟
sbit tck=P2^6;                                          //锁存时钟
sbit data1=P2^5;                                        //串行数据输入

/*共阴极数码管显示代码：7  6  5  4  3  2  1  0
                        a  b  c  d  e  f  g  h*/
uchar code led[16]={0xfc, 0x60,0xda,0xf2,               //0,1,2,3,
                    0x66,0xb6,0xbe,0xe0,                //4,5,6,7,
                    0xfe,0xe6,0xee,0x3e,                //8,9,A,b,
                    0x9c,0x7a,0x9e,0x8E};               //C,d,E,F
/*********函数声明********************/
void send(uchar data8);
void delay();

void main()
{
    uchar num,i;
    weixuan=0;                    //所用位选为低电平，表示让所有数码管显示
    while(1)
    {
```

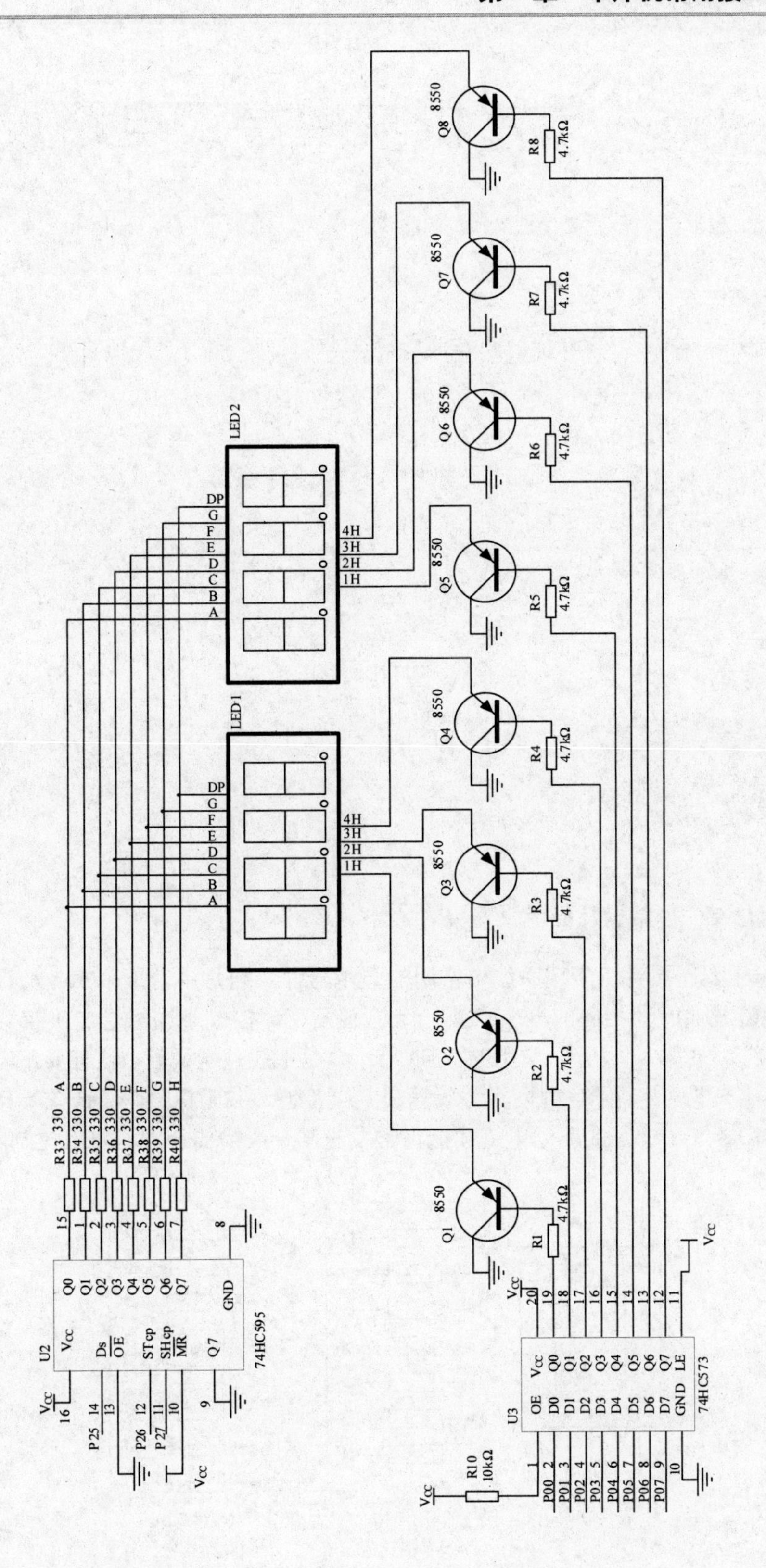
LED1
LED2
DP
G
F
E
D
C
B
A
4H
3H
2H
1H
Q1 8550
Q2 8550
Q3 8550
Q4 8550
Q5 8550
Q6 8550
Q7 8550
Q8 8550
R1 4.7kΩ
R2 4.7kΩ
R3 4.7kΩ
R4 4.7kΩ
R5 4.7kΩ
R6 4.7kΩ
R7 4.7kΩ
R8 4.7kΩ
R33 330 A
R34 330 B
R35 330 C
R36 330 D
R37 330 E
R38 330 F
R39 330 G
R40 330 H
U2
74HC595
Vcc
Ds
OE
STcp
SHcp
MR
Q7
GND
Q0
Q1
Q2
Q3
Q4
Q5
Q6
Q7
P25
P26
P27
U3
74HC573
OE
D0
D1
D2
D3
D4
D5
D6
D7
GND
Vcc
Q0
Q1
Q2
Q3
Q4
Q5
Q6
Q7
LE
P00
P01
P02
P03
P04
P05
P06
P07
R10
10kΩ
Vcc

图 9-1　数码管显示电路

```
        for(i=0;i<=15;i++)      //将 0-F 循环发送到数码管显示
        {
            num=led[i];
            send(num);
            delay();
        }
    }

}

void send(uchar data8)              //传送一个字节
{
    uchar i;                        //设置循环变量
    sck=1;
    tck=1;
    for(i=0;i<=7;i++)               //循环 8 次，取一个字节的内容
    {
        if((data8>>i)&0x01)     //判断该位数据为 0 还是 1
        data1=1;
        else
        data1=0;
        sck=0;
        sck=1;                  //时钟上升沿
    }
    tck=0;
    tck=1;                          //锁存时钟上升沿
}
void delay()                        //延时 1s 子程序
{
    uint a,b;
    for(a=0;a<=350;a++)
        for(b=0;b<=1000;b++);
}
```

9.1.3 知识总结——结构及显示原理

LED 显示器是单片机应用系统中常用的显示器件。它是由若干个发光二极管组成的，当发光二极管导通时，相应的一个点或一个笔画发亮，控制不同组合二极管导通，就能显示出各种字符，如表 9-1 所示。常用的 LED 显示器是七段位数码管，这种显示器有共阳极和共阴极两种。如图 9-2 所示，共阴极数码管公共端接地，共阳极数码管公共端接电源。每段发光二极管需要 5~10mA 的驱动电流才能正常发光，一般需要加限流电阻控制电流的大小。

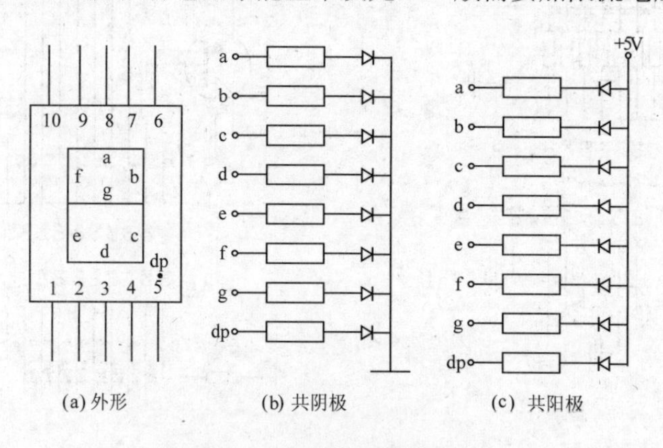

图 9-2 七段数码管结构图

表 9-1　7 段 LED 字型码

显示字符	共阳极字码	共阴极字码	显示字符	共阳极字码	共阴极字码
0	C0H	3FH	B	83H	7CH
1	F9H	06H	C	C6H	39H
2	A4H	5BH	D	A1H	5EH
3	B0H	4FH	E	86H	79H
4	99H	66H	F	8EH	71H
5	92H	6DH	P	8CH	73H
6	82H	7DH	U	C1H	3EH
7	F8H	07H	L	C7H	38H
8	80H	7FH	H	89H	76H
9	90H	6FH	“灭”	00H	FFH
A	88H	77H			

9.1.4 知识总结——LED 静态显示原理

静态显示就是当要显示某个数字时，可以通过给 LED 的数据引脚设置相应的高低电平即可实现显示相应数据。例如：有一个共阴的数码管，只要给它的 abcdef 脚提供高电平，h 脚提供低电平即可显示数字 0。这种显示方法电路简单，程序也十分的简洁。但是这种显示方法占用的 I/O 端口较多，当显示的位数在一位以上，一般都不采用这种显示方法。

例如，一个 4 位静态显示电路，如图 9-3 所示。由于显示器中各位相互独立，而且各位的显示字符完全取决于对应口的输出数据，如果数据不改变，那么显示器的显示亮度将不会受影响，所以静态显示器的亮度都较高。但是从图 9-3 中可以看出它需要 4 个 8 位的数据总线，这对于单片机来说几乎占用了所有的 I/O 端口，所以显示位数过多时，就不会采用静态显示这种方法。

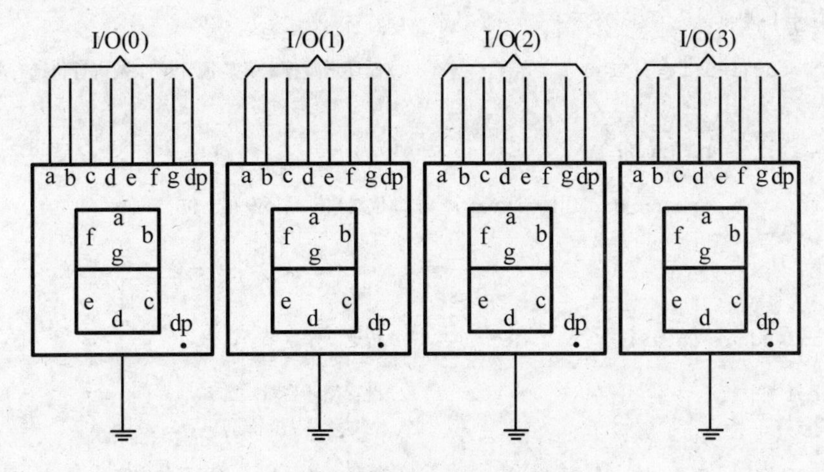

图 9-3　4 位静态显示的电路

9.1.5 案例介绍及知识要点 2

编写程序，让开发板上的 8 位数码管先第 0 位显示 0，其他位不显示，然后第一位显示

1，每次只有一位数码管显示，按此顺序轮流显示到 7，时间间隔为 1s，电路原理图参照图 9-1。

知识点

- 在静态显示的基础上了解轮流显示的原理。
- 思考并总结动态显示原理。

9.1.6 程序示例 2

```
#include <REGX51.H>
#include <intrins.h>

#define uchar unsigned char
#define uint unsigned int
#define weixuan P0
/****************管脚定义*****************************/
sbit sck=P2^7;//移位时钟
sbit tck=P2^6;//锁存时钟
sbit data1=P2^5;//串行数据输入

/*共阴极数码管显示代码：7  6  5  4  3  2  1  0
                      a  b  c  d  e  f  g  h*/
uchar code led[16]={0xfc,0x60,0xda,0xf2,       //0,1,2,3,
                    0x66,0xb6,0xbe,0xe0,       //4,5,6,7,
                    0xfe,0xe6,0xee,0x3e,       //8,9,A,b,
                    0x9c,0x7a,0x9e,0x8E};      //C,d,E,F
/*********函数声明********************/
void send(uchar data8);
void delay(uint time);

void main()
{
    uchar num,i;
    weixuan=0xfe;                              //初始化让第一位数码管显示
    while(1)
    {
        for(i=0;i<=7;i++)                      //循环送数据，并轮流让 8 个数码管位选有效
        {
            num=led[i];
            send(num);
            delay(350);
            weixuan=_crol_(weixuan,1);//位选数据循环左移一位
        }
    }
}

void send(uchar data8)                         //传送一个字节
{
    uchar i;                                   //设置循环变量
    sck=1;
    tck=1;
    for(i=0;i<=7;i++)                          //循环 8 次，取一个字节的内容
    {
        if((data8>>i)&0x01)                    //判断该位数据为 0 还是 1
        data1=1;
        else
        data1=0;
```

```
        sck=0;
        sck=1;                          //时钟上升沿
    }
    tck=0;
    tck=1;                              //锁存时钟上升沿
}

void delay(uint time)                   //带参数延时函数
{
    uint a,b;
    for(a=0;a<=time;a++)
        for(b=0;b<=1000;b++);
}
```

本程序实现了 8 位数码管的轮流显示，思考一下不难看出如果在这基础上调整延时参数，当延时达到一个合适的值，即可实现让 8 位数码管同时显示 0～7，这就是所谓的动态显示。

9.1.7 知识总结——LED 动态显示原理

所谓动态显示就是将要显示的数按显示数的顺序在各个数码管上一位一位的显示，它利用人眼的驻留效应使人感觉不到是一位一位显示的，而是一起显示的。4 位动态显示的电路，如图 9-4 所示，它将每个显示器的段代码连在一起，所以同样显示的是 4 位，但是动态显示的段代码数据数却只要 8 根。动态显示时数码管的数目还可以再扩展。

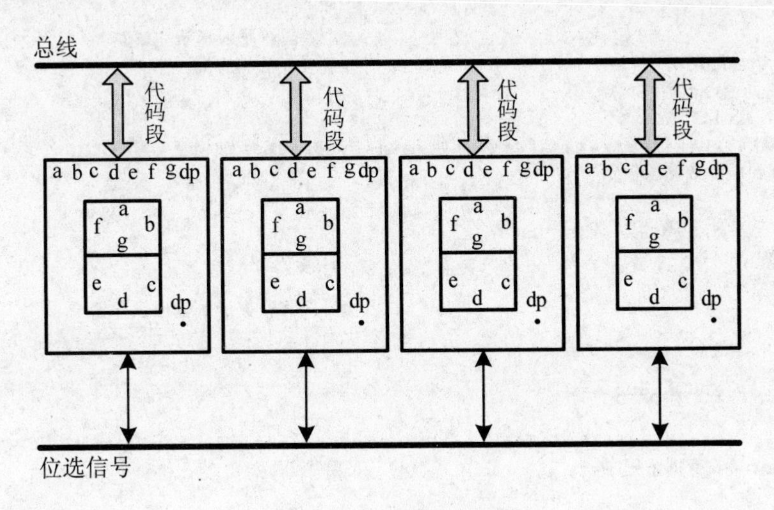

图 9-4　4 位动态显示的电路

9.1.8 实战练习

数码管为共阴极的，现有 0123　4 位数要显示，0 是最高位，3 是最低位。注意：为了在以后程序中能够使用现有程序，提高程序的可移植性，本例对管脚的定义和函数名称都重新命名，以实现与后面程序的统一。电路原理图参照图 9-1。

【汇编程序】：

```
;定义 74HC595 的端口
SDATA_595   EQU  P2.2  ;串行数据输入(14 号引脚)
RCK_595     EQU  P2.1  ;输出锁存器控制脉冲(12 号引脚)
```

```
    SCLK_595    EQU  P2.0  ;移位时钟脉冲(11号引脚)
//###########################################################
ORG  0000H
    LJMP MAIN
    ORG  0030H
MAIN:      MOV  SP,#60H                               ;开辟堆栈指针从60H开始
    MOV  R0,#00H                                      ;段码初始值
    MOV  R1,#0F7H                                     ;位选通初始值
DISP:      ACALL      DISPLAY                         ;重复循环扫描
    SJMP DISP
//###########################################################
    ;显示子程序
DISPLAY:
    MOV        A, R0                                  ;查表取显示数据
    MOV        DPTR,#TAB_NU
    MOVC       A,@A+DPTR
    ACALL      WR_595                                 ;移位寄存器接收数据
    MOV        P2,#0FFH       ;关闭显示
    ACALL      OUT_595                                ;将数据送到输出锁存器
MOV  P2,R1
NOP
NOP
INC  R0                                               ;取下一位显示数据
MOV  A,R1                                             ;选通下一个数码管
RR   A                                                ;左移一位
MOV  R1,A
MOV  A,R1                                             ;修改显示位
LCALL      DELAY                                      ;延时
CJNE       R1,#04H,DISPLAY                            ;4个数码管是否显示完毕?
MOV        R0,#00H                                    ;重新初始化寄存器
MOV        R1,#0F7H
RET
//###########################################################
;输出锁存器输出数据子程序
OUT_595:
  CLR          RCK_595
  NOP
  NOP
  SETB         RCK_595                                ;上升沿将数据送到输出锁存器
  NOP
  NOP
  CLR          RCK_595
  RET
//###########################################################
;移位寄存器接收数据子程序
WR_595:
  MOV          R4,#08H
WR_LOOP:
  RLC          A
  MOV          SDATA_595,C
  SETB        SCLK_595                                ;上升沿发生移位
  NOP
  NOP
  CLR          SCLK_595
  DJNZ         R4,WR_LOOP
  RET
//###########################################################
    ;延时子程序2mS
DELAY:
     MOV          R5,#10
```

```
DEL:
MOV      R6,#100
      DJNZ        R6,$
      DJNZ        R5,DEL
      RET
//#######################################################
;共阴极数码管的段码表
TAB_NU:
DB 3FH,06H,5BH,4FH
DB 66H,6DH,7DH,07H
DB 7FH,6FH,77H,7CH
DB 39H,5EH,79H,71H
    END
```

【C 程序】：

```
/********************************************************************/
DISPLAY.H 头文件内函数实现如下:
/********************************************************************/
#ifndef __DISPLAY_H__
#define __DISPLAY_H__

/***************管脚定义*******************************/
#define PORT_SLED_BIT P0          //LED 位选信号输入管脚

    sbit clk=P2^7;                //595 时钟信号输入管脚
    sbit st =P2^6;                //595 锁存信号输入管脚
    sbit io =P2^5;                //595 数据信号输入管脚
/*****************************************************************/

uchar data display_7leds[8]={1,2,3,17,5,6,16,16};

uchar code uc7leds[18]=
{0xfc,0x60,0xda,0xf2,             //0,1,2,3,
 0x66,0xb6,0xbe,0xe0,             //4,5,6,7,
 0xfe,0xe6,0xee,0x3e,             //8,9,A,b,
 0x9c,0x7a,0x9e,0x8E};            //C,d,E,F,' ','.'

/******************************************************************
//名称：wr595()向 595 发送一个字节的数据
//功能：向 595 发送一个字节的数据(先发低位)
******************************************************************/

void wr595(uchar ucdat)
{
    uchar i;
    clk=1;
    st=1;
    for(i=8;i>0;i--)              //循环 8 次，写一个字节
    {
        io=ucdat&0x01;            //发送 BIT0 位
        clk=0;
        clk=1;                    //时钟上升沿
        ucdat=ucdat>>1;           //要发送的数据右移，准备发送下一位
    }
    st=0;
    st=1;                         //锁存数据
}

delay(uint dat)
{
```

```
        while(dat--)
        {;
        }
    }

    /*********************************************************
    //名称：wr7leds()8 个 led 显示数字函数
    //功能：向 595 发送一个字节的数据，然后发送位选信号
    //说明：调用 wr595()函数，delay()函数
    *********************************************************/
    void wr7leds(void)
    {
        uchar i,ch;
        ch=0x01;                                     //位选信号初始化
        for(i=0;i<8;i++)                             //循环 8 次写 8 个数据
        {
            wr595(uc7leds[display_7leds[i]]);  //传送显示数据
            PORT_SLED_BIT=~ch;                       //送位选信号
            ch<<=1;                                  //位选信号右移,准备在下一个数码管显示下一个数字
            delay(300);                              //延时，(决定亮度，和闪烁)
        }
    }
    #endif

    /******************************************************************
    //程序名称：8 位数码管显示程序
    //程序功能：让 8 位数码管显示 display_7leds[8]中的内容
    //程序说明：使用时改变 display_7leds[8]中的内容，调用 wr7leds()函数即可
    ******************************************************************/

    #include <reg51.h>
    #include <intrins.h>
    #include "DISPLAY.H"

    #define uchar unsigned char
    #define uint  unsigned int

    main(void)
    {
        while(1)
        {
            wr7leds();
        }
    }
```

9.2 点阵显示原理及应用

LED 点阵显示屏是通过 PC 将要显示的汉字字模提取出来，并发给单片机，然后显示在点阵屏上，主要适用于室内外汉字显示。

LED 点阵显示屏按照显示的内容可以分为图文显示屏、图像显示屏和视频显示屏。与图像显示屏相比，图文显示屏的特点就在于无论是单色还是彩色显示屏都没有颜色上的灰度差别，因此图文显示屏也就体现不出色彩的丰富性，而视频显示屏不仅能够显示运动、清晰和全彩色的图像，还能够播放电视和计算机信号。虽然这三者有一些区别，但它们最基础的显示控制原理都是相似的。

9.2.1　案例介绍及知识要点

图 9-5 所示是 LED 点阵的应用电路图，功能是实现循环显示数字 0～9。

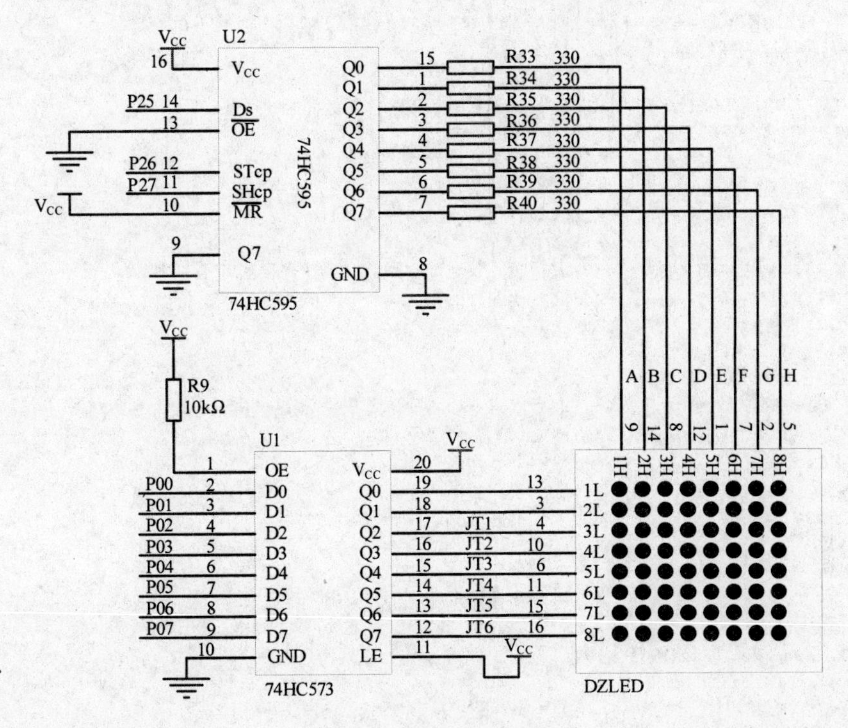

图 9-5　点阵显示原理图

知识点

- 了解点阵的驱动方式。
- 了解开发板硬件电路的的设计。

9.2.2　程序示例

【汇编程序】：

```
    TIM  EQU   30H             ;扫描次数缓冲区
    CNTA      EQU  31H         ;列缓冲区
    CNTB      EQU  32H         ;行缓冲区

    ORG  0000H
    LJMP      START            ;跳过中断地址
    ORG  000BH
    LJMP      TIMER0
    ORG  0030H
//##############################################################
    ;主程序
START: MOV    TIM,#00H         ;给缓冲区赋初值
    MOV  CNTA,#00H
    MOV  CNTB,#00H
    MOV  TMOD,#01H
    MOV  TH0,#0F0H             ;定时器赋初值
```

```
    MOV  TL0,#60H
    SETB  ET0               ;开定时器 0 中断
    SETB  EA                ;开单片机总中断
    SETB  TR0               ;启动定时器 0
    SJMP  $
//#####################################################
    ;定时器 0 中断服务子程序
TIMER0:
    MOV  TH0,#0F0H          ;定时器重新赋初值
    MOV  TL0,#60H
    MOV  DPTR,#TAB          ;取列码表地址存到数据指针寄存器
    MOV  A,CNTA
    MOVC A,@A+DPTR          ;取列码存入累加器中
    MOV  P2,A               ;送 P2 口显示
    MOV  DPTR,#DIGIT        ;取行段码表地址存到数据指针寄存器
    MOV  A,CNTB             ;要显示的行的第 CNTB*8+CNTA 列
    MOV  B,#8
    MUL  AB
    ADD  A,CNTA
    MOVC A,@A+DPTR          ;取行段码
    MOV  P0,A               ;送 P0 口显示
    INC  CNTA               ;显示下一列
    MOV  A,CNTA             ;存入累加器中
    CJNE A,#8,NEXT          ;未显示完 8 列，则转到 NEXT
    MOV  CNTA,#00H
NEXT:
    INC      IM             ;每次是否显示 250 次？否则返回
    MOV  A,TIM
    CJNE A,#250,BACK
    MOV  TIM,#00H
    INC  CNTB               ;显示下一行
    MOV  A,CNTB
    CJNE A,#10,BACK         ;10 个数据是否显示完？否则返回
    MOV  CNTB,#00H
BACK:
RETI
//#####################################################
    ;子码表
TAB:      ;列码
    DB 0FEH,0FDH,0FBH,0F7H,0EFH,0DFH,0BFH,07FH
DIGIT:    ;行码
    DB 00H,00H,3EH,41H,41H,41H,3EH,00H      ;0
    DB 00H,00H,00H,21H,7FH,01H,00H,00H      ;1
    DB 00H,00H,27H,45H,45H,45H,39H,00H      ;2
    DB 00H,00H,22H,49H,49H,49H,36H,00H      ;3
    DB 00H,00H,0CH,14H,24H,7FH,04H,00H      ;4
    DB 00H,00H,72H,51H,51H,51H,4EH,00H      ;5
    DB 00H,00H,3EH,49H,49H,49H,26H,00H      ;6
    DB 00H,00H,40H,40H,40H,4FH,70H,00H      ;7
    DB 00H,00H,36H,49H,49H,49H,36H,00H      ;8
    DB 00H,00H,32H,49H,49H,49H,3EH,00H      ;9
    END
```

【C 程序】：

```
/*********************************************************************
//程序名称：8*8 点阵显示 0-9
//程序功能：让 8*8 点阵显示 led_88seg[8]中的内容
//程序说明：使用时改变 display_7leds[8]中的内容，调用 wr595()函数即可
          其中本程序使用到了 AT89S52 的定时器 2
```

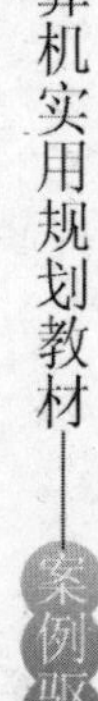

```
*****************************************************************/
#include <reg52.h>
#include <intrins.h>
#define uchar unsigned char
//#############管脚定义#######################
sbit sclk=P2^7;   //595 移位时钟信号输入端(11)
sbit st=P2^6;     //595 锁存信号输入端(12)
sbit da=P2^5;     //595 数据信号输入端(14)
                  //要显示的数据代码
uchar code led_88seg[80]={
0x00,0x00,0x3e,0x41,0x41,0x41,0x3e,0x00,
0x00,0x00,0x01,0x21,0x7f,0x01,0x01,0x00,  //1
              0x00,0x00,0x27,0x45,0x45,0x45,0x39,0x00,  //2
0x00,0x00,0x22,0x49,0x49,0x49,0x36,0x00,  //3
              0x00,0x00,0x0c,0x14,0x24,0x7f,0x04,0x00,  //4
              0x00,0x00,0x72,0x51,0x51,0x51,0x4e,0x00,  //5
              0x00,0x00,0x3e,0x49,0x49,0x49,0x26,0x00,  //6
              0x00,0x00,0x40,0x40,0x40,0x4f,0x70,0x00,  //7
              0x00,0x00,0x36,0x49,0x49,0x49,0x36,0x00,  //8
              0x00,0x00,0x32,0x49,0x49,0x49,0x3e,0x00}; //9
uchar i=0;
uchar t=0;                          //点阵显示函数时间
//延时函数
void delay(uchar i)
{
 uchar j;
 for(;i>0;i--)
   for(j=0;j<125;j++) { ; }
}
//#####################################################
//名称：wr595()向 595 发送一个字节的数据
//功能：向 595 发送一个字节的数据(先发低位)
//#####################################################
void wr595(uchar wrdat)
{
    uchar i;
    sclk=0;
    st=0;
    for(i=8;i>0;i--)                //循环 8 次，写一个字节
    {
    da=wrdat&0x01;                  //发送 BIT0 位
    wrdat>>=1;                      //要发送的数据右移，准备发送下一位
    sclk=0;                         //移位时钟上升沿
    _nop_();
    _nop_();
    sclk=1;
    _nop_();
    _nop_();
    sclk=0;
    }
    st=0;                           //上升沿将数据送到输出锁存器
    _nop_();
    _nop_();
    st=1;
    _nop_();
    _nop_();
    st=0;
}
```

```
//主函数
void main(void)
{
 uchar j;
 uchar wx;                              //位选信号控制
 RCAP2H=0x3c;                           //定时器2赋初值
 RCAP2L=0xb0;
 EA=1;                                  //开总中断
 ET2=1;                                 //开定时器2中断
 TR2=1;                                 //启动定时器2
 while(1)
 {
  wx=0x01;
   for(j=i;j<i+8;j++)
   {
     wr595(led_88seg[j]);
     P0=~wx;
     delay(2);
     wx<<=1;
   }
 }
}
//定时器中断2服务子函数
void timer2() interrupt 5
{
  TF2=0;
  t++;
  if(t==20)
  {
   t=0;
   i+=8;                          //显示下一列的段码值
   if(i==80)    i=0;
  }
}
```

9.2.3 知识总结——硬件设计

1. 主要器件介绍

根据MCU-BUS V1单片机开发板硬件电路设计，此板上的点阵显示屏只采用了一块点阵。以此板来重点介绍点阵显示屏。LED点阵显示屏是由一个8×8的LED点阵块组成，以ATMEL公司的AT89S系列的单片机AT89S51为控制中心。显示屏的其他主要硬件还有：带锁存输出的8位移位寄存器74HC595，作为LED的行线驱动输入；驱动器74HC245，作为LED列线的驱动选择；三极管S8550，连接驱动器74HC245的8个输出端，作为开关使用，驱动LED的列线。

2. LED点阵块

8×8的LED点阵显示模块为单色共阳极模块，单点的工作电压为正向(Vf)=1.8V，正向电流(If)=8~10mA。静态点亮器件时(64点全亮)总电流为640mA，总电压为1.8V，总功率为1.15W。动态时取决于扫描频率(1/8或1/16秒)，单点瞬间电流可达80~160mA(16×16点阵静态时可达16×16×10mA，动态时单点瞬间电流可达80~160mA)。

连接方式如图9-6所示：当某一行线为高，某一列线为低时，其行列交叉的点被点亮；某一列线为高时，其行列交叉的点为暗；当某一行线为低时，无论列线为高还是为低，对应的这一行的点全部为暗。

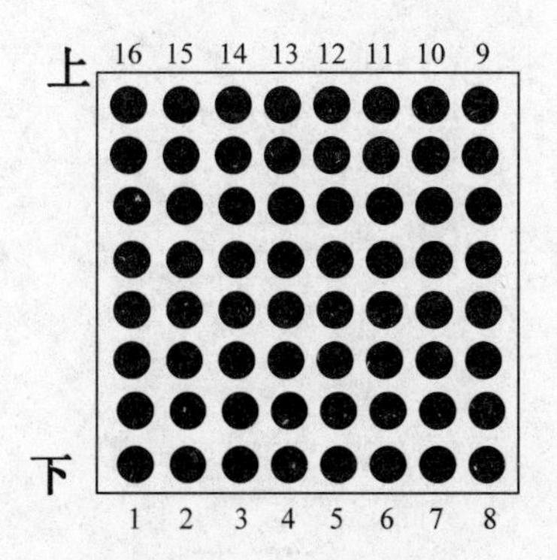

图 9-6　8*8LED 连线图

1	控制第 5 行显示	接高	9	控制第 1 行显示	接高
2	控制第 7 行显示	接高	10	控制第 4 列显示	接低
3	控制第 2 列显示	接低	11	控制第 6 列显示	接低
4	控制第 3 列显示	接低	12	控制第 4 行显示	接高
5	控制第 8 行显示	接高	13	控制第 1 列显示	接低
6	控制第 5 列显示	接低	14	控制第 2 行显示	接高
7	控制第 6 行显示	接高	15	控制第 7 列显示	接低
8	控制第 3 行显示	接高	16	控制第 8 列显示	接低

9.3　LCD 显示原理及应用

液晶显示器简称 LCD，它是利用液晶经过处理后能改变光线的传输方向的特性实现显示信息的。LCD 具有体积小、重量轻、功耗极低，以及显示内容丰富等特点，正广泛应用于便携式仪器仪表、智能仪器和消费类电子产品等领域。

液晶显示是通过液晶显示模块实现的。液晶显示模块(LCD Module)是一种将液晶显示器、控制器和驱动器装配在一起的组件。按其功能可分为 3 类：笔段式液晶显示器、字符点阵式显示器和图形点阵式液晶显示器。前两种可显示数字、字符和符号等，而图形点阵式显示器还可以显示汉字和任意图形，达到图文并茂的效果。本书将只对应用广泛、使用比较简单的字符型点阵式液晶显示器作介绍。

9.3.1　案例介绍及知识要点

图 9-7 是 LCD 显示器与 80C51 单片机的接口图，图中 LCD1602 的数据线与 80C51 的 P0 口相连，RS 与 80C51 的 P2.0 相连，R/W 与 80C51 的 P2.1 相连。编写程序，使在 LCD 显示器的第 1 行、第 4 列开始显示“Welcome to”，第二行、第 6 列开始显示“sdut university”。

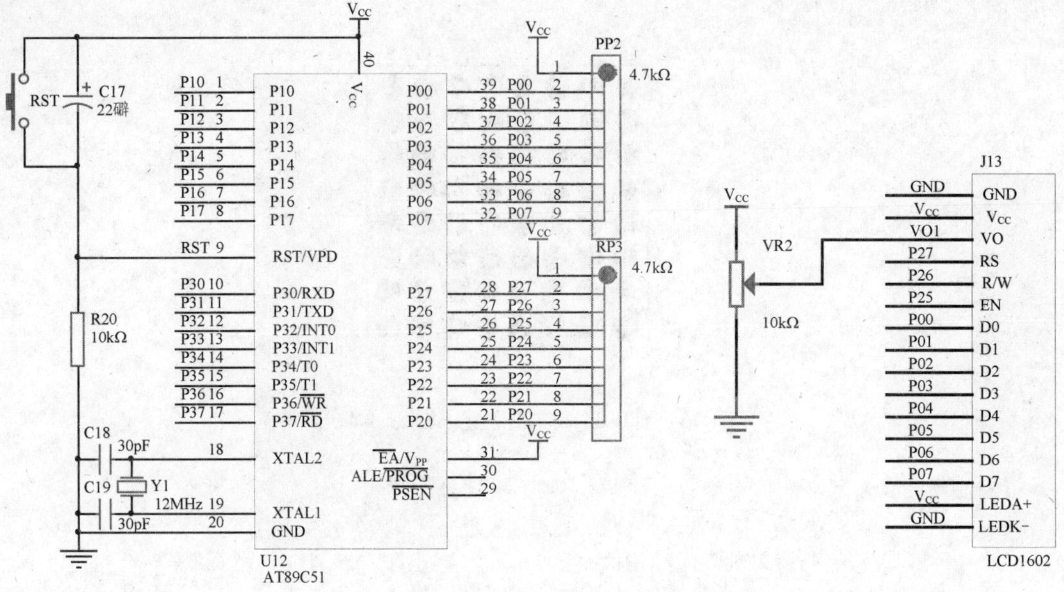

图 9-7　LCD 显示器与 80C51 单片机的接口图

知识点

- 了解液晶显示模块的接口信号。
- 了解 LCD1602 液晶的的操作时序，并能根据时序写出驱动程序。
- 掌握液晶显示模块硬件电路的设计。
- 了解液晶显示屏的相关操作命令。
- 了解液晶显示的初始化过程。

9.3.2　程序示例

【汇编程序】：

```
RS          BIT      P2.0          ;定义 LCD 控制端口
    RW          BIT P    2.1
    E           BIT P    2.2
    LCD     EQU  P0
    ORG     0000H
    LJMP    MAIN
    ORG     0030H
MAIN:                              ;主程序
    MOV     SP,#60H                ;开辟堆栈指针
    MOV     LCD,#0FFH
START:
    ACALL       INIT_LCD
    MOV     LCD,#80H               ;显示位置地址从 0 开始
    ACALL       WR_COMM
    MOV     DPTR,#BUF1             ;送第一行文本首地址
    ACALL       DISP_LCD
    MOV     LCD,#0C0H              ;写入显示起始地址(第二行第一个位置)
    ACALL       WR_COMM
    MOV     DPTR,#BUF2             ;送第二行文本首地址
    ACALL       DISP_LCD
```

```
    SJMP     $
;初始化 LCD 显示器
INIT_LCD:
MOV        LCD,#01H                             ;清屏
    ACALL         WR_COMM                       ;调用显示使能子程序
    ACALL         DELAY
    MOV       LCD,#08H                          ;文字整体左移
    ACALL         WR_COMM
    MOV       LCD,#38H                          ;设置显示模式：8 位数据、2 行、5*7 点屏
    ACALL         WR_COMM
    MOV       LCD,#0FH                          ;显示器开、光标开、光标允许闪烁
    ACALL         WR_COMM
    MOV       LCD,#06H                          ;移动光标
ACALL    WR_COMM
    ;写指令子程序
WR_COMM:
    CLR       RS                                ;RS=0,选择指令寄存器
    CLR       RW                                ;RW=0,选择写模式
    CLR       E                                 ;E=0,禁止读/写 LCM
    ACALL         DELAY                         ;调延时子程序
    ACALL     CHECK_BF                          ;调用判 LCM 忙碌子程序
    SETB      E
    RET
    ;判断是否忙碌子程序
CHECK_BF:
    MOV       LCD,#0FFH                         ;此时不接受外来指令
    CLR       RS                                ;RS=0,选择指令寄存器
    SETB      RW                                ;RW=1,选择读模式
    CLR       E                                 ;E=0,禁止读/写 LCM
    NOP                                         ;延时 1 微秒
    SETB          E                             ;E=1,允许读/写 LCM
    JB            LCD.7,CHECK_BF                ;忙碌循环等待
    RET
    ;送字符串子程序
DISP_LCD:                                       ;查表显示子程序
    MOV       R7,#10H
    MOV       R1,#00H                           ;查表地址初始值
NEXT:
    MOV       A,R1                              ;将表地址初值赋予 A
    MOVC      A,@A+DPTR                         ;查表将字符串内容送入 A
    ACALL         WR_DATA                       ;调用写入数据子程序
    ACALL         DELAY                         ;调延时子程序
    INC  R1                                     ;地址值加 1
    DJNZ      R7,NEXT                           ;判断查表是否 16 次
    RET
    ;写数据子程序
WR_DATA:
    MOV       LCD,A                             ;将字符串内容送入 LCD
    SETB      RS                                ;RS=1,选择数据寄存器
    CLR       RW                                ;RW=0,选择写模式
    CLR       E                                 ;E=0,禁止读/写 LCM
    ACALL         CHECK_BF                      ;调用判断忙碌子程序
    SETB          E                             ;E=1,允许读/写 LCM
    RET
    ;延时子程序
DELAY:   MOV        R6,#0EFH
DEL1:    MOV        R5,#0EFH
DEL2:    DJNZ       R5,DEL2
         DJNZ       R6,DEL1
```

```
    RET
    ;字符串表
BUF1:    DB 20H,20H," WELCOME  TO",20H,20H,20H,"to",20H,20H
BUF2:    DB "sdut"20H, "university",20H
    END
```

【C程序】:

```
//LCD1620 显示字符
#include <reg52.h>
#include <intrins.h>

typedef unsigned char uchar;
typedef unsigned int uint;

sbit rs = P2^0; //寄存器选择信号，高表示数据，低表示指令
sbit rw = P2^1; //读写控制信号，高表示读，低表示写
sbit ep = P2^2; //片选使能信号，下降沿触发
uchar code dis1[]={" `Welcome to  "};//每行最多显示16个字符
uchar code dis2[]={"sdut university "};
//==========================================================
// 延时子程序
//==========================================================
void delay(uchar ms)
{
 uchar i;
 while(ms--)
 {
  for(i=0;i<250;i++)
  {
   _nop_();
   _nop_();
   _nop_();
   _nop_();
  }
 }
}
//========================================================
// 测试LCD忙碌状态
//==========================================================
bit lcd_bz()
{
 bit result;
 rs = 0;//指令
 rw = 1;//读
 ep = 1;//使能
 _nop_();
 _nop_();
 _nop_();
 _nop_();
/****************************************************
读忙标志和地址计数器ACC的值
P0口如果等于0X80，则说明不忙碌(数据总线的高位为1)
****************************************************/
 result = (bit)(P0 & 0x80);
 ep = 0;                    //使能端下降沿触发
 return result;
}
//==========================================================
// 写入指令数据到LCD
//==========================================================
```

```
void lcd_wcmd(uchar cmd)
{
 while(lcd_bz());
 rs = 0;
 rw = 0;
 ep = 0;                         //下降沿
 _nop_();
 _nop_();
 P0 = cmd;                       //写指令数据，已经定义"uchar cmd"
_nop_();
 _nop_();
 _nop_();
 _nop_();
 ep = 1;                         //使能端置高电平
 _nop_();
 _nop_();
 _nop_();
 _nop_();
 ep = 0;                         //使能端置低电平
}
//=======================================================
//设定显示位置
//=======================================================
lcd_pos(uchar pos)
{
 lcd_wcmd(pos | 0x80);
}
//=======================================================
//写入字符显示数据到LCD
//=======================================================
void lcd_wdat(uchar dat)
{
 while(lcd_bz());
 rs = 1;
 rw = 0;
 ep = 0;
 P0 = dat;                       //写数据数据，已经定义"uchar dat"
 delay(80);
 _nop_();_nop_();_nop_();_nop_();
 ep = 1;                         //使能端置高电平
 _nop_();_nop_();_nop_(); _nop_();
 ep = 0;                         //使能端置低电平
}
//=============================================================
//LCD初始化设定
//=============================================================
lcd_init()
{
 lcd_wcmd(0x01);                 //清除LCD的显示内容
 delay(1);
 lcd_wcmd(0x05);                 //光标右滚动
 delay(1);
 lcd_wcmd(0x38);                 //打开显示开关、允许移动位置、允许功能设置
 delay(1);
 lcd_wcmd(0x0f);                 //打开显示开关、设置输入方式
 delay(1);
 lcd_wcmd(0x06);                 //设置输入方式、光标返回
 delay(1);
}
//============================================================
```

```
//主函数
//==========================================================
main()
{
 uchar i;
 lcd_init();                    // 初始化 LCD
 delay(10);
 lcd_pos(0);                    // 设置显示位置为第一行的第一个字符
 i=0;
 while(dis1[i] != '\0')
 {                              // 显示字符" Welcome to  "
  lcd_wdat(dis1[i]);
  i++;
 }
 lcd_pos(0x40);                 // 设置显示位置为第二行第一个字符
 i = 0;
 while(dis2[i] != '\0')
 {
  lcd_wdat(dis2[i]);            // 显示字符" sdut university "
  i++;
 }
 while(1);                      // 无限循环
}
```

9.3.3 知识总结——接口信号说明

RT-1602C 字符型液晶模块是两行 16 个字的 5×7 点阵图形来显示字符的液晶显示器，它的外观形状如图 9-8 所示。

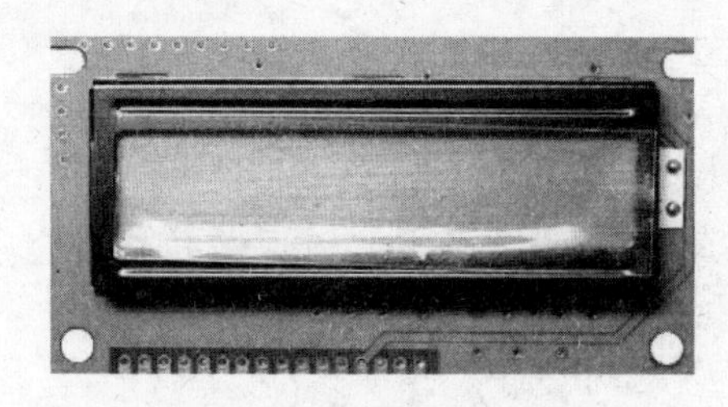

图 9-8 RT-1602C 的外观图

RT-1602C 采用标准的 16 接口，各引脚情况如下。

第 1 脚：Vss，电源地。

第 2 脚：V_{DD}，+5V 电源。

第 3 脚：V_L，液晶显示偏压信号。

第 4 脚：RS，RS 为数据/命令寄存器选择端，高电平时选择数据寄存器，低电平时选择指令寄存器。

第 5 脚：R/W，读/写信号选择端，高电平时进行读操作，低电平时进行写操作。当 RS 和 R/W 共同为低电平时，可以写入指令或者显示地址；当 RS 为低电平，R/W 为高电平时，可以读忙信号；当 RS 为高电平，R/W 为低电平时，可以写入数据。

第 6 脚：E 端为使能端，当 E 端由高电平跳变成低电平时，液晶模块执行命令。

第 7～14 脚：D0～D7 为 8 位双向数据线。

第 15 脚：BLA，背光源正极。

第 16 脚：BLK，背光源负极。

9.3.4　知识总结——操作时序说明

1. 读操作时序，如图 9-9 所示

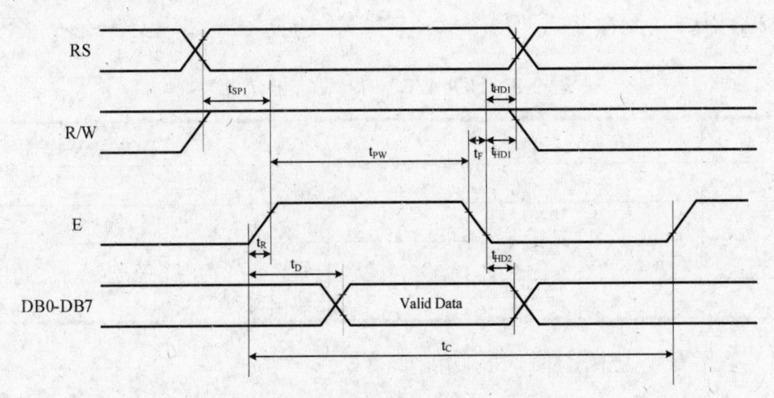

图 9-9　LCD1602 读操作时序图

2. 写操作时序，如图 9-10 所示

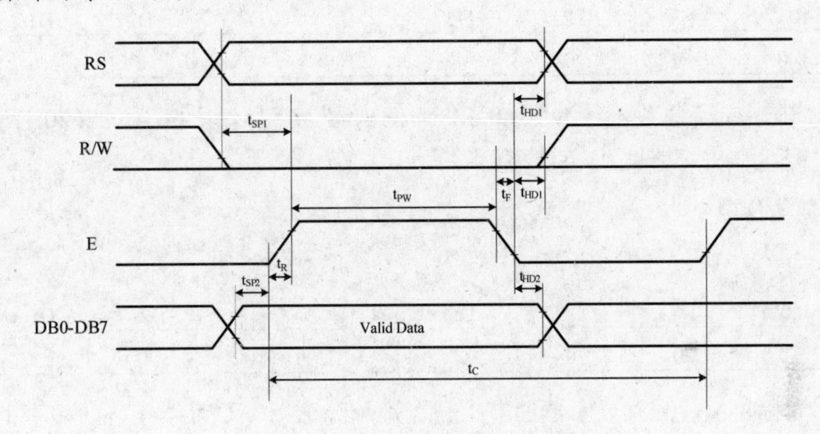

图 9-10　LCD1602 写操作时序图

3. 时序参数，如表 9-2 所示

表 9-2　LCD1602 时序参数

时序参数	符　号	极限值			单位	测试条件
		最小值	典型值	最大值		
E 信号周期	t_C	400			ns	引脚 E
E 脉冲宽度	t_{PW}	150			ns	
E 上升沿/下降沿时间	t_R、t_F			25	ns	
地址建立时间	t_{SP1}	30			ns	引脚 E、RS、R/W
地址保持时间	t_{HD1}	10			ns	
数据建立时间(读操作)	t_D			100	ns	引脚 DB0～DB7
数据保持时间(读操作)	t_{HD2}	20			ns	
数据建立时间(写操作)	t_{SP2}	40			ns	
数据保持时间(写操作)	t_{HD2}	10			ns	

9.3.5 知识总结——指令格式和指令功能

液晶显示模块 RT-1602C 的控制器采用 HD44780，控制器 HD44780 内有多个寄存器，通过 RS 和 R/W 引脚共同决定选择哪一个寄存器，选择情况如表 9-3 所示。

表 9-3 HD44780 内部寄存器选择表

RS	R/W	寄存器及操作
0	0	指令寄存器写入
0	1	忙标志和地址计数器读出
1	0	数据寄存器写入
1	1	数据寄存器读出

总共有 11 条指令，它们的格式和功能如下。

1. 清屏命令

格式：

RS	R/W	D7	D6	D5	D4	D3	D2	D1	D0
0	0	0	0	0	0	0	0	0	1

功能：清除屏幕，将显示缓冲区 DDRAM 的内容全部写入空格(ASCⅡ20H)。光标回位，回到显示器的左上角，地址计数器 AC 清零。

2. 光标复位命令

格式：

RS	R/W	D7	D6	D5	D4	D3	D2	D1	D0
0	0	0	0	0	0	0	0	1	0

功能：光标复位，回到显示器的左上角，地址计数器 AC 清零，显示缓冲区 DDRAM 的内容不变。

3. 输入方式设置命令

格式：

RS	R/W	D7	D6	D5	D4	D3	D2	D1	D0
0	0	0	0	0	0	0	1	I/D	S

功能：设定当写入一个字节后，光标的移动方向以及后面的内容是否移动。

当 I/D=1 时，光标从左到右移动；I/D=0 时，光标从右到左移动。

当 S=1 时，内容移动；S=0 时，内容不移动。

4. 显示开关控制命令

格式：

RS	R/W	D7	D6	D5	D4	D3	D2	D1	D0
0	0	0	0	0	0	1	D	C	B

功能：控制显示的开关，当 D=1 时显示；D=0 时不显示。

控制光标开关，当 C=1 时光标显示；C=0 时光标不显示。

控制字符是否闪烁，当 B=1 时字符闪烁；B=0 时字符不闪烁。

5. 光标移位置命令

格式：

RS	R/W	D7	D6	D5	D4	D3	D2	D1	D0
0	0	0	0	0	1	S/C	R/L	*	*

功能：移动光标或整个显示字幕移位。

当 S/C=1 时整个显示字幕移位；S/C=0 时只光标移位。

当 R/L=1 时光标右移，R/L=0 时光标左移。

6. 功能设置命令

格式：

RS	R/W	D7	D6	D5	D4	D3	D2	D1	D0
0	0	0	0	0	DL	N	F	*	*

功能：设置数据位数，当 DL=1 时数据位为 8 位；DL=0 时数据位为 4 位。

设置显示行数，当 N=1 时双行显示；N=0 时单行显示。

设置字形大小，当 F=1 时 5×10 点阵；F=0 时为 5*7 点阵。

7. 设置字库 CGRAM 地址命令

格式：

RS	R/W	D7	D6	D5	D4	D3	D2	D1	D0
0	0	0	1	CGRAM 的地址					

功能：设置用户自定义 CGRAM 的地址，对用户自定义 CGRAM 访问时要先设定 CGRAM 的地址，地址范畴为 0-63。

8. 显示缓冲区 DDRAM 地址设置命令

格式：

RS	R/W	D7	D6	D5	D4	D3	D2	D1	D0
0	0	1	DDRAM 的地址						

功能：设置当前显示缓冲区 DDRAM 的地址，对 DDRAM 访问时，要先设定 DDRAM 的地址，地址范畴为 0～127。

9. 读忙标志及地址计数器 AC 命令

格式：

RS	R/W	D7	D6	D5	D4	D3	D2	D1	D0
0	1	BF	DDRAM 的地址						

功能：读忙标志及地址计数器 AC 命令。

当 BF=1 时表示忙，这时不能接收命令和数据；BF=0 时表示不忙。低 7 位为读出的 AC 的地址，值为 0～127。

10. 写 DDRAM 或 CGRAM 命令

格式：

RS	R/W	D7	D6	D5	D4	D3	D2	D1	D0
0	1	写入的数据							

功能：向 DDRAM 或 CGRAM 当前位置中写入数据。对 DDRAM 或 CGRAM 写入数据之前须设定 DDR 或 CGRAM 的地址。

11. 读 DDRAM 或 CGRAM 命令

格式：

RS	R/W	D7	D6	D5	D4	D3	D2	D1	D0
0	1	读出的数据							

功能：从 DDRAM 或 CGRAM 当前位置中读出数据。当 DDRAM 或 CGRAM 读出数据时，先须设定 DDRAM 或 CGRAM 的地址。

9.3.6 知识总结——液晶显示初始化过程

使用 LCD 之前必须对它进行初始化，初始化可通过复位完成，也可在复位后完成，初始化过程如下。

(1) 清屏；

(2) 功能设置；

(3) 开/关显示设置；

(4) 输入方式设置。

具体操作命令参照 LCD 1602 手册。

9.4 键盘接口原理及应用

键盘是由若干个按键组成的开关矩阵，它是最简单的单片机输入设备，通过键盘输入数据或命令，实现简单的人机对话。键盘上闭合键的识别是由专用硬件实现的，称为编码键盘，靠软件实现的称为非编码键盘。非编码键盘又有独立按键和矩阵键盘，独立按键非常简单，本书重点介绍矩阵键盘。

9.4.1 案例介绍及知识要点 1

设计一简化的独立键盘程序。程序中省略了软件去抖动部分，OPR0～OPR7 分别为每个按键的功能程序。设 I/O 口为 P1 口，P1.0～P1.7 对应 OPR0～OPR7，电路图如图 9-11 所示。

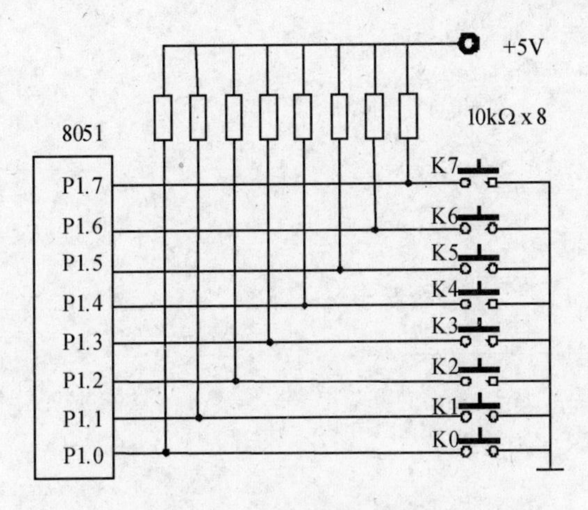

图 9-11　独立式按键电路

知识点

- 了解键输入的工作原理。
- 了解独立按键的优缺点。

9.4.2　程序示例 1

【独立式键盘汇编语言程序】：

```
MAIN:
      MOV       A,#0FFH              ;置输入方式
      MOV       P1,A
      MOV       A,P1                 ;键状态输入
      MOV       DPTR,#TAB            ;跳转表首地址给数据指针
      MOV       R0,#0                ;设初始键号
LOOP:
      RRC       A                    ;从最低位开始寻找闭合键
      JNC       N1                   ;CY 不等于 0，有键按下转 N1
      INC       R0                   ;键号加 1
      SJMP LOOP                      ;循环扫描
N1:
      MOV       A,R0                 ;键号存入累加器中
      ADD       A,A                  ;A 修正变址值
      JMP       @A+DPTR              ;转向形成的键值入口地址表
TAB:
      AJMP OPR0                      ;转向 0 号键功能程序
      AJMP OPR1                      ;转向 1 号键功能程序
      AJMP OPR2                      ;转向 2 号键功能程序
      AJMP OPR3                      ;转向 3 号键功能程序
      AJMP OPR4                      ;转向 4 号键功能程序
      AJMP OPR5                      ;转向 5 号键功能程序
      AJMP OPR6                      ;转向 6 号键功能程序
      AJMP OPR7                      ;转向 7 号键功能程序
OPR0…
      AJMP MAIN                      ;0 号键执行完返回
OPR1…
      AJMP MAIN                      ;0 号键执行完返回
OPR2…
      AJMP MAIN                      ;0 号键执行完返回
```

```
OPR3…
    AJMP MAIN            ;0 号键执行完返回
OPR4…
    AJMP MAIN            ;0 号键执行完返回
OPR5…
    AJMP MAIN            ;0 号键执行完返回
OPR6…
    AJMP MAIN            ;0 号键执行完返回
OPR7…
    AJMP MAIN            ;0 号键执行完返回
```

【C 程序】:

```
#include <reg52.h>          //包含头文件
unsigned chartemp;          //定义全局变量

void main()
{
  P1=0xFF;                  //初始化 P1 口
  while(1)
  {
    temp=P1;
    switch(temp)
    {
     case 0xFE: OPR0();     break;
     case 0xFD:    OPR1();  break;
     case 0xFB:    OPR2();  break;
     case 0xF7:    OPR3();  break;
     case 0xEF:    OPR4();  break;
     case 0xDF:    OPR5();  break;
     case 0xBF:    OPR6();  break;
     case 0x7F:    OPR7();  break;
    }
  }
}
```

9.4.3 知识总结——键输入原理

在单片机应用系统中，除了复位按键有专门的复位电路及专一的复位功能外，其他的按键或键盘都是以开关状态来设置控制功能或输入数据，这些按键不只是简单的电平输入。

当所设置的功能键或数字键按下时，计算机应用系统应完成该按键所设定的功能。键信息输入是与软件结构密切相关的过程。对某些应用系统，例如智能仪器仪表，键输入程序是整个应用程序的重要部分。对于一组或一个按键，需要通过接口电路与 CPU 相连。CPU 可以采用查询或中断方式了解有无按键输入并检查是哪一个按键按下，并将该按键号送入累加器 ACC 中，然后通过跳转指令转入执行该键的功能程序，执行完又返回到原始状态。

独立式按键电路配置灵活，硬件结构简单，但每个按键必须占有一根 I/O 口线，在按键数量较多时，I/O 口线浪费较大。故只有在按键数量较少时采用这种按键电路。在图 9-11 所示的电路中，按键输入都采用低电平有效，上拉电阻保证了按键断开时，I/O 口线有确定的高电平。

9.4.4 案例介绍及知识要点 2

编写程序，把 4×4 矩阵键盘的键值利用数码管显示出来。按键硬件电路图如图 9-12 所示。数码管显示电路参照图 9-1。

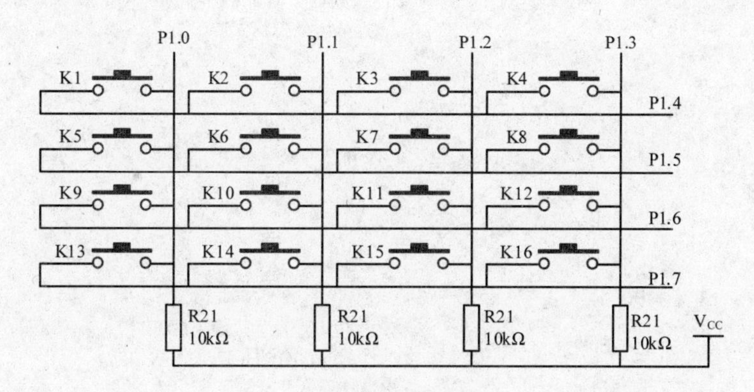

图 9-12　键盘电路

知识点

- 理解矩阵键盘的结构和工作原理。
- 了解按键的去抖动方式。

9.4.5　程序示例 2

【汇编程序】：

```
    SDATA_595  EQU  P2.2              ;串行数据输入(14 号引脚)
    RCK_595    EQU  P2.1              ;输出锁存器控制脉冲(12 号引脚)
    SCLK_595   EQU  P2.0              ;移位时钟脉冲(11 号引脚)
;=====================================================
    ORG     0000H
    LJMP MAIN

    ORG     0030H
MAIN:
    MOV     SP,#60H
    MOV     P3,#0FFH
    MOV     P2,#0FFH                  ;关闭 8 个数码管
;=====================================================
;键盘扫描子程序
;=====================================================
KEYIN:
    MOV     R0,#00H                   ;放键盘值
    MOV     R1,#0F7H                  ;扫描初值(P1.3=0)
LOOP:
    MOV     P1,R1                     ;初值送往 P1 口
    MOV     A,P1                      ;读入 P1 值，判断是否有按键按下
    SETB C
    MOV     R4,#04H                   ;扫描 P1.4~P1.7
LOOP1:
    RLC     A                         ;左移一位
    JNC     KEYDE                     ;判断 C=0?有键按下则 C=0,跑至 KEYIN
    INC     R0                        ;C=1 则表示没键按下，将取码指针加 1
    DJNZ R4,LOOP1                     ;4 列扫描完毕了

    MOV     A,R1                      ;扫描值载入
    SETB C
    RRC     A                         ;扫描下一行
```

```
    MOV       R1,A                     ;存回扫描寄存器
    JC        LOOP                     ;C=1?是则 P1.0 尚未扫描到
    SJMP KEYIN                         ;C=0 则 4 行已扫描完毕
KEYDE:                                 ;消除抖动
    MOV       R3,#250H
DEL:
    MOV       R4,#10H
    DJNZ R4,$
    DJNZ R3,DEL
KEYOUT:
    MOV       A,P1                     ;读入键值
    ORL       A,#0FH                   ;与上次读入值作比较
    XRL       A,#0FFH
    JNZ       KEYOUT                   ;若 ACC=FFH,表示按键未放开
    MOV       A,R0                     ;按键已放开，取码指针载入累加器
    MOV       DPTR,#TABLE              ;数据指针指到 TABLE
    MOVC A,@A+DPTR                     ;至 TABLE 取值
    ACALL     DISPLAY                  ;调用显示子程序
    LJMP KEYIN
;========================================================
;键盘显示子程序
;========================================================
DISPLAY:
   LCALL   WR_595                      ;移位寄存器接收数据
    NOP
    NOP
    MOV      P2,#0FFH
    NOP
    NOP
   LCALL      OUT_595                  ;将数据送到输出锁存器
   NOP
   NOP
   MOV        P2,#00H                  ;送显示位
   RET
 ;========================================================
 ;输出锁存器输出数据子程序
 ;========================================================
OUT_595:
   CLR        RCK_595
   NOP
   NOP
   SETB   RCK_595                      ;上升沿将数据送到输出锁存器
   NOP
   NOP
   NOP
   CLR    RCK_595
   RET
 ;========================================================
 ;移位寄存器接收数据子程序
 ;========================================================
WR_595:
     MOV  R4,#08H
WR_LOOP:
   RLC          A
   MOV          SDATA_595,C
   SETB   SCLK_595                     ;上升沿发生移位
   NOP
   NOP
   CLR          SCLK_595
   DJNZ   R4,WR_LOOP
```

```
  RET
;====================================================
;共阴极数码管段码表
;====================================================
TABLE:
    DB 3FH,06H,5BH,4FH,66H,6DH,7DH,07H
    DB 7FH,6FH,77H,7CH,39H,5EH,79H,71H
    END
```

【C 程序】:

```
#include <reg51.h>                          //包含头文件
#include <intrins.h>
#define uchar unsigned char
//74HC595 与单片机连接口
sbit sclk=P2^7;    //595 移位时钟信号输入端(11)
sbit st=P2^6;      //595 锁存信号输入端(12)
sbit da=P2^5;      //595 数据信号输入端(14)
//#############################################
//共阴极数码管显示代码
uchar code led_7seg[17]={
0x3f,0x06,0x5b,0x4f,                        //0 1 2 3
                     0x66,0x6d,0x7d,0x07,                //4 5 6 7
                         0x7f,0x6f,0x77,0x7c,            //8 9 A b
          0x39,0x5e,0x79,0x71,0x76};  //C,d,E,F,H
//子函数声明
uchar keyscan();                            //键盘扫面子函数
void delay_jp(uchar i);                     //延时子函数
void display_jp(uchar key);                 //显示子函数

uchar hang;                                 //定义行号
uchar lie;                                  //定义列号

//延时子函数
void delay_jp(uchar i)
{
 uchar j;
 for(;i>0;i--)
    for(j=0;j<125;j++)
       { ; }
}
    //键盘扫描子函数
uchar scankey()
{
 P1=0xf0;                                   //列输出全 0
 if((P1&0xf0)!=0xf0)                        //扫描行，如果不全为 0，则进入
 {
  switch(P1)                                //获得行号
  {
   case 0x70:  hang=1;  break;
   case 0xb0:  hang=2;  break;
   case 0xd0:  hang=3;  break;
   case 0xe0:  hang=4;  break;
   default: break;
  }
  delay_jp(5);                              //延时去抖动
  P1=0x0f;                                  //行输出全为 0
  if((P1&0x0f)!=0x0f)                       //扫描列，如果不全为 0 则进入
  {
   switch(P1)                               //获得列号
```

```
    {
     case 0x07:  lie=1;  break;
     case 0x0b:  lie=2;  break;
     case 0x0d:  lie=3;  break;
     case 0x0e:  lie=4;  break;
     default: break;
     }
   }
  return ((hang-1)*4+lie);        //返回键值
  }
 else return (0);                 //无按键按下返回 0
}
//#######################################################
//名称: wr595()向 595 发送一个字节的数据
//功能: 向 595 发送一个字节的数据(先发低位)
//#######################################################
void write595(uchar wrdat)
{
 uchar i;
 sclk=0;
 st=0;
for(i=8;i>0;i--)                  //循环 8 次, 写一个字节
{
 da=wrdat&0x80;                   //发送 BIT0 位
 wrdat<<=1;                       //要发送的数据右移, 准备发送下一位
 sclk=0;                          //移位时钟上升沿
 _nop_();
 _nop_();
 sclk=1;
 _nop_();
 _nop_();
 sclk=0;
}
 st=0;                            //上升沿将数据送到输出锁存器
 _nop_();
 _nop_();
 st=1;
 _nop_();
 _nop_();
 st=0;
}
//显示子函数
void display_jp(uchar key)
{
  uchar reg;
  reg=led_7seg[key];              //显示键值
  write595(reg);
  P0=0;
  delay_jp(2);                    //调用延时子函数, 决定亮度
  P0=1;
}
//主函数
void main()
{
 uchar key=0;
 while(1)
 {
  P1=0xf0;
  if((P1&0xf0)!=0xf0)             //若有键按下
   {
```

```
    key=scankey();                    //调用扫描子函数
   }
  display_jp(key);
  }
 }
```

9.4.6　知识总结——矩阵式键盘电路的结构及原理

图 9-12 所示为用单片机的 P1 口组成矩阵式键盘电路。图中行线 P1.4～P1.7 为输出状态。列线为 P1.0～P1.3，通过 4 个上拉电阻接+5V，处于输入状态。按键设置在行、列交点上，行、列线分别连接到按键开关的两端。

CPU 通过读取行线的状态，即可知道有无按键按下。当键盘上没有键闭合时，行、列线之间是断开的，所有的行线输入全部为高电平。当键盘上某个键被按下闭合时，则对应的行线和列线短路，行线输入即为列线输出。此时若初始化所有的列线输出为低电平，则通过检查行线输入值是否为全 1 即可判断有无按键按下。方法如下：

(1)　判断有无按键被按下。键被按下时，与此键相连的行线与列线将导通，而列线电平在无按键按下时处于高电平。显然，如果让所有的行线处于高电平，那么键按下与否都不会引起列线电平的状态变化，所以只有让所有行线处于低电平，当有键按下时，按键所在列电平将被拉成低电平，根据此列电平的变化，便能判定一定有按键被按下。

(2)　判断按键是否真的被按下。当判断出有按键被按下之后，用软件延时的方法延时 5～10ms，再判断键盘的状态，如果仍认为有按键被按下，则认为确实有键按下，否则，当作键抖动来处理。

(3)　判断哪一个按键被按下。当判断出哪一列中有键被按下时，可根据 P1 口的数值来确定哪一个键被按下。

(4)　等待按键释放。键释放之后，可以根据键码转入相应的键处理子程序，进行数据的输入或命令的处理。

9.4.7　知识总结——按键的去抖动

目前，无论是按键或键盘大部分都是利用机械触点的合、断作用。由于弹性作用的影响，机械触点在闭合及断开瞬间均有抖动过程，从而使电压信号也出现抖动，如图 9-13 所示。抖动时间长短与开关机械特性有关，一般为 5～10ms。

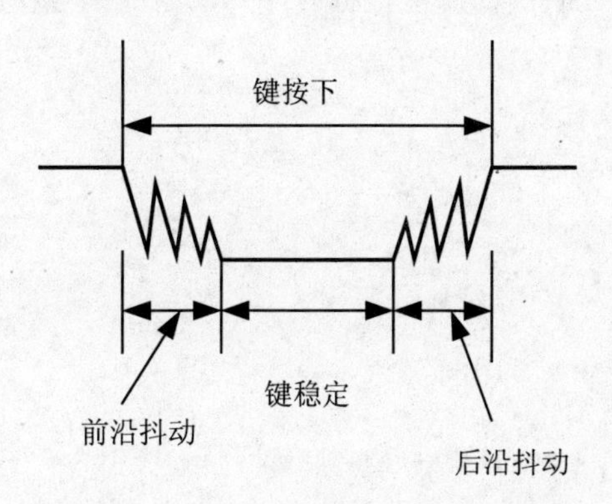

图 9-13　键闭合及断开时的电压波动

按键的稳定闭合时间由操作人员的按键动作所确定，一般为十分之几秒至几秒时间。为了保证 CPU 对键的一次闭合仅作一次键输入处理，必须去除抖动影响。

通常去抖动影响的方法有硬软件两种。比较常用的是软件方法去抖动，即检测出键闭合后执行一个延时程序产生 5～10ms 的延时，等前沿抖动消失后再一次检测键的状态，如果仍保持闭合状态电平则确认为真正有键按下。当检测到按键释放后，也要给 5ms~10ms 的延时，待后沿抖动消失后才能转入该键的处理程序，从而去除了抖动影响。

9.5 串行 A/D 转换接口芯片 TLC549

TLC549 (TLC548)是 TI 公司生产的一种低价位、高性能的 8 位 A/D 转换器，它以 8 位开关电容逐次逼近的方法实现 A/D 转换，其转换速度小于 17μs，它能方便地采用三线串行接口方式与各种微处理器连接，构成各种廉价的测控应用系统。

9.5.1 案例介绍及知识要点

利用 TLC549 对电位器的电压值进行采样，读取采样值并通过数码管显示出来。原理图如图 9-14 所示。

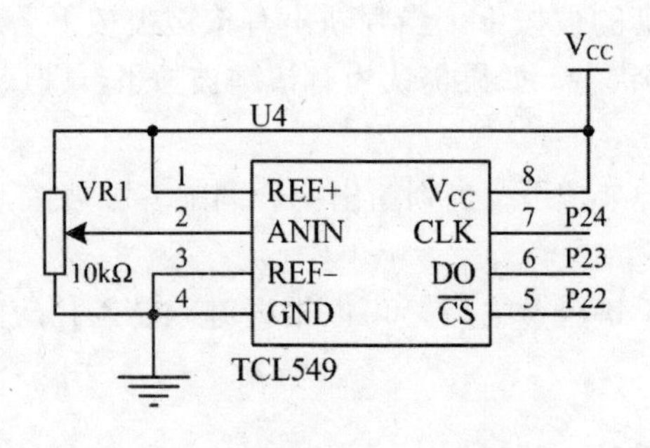

图 9-14 TLC549 与单片机连线图

知识点

- 了解 TLC549 的主要特性、结构及引脚。
- 了解 TLC549 的工作时序，并能根据时序写出 AD 采样程序。

9.5.2 程序示例

```
/*******************************
功能：TLC549 AD采样
说明：从TLC549中读取采样值
*******************************/
#include <reg52.h>                    //包含头文件
#include <intrins.h>

#define uchar unsigned char

//##############################################
//共阴极数码管显示代码:
uchar code seg[16]={0x3f,0x06,0x5b,0x4f,         //0, 1, 2, 3,
                    0x66,0x6d,0x7d,0x07,         //4, 5, 6, 7,
```

```
                   0x7f,0x6f,0x77,0x7c,        //8, 9, A, b,
                   0x39,0x5e,0x79,0x71};       //C, D, E, F
sbit P00=P0^0;
sbit P01=P0^1;

//定义 74HC595 端口号
sbit SCK_HC595=P2^7;         //11 移位寄存器时钟输入
sbit RCK_HC595=P2^6;         //12 存储寄存器时钟输入
sbit DA_HC595=P2^5;          //14 串行数据输入

//定义 TLC549 端口号
sbit CLOCK_TLC549=P2^4;      //时钟线
sbit OUTDA_TLC549=P2^3;      //数据输出口线
sbit CS_TLC549=P2^2;         //片选端

//tlc549 转换等待时间
void flash()
{
 _nop_();
 _nop_();
}
//延时函数
void delay(uchar i)
{
  while(i>0) i--;
}
uchar write_HC549(void)
{
 uchar convalue=0;
 uchar i;
 CS_TLC549=1;                 //芯片复位
 CS_TLC549=0;                 //开始转换数据
 delay(12);                   //等待转换结束
 CS_TLC549=0;                 //读取转换结果
 flash();
 for(i=0;i<8;i++)
    {
     CLOCK_TLC549=1;
     flash();
     if(OUTDA_TLC549)
    convalue|=0x01;
     convalue<<=1;
     CLOCK_TLC549=0;
     flash();
     }
  CS_TLC549=1;                //禁能 TLC549, 再次启动 AD 转换
  CLOCK_TLC549=1;
  return(convalue);           //返回转换结果
}
/***********************************************************
//名称: wr595()向 595 发送一个字节的数据
//功能: 向 595 发送一个字节的数据(先发高位)
***********************************************************/
void write_HC595(uchar wrdat)
{
    uchar i;
    SCK_HC595=0;
    RCK_HC595=0;
    for(i=8;i>0;i--)          //循环 8 次, 写一个字节
        {
```

```
            DA_HC595=wrdat&0x80;          //发送 BIT0 位
            wrdat<<=1;                    //要发送的数据左移，准备发送下一位
            SCK_HC595=0;
            _nop_();
            _nop_();
            SCK_HC595=1;                  //移位时钟上升沿
            _nop_();
            _nop_();
            SCK_HC595=0;
            }
        RCK_HC595=0;                      //上升沿将数据送到输出锁存器
        _nop_();
        _nop_();
        RCK_HC595=1;
        _nop_();
        _nop_();
        RCK_HC595=0;
}
/**********************************************************
函数名称：数码管显示子函数
功能：A/D 转换后的数据将在数码管上显示出来
**********************************************************/
void display_HC595(uchar da)
{
 uchar al,ah;
 al=seg[da&0x0f];                         //取显示个位
 write_HC595(al);
 P01=0;                                   //个位使能
 delay(100);                              //延时时间决定亮度
 P01=1;
 ah=seg[(da>>4)&0x0f];                    //取显示十位
 write_HC595(ah);
 P00=0;                                   //十位使能
 delay(100);
 P00=1;
}
//主函数
void main(void)
{
 uchar reg;                               //定义变量暂存器
 while(1)
     {
     reg=write_HC549();
     delay(50);                           //前一次转换，再次启动时不少于 17μs
     display_HC595(reg);
     }
}
```

9.5.3 知识总结——主要特性

- 8 位分辨率 A/D 转换器，总不可调整误差≤±0.5LSB。
- 采用三线串行方式与微处理器相连。
- 片内提供 4 MHZ 内部系统时钟，并与操作控制用的外部 I/O CLCCK 相互独立。
- 有片内采样保持电路，转换时间≤17μs，包括存取与转换时间，转换速率达 40 000 次/秒。
- 差分高阻抗基准电压输入，其范围是：1V≤差分基准电压≤V_{CC}+0.2V。

- 宽电源范围：3～6.5V，低功耗，当片选信号$\overline{CS}$为低，芯片选中处于工作状态时，功耗非常低。

9.5.4　知识总结——内部结构和引脚

TLC549 芯片包含内部系统时钟、采样和保持电路、8 位 A/D 转换电路、输出数据寄存器，以及控制逻辑电路，它采用$\overline{CS}$、I/OCLCCK 和 DATAOUT 三根线实现与微控制器 MCU 或微处理器 CPU 的串行通讯，其中$\overline{CS}$和 I/O CLCCK 作为输入控制，芯片选择端$\overline{CS}$低电平有效，当$\overline{CS}$为高电平时，I/O CLOCK 输入被禁止，且 DATA OUT 输出处于高阻状态，其工作过程见下文工作时序及其说明部分。

图 9-15 是 DIP 封装的 TLC549 引脚排列图。

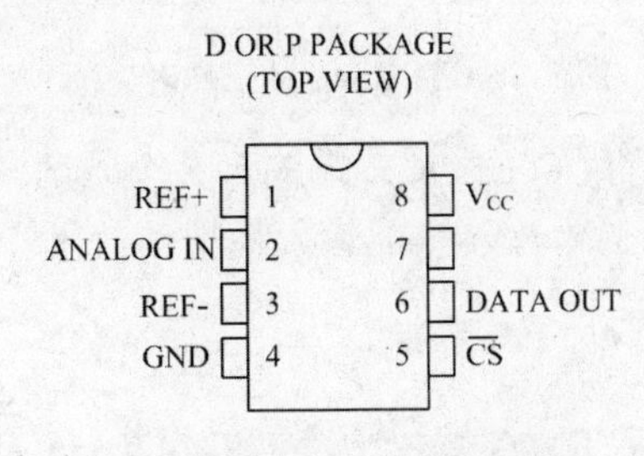

图 9-15　TLC549 引脚结构

TLC 各引脚功能如下。

(1) REF+：正基准电压输入端，2.5V≤REF+≤V_{CC}+0.1。

(2) REF-：负基准电压输入端，-0.1V≤REF-≤2.5V，且要求 REF+ － REF-≥1V。

由以上两项可以看出，TLC549 可以使用差分基准电压，这是该芯片的重要特性，利用这个特性 TLC549 可能测量到的最小量值达 1000mV/256，也就是说 0～1V 信号不经放大也可以得到 8 位的分辨率，因此可以简化电路，节省成本。

(3) ANALOG IN：模拟信号输入端，0≤ANALOG IN≤V_{CC}，当 ANALOG IN≥REF+电压时，转换结果为全 1 (FFH)，ANALOG IN≤REF-电压时，转换结果为全 0(00H)。

(4) GND：接地线。

(5) $\overline{CS}$：芯片选择输入端，要求输入高电平 VIN≥2V，输入低电平 VIN≤0.8V。

(6) DATA OUT：转换结果数据串行输出端，与 TTL 电平兼容，输出时高位在前，低位在后。

(7) I/O CLOCK：外接输入/输出时钟输入端，不同于同步芯片的输入输出操作，无需与芯片内部系统时钟同步。

(8) V_{CC}：系统电源 3V≤V_{CC}≤6V。

9.5.5　知识总结——TLC549 的工作时序

TLC549 的工作时序如图 9-16 所示。

图 9-16 中当$\overline{CS}$变为低电平后，TLC549 芯片被选中，同时前次转换结果的最高有效位 MSB(A7)自 DATA OUT 端输出，接着要求自 I/O CLOCK 端输入 8 个外部时钟信号，前 7 个 I/O CLOCK 信号的作用，是配合 TLC549 输出前次转换结果的 A6～A0 7 位，并为本次

转换做准备。在第 4 个 I/O CLOCK 信号由高至低的跳变之后，片内采样/保持电路对输入模拟量采样开始，第 8 个 I/O CLOCK 信号的下降沿使片内采样/保持电路进入保持状态并启动 A/D 开始转换。转换时间为 36 个系统时钟周期，最大为 17μs。直到 A/D 转换完成前的这段时间内，TLC549 的控制逻辑要求：或者 $\overline{CS}$ 保持高电平，或者 I/O CLOCK 时钟端保持 36 个系统时钟周期的低电平。

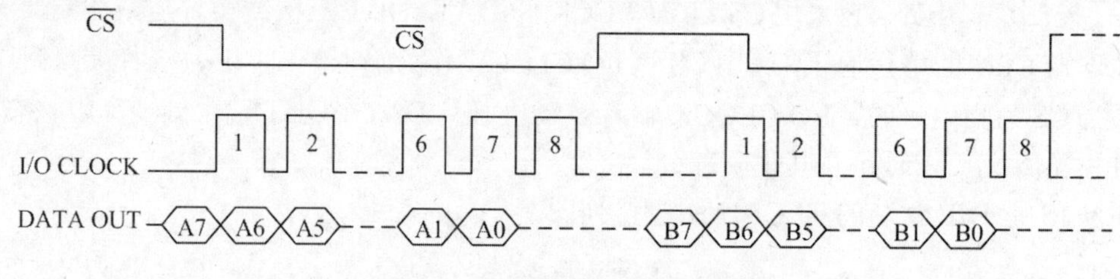

图 9-16　TLC549 的工作时序图

由此可见，在自 TLC549 的 I/O CLOCK 端输入 8 个外部时钟信号期间需要完成以下工作：读入前次 A/D 转换结果；对本次转换的输入模拟信号采样并保持；启动本次 A/D 转换开始。

9.6　串行 D/A 转换接口芯片 MAX517

MAX517 是 MAXIM 公司生产的 8 位电压输出型 DAC 数模转换器，它带有 I²C 总线接口，允许多个设备之间进行通讯。

9.6.1　案例介绍及知识要点

将单片机发出的数字量经 MAX517 转换成模拟量，同时利用数码管显示要转换的数字量，转化后的模拟量可以用数字表测量出来，然后对比前后结果。DA 接口电路图如图 9-17 所示。显示电路参考图 9-1。

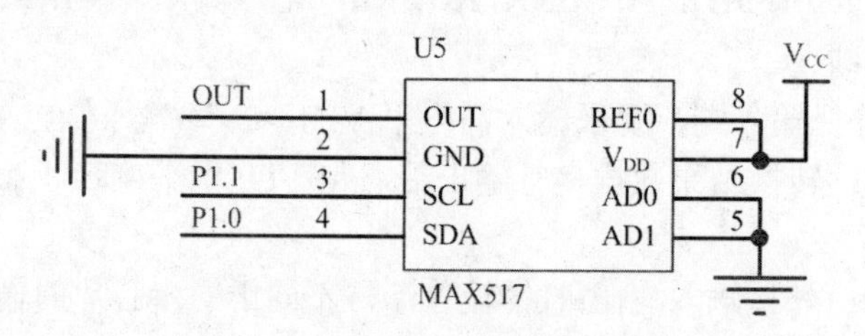

图 9-17　DA 接口电路

知识点

- 了解 MAX517 的主要特性、结构及引脚。
- 了解 MAX517 的工作时序，并能根据时序写出初始化程序。

9.6.2　程序示例

具体的程序代码如下，程序开始时，定义 P1.0，P1.1 分别为 SDA，SCL。

【汇编程序】:

```
/**********************************************************
函数名称: DAC-MAX517 数模转换程序
功能: 将单片机发出的数字量经 MAX517 转换成模拟量
**********************************************************/
    ;定义 MAX517 的端口
    SDA  BIT       P1.0          ;串行数据
    SCL        BIT       P1.1    ;串行时钟
    ;定义 74HC595 的端口
    SDATA_595  BIT  P2.5         ;串行数据输入(14 号引脚)
    RCK_595    BIT  P2.6         ;输出锁存器控制脉冲(12 号引脚)
    SCLK_595   BIT  P2.7         ;移位时钟脉冲(11 号引脚)
    DE_ADDR       EQU  58H
    BEGAIN            EQU   00H
    ORG  0000H
    LJMP MAIN
    ORG  000BH
    LJMP TIM_T0                  ;定时器 0 服务子程序

    ORG       0030H
MAIN:
    MOV       SP,#60             ;开辟堆栈空间
    MOV       R2,#20             ;20 次为 1s,频率为 1Hz
    MOV       R3,#0FBH
    MOV       20H,#0FBH          ;定义上限值为 4.71V
    MOV       21H,#04H           ;定义下限值为 0.11V
    MOV       DPTR,#TAB_NU       ;DPTR 装入 TAB_NU 地址表的首地址
    MOV       TMOD,#01H          ;定时器 0 方式 1
    MOV  TH0,#3CH                ;定时器 0 赋初值 3CB0H
    MOV  TL0,#0B0H
    SETB EA                      ;开总中断
    SETB ET0                     ;开定时器 0 中断
    SETB TR0                     ;启动定时器
START:
    ACALL     DISPLAY            ;调用显示子程序
    ACALL     DAC_MAX517         ;调用 DA 转换子程序
    SJMP START
/*******************************************************
函数: 起始条件
*******************************************************/
START_MAX517:
    SETB SDA
    SETB SCL
    CLR       SDA
    NOP
    NOP
    CLR       SCL
    RET
/*******************************************************
函数: 停止条件
*******************************************************/
STOP_MAX517:
    CLR       SDA
    SETB SCL
    NOP
    NOP
    CLR       SCL
    RET
/*******************************************************
```

```
函数：应答位
*******************************************************/
ACK_MAX517:
    CLR       SDA
    SETB SCL
    NOP
    NOP
    CLR       SCL
    RET
/*******************************************************
函数：发送数据子程序
*******************************************************/
SEND_MAX517:
    MOV  R4,#8
LOOP:
CLR       SCL
    RLC       A
    JC        LOOP0
    CLR       SDA
LOOP0:
    SETB SDA
    SETB SCL
    DJNZ R4,LOOP
    CLR       SCL
    RET
/*******************************************************
函数：数码管显示子程序
*******************************************************/
DAC_MAX517:
    ACALL     START_MAX517              ;发送启动信号
    MOV  A,DE_ADDR
    ACALL     SEND_MAX517               ;发送器件地址
    ACALL     ACK_MAX517
    MOV  A,R3
    ACALL     SEND_MAX517               ;发送数字量
    ACALL     ACK_MAX517
    ACALL     STOP_MAX517               ;停止信号
    ACALL     DELAY                     ;延时等待处理数字量
    RET
/*******************************************************
函数：数码管显示子程序
*******************************************************/
DISPLAY:
    MOV  DPTR,#TAB_NU
    MOV  A,20H                          ;取 40H 高 4 位数据显示
    SWAP A
    ANL  A,#0FH
    MOVC A,@A+DPTR
    ACALL     WR_HC595                  ;送到 HC595 中并锁存数据
    CLR       P0.0                      ;显示使能
    ACALL     DELAY
    SETB P0.0
    MOV  A,20H                          ;取 40H 低 4 位数据显示
    ANL  A,#0FH
    MOVC A,@A+DPTR
    ACALL     WR_HC595                  ;送到 HC595 中并锁存数据
    CLR       P0.1                      ;显示使能
    ACALL     DELAY
    SETB P0.1
```

```
    MOV  A,#01H                  ;显示-
    ACALL    WR_HC595
    CLR      P0.2
    ACALL    DELAY
    SETB P0.2

    MOV  A,#4                    ;显示4.7
    MOVC A,@A+DPTR
    ORL  A,#80H
    ACALL    WR_HC595
    CLR      P0.3
    ACALL    DELAY
    SETB P0.3
    MOV  A,#7
    MOVC A,@A+DPTR
    ACALL    WR_HC595
    CLR      P0.4
    ACALL    DELAY
    SETB P0.4

    MOV  A,#08H                  ;显示-
    ACALL    WR_HC595
    CLR      P0.5
    ACALL    DELAY
    SETB P0.5

    MOV  A,#0                    ;显示0.1
    MOVC A,@A+DPTR
    ORL  A,#80H
    ACALL    WR_HC595
    CLR      P0.6
    ACALL    DELAY
    SETB P0.6
    MOV  A,#1
    MOVC A,@A+DPTR
    ACALL    WR_HC595
    CLR      P0.7
    ACALL    DELAY
    SETB P0.7
    RET
/*****************************************************************
函数：移位寄存器接收数据和输出锁存器输出数据子程序
*****************************************************************/
WR_HC595:
      MOV     R4,#08H
WR_LOOP:
      RLC         A
      MOV     SDATA_595,C
      CLR         SCLK_595       ;上升沿发生移位
      NOP
      NOP
      SETB    SCLK_595
      NOP
      NOP
      CLR         SCLK_595
      DJNZ    R4,WR_LOOP
OUT_HC595:
      CLR     RCK_595
      NOP
      NOP
      SETB    RCK_595                ;上升沿将数据送到输出锁存器
```

```
        NOP
        NOP
        CLR     RCK_595
        RET
/***********************************************************
函数：延时子程序 1ms
***********************************************************/
DELAY:   MOV      R7,#10
DEL:MOV      R6,#50
    DJNZ     R6,$
    DJNZ     R7,DEL
    RET

/************************************************
函数名称：定时器 0 中断服务子程序
************************************************/
TIM_T0:
    MOV  TH0,#3CH
    MOV  TL0,#0B0H
    DJNZ R2,EXIT_T0
    MOV  R2,#20
    MOV  A,R3                     ;取反为方波下限值为 0.11V
    CPL      A
    MOV  R3,A
EXIT_T0:
    RETI                          ;中断返回
/*********************************************************
共阴极数码管的段码表
*********************************************************/
TAB_NU:
DB 3FH,06H,5BH,4FH       ;0 1 2 3
        DB 66H,6DH,7DH,07H       ;4 5 6 7
        DB 7FH,6FH,77H,7CH       ;8 9 A B
        DB 39H,5EH,79H,71H       ;C D E F
        END
```

【C 程序】：

```
/**************************************************
函数名称：DAC-MAX517 数模转换程序
功能：将单片机发出的数字量经 MAX517 转换成模拟量
**************************************************/
#include <reg52.h>                //包含头文件
#include <intrins.h>
#define uint unsigned int
#define uchar unsigned char

//74HC595 与单片机的连接口
sbit SCK_HC595=P2^7;              //595 移位时钟信号输入端(11)
sbit RCK_HC595=P2^6;              //595 锁存信号输入端(12)
sbit DA_HC595=P2^5;               //595 数据信号输入端(14)

//MAX517 与单片机的接口定义
sbit SDA_MAX517=P1^0;             //串行数据 4
sbit SCL_MAX517=P1^1;             //串行时钟 3

sbit P07=P0^7;
sbit P06=P0^6;

uchar  Data_MAX517=0xfb;          //定义上限值为 4.71V
```

```
//##############################################
//共阴极数码管显示代码:
uchar code led_7seg[16]={0x3f,0x06,0x5b,0x4f,    //0 1 2 3
                          0x66,0x6d,0x7d,0x07,    //4 5 6 7
                            0x7f,0x6f,0x77,0x7c,     //8 9 A b
                            0x39,0x5e,0x79,0x71};  //C,d,E,F
void Delay_MAX517(uchar j)         //延时
{
 uint i;
 for(;j>0;j--)
 for(i=0;i<125;i++) { ;  }
}
void Start_MAX517(void)            //起始条件
{
 SDA_MAX517=1;
 SCL_MAX517=1;
 SDA_MAX517=0;
 _nop_();
 _nop_();
 SCL_MAX517=0;
}
void Stop_MAX517(void)             //停止条件
{
 SDA_MAX517=0;
 SCL_MAX517=1;
 SDA_MAX517=1;
 _nop_();
 _nop_();
 SCL_MAX517=0;
}
void Ack_MAX517(void)              //应答位
{
 SDA_MAX517=0;
 SCL_MAX517=1;
 SCL_MAX517=0;
}
void Send_MAX517(uchar Dat)        //发送数据子程序，Dat 为要求发送的数据
{
 uchar counter=8;                  //位数控制
 uchar temp;                       //中间变量控制
 while(counter)
 {
     temp=Dat;
     SCL_MAX517=0;
     if((temp&0x80)==0x80)         //如果最高位是 1
     SDA_MAX517=1;
     else
     SDA_MAX517=0;
     SCL_MAX517=1;
     temp=Dat<<1;                  //RLC
     Dat=temp;
     counter--;
 }
 SCL_MAX517=0;
}
void Moveout_MAX517(uchar num)
{
 Start_MAX517();                   //发送启动信号
 Send_MAX517(0x58);                //发送器件地址
 Ack_MAX517();
```

```
 Send_MAX517(0x00);                  //发送命令
 Ack_MAX517();
 Send_MAX517(num);
 Ack_MAX517();
 Stop_MAX517();
 Delay_MAX517(2);
}
/********************************************************
//名称：Write_HC595()向 595 发送一个字节的数据
//功能：向 595 发送一个字节的数据(先发低位)
********************************************************/
void Write_HC595(uchar wrDA_HC595t)
{
    uchar i;
    SCK_HC595=0;
    RCK_HC595=0;
    for(i=8;i>0;i--)                    //循环 8 次，写一个字节
        {
        DA_HC595=wrDA_HC595t&0x80;  //发送 BIT0 位
        wrDA_HC595t<<=1;                //要发送的数据右移，准备发送下一位
        SCK_HC595=0;
        _nop_();
        _nop_();
        SCK_HC595=1;                    //移位时钟上升沿
        _nop_();
        _nop_();
        SCK_HC595=0;
        }
    RCK_HC595=0;                        //上升沿将数据送到输出锁存器
    _nop_();
    _nop_();
    RCK_HC595=1;
    _nop_();
    _nop_();
    RCK_HC595=0;
}
//显示要转化的数据
void Display_max517(uchar dat)
{
  uchar reg;
  reg=dat&0x0f;
  Write_HC595(led_7seg[reg]);         //显示数据个位
  P07=0;
  Delay_MAX517(2);                      //延时决定亮度
  P07=1;
  reg=(dat>>4)&0x0f;
  Write_HC595(led_7seg[reg]);         //显示数据十位
  P06=0;
  Delay_MAX517(2);
  P06=1;
}
/****************************************************
函数名称：主函数
功能介绍：实现 DAC 转换，要转换的数据在数码管上显示出来同时能用数字表测量出来
****************************************************/
void main()
{
  while(1)
    {
    Moveout_MAX517(Data_MAX517);          //向 max517 送入数据
```

```
    Delay_MAX517(2);                    //延时等待 DAC 转换
    Display_max517(Data_MAX517);        //显示要转换的数据
    }
}
```

9.6.3　知识总结——MAX517 的工作原理

1. MAX517 的性能简介

MAX517 使用简单的双线串行接口，只需要标准的微处理器提供两根总线与之相连，如图 9-17 所示。微处理器的 SCL 输出时钟信号，SDA 输出数据。当微处理器的 SCL 传送时钟脉冲时，对于 MAX517 来说，最高频率不能超过 400kHz，即波特率不超过 400kbps。

MAX517 有如下特点。

(1) 单独 5V 电源供电。

(2) 简单的双线接口。

(3) 与 I2C 总线兼容。

(4) 输出缓冲放大双极性工作方式。

(5) 基准输入可为双极性。

(6) 上电复位将所有闭锁清零。

(7) 4μA 掉电模式。

(8) 总线上可挂 4 个器件(通过 AD0 和 AD1 选择)。

2. MAX517 各管脚说明

MAX517 采用单 5V 电源工作。该芯片的引脚图如图 9-18 所示。

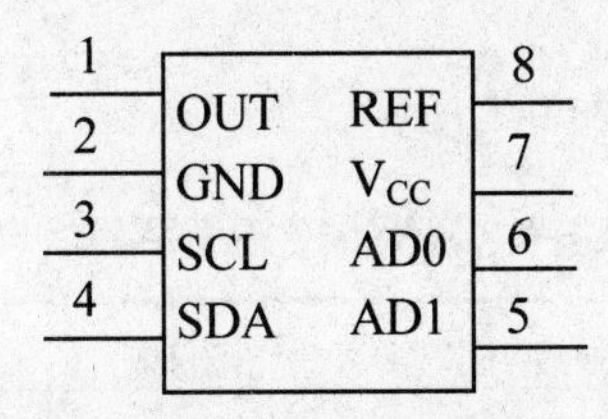

图 9-18　所示 MAX517 各引脚说明

各引脚的具体说明如下：

1 脚(OUT)：D/A 转换输出端。

2 脚(GND)：接地。

3 脚(SCL)：时钟总线。

4 脚(SDA)：数据总线。

5、6 脚(AD1 和 AD0)：用于选择哪个 D/A 通道的转换输出。由于 MAX517 只有一个 D/A 所以使用时，这两个引脚通常接地。

7 脚(V_{CC})：电源。

8 脚(REF)：参考。

3. MAX517的工作时序

图9-19所示是MAX517的一个完整的转换时序。首先应给MAX517一个地址位字节。MAX517在收到地址字节位后，会给AT89S52一个应答信号。然后，再给MAX517一个控制位字节，MAX517收到控制位字节位后，再给AT89C51发一个应答信号。之后，MAX517便可以给AT89S52发送8位的转换数据(一个字节)。AT89S52收到数据之后，再给MAX517发一个应答信号。至此，一次转换过程完成。

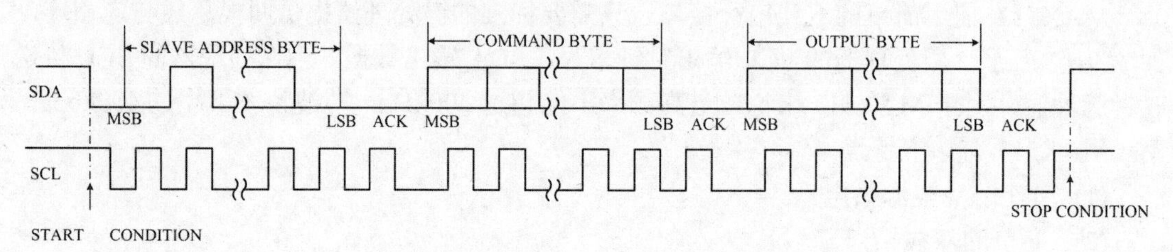

图9-19 MAX517的一个完整的转换时序

MAX517的一个地址字节格式如表9-4所示。

表9-4 MAX517地址字节格式

BIT7	BIT6	BIT5	BIT4	BIT3	BIT2	BIT1	BIT0
0	1	0	1	1	AD1	AD0	0

其中，前3位0、1、0出厂时已设定。对于MAX517，BIT4和BIT3这两位应取为1。因为一个AT89S52上可以挂4个MAX517，而具体是对哪一个MAX517进行操作，则由AD1和AD0的不同取值来控制。

MAX517的控制字节格式如表9-5所示。

表9-5 MAX517控制字节格式

BIT7	BIT6	BIT5	BIT4	BIT3	BIT2	BIT1	BIT0
R2	R1	R0	RST	PD			A0

在该字节格式中，R2、R1、R0已预先设定为0；RST为复位位，该位为1时复位所有的寄存器；PD为电源工作状态位，为1时，MAX517工作在4μA的休眠模式，为0时，返回正常的操作状态；A0为地址位，对于MAX517，该位应设置为0。

9.7 直流电机控制电路

直流电动机就是将直流电能转换成机械能的电机。直流电动机是由定子与转子两部分构成的。定子包括：主磁极、机座、换向极和电刷装置等。转子包括：电枢铁芯、电枢绕组、换向器、轴和风扇等。

9.7.1　案例介绍及知识要点

利用继电器控制直流电动机的正反转，同时可以实现转速的控制。硬件设计如图 9-20 所示。

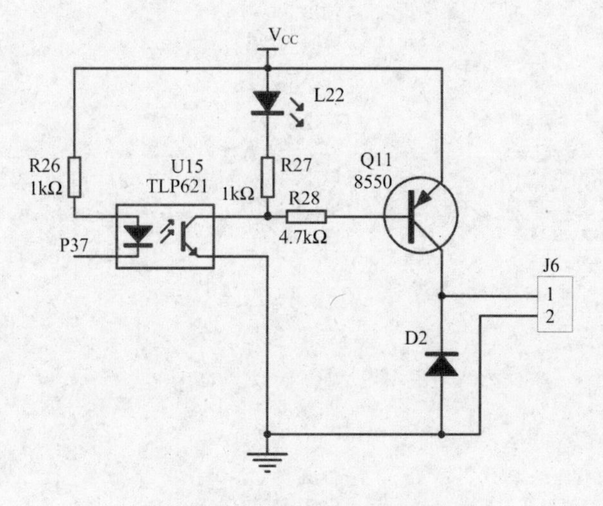

图 9-20　直流电动机硬件电路

知识点

- 了解直流电机的特点。
- 简单理解直流电机的工作原理。
- 掌握直流电机控制电路的设计方法。

9.7.2　程序示例

【汇编程序】：

```
    SP1      EQU  P1.5          ;定义按键功能,输出 2.5V
    SP2      EQU  P1.6          ;输出 1.25V
    SP3      EQU  P1.7          ;输出 1V
    STAR EQU  P3.2              ;控制键
    DK       EQU  P3.7          ;直流电动机控制端

    ORG  0000H
    LJMP MAIN
    //主程序
    ORG      0030H
MAIN:
    MOV      SP,60H             ;开辟堆栈
    SETB     DK                 ;默认电动机全速运行
SCAN:
    JNB      SP1,SPEED1         ;以 2.5V 运行
    JNB      SP2,SPEED2         ;以 1.25V 运行
    JNB      SP3,SPEED3         ;以 1V 运行
    JNB      STAR,SCAN          ;停止运行
    SJMP SCAN
    //速度 1 运行
SPEED1:                              ;输出 2.5V
```

```
    JNB      SP1,SPEED1                ;以2.5V运行
    JNB      SP2,SPEED2                ;以1.25V运行
    JNB      SP3,SPEED3                ;以1V运行
    JNB      STAR,SCAN                 ;停止运行
    SETB DK                            ;输出+5V
    CALL DELAY                         ;延时400μs
    CLR      DK                        ;输出0V
    CALL DELAY                         ;延时400μs
    SJMP SPEED1
    //速度2运行
SPEED2:                                ;输出1.25V
    JNB      SP1,SPEED1                ;以2.5V运行
    JNB      SP2,SPEED2                ;以1.25V运行
    JNB      SP3,SPEED3                ;以1V运行
    JNB      STAR,SCAN                 ;停止运行
    SETB DK
    CALL DELAY
    CLR      DK
    CALL DELAY
    CALL DELAY
    CALL DELAY
    SJMP SPEED2
    //速度3运行
SPEED3:                                ;输出1V
    JNB      SP1,SPEED1                ;以2.5V运行
    JNB      SP2,SPEED2                ;以1.25V运行
    JNB      SP3,SPEED3                ;以1V运行
    JNB      STAR,SCAN                 ;停止运行
    SETB DK
    CALL DELAY
    CLR      DK
    CALL DELAY
    CALL DELAY
    CALL DELAY
    CALL DELAY
    SJMP SPEED3
    //延时子程序
DELAY:
MOV      R6,#2100                      ;延时400μs,使用参数R6
    DJNZ R6,$
    RET
    END
```

【C程序】:

```
/****************************************
函数：直流电动机速度控制
功能：通过一定的延时来控制直流电动机的转速
****************************************/
#include <REG52.H>
#define uchar unsigned char
//定义按键功能
sbit SP1=P1^5;        //定义按键功能,输出2.5V
sbit SP2=P1^6;        //输出1.25V
sbit SP3=P1^7;        //输出1V
sbit SP4=P3^2;        //暂停键
sbit DK=P3^7;         //直流电动机控制端
/****************************************
函数：延时子函数
****************************************/
```

```
void Flash(void)
{
    uchar i;
    for(i=0;i<40;i++) ;
}
/****************************************
函数：速度 1 控制子函数
****************************************/
void  Speed1(void)
{
    DK=1;
    Flash();
    DK=0;
    Flash();
}
/****************************************
函数：速度 2 控制子函数
****************************************/
Void  Speed2(void)
{
    DK=1;
    Flash();
    DK=0;
    Flash();
    Flash();
    Flash();
}
/****************************************
函数：速度 3 控制子函数
****************************************/
void  Speed3(void)
{
    DK=1;
    Flash();
    DK=0;
    Flash();
    Flash();
    Flash();
    Flash();
}
/****************************************
函数：主函数
****************************************/
void  main(void)
{
    DK=1;
    while(1)
         {
             if(SP1==0)                   //速度 1
             {
              while(1)
              {
               if(SP2==0) Speed2();
               if(SP3==0) Speed3();
               if(SP4==0) continue;
               Speed1();
               }
              }                            //速度 2
             if(SP2==0)
             {
              while(1)
```

```
            {
             if(SP1==0) Speed1();
             if(SP3==0) Speed3();
             if(SP4==0) continue;
             Speed2();
             }
            }
          if(SP3==0)                    //速度3
           {
            while(1)
            {
             if(SP1==0) Speed1();
             if(SP2==0) Speed2();
             if(SP4==0) continue;
             Speed3();
             }
            }
        }
}
```

9.7.3 知识总结——直流电机的特点及原理

1. 直流电动机的特点

(1) 调速性能好。所谓“调速性能”，是指电动机在一定负载的条件下，根据需要，人为地改变电动机的转速。直流电动机可以在重负载条件下，实现均匀、平滑的无级调速，而且调速范围较宽。

(2) 起动力矩大。可以均匀而经济地实现转速调节。因此，凡是在重负载下起动或要求均匀调节转速的机械，例如大型可逆轧钢机、卷扬机、电力机车和电车等，都用直流电动机拖动。

2. 直流电动机的工作原理

要使电枢收到一个方向不变的电磁转矩，关键在于，当线圈边在不同极性的磁极下，如何将流过线圈中的电流方向及时地加以变换，即进行所谓“换向”。为此必须增添一个叫做换向器的装置，换向器配合电刷可保证每个极下线圈边中电流始终是一个方向，就可以使电动机能连续的旋转，这就是直流电动机的工作原理，如图 9-21 所示。

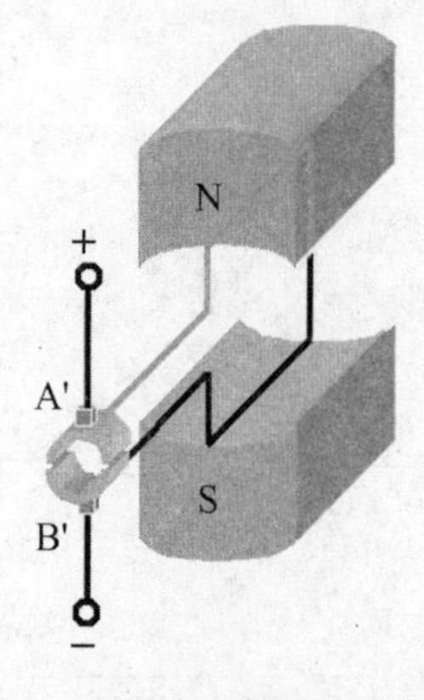

图 9-21 直流电动机的工作原理图

9.8　步进电机的控制

步进电机是机电数字控制系统中常用的执行元件之一。由于其精度高、体积小、控制方便灵活，在智能仪表和位置控制中得到了广泛应用。大规模集成电路的发展及单片机技术的迅速普及，为设计功能强、价格低的步进电动机控制驱动器提供了先进的技术和充足的资源。本节以永磁步进电机为例介绍步进电动机控制器的设计。

9.8.1　案例介绍及知识要点

利用单片机控制步进电机正反转，调节速度。控制系统由 AT89S52 单片机、斯密特反相器 74HC14、达林顿管阵列驱动芯片 ULN2003 和人机接口部分组成，如图 9-22 所示。(人机接口电路只是增加了 3 个按键，按键的功能在程序流程图中已给出)。相关的关键部分器件名称及其在电路中的主要功能如下。

(1) AT89S52：完成步进电动机的控制方式、状态监测。

(2) ULN2003：驱动步进电机。

(3) 74HC14：斯密特反相器。

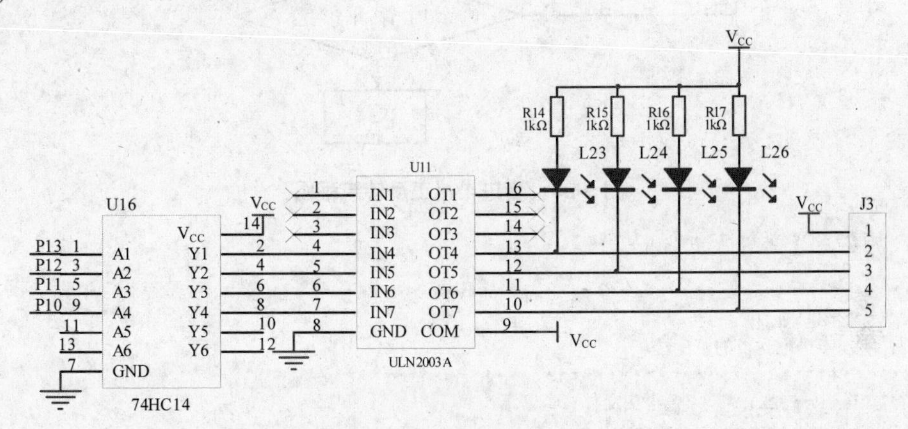

图 9-22　步进电机的接口连接

9.8.2　程序示例

步进电动机的控制程序能够根据键盘的设定改变电动机的转动方向和转动步数。根据步进电动机与单片机的接口和有效电平方式，输出控制字。表 9-6 提供了步进电动机的通电顺序和控制方式字。若通电方向相反，电动机反转。

表 9-6　步进电动机的通电顺序和控制方式字

	单 四 拍				双 四 拍				八 拍							
A	1	0	0	0	1	0	0	1	1	1	1	0	0	0	0	0
B	0	1	0	0	1	1	0	0	0	0	1	1	1	0	0	0
C	0	0	1	0	0	1	1	0	0	0	0	0	1	1	1	0
D	0	0	0	1	0	0	1	1	1	0	0	0	0	0	1	1

主程序流程图如图 9-23 所示。

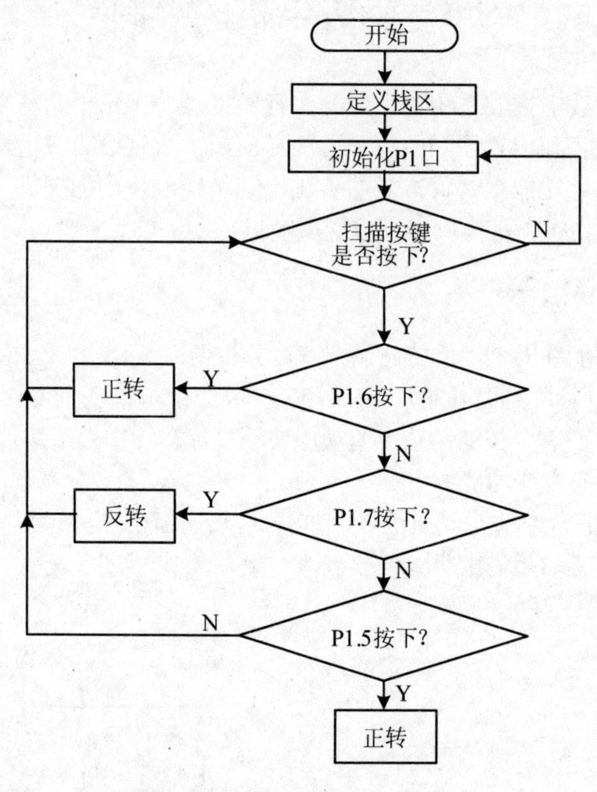

图 9-23　步进电机正反转流程图

【C 源程序】:

```
/*************************************************
函数名称:步进电动机
功能: 实现步进电动机的正反转
*************************************************/
#include<reg52.H>  //包含头文件
#define uchar  unsigned char
sbit  P13=P1^3;
sbit  P12=P1^2;
sbit  P11=P1^1;
sbit  P10=P1^0;
//正转
#define  Z_round1  { P13=1,P12=0,P11=0,P10=0; }
#define  Z_round2  { P13=0;P12=1;P11=0;P10=0; }
#define  Z_round3  { P13=0;P12=0;P11=1;P10=0; }
#define  Z_round4  { P13=0;P12=0;P11=0;P10=1; }
//反转
#define  F_round1  { P13=0;P12=0;P11=0;P10=1; }
#define  F_round2  { P13=0;P12=0;P11=1;P10=0; }
#define  F_round3  { P13=0;P12=1;P11=0;P10=0; }
#define  F_round4  { P13=1;P12=0;P11=0;P10=0; }
//停止
#define STOP       { P13=0;P12=0;P11=0;P10=0; }

sbit P15=P1^5;
sbit P16=P1^6;
```

```
sbit P17=P1^7;
//定义子函数
void  Z_round();                   //正转
void  F_round();                   //反转
void  STOP_round();                //停止
//延时 1ms 子函数
void delay(uchar s)
{
  uchar m,n;
  for(m=0;m<s;m++)
     for(n=0;n<120;n++) ;
}
//正转子函数
void Z_round()
{
  Z_round1;   delay(1);            //调节转速
  Z_round2;   delay(1);
  Z_round3;   delay(1);
  Z_round4;   delay(1);
}
//反转子函数
void F_round()
{
  F_round1;   delay(1);            //调节转速
  F_round2;   delay(1);
  F_round3;   delay(1);
  F_round4;     delay(1);
}
//停止
void STOP_round()
{
 while(1)
 {
  STOP;  //停止
  if(P16==0) Z_round();            //正转

  if(P17==0) F_round();            //反转
  }
}
//主函数
void main(void)
{
 while(1)
 {
  if(P16==0)                       //正转
    {
      while(1)
      {
       if(P17==0) F_round();       //反转
       if(P15==0) STOP_round(); //停止
       Z_round();
     }
      }
  if(P17==0)                       //反转
    {
      while(1)
      {
       if(P16==0) Z_round();      //正转
       if(P15==0) STOP_round();//停止
       F_round();
```

```
            }
        }
    }
}
```

9.8.3 知识总结——步进电机的结构及原理

步进电动机根据工作原理分为反应式、永磁式和永磁感应式 3 类。以永磁式步进电动机为例，介绍步进电动机基本结构和工作原理。

永磁式步进电动机的转子是用永磁材料制成的，转子本身就是一个磁源，它的输出转矩大，倒台性能好。断电时有定位转矩，消耗功率较低；转子的级数与定子的级数相同，所以步矩角较大，启动和运行频率较低，并需要正负脉冲信号。但如果为其相应的相序加上反向绕组，就不需要负脉冲。永磁式步进电动机有 4 相：A、B、C、D。工作方式有如下几种。

- 单四拍：即 A-B-C-D 顺序通电。
- 双四拍：即 AB-BC-CD-DA 顺序通电。
- 八拍：即 AA-BB-CC-DD 顺序通电。

四相步进电动机工作方式的电源通电时序与波形如图 9-24(a)、(b)、(c)所示。

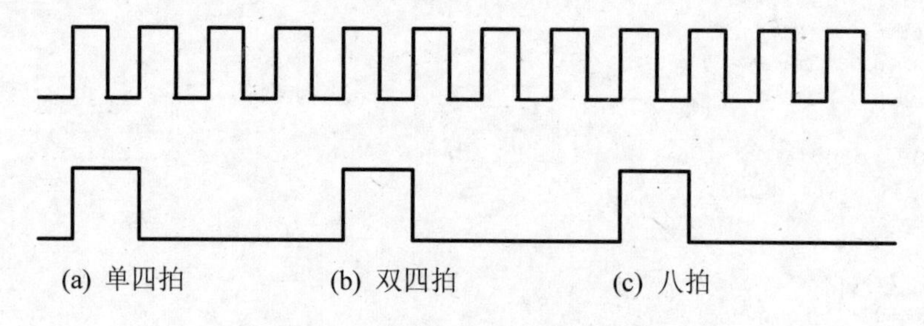

图 9-24 步进电动机的时序波形图

9.9 红外遥控电路

红外线遥控是目前使用最广泛的一种通信和遥控手段。由于红外线遥控装置具有体积小、功耗低、功能强和成本低等特点，因而，继彩电、录像机之后，在录音机、音响设备、空调机，以及玩具等其他小型电器装置上也纷纷采用红外线遥控。工业设备中，在高压、辐射、有毒气体和粉尘等环境下，采用红外线遥控不仅完全可靠而且能有效地隔离电气干扰。

而由于单片机的型号不同，所编写的遥控器汇编语言程序也往往不同，可移植性差。而 C 语言在这方面有汇编语言所没有的优势。Keil C51 用 C 语言编写单片机程序，书写方便，易于开发出功能复杂的程序，有良好的开发环境，调试方便，可移植性强，出错率低，开发效率高。

本节设计了高度集成化的红外线接收装置，用 C 语言实现的红外遥控接收程序思路简洁明了，可以方便的移植到不同的微处理器。

9.9.1 案例介绍及知识要点

电路图如图 9-25 所示。51 单片机作为接收控制中心，接收头 HS0038 将红外遥控器信号经过放大和滤波后，从 38kHz 的调制信号中解调出来，以电压方波的形式送到单片机的中断口。

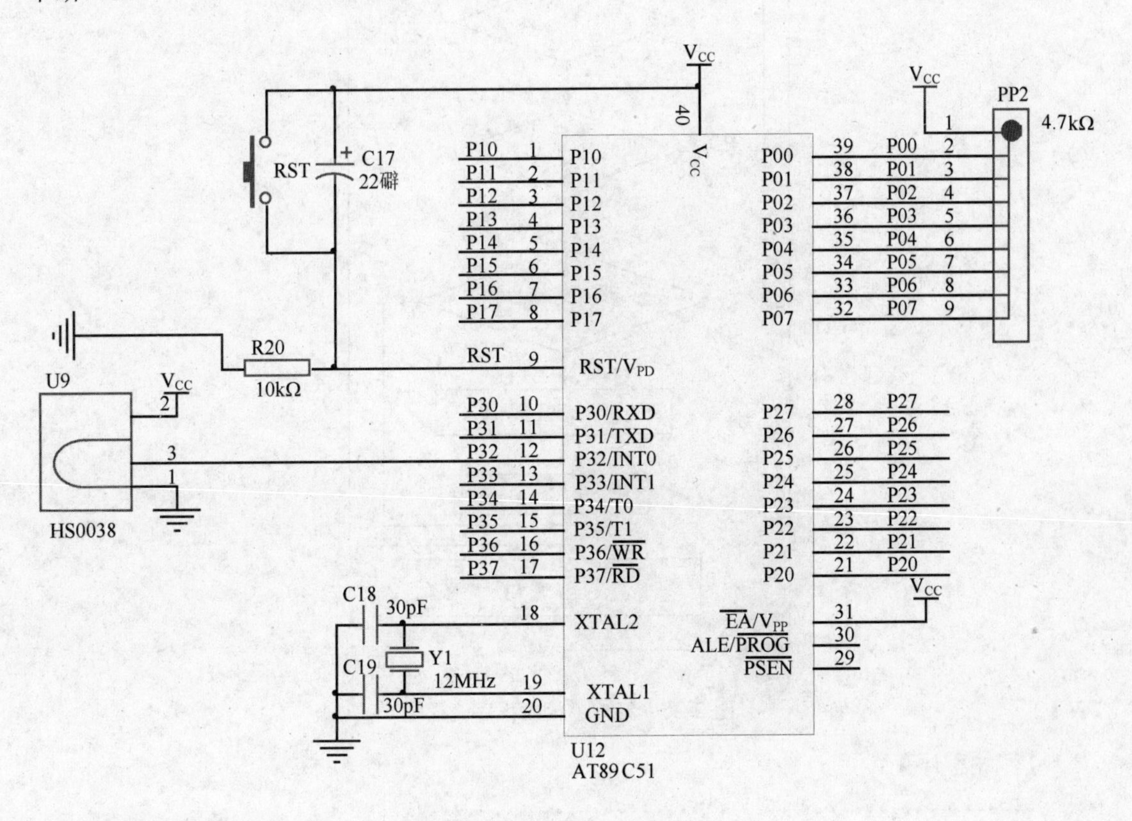

图 9-25 红外遥控硬件电路

知识点

- 了解红外遥控器发射与接收原理。
- 了解红外遥控的系统实现。

9.9.2 程序示例

这里设计的软件，通过对码组间隔的校验防止接收不完全相同的码组；由于可能有多个遥控器同时使用，通过用户码的校验避免其他遥控器的干扰。通风对操作码与其反码的校验确保所接收到的是正确的操作码。软件流程图如图 9-26 所示。

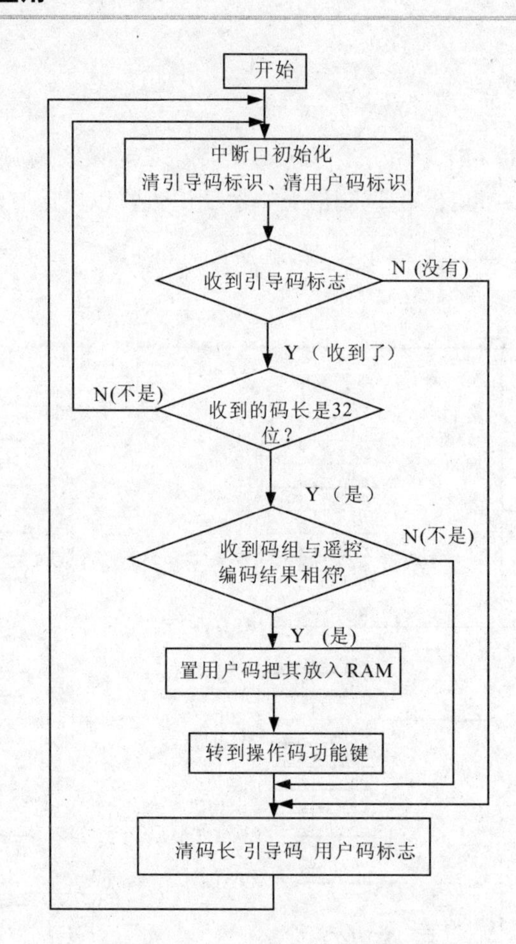

图 9-26　红外遥控主程序流程图

【汇编程序】：

```
/*******************************************************
函数：单片机红外遥控
功能：通过红外遥控器发送的数据使数码管显示其键值
*******************************************************/
    DQ          BIT  P3.2          ;定义 74HC595 的端口
    SDATA_595   EQU  P2.5          ;串行数据输入(14 号引脚)
    RCK_595     EQU  P2.6          ;输出锁存器控制脉冲(12 号引脚)
    SCLK_595    EQU  P2.7          ;移位时钟脉冲(11 号引脚)
    ORG         0000H
    AJMP MAIN
    ORG         0003H
    LJMP IR_INT0                   ;外部中断 0 服务子程序

    ORG         0100H
MAIN:
    MOV         SP,#60H            ;从 60H 开辟堆栈空间
    MOV      DPTR,#TAB_L
    MOV         2AH,#01H           ;8 个数码管初始值设置为-HELLO--
    MOV         2BH,#23H
    MOV         2CH,#45H
    MOV         2DH,#67H
    MOV         R1,#2AH            ;接收码从 2AH 中开始存放
```

```
    SETB EA                 ;CPU 开总中断
    SETB EX0                ;开外部 0 中断
    SETB IT0                ;外部中断低电平有效
START:
    MOV     R5,#0FEH
    MOV     R0,#0
    LCALL   DISPLAY         ;调用显示子程序
    //JNB   DQ,IR           ;遥控扫描
    SJMP START              ;在正常无遥控信号时一体化红外接收头是高电平
/*****************************************************************
函数：数码管显示子程序
*****************************************************************/
DISPLAY:
    MOV     R1,#2AH
DIS_CIR:
    MOV     A, @R1          ;查表取显示数据
    SWAP A
    ANL     A,#0FH
    MOVC    A,@A+DPTR
    ACALL   WR_HC595        ;移位寄存器接收数据并将数据送到输出锁存器
    MOV     A,R5
    MOV     P0,A
    ACALL   DELAY           ;延时 1ms
    MOV     A,R5            ;修改显示位选通下一个数码管
    RL      A               ;左移一位
    MOV     R5,A
    MOV     A, @R1          ;查表取显示数据
    ANL     A,#0FH
    MOVC    A,@A+DPTR
    ACALL   WR_HC595        ;移位寄存器接收数据并将数据送到输出锁存器
MOV     A,R5
MOV     P0,A
ACALL   DELAY               ;延时 1ms
INC     R1
MOV     A,R5                ;修改显示位选通下一个数码管
RL      A                   ;左移一位
MOV     R5,A
CJNE    R1,#2EH,DIS_CIR     ;8 个数码管是否显示完毕
    RET
/*****************************************************************
函数：移位寄存器接收数据和输出锁存器输出数据子程序
*****************************************************************/
WR_HC595:
    MOV     R4,#08H
WR_LOOP:
    RLC         A
    MOV         SDATA_595,C
    CLR         SCLK_595        ;上升沿发生移位
    NOP
    NOP
    SETB    SCLK_595
    NOP
    NOP
    CLR         SCLK_595
    DJNZ    R4,WR_LOOP
OUT_HC595:
    CLR     RCK_595
    NOP
    NOP
    SETB    RCK_595         ;上升沿将数据送到输出锁存器
```

```
        NOP
        NOP
        CLR     RCK_595
        RET
/*************************************************************
函数：延时子程序 1mS
*************************************************************/
DELAY:  MOV       R7,#10
DEL: MOV      R6,#50
        DJNZ R6,$
        DJNZ R7,DEL
        RET
/*************************************************************
函数：外部中断 0 服务子程序——解码程序
*************************************************************/
IR_INT0:CLR         EX0=0;            ;关外部中断 0
        MOV         DPTR,#TAB_NU  ;以下对遥控信号的 9ms 的初始低电平的识别
IR_SB:
     ACALL     DELAY882              ;调用 882μs 延时子程序
     JB        DQ,IR_ERROR           ;延时 882μs 后判断 DQ 脚是否出现高电平
                                     ;如果有就退出解码程序
                                     ;目的是检测在 882μs 内
                                     ;如果出现高电平就退出解码程序
                                     ;识别连发码，和跳过 4.5ms 高电平
     JNB       DQ,$                  ;等待高电平避开 9ms 低电平引导脉冲
     ACALL     DELAY2400             ;以下是 32 位数据码读取
     MOV       R1,#2AH               ;设定 2AH 为初始 RAM
     MOV       R2,#4
IR_4BYTE:
     MOV       R3,#8
IR_8BYTE:
     JNB       DQ,$                  ;等待地址码第一位的高电平信号
     LCALL     DELAY882
                                     ;高电平开始后用 882μs 的时间
;去判断信号此时的高低电平状态
     MOV       C,DQ                  ;将 DQ 引脚此时的电平状态存入 C 中
     JNC       IR_8BYTE_0            ;如果为 0 就跳到 IR_8BYTE_0
     LCALL     DELAY1000
IR_8BYTE_0:
     MOV       A,@R1                 ;将 R1 中的地址给 A
     RRC       A                     ;将 C 中的值移入 A 中的最高位
     MOV       @R1,A                 ;将 A 中的数据暂时存放到 R1 中
     DJNZ R3,IR_8BYTE                ;接收地址码的高 8 位
     INC       R1                    ;对 R1 中的值加 1，换下一个 RAM
     DJNZ R2,IR_4BYTE                ;接收完 16 位地址码和 8 位数据反码
                                     ;存放在 2AH,2BH,2CH,2DH 的 RAM 中
                                     ;解码成功
                                     ;判断两个数据码是否相反
     MOV       A,2CH
     CPL       A
     CJNE A,2DH,IR_ERROR             ;两个数据码不相反则退出
     RETI                            ;如果两个数据不相反则返回
IR_ERROR:
     MOV       2AH,#0
     MOV       2BH,#0
     MOV       2CH,#0
     MOV       2DH,#0
     RETI                            ;中断返回，退出解码子程序
/*************************************************************
函数：延时子程序
```

```
**************************************************************/
DELAY882:
    MOV       R7,#40
DELA:MOV R6,#11
     NOP
     DJNZ     R7,DELA
     RET
DELAY1000:
    MOV       R7,#50
DEM:MOV       R6,#10
    DJNZ R6,$
    NOP
    DJNZ R7,DEL
    RET
DELAY2400:
    MOV       R7,#200
DE: MOV       R6,#12
    NOP
    DJNZ R6,$
    DJNZ R7,DE
    RET
/**************************************************************
共阴极数码管的段码表
**************************************************************/
TAB_NU:       DB 3FH,06H,5BH,4FH       ;0 1 2 3
              DB 66H,6DH,7DH,07H       ;4 5 6 7
              DB 7FH,6FH,77H,7CH       ;8 9 A B
              DB 39H,5EH,79H,71H       ;C D E F
TAB_L:        DB 40H,76H,79H,38H       ;- H E L
              DB 38H,3FH,40H,40H       ;L O - -
              END
```

【C 程序】：

```
/**************************************************************
函数:基于 Keil C51 的遥控接受程序
功能：将遥控器发射来的信号在 51 系统板上显示出数据
**************************************************************/
#include <reg51.h>
#include <intrins.h>
#define uchar unsigned char
#define uint  unsigned int
#define     IR_RE    P3^2
//74HC595 与单片机连接口
sbit SCK_HC595=P2^7;               //595 移位时钟信号输入端(11)
sbit RCK_HC595=P2^6;               //595 锁存信号输入端(12)
sbit OUTDA_HC595=P2^5;             //595 数据信号输入端(14)
//定义 P0 口
sbit P00=P0^0;
sbit P01=P0^1;
sbit P02=P0^2;
sbit P03=P0^3;
sbit P04=P0^4;
sbit P05=P0^5;
sbit P06=P0^6;
sbit P07=P0^7;
bit k=0;                           //红外解码判断标志位，为 0 则为有效信号，为 1 则为无效
bit flag=0;                        //显示转换标志
uchar data *segments;
uchar data Data_code[4]={1,23,45,67};    //数组为存放用户码，校验码，数据原码，数据反码
//共阴极数码管显示代码
```

```
uchar code led_7seg[16]={0x3f,0x06,0x5b,0x4f,          //0 1 2 3
                     0x66,0x6d,0x7d,0x07,              //4 5 6 7
                         0x7f,0x6f,0x77,0x7c,          //8 9 A b
                         0x39,0x5e,0x79,0x71};         //C,d,E,F
uchar code seg7_led[8]={0x40,0x76,0x79,0x38,           //- H E L
                          0x38,0x3f,0x40,0x40};        //L O - -
void delay1000(void);                      //延时 1ms 程子程序
void delay882(void);                       //延时 882μs 程子程序
void delay2400(void);                      //延时 2400μs 程子程序
void IR_decode(void);                      //红外解码程序
void Write_HC595(uchar wrdat);             //74HC595 串行发送数据
void Display_code(uchar *segments);        //显示键值函数
/*********************************************************************
函数:延时 1ms*dec 程子程序
*********************************************************************/
void delay(uint dec)
{
 uchar j;
 for(;dec>0;dec--)
   for(j=0;j<125;j++) { ; }
}
/*********************************************************************
函数:延时 1ms 程子程序
*********************************************************************/
void delay1000(void)
{
    uchar i,j;
    i=5;
    do{j=95;
        do{j--;}
        while(j);
        i--;
        }while(i);
}
/*********************************************************************
函数:延时 882μs 程子程序
*********************************************************************/
void delay882(void)
{
    uchar i,j;
    i=6;
    do{j=71;
        do{j--;}
        while(j);
        i--;
        }while(i);
}
/*********************************************************************
函数:延时 2400μs 程子程序
*********************************************************************/
void delay2400(void)
{
    uchar i,j;
    i=5;
    do{j=237;
        do{j--;}
        while(j);
        i--;
        }while(i);
}
/*********************************************************************
```

```
函数:红外解码程序(核心)
功能: 主要用于处理红外遥控键值
*********************************************************************/
void IR_decode(void)
{
    uchar  i,j;
    while(IR_RE==0);
    delay2400();
    if(IR_RE==1)                          //延时 2.4ms 后,如果是高电平,则是新码
     {
      delay1000();
      delay1000();
      for(i=0;i<4;i++)
        {
         for(j=0;j<8;j++)
           {
            while(IR_RE==0);              //等待地址码第一位高电平到来
            delay882();                   //延时 882μs 判断此时引脚电平
             if(IR_RE==0)
               {
                Data_code[i]>>=1;
                Data_code[i]=Data_code[i]|0x00;
                }
             else if(IR_RE==1)
                   {
                    delay1000();
                    Data_code[i]>>=1;
                    Data_code[i]=Data_code[i]|0x80;
                    }
            }                             //1 位数据接收结束
        }                                 //32 位二进制码接收结束
     }
}
/*********************************************************************
函数:外部中断 0 程序
功能: 主要用于处理红外遥控键值
*********************************************************************/
void severse_int0() interrupt 0       using 1
{
     uchar i;
    k=0;
    EX0=0;                            //检测到有效信号关中断, 防止干扰
    for(i=0;i<4;i++)
      {
       delay1000();
       if(IR_RE==1) { k=1; }          //刚开始为 9ms 的引导码
       }
     if(k==0)
      {
       EX0=0;                         //检测到有效信号关中断, 防止干扰
       IR_decode();                   //如果接收到的是有效信号, 则调用解码程序
       delay2400();
       delay2400();
       delay2400();
      }
     EX0=1;                           //开外部中断, 允许新的遥控按键
      flag=1;
}
/*********************************************************************
函数:74HC595 串行发送数据
```

```
*************************************************************************/
void Write_HC595(uchar wrdat)
{
    uchar i;
    SCK_HC595=0;
    OUTDA_HC595=0;
    for(i=8;i>0;i--)                    //循环 8 次，写一个字节
    {
    OUTDA_HC595=wrdat&0x80;             //发送 BIT0 位
    wrdat<<=1;                          //要发送的数据右移，准备发送下一位
    SCK_HC595=0;
    _nop_();
    _nop_();
    SCK_HC595=1;                        //移位时钟上升沿
    _nop_();
    _nop_();
    SCK_HC595=0;
    }
    RCK_HC595=0;                        //上升沿将数据送到输出锁存器
    _nop_();
    _nop_();
    RCK_HC595=1;
    _nop_();
    _nop_();
    RCK_HC595=0;
}
/*************************************************************************
函数:显示键值函数
*************************************************************************/
void Display_code(uchar *segments)
{
    uchar temp,seg;
    //***************用户码
  temp=Data_code[0]/10;
  seg=segments[temp];                   //取段码
  Write_HC595(seg);
  P00=0;                                //选通
  delay(3);                             //延时 3ms
  P00=1;

  temp=Data_code[0]%10;
  seg=segments[temp];                   //取段码
  Write_HC595(seg);
  P01=0;                                //选通
  delay(3);                             //延时 5ms
  P01=1;
  //****************校验码
  temp=Data_code[1]/10;
  seg=segments[temp];                   //取段码
  Write_HC595(seg);
  P02=0;                                //选通
  delay(3);                             //延时 3ms
  P02=1;

  temp=Data_code[1]%10;
  seg=segments[temp];                   //取段码
  Write_HC595(seg);
  P03=0;                                //选通
  delay(3);                             //延时 3ms
  P03=1;
```

```
    //***************数据原码
    temp=Data_code[2]/10;
    seg=segments[temp];                  //取段码
    Write_HC595(seg);
    P04=0;                               //选通
    delay(3);                            //延时 3ms
    P04=1;

    temp=Data_code[2]%10;
    seg=segments[temp];                  //取段码
    Write_HC595(seg);
    P05=0;                               //选通
    delay(3);                            //延时 5ms
    P05=1;
    //**************数据反码
    temp=Data_code[3]/10;
    seg=segments[temp];                  //取段码
    Write_HC595(seg);
    P06=0;                               //选通
    delay(3);                            //延时 3ms
    P06=1;

    temp=Data_code[3]%10;
    seg=segments[temp];                  //取段码
    Write_HC595(seg);
    P07=0;                               //选通
    delay(3);                            //延时 3ms
    P07=1;
}
/*******************************************************************
函数:主函数
*******************************************************************/
void main()
{
      SP=0x60;                    //堆栈指针
      EX0=1;                      //允许外部中断 0,用于检测红外遥控器按键
        IT0=0;                    //外部中断为低电平触发
      EA=1;                       //总中断开
      while(1)                    //开机显示-HELLO--
        {
         if(flag==1)
            Display_code( led_7seg);
            else
                Display_code( seg7_led);
        }
}
```

9.9.3　知识总结——红外遥控器的发射与接收原理

红外遥控系统一般分为发射和接收两个部分。

1. 发射部分

红外遥控器由遥控编码电路、键盘电路、放大器，以及红外发光二极管等主要部分组成。当键盘有按键按下时，遥控编码电路通过键盘行列扫描获得所按键的键值，键值通过编码得到一串键值代码，用编码脉冲去调制 30~50kHz(多为 38kHz 或 40kHz)的载波信号，放大后通过发光二极管发射出去。

2. 接收部分

接收原理如图 9-27 所示。

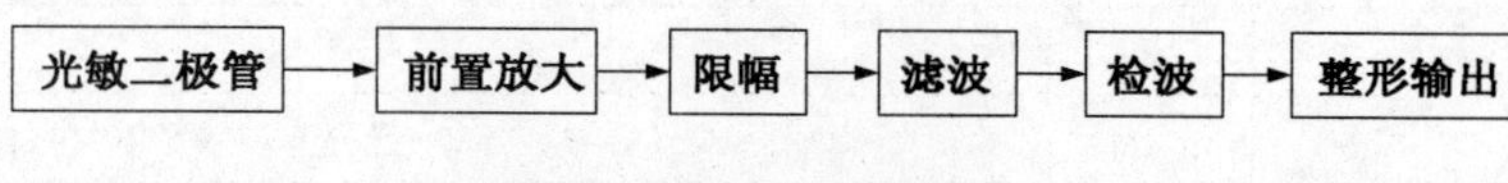

图 9-27　红外接收原理图

由于红外发光二极管的发射功率一般都较小(100mW 左右)，所以光敏二极管接收到的信号比较微弱，因此就要增加高增益放大电路。由于红外接收部分对外界干扰十分敏感，红外接收头必须严格屏蔽，只留出一个接收红外光的小孔即可，以防止干扰信号进入。由于集成化的不断提高，现在大多数都采用成品红外接收头。

9.9.4　知识总结——红外遥控的系统实现

1. 发射部分

这里选用的是杭州华芯公司生产的 HS9012 芯片(如图 9-28 所示)，它是一块用于红外遥控系统中的专用发射集成电路，功耗低，外围元器件少。它的发射码采用脉冲位相调制方式(PPM)进行编码，效率高，抗干扰性能好。HS9012 的振荡频率为 Fosc=455kHz，高电平脉冲的宽度(即内部工作时钟周期)Tm=256/Fosc=0.56ms。

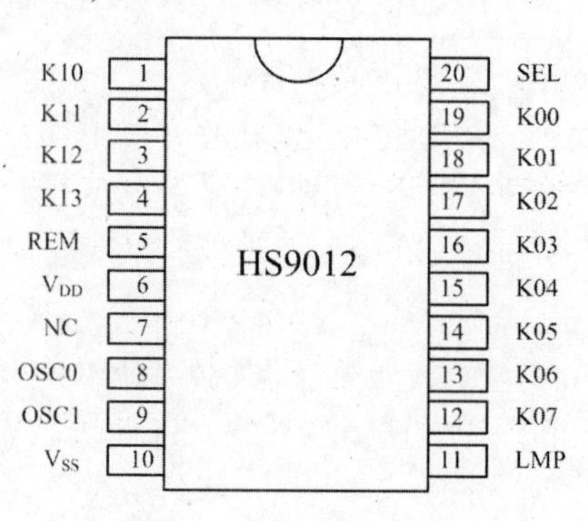

图 9-28　HS9012 的管脚图

HS9012 的管脚说明如表 9-7 所示。

表 9-7　HS9012 各引脚说明

管脚号	名称	类型	描述
1～4	K10-K14	IN	4 位输入脚用于键盘扫描输入(平时为低电平，内置下拉电阻)
5	REM	OUT	带载波的遥控信号输出
6	V_{DD}		电源正端(2.0～4.0V)3V(典型)
7	NC		空脚
8	OSCO	OUT	晶振输出
9	OSCI	IN	晶振输入
10	V_{SS}		电源负端(接地)

续表

管脚号	名 称	类 型	描 述
19～12	KO0-KO7	OUT	8 位输出脚用于键盘扫描输出
11	LMP	OUT	指示灯输出
20	SEL	IN	用于用户编码选择跳线(平时为高电平，内置下拉电阻)

遥控发射编码通过不同的脉宽表示二进制的 0 和 1，把一组由代表二进制的 0 和 1 的脉冲串作为遥控发射信号，其波形图如图 9-29 所示。

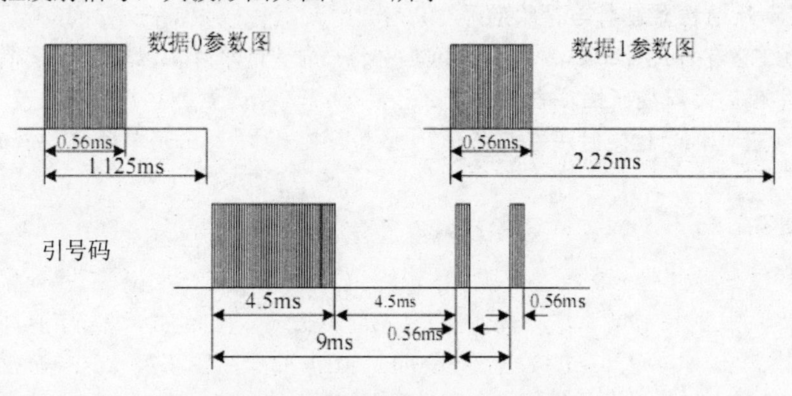

图 9-29 引导码和数据 0 和 1 的波形图

引导码的脉冲宽度为 4.5ms，脉宽调制串行码以脉冲宽度为 0.56ms、间隔为 0.56ms、周期为 2Tm(1.12ms)的脉冲表示二进制的 0，以脉冲宽度为 0.56ms，间隔为 1.68ms、周期为 4Tm(2.24ms)的脉冲表示二进制的 1。由二进制码的波形图可知，每个脉冲的宽度是一定的(0.56ms)，要判断是 0 或者 1，还是引导码只要判断脉冲间隔时间就可以了。

一组发射码由 32 个脉冲二进制码组成，一帧完整的发射码包括引导码、用户码和键值数据码 3 部分。引导码是一个 4.5ms 的低电平脉冲，8 位的用户编码被连续发送两次，以确保所发的用户编码无误；8 位的键值数据码也分别发送两次，第一次发送的是键值数据码的原码，第二次发送的是键值数据码的反码。发送一组编码的时间在 40~70ms 之间，如图 9-30 所示。

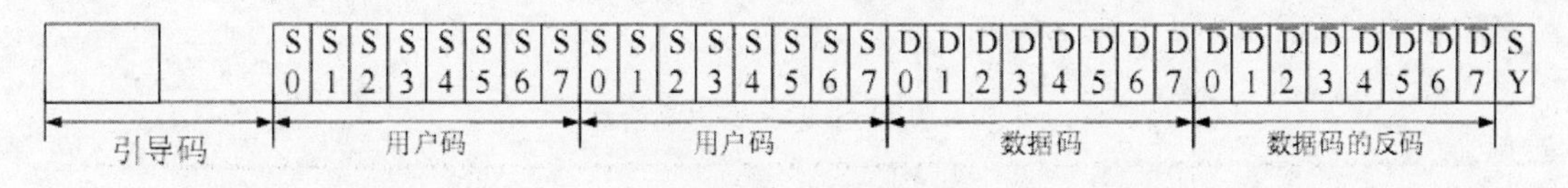

图 9-30 发送编码

HS9012 的用户编码有 8 种，可以通过硬件设置获得不同的编码。

2. 接收部分

采用华芯公司的 HS0038A 为遥控接收头。它集成了光电转换、信号放大、滤波、检波和整形等功能。该接收头对主流传输码都支持，可去除噪声或干扰信号所产生的脉冲。

习　题

1. 简述7位数码管静态和动态显示的原理。

2. 描述LED点阵显示原理，试给出单片机控制16×16的点阵的方案，要尽可能节省单片机的I/O口资源。

3. 何谓键抖动？键抖动对单片机系统有何影响？如何消除键抖动？

4. 简述红外遥控器发射与接收的原理。

5. DAC0832有哪几种工作方式？选择其中的一种，用单片机控制输出一个周期的三角波，写出程序代码，周期、幅度自行设定。

6. 四相步进电机的控制时序有哪几种？选择其中一种，写出用单片机控制的程序代码。

第 10 章　常用串行总线的介绍及应用

与并行扩展总线相比，串行总线简化了系统的连线，缩小了电路板的面积，节省了系统的资源，系统具有扩展性好、程序编写方便、易于实现用户系统软硬件的模块化及标准化等优点。目前单片机应用系统比较常见的串行扩展接口和串行扩展总线有 1-wire 总线、SPI 总线和 IIC 总线。

10.1　1-wire 总线

1-wire 总线是 Maxim 全资子公司 Dallas 的一项专有技术。与目前多数标准串行数据通信方式(如 SPI/IIC/MICROWIRE)不同，它采用单根信号线，既可以传输时钟又可以传输数据，而且数据传输是双向的。它具有节省 I/O 口资源、结构简单、成本低廉、便于总线扩展和维护等诸多优点。我们以单总线温度传感器 DS18B20 的应用为例，详细介绍 1-wire 的应用。

美国 Dallas 半导体公司的数字化温度传感器 DS1820 是世界上第一片支持“一线总线”接口的温度传感器，全部传感元件及转换电路集成在形如一只三极管的集成电路内。DS18B20 可以程序设定 9～12 位的分辨率，测量温度范围为-55～+125℃，在-10～+85℃范围内，精度为±0.5℃。可选更小的封装方式，更宽的电压适用范围，新的产品支持 3～5.5V 的电压范围。分辨率设定及用户设定的报警温度存储在 EEPROM 中，掉电后依然保存。温度以单总线的数字方式传输，大大提高了系统的抗干扰性。适合于恶劣环境的现场温度测量，如环境控制、设备或过程控制，以及测温类消费电子产品等，使系统设计更灵活、方便。

10.1.1　案例介绍及知识要点

根据 DS18B20 的操作时序，写出对应的操作函数，最后向用户提供一个 DS18B20.H 文件，供用户使用。

知识点

- 了解 DS18B20 的引脚及内部结构。
- 了解单总线的操作命令。
- 掌握单总线的通信协议，能够根据操作时序编写正确程序。

10.1.2　程序示例

在 DS18B20.H 文件内，编写如下程序。

```
#ifndef __DS18B20_H__
#define __DS18B20_H__

/*-----------------------------------------*/
#define uchar unsigned char
```

```
#define uint  unsigned int
#define delay_3us _nop_();_nop_();_nop_()
/*----------------------------------------*/
sbit DQ=P3^4;//DS18B20

//################################################
//函数名称：init_ds18b20()初始化函数
//函数功能：主机发送初始化信号(低电平)480μs,然后检测 DS18B20 的存在信号
//          在 220μs 的时间里检测到存在信号则返回 1,否则返回 0
//          总时间不少于(480+480)μs
//          初始化成功返回 1
//          初始化失败返回 0
//################################################
bit init_ds18b20(void)
{
    uchar j;
    DQ=1;                    //总线初始状态：sbit DQ=P3^4; ds18b20 的数据端口
    DQ=0;                    //启动总线
    j=250;
    while(--j);              //延时 500μs,初始化信号
    DQ=1;                    //释放总线,之后检测存在信号
    j=40;
    while(--j);              //延时 80μs
j=110;                       //检测低电平(存在信号),如 220μs 时间里检测不到则初始化失败返回 0
    while(DQ!=0)             //初始化失败
    {
        j--;                 //调整检测时间
        if(!j)               //检测时间到
            return 0;        //失败返回 0
    }
    j=250;                   //延时 500μs,满足初始化时序
    while(--j);
    return 1;                //返回 1
}

//###################################################
//函数名称：wtbyte_ds18b20(uchar wdat);写一个字节
//###################################################
void wtbyte_ds18b20(uchar wdat)
{
    uchar i,j;
    for (i=0;i<8;i++)
    {
        if(wdat&0x01)                //如果最低位为 1
        {                            //则输出 1
            DQ=1;
            _nop_();
            DQ=0;                    //启动总线
            delay_3μs;               //#define delay_3μs _nop_();_nop_();_nop_()
            DQ=1;                    //写 1
            j=30;
            while(--j);              //等待 60μs 满足写时序
        }
        else                         //如果最低位为 0
        {
            DQ=1;
            _nop_();
            DQ=0;                    //启动总线
            j=35;
            while(--j);              //保持 70μs 低电平，写 0 满足时序要求
```

```
                DQ=1;                         //释放总线
            }
            wdat>>=1;                     //wdat 右移一位，等待接收下一位
        }
    }


//#######################################################
//函数名称：rdbit_ds18b20();读一个位
//函数功能：主机启动总线 3μs 后释放总线，9μs 后采样总线，返回采样值
//              延时 60μs，满足时序要求
//#######################################################
bit rdbit_ds18b20(void)
{
    uchar j;          //定义延时变量
    bit b;            //返回变量暂存
    DQ=1;
    _nop_();
    DQ=0;             //启动总线
    delay_3μs;
    DQ=1;             //释放总线
    delay_3μs;
    delay_3μs;
    delay_3μs;
    if(DQ)            //延时 9μs 后采样
        b=1;
    else
        b=0;
    j=30;
    while(--j);       //延时满足时序
    return b;         //返回采样值
}
//#######################################################
//函数名称：rdbyte_ds18b20()主机读一个字节
//#######################################################
uchar rdbyte_ds18b20(void)
{
    uchar i,dat;
    for(dat=0,i=0;i<8;i++)
    {
        dat>>=1;                          //右移一位
        if(rdbit_ds18b20())               //如果读取的为 1
            dat|=0x80;                    //则置位最高位
    }
    return dat;                           //返回接收数据
}

#endif
```

10.1.3　知识总结——DS18B20 的引脚及内部结构

1. DS18B20 的封装

DS18B20 的封装采用 TO-92 和 8-Pin SOIC 封装。

外形及引脚排列如图 10-1 所示。

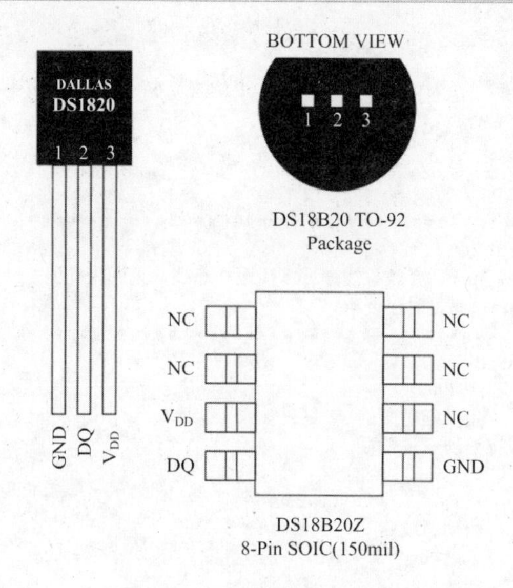

图 10-1　DS18B20 封装图

DS18B20 引脚定义：

- GND　为电源地。
- DQ　为数字信号输入/输出端。
- V_{DD}　为外接供电电源输入端(在寄生电源接线方式时接地)。
- NC　空引脚。

2. DS18B20 的构成

DS18B20 内部结构图如图 10-2 所示。主要包括寄生电源、温度传感器、64 位激光(lasered)ROM、存放中间数据的高速暂存器 RAM、非易失性温度报警触发器 TH 和 TL，以及配置寄存器等部分。

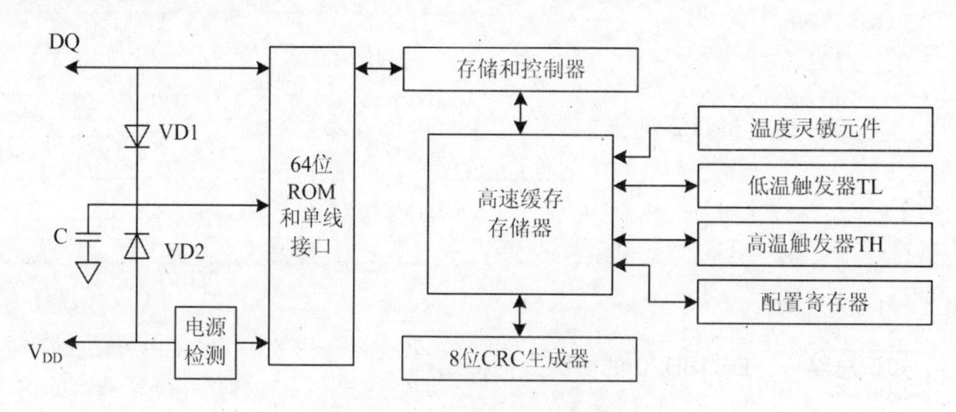

图 10-2　DS18B20 内部结构

1)　寄生电源

寄生电源由二极管 VD1、VD2、寄生电容 C 和电源检测电路组成。电源检测电路用于判定供电方式，DS18B20 有两种供电方式：3～5.5V 的电源供电方式和寄生电源供电方式(直接从数据线获取电源)。寄生电源供电时，V_{CC} 端接地，器件从单总线上获取电源。当 I/O

总线呈低电平时，由电容 C 上的电压继续向器件供电。该寄生电源有两个优点：一是检测远程温度时无需本地电源；二是缺少正常电源时也能读 ROM。

2)　64 位只读存储器 ROM

ROM 中的 64 位序列号是出厂前被光刻好的，它可以看作是该 DS18B20 的地址序列码。光刻 ROM 的作用是使每一个 DS18B20 都各不相同，这样就可以实现一根总线上挂接多个 DS18B20 的目的。64 位光刻 ROM 序列号的排列是：开始 8 位(28H)是产品类型标号，接着的 48 位是该 DS18B20 自身的序列号，最后 8 位是前面 56 位的循环冗余校验码(CRC=X8+X5+X4+1)。

3)　温度传感器

DS18B20 中的温度传感器可以完成对温度的测量。DS18B20 的温度测量范围是-55～+125℃，分辨率的默认值是 12 位。温度采集转化后得到 16 位数据，存储在 DS18B20 的两个 8 位 RAM 中，如表 10-1 所示。高字节的高 5 位 S 代表符号位，如果温度值大于或等于零，符号位为 0；温度值小于零，符号位为 1。低字节的低 4 位是小数部分，中间 7 位是整数部分，测得的温度和数字量的关系如表 10-2 所示。

表 10-1　DS18B20 的 16 位数据位定义

低字节	D7	D6	D5	D4	D3	D2	D1	D0
	2^3	2^2	2^1	2^{-0}	2^{-1}	2^{-2}	2^{-3}	2^{-4}

高字节	D15	D14	D13	D12	D11	D10	D9	D8
	S	S	S	S	S	2^6	2^5	2^4

表 10-2　DS18B20 温度与数字输出的典型值

温　度	二进制数字输出	十六进制数字输入
+125℃	0000 0111 1101 0000	07D0H
+25.0625℃	0000 0001 1001 0001	0191H
+0.5℃	0000 0000 0000 1000	0008H
+0℃	0000 0000 0000 0000	0000H
-0.5℃	1111 1111 1111 1000	FFF8H
-25.0625℃	1111 1110 0110 1111	FE6FH
-55℃	1111 1100 1001 0000	FC90H

4)　内部存储器

DS18B20 温度传感器的内部存储器包括一个高速暂存 RAM 和一个非易失性的可电擦除的 EEPROM，EEPROM 用于存放高温度和低温度触发器 TH、TL 和配置寄存器的内容。高速暂存存储器由 9 个字节组成，其分配如图 10-3 所示。

(1)　第 0 和第 1 字节是测得的温度信息，第 0 字节的内容是温度的低 8 位，第 1 字节是温度的高 8 位。

(2)　第 2 和第 3 字节是 TH 和 TL 的易失性复制，在每一次上电复位时被刷新(从 EEPEOM 中复制到暂存器中)。

(3) 第 4 字节是配置寄存器，每次上电后配置寄存器也会刷新。

(4) 第 5、6、7 字节保留。

(5) 第 8 字节是冗余校验字节。

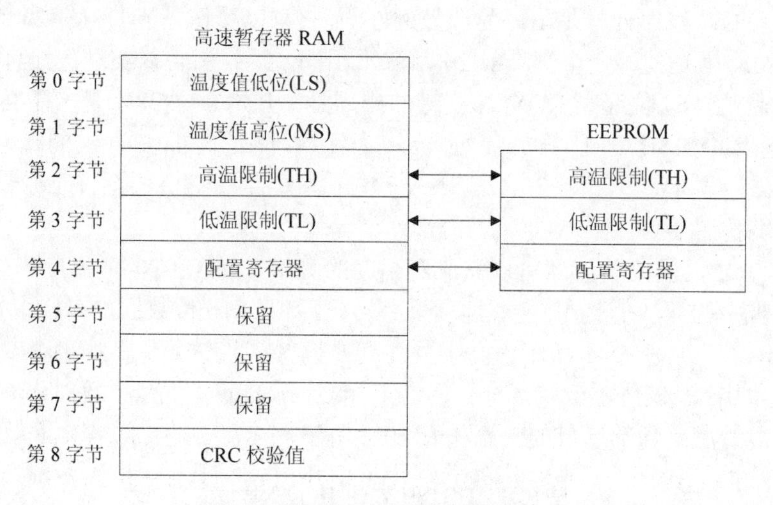

图 10-3 DS18B20 的存储器结构

5) 配置寄存器

暂存器的第 5 字节是配置寄存器，可以通过相应的写命令进行配置其内容，如表 10-3 所示。

表 10-3 配置寄存器位定义

D7	D6	D5	D4	D3	D2	D1	D0
TM	R1	R0	1	1	1	1	1

第 5 位一直都是 1，TM 是测试模式位，用于设置 DS18B20 在工作模式还是在测试模式。在 DS18B20 出厂时该位被设置为 0，用户不要去改动。R1 和 R0 用来设置 DS18B20 的分辨率，如表 10-4 所示(DS18B20 出厂时被设置为 12 位)。

表 10-4 分辨率配置

R1	R0	分 辨 率	温度最大转换时间
0	0	9 位	93.75ms
0	1	10 位	187.5ms
1	0	11 位	375ms
1	1	12 位	750ms

10.1.4 知识总结——单总线的操作命令

典型的单总线命令序列如图 10-4 所示，每次访问单总线器件，必须严格遵守该命令序列，否则，单总线器件不会响应主机。但是，这个准则对于搜索ROM命令和报警搜索命令例外，在执行两者中任何一条命令之后，主机不能执行其后的功能命令，必须返回，从初始化开始。

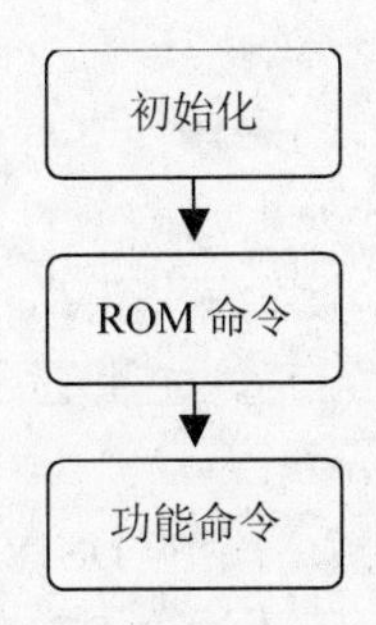

图10-4　单总线命令序列

1)　初始化

基于单总线上的所有传输过程都是以初始化开始的，初始化过程由主机发出的复位脉冲和从机响应的应答脉冲组成。应答脉冲使主机知道总线上有从机设备，且准备就绪。复位和应答脉冲的时间详见本章单总线数据通信协议部分。

2)　ROM操作命令

在主机检测到应答脉冲后，就可以发出 ROM 命令。这些命令与各个从机设备的唯一64位ROM代码相关，允许主机在单总线上连接多个从机设备时，指定操作某个从机设备。这些命令还允许主机能够检测到总线上有多少个从机设备及其设备类型，或者有没有设备处于报警状态。从机设备可能支持5种ROM命令(实际情况与具体型号有关)，每种命令长度为8位，主机在发出功能命令之前，必须送出合适的ROM命令。下面将简要地介绍各个ROM命令的功能，以及使用在何种情况下。

(1)　搜索ROM[F0h]命令。

当系统初始上电时，主机必须找出总线上所有从机设备的ROM代码，这样主机就能够判断出从机的数目和类型。主机通过重复执行搜索ROM循环(搜索ROM命令跟随着位数据交换)，以找出总线上所有的从机设备。如果总线只有一个从机设备，则可以采用读 ROM命令来替代搜索ROM命令。如要详细了解搜索ROM命令，可以查阅单总线协议资料。在每次执行完搜索ROM循环后，主机必须返回至命令序列的第一步(初始化)。

(2)　读ROM[33h]命令(仅适合于单节点)。

该命令仅适用于总线上只有一个从机设备。它允许主机直接读出从机的64位ROM代码，而无须执行搜索ROM过程。如果该命令用于多节点系统，则必然发生数据冲突，因为每个从机设备都会响应该命令。

(3)　匹配ROM[55h]命令。

匹配ROM命令跟随64位ROM代码，从而允许主机访问多节点系统中某个指定的从机设备。仅当从机完全匹配64位ROM代码时，才会响应主机随后发出的功能命令，其他设备将处于等待复位脉冲状态。

(4)　跳越ROM[CCh]命令(仅适合于单节点)。

主机能够在采用该命令的同时，访问总线上的所有从机设备，而无须发出任何ROM代码信息。例如，主机通过在发出跳越 ROM 命令后跟随转换温度命令[44h]，就可以同时命令总线上所有的 DS18B20 开始转换温度，这样大大节省了主机的时间。值得注意的是，如果跳越 ROM 命令跟随的是读暂存器[BEh]的命令(包括其他读操作命令)，则该命令只能应用于单节点系统，否则将由于多个节点都响应该命令而引起数据冲突。

(5) 报警搜索[ECH]命令(仅少数 1-wire 器件支持)。

除那些设置了报警标志的从机响应外，该命令的工作方式完全等同于搜索 ROM 命令。该命令允许主机设备判断哪些从机设备发生了报警(如最近的测量温度过高或过低等)，同搜索 ROM 命令一样，在完成报警搜索循环后，主机必须返回至命令序列的第一步。

3) 功能命令

在主机发出 ROM 命令，以访问某个指定的 DS18B20，接着就可以发出 DS18B20 支持的某个功能命令。这些命令允许主机写入或读出 DS18B20 暂存器、启动温度转换，以及判断从机的供电方式。DS18B20 的功能命令总结如表 10-5 所示。

表 10-5 DS18B20 功能命令表

命 令	描 述	命令代码	发送命令后，单总线响应	备注
温度转换命令				
温度转换	启动温度转换	44h	读温度状态	1
存储器命令				
读暂存器	读暂存器的 9 字节，包括 CRC 字节	BEh	读数据直到第 9 个字节至主机	
写暂存器	把字节写入暂存器 TH、TL 和配置寄存器	4Eh	写两个字节到地址 2、3 和 4	
复制暂存器	将暂存器 TH、TL 和配置寄存器的字节复制到 EEPROM	48h	读复制状态	2
回读 EEPROM	把 EEPROM 中的值读回暂存器	B8h	读温度忙状态	

注意:

- 在温度转换和复制暂存器数据至 EEPROM 期间，主机必须在单总线上允许强上拉。并且在此期间，总线上不能进行其他数据传输。
- 通过发出复位脉冲，主机能够在任何时候中断数据传输。
- 在复位脉冲发出前，必须写入全部的 3 个字节。

10.1.5 知识总结——单总线的通信协议及时序

所有的单总线器件要求采用严格的通信协议，以保证数据的完整性。该协议定义了几种信号类型：复位脉冲、应答脉冲序列；写 0 和写 1；读 0、读 1。所有这些信号，除了应答脉冲以外，都由主机发出同步信号，并且发送所有的命令和数据时，都是字节的低位在前，这一点与多数串行通信格式不同(多数为字节的高位在前)。

1. 初始化序列——复位和应答脉冲(init_ds18b20()初始化函数)

单总线上的所有通信都是以初始化序列开始。主机通过拉低单线 480μs 以上，产生复位脉冲，然后释放该线，进入 Rx 接收模式。主机释放总线时，4.7kΩ的电阻将单总线拉高，产生一个上升沿。单线器件 DS18B20 检测到该上升沿后，延时 15～60μs，DS18B20 通过拉低总线 60～240μs 来产生应答脉冲。主机接收到从机的应答脉冲后，说明有单线器件在线。总线初始化脉冲时序图如图 10-5 所示。

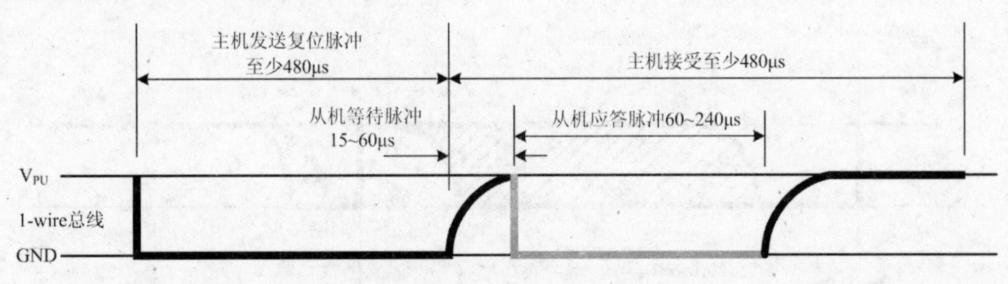

图 10-5　单总线初始化时序图

2. 写时隙(wtbyte_ds18b20(uchar wdat)写一个字节函数)

当主机将单总线 DQ 从逻辑高(空闲状态)拉为逻辑低时，即启动一个写时序。存在两种写时隙：“写 1”和“写 0”。主机采用“写 1”时隙向从机写入 1，而采用“写 0”时隙向从机写入 0。所有写时隙至少需要 60μs，且在两次独立的写时隙之间至少需要 1μs 的恢复时间。两种写时隙均起始于主机拉低总线，如图 10-6 所示。产生“写 1”时隙的方式：主机在拉低总线后，接着必须在 15μs 之内释放总线(向总线写 1)，由 4.7kΩ上拉电阻将总线拉至高电平；产生“写 0”时隙的方式：在主机拉低总线后，只需在整个时隙期间保持低电平即可(至少 60μs)。

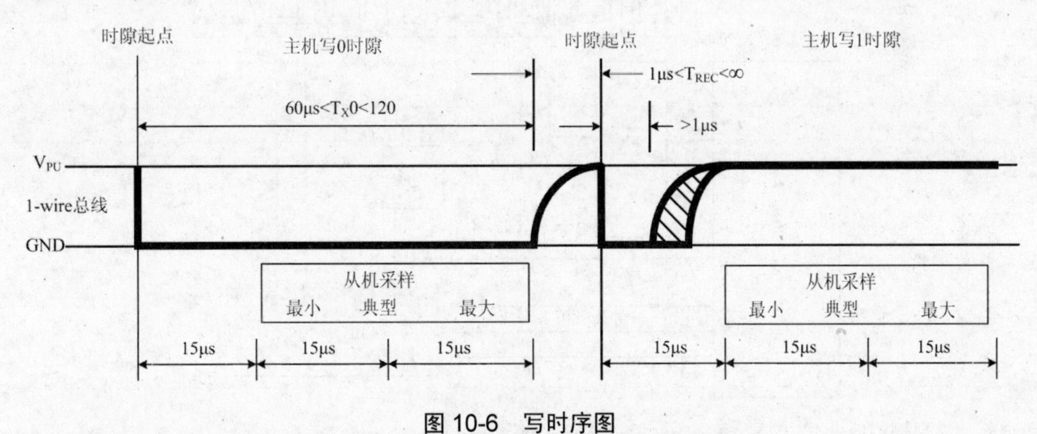

图 10-6　写时序图

在写时隙起始后 15～60μs 期间，单总线器件采样总线电平状态。如果在此期间采样为高电平，则逻辑 1 被写入该器件；如果为低电平，则写入逻辑 0。

3. 读时隙(rdbyte_ds18b20()主机读一个字节函数)

总线器件仅在主机发出读时隙时，才向主机传输数据，所以，在主机发出读数据命令后，必须马上产生读时隙，以便从机能够传输数据。所有读时隙至少需要 60μs，且在两次独立的读时隙之间至少需要 1μs 的恢复时间。每个读时隙都由主机发起，至少拉低总线 1μs，如图 10-7 所示。在主机发起读时隙之后，单总线器件才开始在总线上发送 0 或 1。若从机发送 1，则保持总线为高电平；若发送 0，则拉低总线。当发送 0 时，从机在该时隙结束后释放总线(向总线写 1)，由上拉电阻将总线拉回至空闲高电平状态。从机发出的数据在起始时隙之后，保持有效时间 15μs，因而，主机在读时隙期间必须先释放总线，并且在时隙起始后的 15μs 之内采样总线状态。

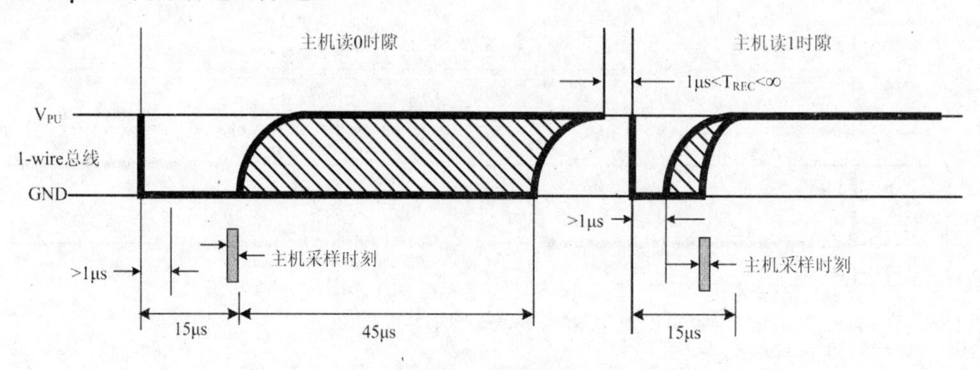

图 10-7　读时序图

10.1.6　实战练习

我们采用 MCU_BUS V1 单片机开发板的硬件连接图为例，如图 10-8 所示。温度传感器 DS18B20 采用独立电源供电，数据线 DQ 经过一个上拉电阻和单片机的 P3.4 口相连。P0 口经过 74HC573 驱动数码管的位选信号，数码管的段信号通过串并转换芯片 74HC595 提供。

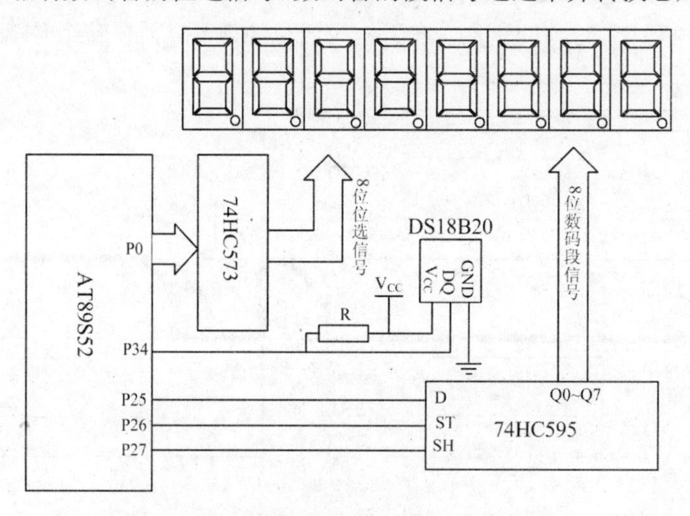

图 10-8　DS18B20 和 AT89S52 的硬件接口

下面采用本电路实现温度传感器 DS18B20 的温度采集功能，将温度的信息显示在数码管上，实验中我们只保留整数部分。

【源程序】：

```
#include <intrins.h>
```

```
#include <REGX51.H>
#include "DS18B20.H"
#include "DISPLAY.H" //数码管显示头文件，在 9.1.7 节中有实现

//##############################################################
//函数名称：convter_t(uchar tldat,uchar thdat)温度数值转换函数
//函数功能：将二进制时间数据转换成十进制保存在字符数组 display_7leds[5]中
//display_7leds[0]百位 display_7leds[1]十位 display_7leds[2]个位
display_7leds[3]小数点 display_7leds[4]十分位 display_7leds[5]百分位
//##############################################################
void convter_t(uchar uct_l,uchar uct_h)
{
    uchar tm_dot,tm;                      //存放小数部分
    tm_dot=(uct_l>>2)&0x03;               //4 位二进制小数部分只保留高两位
    uct_h=(uct_h<<4)&0xf0;                //将高位数据左移到最高 4 位
    tm=uct_h|((uct_l>>4)&0x0f);           //uct_l 的高 4 位右移到低 4 位，同高 4 位合并成一个字节
    display_7leds[0]=tm/100;              //tm 除 100 取整数部分；得百位数据
    display_7leds[1]=(tm- display_7leds[0]*100)/10;
                                          //tm 取十位一下数据除 10 取整数部分；得十位数据
    display_7leds[2]=tm%10;               //tm 对 10 取余的个位数据
    display_7leds[3]=17;                  //小数点位赋值 17。因为 uc7leds[18]第 10 位为'.'
    tm_dot=tm_dot*25;                     //小数部分高两位的分辨率是 0.25
    display_7leds[4]=tm_dot/10;           //十分位
    display_7leds[5]=tm_dot%10;           //百分位
}

void delay1ms(uint ms)//延时 1ms(不够精确的)
{  unsigned int i,j;
   for(i=0;i<ms;i++)
    for(j=0;j<100;j++);
}

void main(void)
{
while(1)
{
        uchar uct_l,uct_h;
        uct_l=0;                      //存放温度低字节
        uct_h=0;                      //存放温度高字节
        init_ds18b20();               //初始化 DS18B20
        wtbyte_ds18b20(0xcc);  //跳过 ROM 命令
        wtbyte_ds18b20(0x44);  //温度转换命令

        delay1ms(1);                   //延时 1ms
        init_ds18b20();                //初始化 DS18B20
        wtbyte_ds18b20(0xcc);    //跳过 ROM 命令
        wtbyte_ds18b20(0xbe);    //读取温度命令

        uct_l=rdbyte_ds18b20(); //读低字节
        uct_h=rdbyte_ds18b20(); //读高字节
        convter_t(uct_l,uct_h); //转换温度数值
        wr7leds();
}
}
```

DS18B20 的编程注意事项：

- 较小的硬件开销需要相对复杂的软件进行补偿，由于 DS1820 与微处理器间采用串行数据传送，因此在对 DS1820 进行读写编程时，必须严格的保证读写时序，否则

将无法读取测温结果。

- 每次执行相应操作时，都应该遵循单总线的命令周期，复位——ROM 命令——功能命令，否则无法完成命令。
- 从 DS18B20 中读取温度数据，是按照先低字节再高字节，先低位(LSB)再高位(MSB)的顺序读取的。

10.2 IIC 总线

目前比较流行的几种串行扩展总线中，IIC 总线以其严格的规范和众多的带 IIC 接口的外围芯片而获得广泛应用。IIC 总线是 PHILIPS 公司推出的串行总线，它是一种简单、双向二线制同步串行总线，它只需要两根线即可在连接于总线上的器件之间传送信息。易于扩展凡是具有 IIC 接口的器件都可以挂接在 IIC 总线上。随着 IIC 总线的发展，现已广泛应用在音/视频领域、IC 卡行业、家电行业，以及 LCD 驱动器、远程 I/O 口、RAM、EEPROM 或数据转换器等，下面将结合基于 IIC 通信接口的 AT24C02 讲解 IIC 总线。

10.2.1 IIC 总线简介

下面是 IIC 总线的一些特征。

(1) IIC 串行总线一般有两根信号线，一根是双向的数据线 SDA，另一根是时钟线 SCL。所有接到 IIC 总线设备上的串行数据 SDA 都接到总线的 SDA 上，各设备的时钟线 SCL 接到总线的 SCL 上。

(2) 每个接到 IIC 总线的设备都有一个唯一的地址，以便于主机寻访。主机和从机的数据传送，可以由主机发送数据到从机，也可以由从机发到主机。凡是发送数据到总线的设备称为发送器，从总线上接收数据的设备被称为接受器。

(3) 它是一个真正的多主机总线，IIC 总线上允许连接多个微处理器及各种外围设备，如果两个或更多主机同时初始化数据传输，可以通过冲突检测和仲裁以防止数据被破坏。

(4) 串行的 8 位双向数据传输位速率在标准模式下可达 100kbit/s，快速模式下可达 400kbit/s，高速模式下可达 3.4Mbit/s。

(5) 连接到相同总线的 IC 数量只受到总线的最大电容 400pF 的限制。

10.2.2 案例介绍及知识要点

图 10-9 所示为 AT89S52 与 AT24C02 串行 EEPROM 芯片的典型连接电路图。

图中 P2.0 和 P2.1 提供 AT24C02 的时钟 SCL 及数据 SDA，完成和 AT24C02 的数据传输。A0、A1、A2 接地，WP 接地，无数据保护。P1 口接 8 个发光二极管用于显示。由该硬件连接图可知 AT24C02 的写地址为：10100000，读地址为：10100001。写一段程序，向 AT24C02 中写入一个字节的数据，然后读取并用二极管显示出来。

知识点

- 了解 IIC 总线数据通信协议。
- 熟悉掌握串行存储器 AT24C02 的用法。

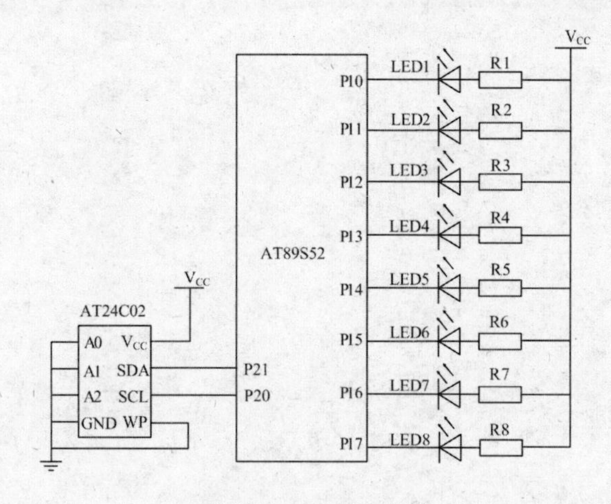

图 10-9　24C02 电路

10.2.3　程序示例

程序代码如下：

```
#include "reg52.h"

#define uchar unsigned char
#define uint  unsigned int

#define Wr_Addr_24c02  0xa0
#define Rd_Addr_24c02  0xa1
sbit   SCL=P2^0;
sbit   SDA=P2^1;

//延时函数
void delayms(uint number)
{
     uchar temp;
     for(;number!=0;number--)
     {
          for(temp=112;temp!=0;temp--);
     }
}
/*********************************************************
功能：开始一个读写操作
IIC时序：时钟线高电平期间，数据线的一个下降沿
*********************************************************/
void start()
{
     SDA=1;
     SCL=1;
     SDA=0;
     SCL=0;
}
/*********************************************************
功能：停止一个读写操作
IIC时序：时钟线高电平期间，数据线的一个上升沿
*********************************************************/
void stop()
{
     SDA=0;
```

```
        SCL=1;
        SDA=1;
    }
    //ACK
    bit testack()
    {
        bit errorbit;
        SDA=1;
        SCL=1;
        errorbit=SDA;
        SCL=0;
        return(errorbit);
    }
    //NACK
    void noack()
    {
        SDA=1;
        SCL=1;
        SCL=0;
    }
    //写入 8 位数据比特
    wr_8bit(uchar indat)
    {
        uchar temp;
        for(temp=8;temp!=0;temp--)
        {
            SDA=(bit)(indat&0x80);
            SCL=1;
            SCL=0;
            indat=indat<<1;
        }
    }
    /**************************************************************************
    函数名称：void wr_byte_24c02(uchar addr,uchar indat)
    函数功能：写入一个字节到指定地址,addr:地址 indat:数据
    备注：写入一个字节的 IIC 时序
    开始+ 从机地址+ACK(从机发)+要写入数据的地址+ACK(从机发)+要写入的数据+ACK(从机发)+停止
    **************************************************************************/
    void wr_byte_24c02(uchar addr,uchar indat)
    {
        start();
        wr_8bit(Wr_Addr_24c02);
        testack();
        wr_8bit(addr);
        testack();
        wr_8bit(indat);
        testack();
        stop();
        delayms(10); //延时等待 at24c02 保存数据
    }
    //读 8bit 的数据
    uchar rd_8bit()
    {
        uchar temp,rbyte=0;
        for(temp=8;temp!=0;temp--)
            {
            SCL=1;
                rbyte=rbyte<<1;
                rbyte=rbyte|((uchar)(SDA));
            SCL=0;
          }
```

```
    return(rbyte);
}
/********************************************************************************
函数名称：uchar rd_byte_24c02(uchar addr)
函数功能：从指定地址读取一个字节数据,addr:地址
备注：读取一个字节的 IIC 时序
开始+ 从机地址+ACK(从机发)+要写入数据的地址+ACK(从机发)+开始+从机地址+ACK(从机发)+接受数据
+NACK+停止
********************************************************************************/
//
uchar rd_byte_24c02(uchar addr)
{
    uchar ch;
    start();
    wr_8bit(Wr_Addr_24c02);
    testack();
    wr_8bit(addr);
    testack();
    start();
    wr_8bit(Rd_Addr_24c02);
    testack();
    ch=rd_8bit();
    noack();
    stop();
    return(ch);
}

main()
{
    uchar rddat;
    wr_byte_24c02(0x02,0x77);
    rddat=rd_byte_24c02(0x02);
    P1=rddat;
    while(1);
}
```

10.2.4　知识总结——IIC 总线数据的通信协议

1. IIC 接口

IIC 总线接口的电气结构如图 10-10 所示，IIC 总线的串行数据线 SDA 和串行时钟线 SCL 必须经过上拉电阻 Rp 接到正电源上。当总线空闲时，SDA 和 SCL 必须保持高电平。为了使总线上所有电路的输出能完成“线与”的功能，连接到总线上的器件的输出级必须为“开漏”或“开集”的形式，所以总线上需加上拉电阻。

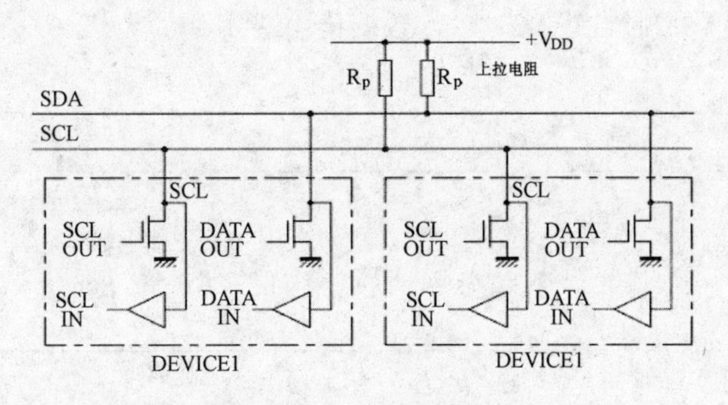

图 10-10　IIC 总线接口

2. 起始和终止信号

对 IIC 器件的操作总是从一个规定的“启动(Start)”时序开始，即 SCL 为高电平时，SDA 由高电平向低电平跳变，开始传送数据；信息传输完成后总是以一个规定的“停止(Stop)”时序结束，即 SCL 为高电平时，SDA 由低电平向高电平跳变，结束传送数据。时序图如图 10-11 所示。

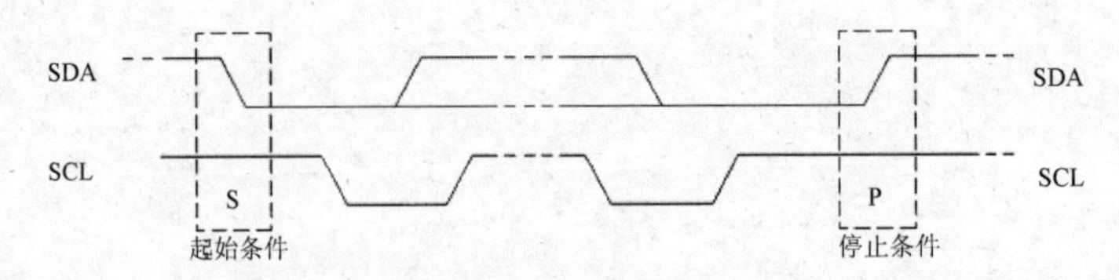

图 10-11 起始/停止时序

起始信号和终止信号都是由主机发出的，在起始信号产生后，总线就处于被占用的状态；在终止信号产生一段时间后，总线就处于空闲状态。

在进行数据传输时，SDA 线上的数据必须在时钟的高电平周期保持稳定，数据线的高或低电平状态只有在 SCL 线的时钟信号是低电平时才能改变，如图 10-12 所示。

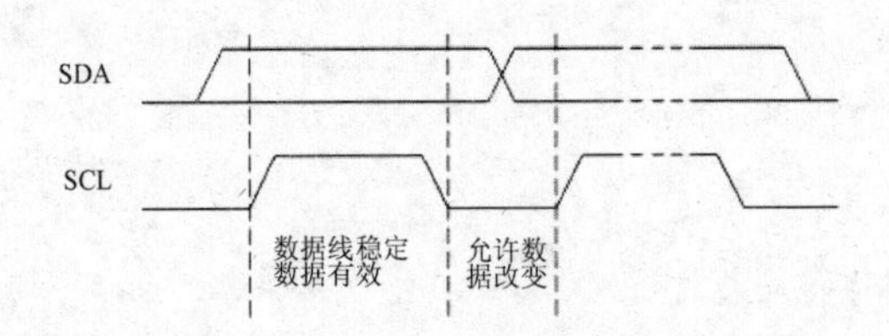

图 10-12 数据传输时序

3. 字节数据传送及应答信号

IIC 总线传送的每个字节均为 8 位，每次传输可以发送的字节数量不受限制，每个字节后必须跟一个应答信号。首先传输的是数据的最高位，如图 10-13 所示，主控器件发送时钟脉冲信号，并在时钟信号的高电平期间保持数据线(SDA)的稳定。由最高位开始一位一位地发送，发送完一个字节后，在第 9 个时钟高脉冲时，从机输出低电平作为应答信号，表示对接收数据的认可，应答信号用 ACK 表示。如果从机要完成一些其他功能，例如一个内部中断服务程序，可以使时钟线 SCL 保持低电平，迫使主机进入等待状态，当从机准备好接收下一个数据字节并释放时钟线 SCL 后，数据传输继续。

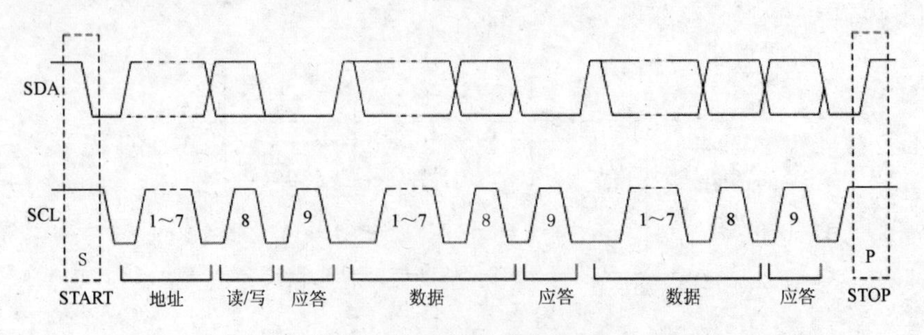

图 10-13 数据传送格式

4. 完整的数据传送

IIC 数据的传输遵循图 10-13 所示的格式。先由主控器发送一个启动信号(S)，随后发送一个带读/写(R/W)标记的从地址字节(SLAVE ADDRESS)，从机地址只有 7 位长，第 8 位是“读/写(R/W)”，用来确定数据传送的方向。

1) 写格式。IIC 总线数据的写格式如图 10-14 所示。

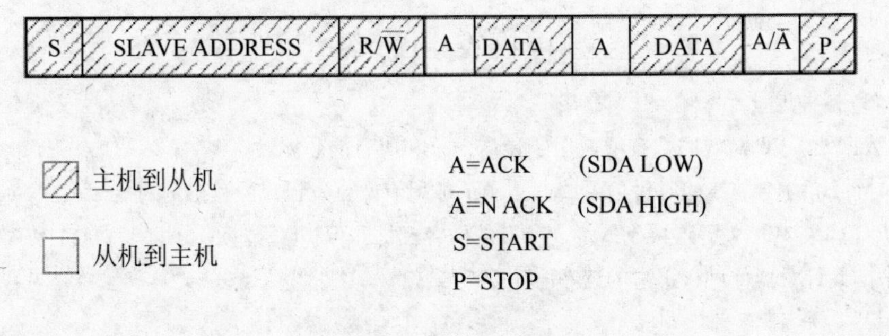

图 10-14 写数据格式

对于写格式，从机地址中第 8 位 R/W 应为 0，表示主机控制器将发送数据给从机，从机发送应答信号(A)表示接收到地址和读写信息，接着主机发送若干个字节，发送完每个字节后，从机发送一个应答位(A)。注意根据具体的芯片功能，传送的数据格式也有所不同。主机发送完数据后，最后发送一个停止信号(P)，表示本次传送结束。

2) 读格式。IIC 总线数据的读格式如图 10-15 所示。

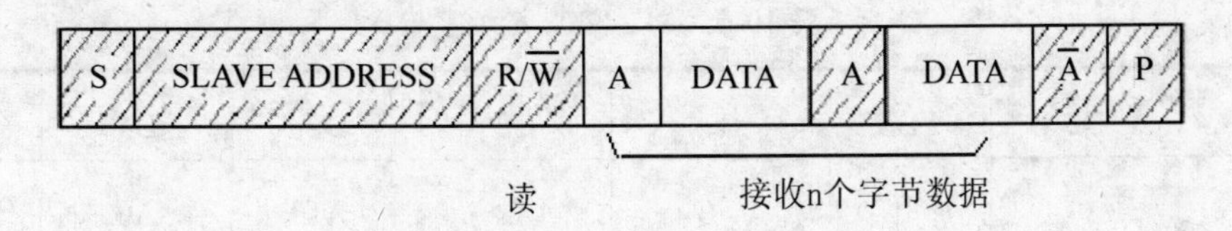

图 10-15 读数据格式

主机发送从机地址(SLAVE ADDRESS)时将 R/W 设为 1，则表示主机将读取数据，从机接收到这个信号后，将数据传送到数据线上(SDA)，主机每接收到一个字节数据后，发送一个应答信号(A)。当主机接收完数据后，发送一个非应答信号($\overline{A}$)，通知从机表示接收完成，然后再发送一个停止信号。

10.2.5 知识总结——串行存储器 AT24C02

1. AT24C02 简介

AT24C02 是美国 ATMEL 公司的串行 EEPROM 芯片，提供 2kbits 的 EEPROM 存储空间，也就是 256 个字节的存储空间。该芯片有页写功能，数据保存可达 100 年。这个器件广泛用于那些需要低电压、低功耗的商业和工业领域。AT24C02 有多种封装形式，如 TSSOP、PDIP、MAP 和 SOIC 等。

引脚定义如图 10-16 所示。

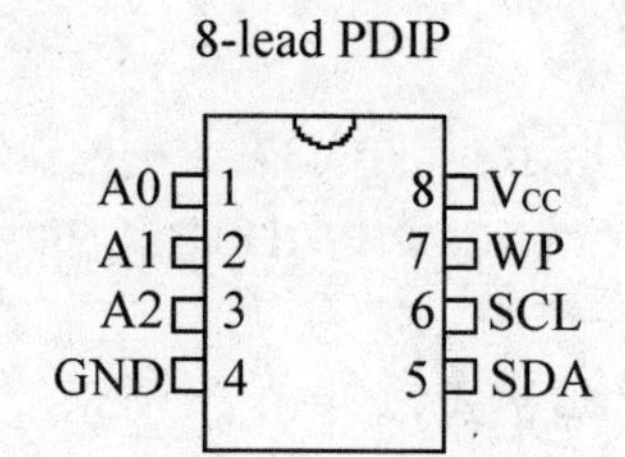

图 10-16　引脚定义

A0、A1、A2：器件地址输入端。

SDA：串行数据线，IIC 总线的数据线，用于传送地址和所有的数据。

SCL：串行时钟线，IIC 总线的时钟信号线，用于形成所有数据发送或接受的时钟。

WP：写保护。如果 WP 关键连接到 V_{CC}，所有的内容都被写保护(只能读，不能写)。当 WP 引脚连接到 GND 或悬空，允许对器件进行正常的读/写操作。

V_{CC}：电源。

GND：地。

2. AT24C02 的使用

1)　确定从机即 AT24C02 的地址

AT24C02 的地址字节格式如表 10-6 所示。高半字节是出厂固定的数据，A2、A1、A0 由有引脚确定，本例中将 3 个引脚全部接低电平。

表 10-6　AT24C02 地址字节

D7	D6	D5	D4	D3	D2	D1	D0
1	0	1	0	A2	A1	A0	R/W

2)　对 AT24C02 写操作

(1)　字节写。

在字节写模式下，主器件发送起始命令和从器件地址信息(R/W 位置零)给从器件，在从器件产生应答信号后，主器件发送 AT24C02 的字节地址(即写入的数据在 AT24C02 中存放的地址)。主器件在收到从器件的另一个应答信号后，再发送数据到被寻址的存储单元。AT24C02 再次应答，并在主器件产生停止信号后开始内部数据的擦写。在内部擦写过程中 AT24C02 不再应答主器件的任何请求。AT24C02 字节写操作的时序如图 10-17 所示。

(2)　页写。

用页写 AT24C02 可以一次写入 16 个字节的数据，页写操作的启动和字节写一样，不同的是在传送了一字节数据后并不产生停止信号(主器件被允许发送 15 个额外的字节)，每发送一个字节数据后，AT24C02 产生一个应答位，并将字节地址低位加 1，高位保持不变。

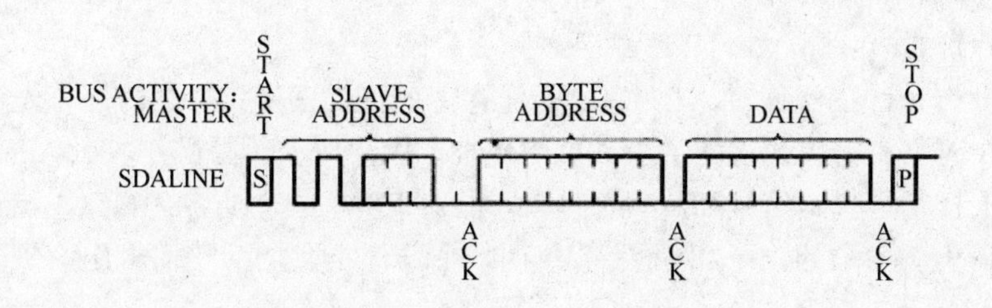

图 10-17　字节写时序

如果在发送停止信号之前主器件发送超过 16 个字节，即字节地址的地位满 16，地址计数器将自动翻转，将低位清零，高位不变，继续写入。先前写入的数据被覆盖。接收到 16 字节数据和主器件发送的停止信号后，AT24C02 启动内部写周期将数据写到数据区，所有接收的数据在一个写周期内写入 AT24C02。AT24C02 页写操作的时序如图 10-18 所示。

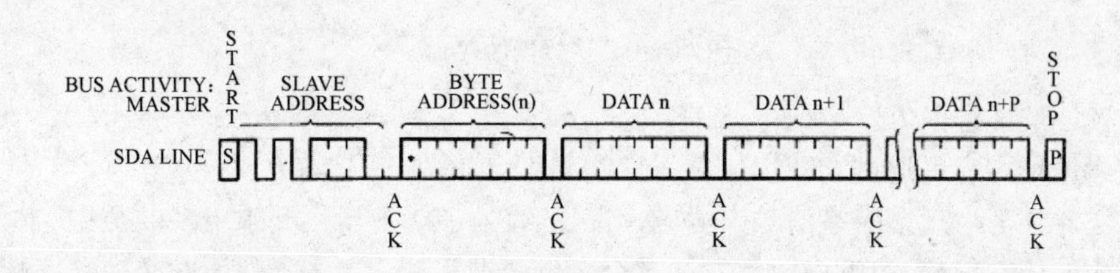

图 10-18　页写时序

3)　对 AT24C02 读操作

当从器件的 R/W 位被置 1，启动读操作。存在 3 种基本读操作：读当前地址内容、读指定地址内容和读连续地址内容。

(1)　读当前地址内容。

AT24C02 片内包含一个地址计数器，此计数器保持被存取的最后一个字的地址，并在片内自动加 1，因此，如果以前存取的地址为 n，则下一个读操作从 n+1 地址中读出数据。在接收到从器件的地址中 R/W 位为 1 的情况下，AT24C02 发送一个确认位并且发送 8 位数据。主器件接受到 8 位字节数据后，产生一个非响应信号(NACK)，再发送一个停止信号，AT24C02 就不再发送数据，如图 10-19 所示。

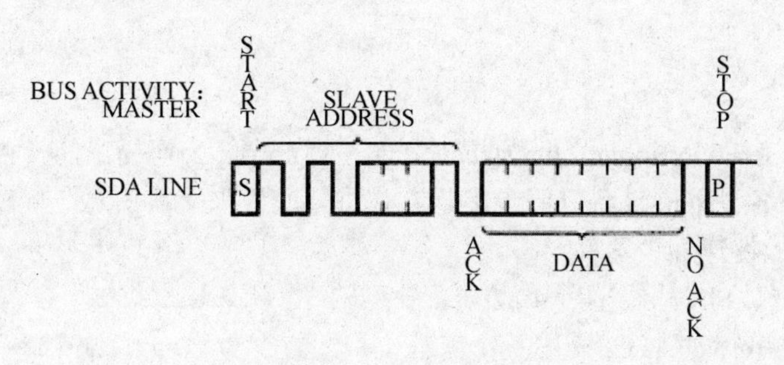

图 10-19　立即地址读时序

(2) 读指定地址内容。

指定地址读操作允许主器件对AT24C02的任意字节进行读操作，主器件首先通过发送起始信号、从器件地址和它想读取的字节数据的地址，执行一个伪写操作。在AT24C02应答之后，主器件重新发送起始信号和从器件地址，此时R/W位置1，AT24C02响应并发送应答信号，然后输出所要求的一个8位字节数据，主器件不发送应答信号但产生一个停止信号，如图10-20所示。

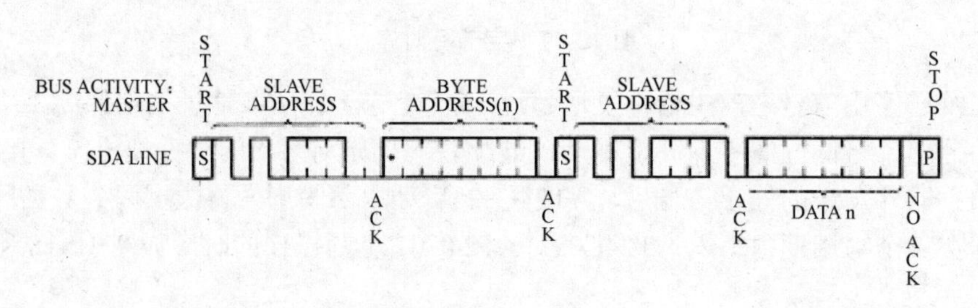

图 10-20 选择读时序

(3) 读连续地址内容。

读连续地址内容可通过立即读或选择性读操作启动。在AT24C02发送完一个8位字节数据后，主器件产生一个应答信号来响应，告知AT24C02主器件要求更多的数据，对应每个主机产生的应答信号AT24C02将发送一个8位数据字节。当主器件不发送应答信号而发送非应答信号和停止信号时结束此操作，如图10-21所示。

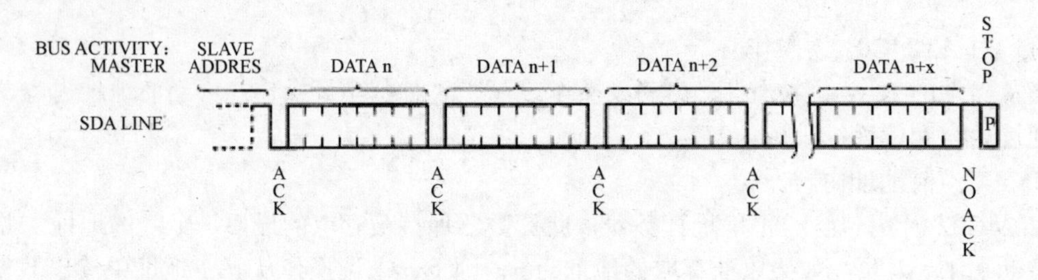

图 10-21 连续读时序

10.3 SPI总线应用

10.3.1 SPI简介

串行外设接口(Serial Peripheral Interface，SPI)是Motorola公司提出的一种同步串行外设接口，允许MCU与各种外围设备以同步串行方式进行通信来交换信息，如EEPROM、ADC和显示驱动器之类的慢速外设器件。

与IIC总线不同，SPI总线采用4线方式：

- SCK　　串行时钟线。
- MISO　　主机输入/从机输出线。
- MOSI　　主机输出/从机输入线。

- CS/SS　　低电平有效的从机选择线。

10.3.2　案例介绍及知识要点

ISD4004 和 AT89S52 的应用电路如图 10-22 所示，图中 MIC 为麦克风，采集外界声音。LM386 典型的音频放大电路，加强 ISD4004 的语音输出功率。单片机的 P0.0～P0.3 口模拟 SPI 接口与 ISD4004 的 SPI 接口相接。

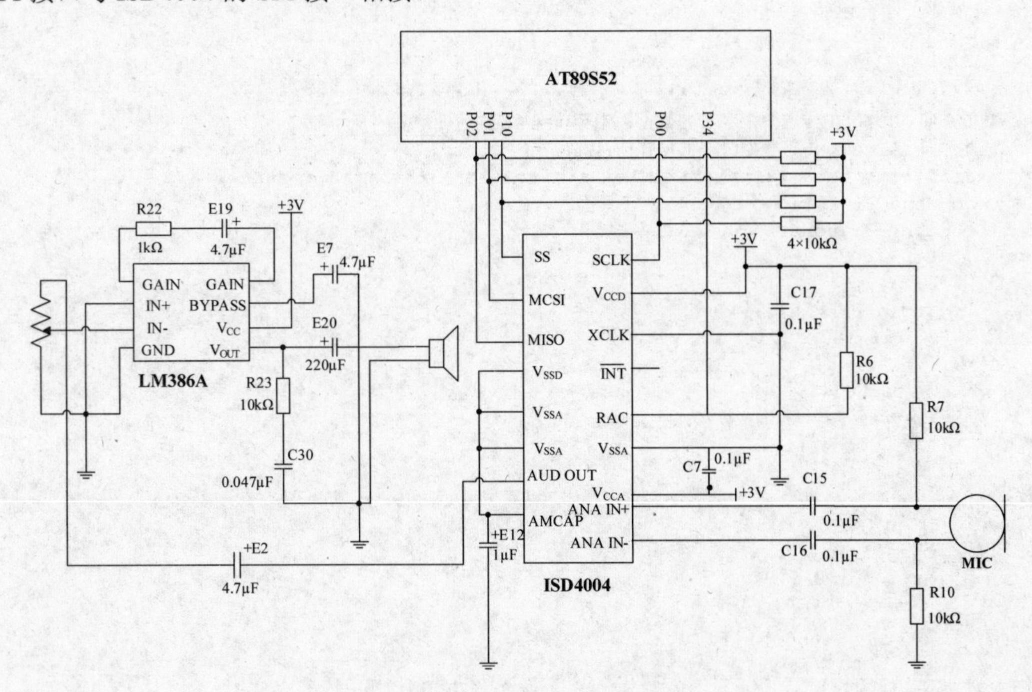

图 10-22　ISD4004 应用电路

知识点

- 了解 SPI 的接口电路。
- 熟悉 SPI 总线通讯协议。
- 熟练使用 ISD4004 语音芯片。

10.3.3　程序示例

程序代码如下：

```
#include<reg52.h>
#include<intrins.h>

sbit SCLK = P0^0;              //时钟位定义
sbit MOSI = P0^1;              //ISD4004 数据输入位
sbit MISO = P0^2;              //ISD4004 数据输出位
sbit SS   = P1^0;              //ISD4004 片选

/************************************************************
功能：实现向 ISD4004 传送一个字节数据，用于传送 8 位控制指令
描述：向 ISD4004 传送数据时，低位在前，高位在后
************************************************************/
```

```
void Send_Bit8(uchar m)
{     uchar i,j;
      SCLK=0;
      i=m;
      for(j=0;j<8;j++)
     {   if(i&0x01)      MOSI=1;             //数据最低位为 1，将数据引脚置 1
          Else           MOSI=0;
         SCLK =1;
         i=i>>1;                              //数据右移一位，准备送下一位数据
         SCLK=0;
     }
}
/**************************************************************
功能：向 ISD4004 传送两个字节的数据，用于传送 16 位地址
描述：向 ISD4004 传送数据时，低位在前，高位在后
**************************************************************/
void Send_Bit16(uint m)
{     uint i; uchar j;
      SCLK =0;
      i=m;
      for(j=0;j<16;j++)
      {   if(i&0x0001) MOSI=1;
          Else          MOSI=0;
          SCLK =1;
          i=i>>1;
          SCLK =0;
      }
}
void Delay(uchar n)                           //延时子函数
{    uchar i,j;
     for(i=n;i>0;i--)
         for(j=250;j>0;j--);
}

void ISD_Stop()                               //停止当前操作函数
{    SS=1; _nop_(); SS=0;
     Send_Bit8(0x30);
     SS=1;
}

void Power_on(void)                           //上电函数
{
Send_Bit8(0x20);                              //发上电命令
}
/**************************************************************
功能：在 ISD4004 指定的地址开始录音
**************************************************************/
void ISD_Rec()
{    SS=1;_nop_();
SS=0;
     Power_on ();                             //ISD 上电
     SS=1;
     Delay(100);
SS=0;
     Power_on ();                             //录音与放音不同，需两次上电
     SS=1;
     Delay(200);
     SS=0;
     Send_Bit16(0x0000);                      //从地址 00 处开始录音
     Send_Bit8(0xa0);                         //发 SETREC 指令
```

```
    SS=1; nop_(); SS=0;                    //两命令之间 SS 必须为高电平
    Send_Bit(0xb0);                        //发 REC 命令，开始录音
    SS=1;
}
/**********************************************************
功能：在 ISD4004 指定的地址开始放音
**********************************************************/
void ISD_Play()
{   SS=1;_nop_();SS=0;
    Power_on ();
    SS=1;
    Delay(100);
    SS=0;
    Send_Bit16(0x0000);                    //设置开始放音的地址
    Send_Bit8(0xe0);                       //发 SETPLAY 指令
    SS=1;_nop_();                          //两命令之间 SS 必须为高电平
SS=0;_nop_();
    Send_Bit8(0xf0);                       //发 PLAY 命令，开始放音
    SS=1;
}
```

10.3.4　知识总结——SPI 总线接口

使用单片机作为主机来控制数据，并向一个或多个从机外围器件传送数据。从机只有在主机发送命令时才能接收或发送数据。数据的传输格式是高位(MSB)在前，低位(LSB)在后。SPI 总线接口系统典型的结构如图 10-23 所示。

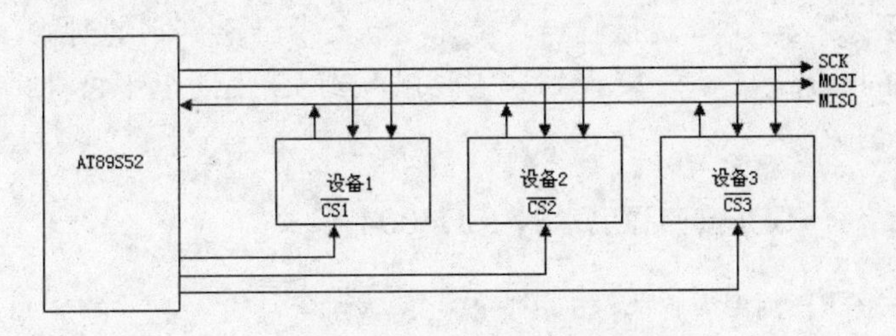

图 10-23　SPI 总线接口

在 SPI 总线扩展中，如果某个从器件只作为输入或只作为输出(如显示驱动器)时，可以省去一根主机输入/从机输出线(MISO)，这样可以节省一根线，构成三线系统。同样如果只有一个从机设备时，可以省去片选信号，也可以节省一根线。

当有多个不同的串行 I/O 器件连接至 SPI 总线上时，应该注意两点：一是它的数据输入线必须是三态结构，片选无效时输出高组态，这样可以不影响其他 SPI 设备的正常工作。二是连接到总线上的从器件必须有片选信号线。

10.3.5　知识总结——SPI 总线通信协议

SPI 模块为了和外设进行数据交换，根据外设工作要求，其输出串行同步时钟极性和相位可以进行配置，时钟极性(CPOL)对传输协议没有重大的影响。如果 CPOL=0，串行同步时钟的空闲状态为低电平；如果 CPOL=1，串行同步时钟的空闲状态为高电平。时钟相位(CPHA)能够用于配置选择两种不同的传输协议来进行数据传输。如果 CPHA=0，在串行同步时钟的第一个跳变沿(上升或下降)数据被采样；如果 CPHA=1，在串行同步时钟的第二个

跳变沿(上升或下降)数据被采样。SPI 主模块和与之通信的外设的时钟相位和极性应该一致。

但是大多数的 51 单片机没有 SPI 模块接口，通常使用软件的办法来模拟 SPI 的总线操作，包括串行时钟、数据输入和输出。值得注意的是，对于不同的串行接口外围芯片，它们的时钟时序有可能不同，按 SPI 数据和时钟的相位关系来看，通常有 4 种情况，这是由片选信号有效前的 SCK 电平和数据传送时的 SCK 有效沿来区分的，传送 8 位数据的时序种类具体如图 10-24 所示。

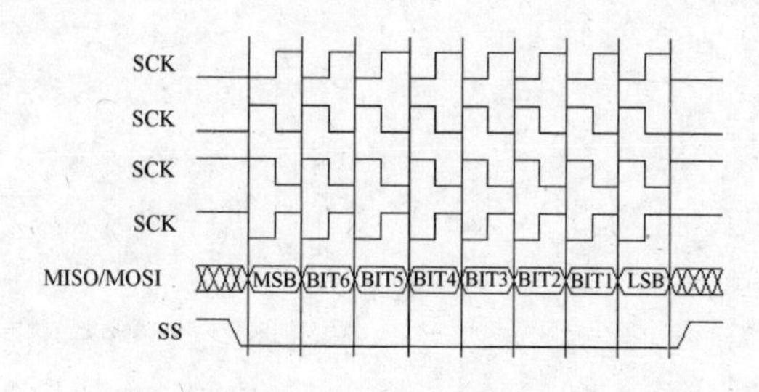

图 10-24　SPI 总线的 4 种数据/时钟时序图

由时序图可知：

(1) SPI 总线是边沿信号触发信号传送，数据传送的格式是高位在前，低位在后。

(2) 片选信号是低电平有效，数据在片选有效时进行数据传送，无效时停止数据传送。

(3) 片选信号的跳变发生在时钟 SCK 低电平时。

由上可知，SPI 时序其实很简单，主要是在 SCK 的控制下，两个双向移位寄存器进行数据交换。上升沿发送、下降沿接收、高位先发送；上升沿到来的时候，MOSI 上的电平将被发送到从设备的寄存器中；下降沿到来的时候，MISO 上的电平将被接收到主设备的寄存器中。

10.3.6　知识总结——SPI 接口语音芯片 ISD4004

ISD4004 采用 DIP 封装，引脚图如图 10-25 所示。

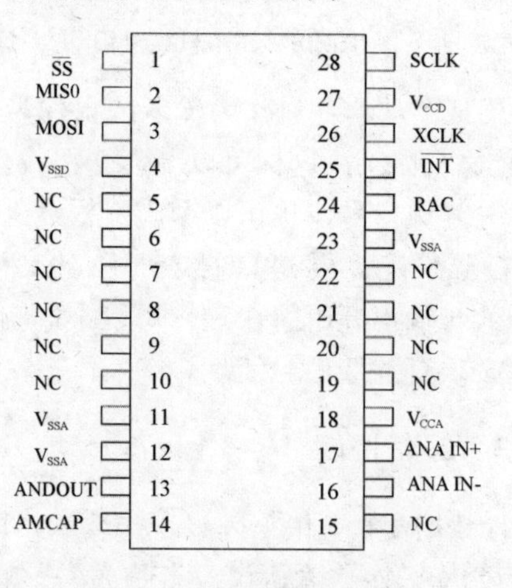

图 10-25　ISD4004 引脚

引脚描述：

(1) 电源(V_{CCA}，V_{CCD})：为使噪声最小，模拟和数字电源端最好分别走线，尽可能在靠近供电端处相连，而去耦电容应尽量靠近器件。

(2) 地线(V_{SSA}，V_{SSD})：芯片内部的模拟和数字电路也使用不同的地线。

(3) 同相模拟输入(ANA IN+)：这是录音信号的同相输入端。输入放大器可用单端或差分驱动。单端输入时，信号由耦合电容输入，最大幅度为 V_{P-P} 32mV，耦合电容和本端的 3kΩ 电阻输入阻抗决定了芯片频带的低端截止频率。差分驱动时，信号最大幅度为 V_{P-P} 16mV。

(4) 反相模拟输入(ANA IN−)：差分驱动时，这是录音信号的反相输入端。信号通过耦合电容输入，最大幅度为 V_{P-P} 16mV。

(5) 音频输出(AUD OUT)：提供音频输出，可驱动 5kΩ的负载。

(6) 片选($\overline{SS}$)：低电平有效。

(7) 串行输入(MOSI)：此端为串行输入端，主控制器应在串行时钟上升沿之前半个周期将数据放到本端，供 ISD 输入。

(8) 串行输出(MISO)：ISD 的串行输出端。ISD 未选中时，本端呈高阻态。

(9) 串行时钟(SCLK)：ISD 的时钟输入端，由主控制器产生，用于同步 MOSI 和 MISO 的数据传输。数据在 SCLK 上升沿锁存到 ISD，在下降沿移出 ISD。

(10) 中断($\overline{INT}$)：本端为漏极开路输出。ISD 在任何操作(包括快进)中检测到 EOM 或 OVF 时，本端变低并保持。中断状态在下一个 SPI 周期开始时清除。中断状态也可用 RINT 指令读取。OVF 标志用于指示 ISD 的录、放操作已到达存储器的未尾。EOM 标志，只在放音中检测到内部的 EOM 标志时，此状态位才置 1。

(11) 行地址时钟(RAC)：漏极开路输出。每个 RAC 周期表示 ISD 存储器的操作进行了一行。该信号保持高电平 175ms，低电平为 25ms。

(12) 外部时钟(XCLK)：本端内部有下拉元件。芯片内部的采样时钟在出厂前已调校，误差在+1%内。若要求更高精度，可从本端输入外部时钟。在不外接时钟时，此端必须接地。

(13) 自动静噪(AMCAP)：当录音信号电平下降到内部设定的某一阈值以下时，自动静噪功能使信号衰减，这样有助于减小信号的噪声，通常该端对地接 1μF 电容。该端接 V_{CCA} 则禁止自动静噪。

关于 ISD4004 语音芯片的详细介绍和使用说明，以及相关时序图请参照芯片厂商提供的芯片手册。

习　题

1. 与并行扩展总线相比，串行扩展总线有什么优缺点？

2. 比较 1-wire、IIC 和 SPI 3 种串行总线的异同点。

3. SPI、IIC 总线的通信方式是同步还是异步？当 SPI 或 IIC 总线上挂有几个 SPI 或 IIC 从器件时，主机如何选中某个从器件？

4. 写出单片机模拟 IIC 总线的发送与接收数据的应用子程序。

5. 描述在单个 DS18B20 与单片机组成的系统中，DS18B20 从初始化到输出温度数据的过程。

6. 试画出两个 AT24C02 与单片机构成的应用电路。

第 11 章　单片机 Proteus 仿真

Proteus ISIS 是英国 Labcenter 公司开发的电路分析与实物仿真软件。它运行于 Windows 操作系统上，可以仿真分析(SPICE)各种模拟器件和集成电路，该软件的特点是：实现了单片机仿真和 SPICE 电路仿真相结合。

- 具有模拟电路仿真、数字电路仿真、单片机及其外围电路组成的系统的仿真、RS232 动态仿真、I2C 调试器、SPI 调试器、键盘和 LCD 系统仿真的功能。有各种虚拟仪器，如示波器、逻辑分析仪、信号发生器等。
- 支持主流单片机系统的仿真，目前支持的单片机类型有 68000 系列、8051 系列、AVR 系列、PIC12 系列、PIC16 系列、PIC18 系列、Z80 系列、HC11 系列，以及各种外围芯片。
- 提供软件调试功能，在硬件仿真系统中具有全速、单步，以及设置断点等调试功能，同时可以观察各个变量、寄存器等的当前状态，同时支持第三方的软件编译和调试环境，如 Keil C51 μ Vision2 等软件。
- 具有强大的原理图绘制功能。

总之，该软件是一款集单片机和 SPICE 分析于一体的仿真软件，功能极其强大。本章介绍 Proteus ISIS 软件的工作环境和一些基本操作。

11.1　电路图的绘制

11.1.1　案例介绍及知识要点

单片机电路设计如图 11-1 所示，请绘制完成此图。电路的核心是单片机 AT89C51。单片机的 P1 口 8 个引脚接 LED 显示器的段选码(a、b、c、d、e、f、g、dp)的引脚上，单片机的 P2 口 6 个引脚接 LED 显示器的位选码(1、2、3、4、5、6)的引脚上，电阻起限流作用，总线使电路图变得简洁。设计程序，并实现 LED 显示器的选通并显示字符。

知识点

- 掌握 Proteus 文件的新建和保存方法。
- 掌握 Proteus 窗口功能。
- 掌握 Proteus 基本操作。

11.1.2　操作步骤

1. 进入 Proteus ISIS

双击桌面上的 ISIS 6 Professional 图标或者选择屏幕左下方的【开始】|【程序】|Proteus 6 Professional|ISIS 6 Professional 命令，出现如图 11-2 所示屏幕，表明进入 Proteus ISIS 集成环境。

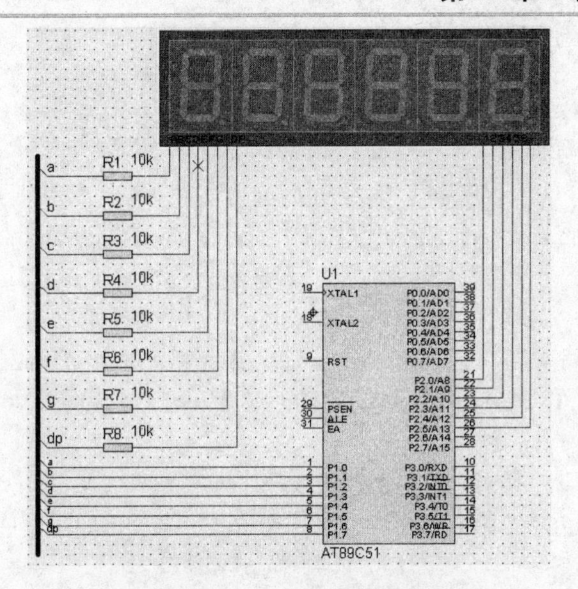

图 11-1　LED 显示电路图

图 11-2　启动界面

2. 建立、保存文件

选择 File|New Design 命令，弹出如图 11-3 所示的 Create New Design(新建设计)对话框。直接单击 OK 按钮，则以 DEEFAULT(默认)的模板建立一个新的空白文件。单击工具栏中的保存按钮，输入文件名后再单击保存按钮，则完成新建文件操作，文件名为 shili.DSN，后缀 DSN 是系统自动加上的。

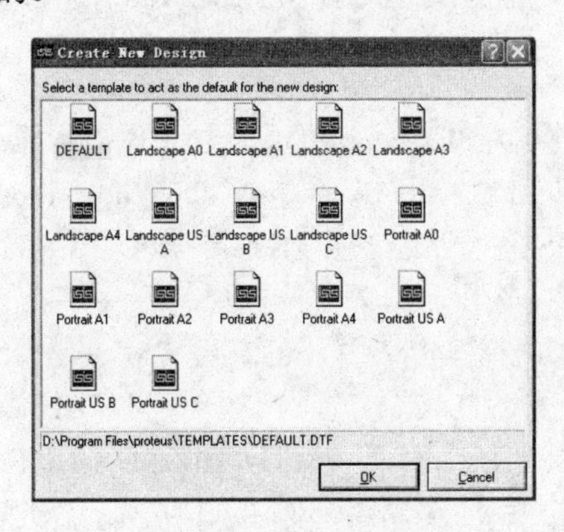

图 11-3　新建设计文件

3. 将所需元器件加入到对象选择器窗口

单击对象选择器按钮P，如图 11-4 所示，弹出 Pick Devices 页面，在 Keywords 文本框中输入 AT89C51，系统在对象库中进行搜索查找，并将搜索结果显示在 Results 列表中，如图 11-5 所示。在 Results 栏的列表项中，双击 AT89C51 选项，则可将 AT89C51 添加至对象选择器窗口。

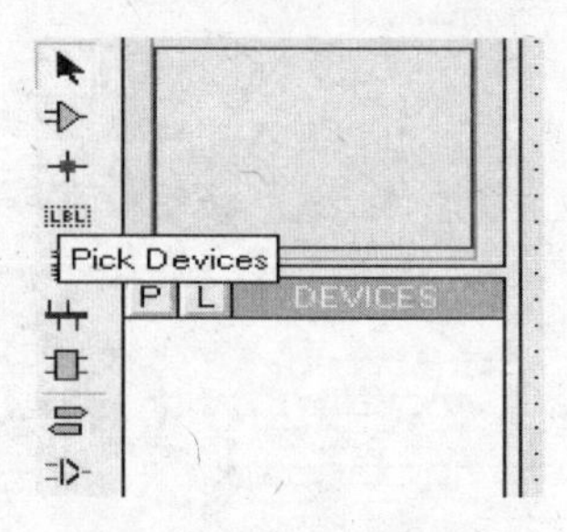

图 11-4　对象选择器窗口

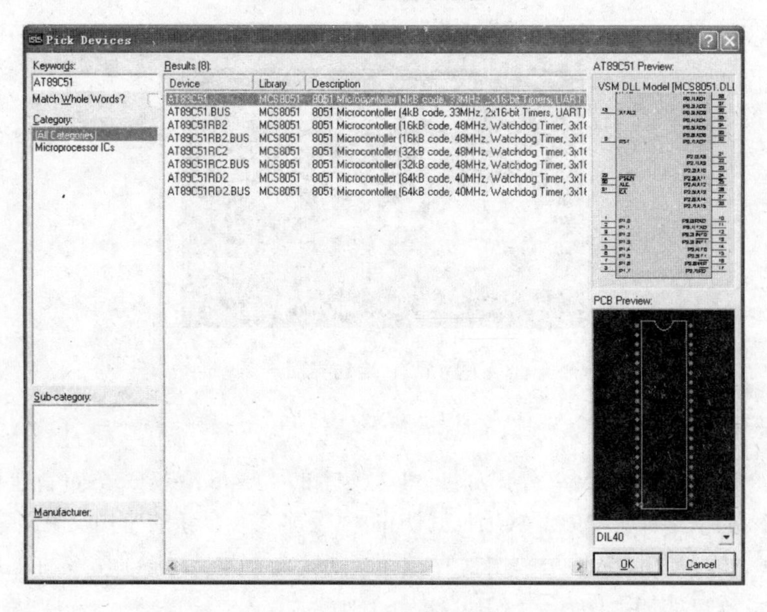

图 11-5　添加 AT89C51

接着在 Keywords 文本框中输入 7SEG，如图 11-6 所示。双击 7SEG-MPX6-CA-BLUE 选项，则可将 7SEG- MPX6-CA-BLUE 位共阳 7 段 LED 显示器添加至对象选择器窗口。最后，在 Keywords 文本框中重新输入 RES，选中 MatchWhole Words 复选框，如图 11-7 所示。在 Results 列表中获得与 RES 完全匹配的搜索结果。双击 RES 选项，则可将 RES(电阻)添加至对象选择器窗口。单击 OK 按钮，结束对象选择。

经过以上操作，在对象选择器窗口中，已有了 7SEG-MPX6-CA-BLUE、AT89C51 和 RES3 个元器件对象，若单击 AT89C51 选项，在预览窗口中显示 AT89C51 的实物图，如图 11-8 和图 11-9 所示；若单击 RES 或 7SEG-MPX6-CA-BLUE 选项，在预览窗口中显示 RES 和 7SEG-MPX6-CA-BLUE 的实物图，如图 11-9 所示。此时，在绘图工具栏中的元器件按钮处于选中状态。

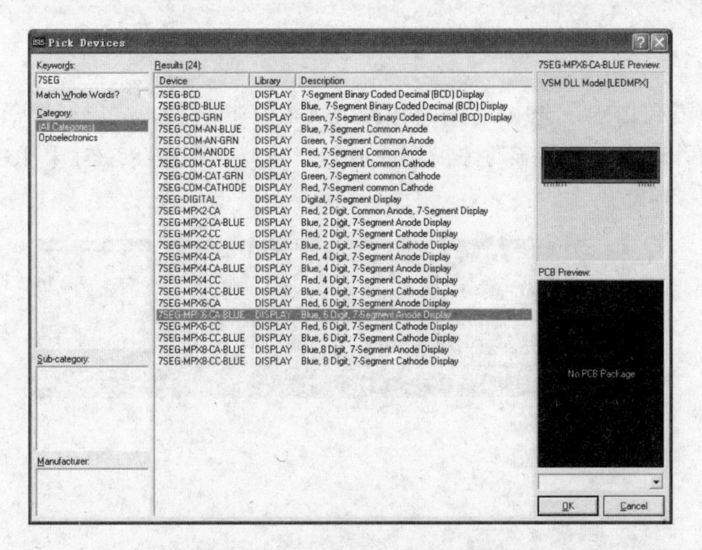

图 11-6　添加 7 段 LED 显示器

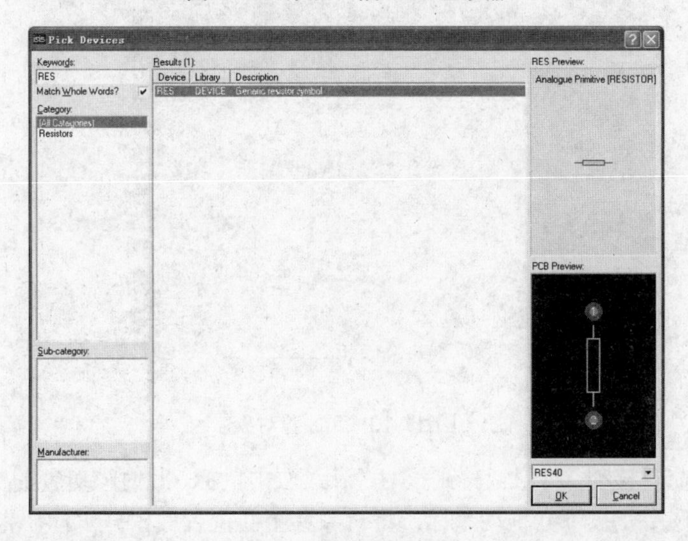

图 11-7　添加电阻

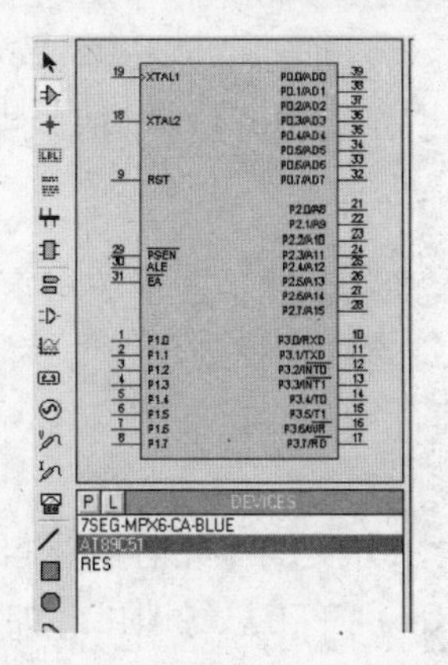

图 11-8　AT89C51 预览窗口

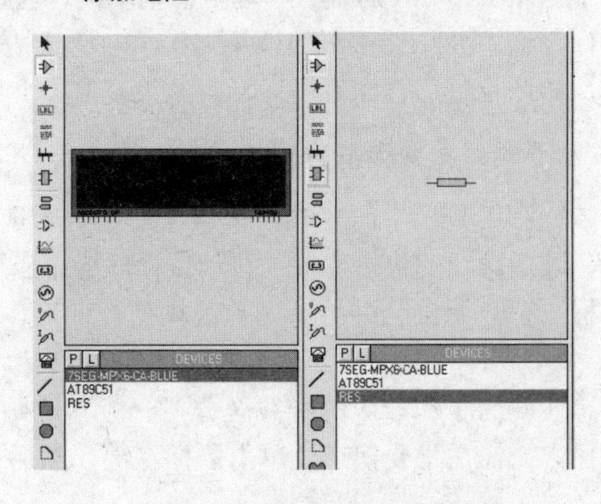

图 11-9　7SEG 和 RES 预览窗口

4. 放置元器件至图形编辑窗口

在对象选择器窗口中，选中 7SEG-MPX6-CA-BLUE 选项，将鼠标置于图形编辑窗口该对象的欲放位置，单击鼠标，该对象被完成放置。同理，将 AT89C51 和 RES 放置到图形编辑窗口中，如图 11-10 所示。

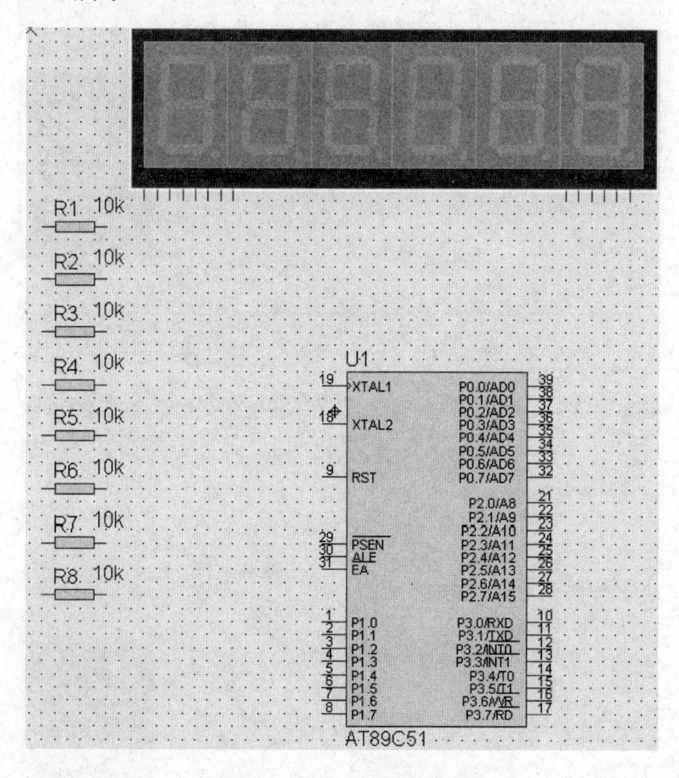

图 11-10 5 放置对象

若对象位置需要移动，将鼠标移到该对象上，右击鼠标，此时该对象的颜色已变至红色，表明该对象已被选中，按下并拖动鼠标，将对象移至新位置后松开鼠标，完成移动操作。

由于电阻 R1～R8 的型号和电阻值均相同，因此可利用复制功能作图。将鼠标移到 R1，右击鼠标，选中 R1，在标准工具栏中，单击复制按钮，按下并拖动鼠标，将对象复制到新位置，如此反复，直到右击鼠标，结束复制。此时电阻名的标识系统将自动加以区分。

5. 放置总线至图形编辑窗口

单击绘图工具栏中的总线按钮，使之处于选中状态。将鼠标置于图形编辑窗口，单击鼠标，确定总线的起始位置；移动鼠标，屏幕出现粉红色细直线，找到总线的终了位置，双击鼠标，以表示确认并结束画总线操作。此后，粉红色细直线被蓝色的粗直线所替代，如图 11-11 所示。

画总线时为了和一般的导线区分，一般喜欢画斜线来表示分支线。此时需要自己决定走线路径，只需在想要拐点处单击鼠标左键，然后按住 CTRL 键单击总线即可，如图 11-1 中所示。

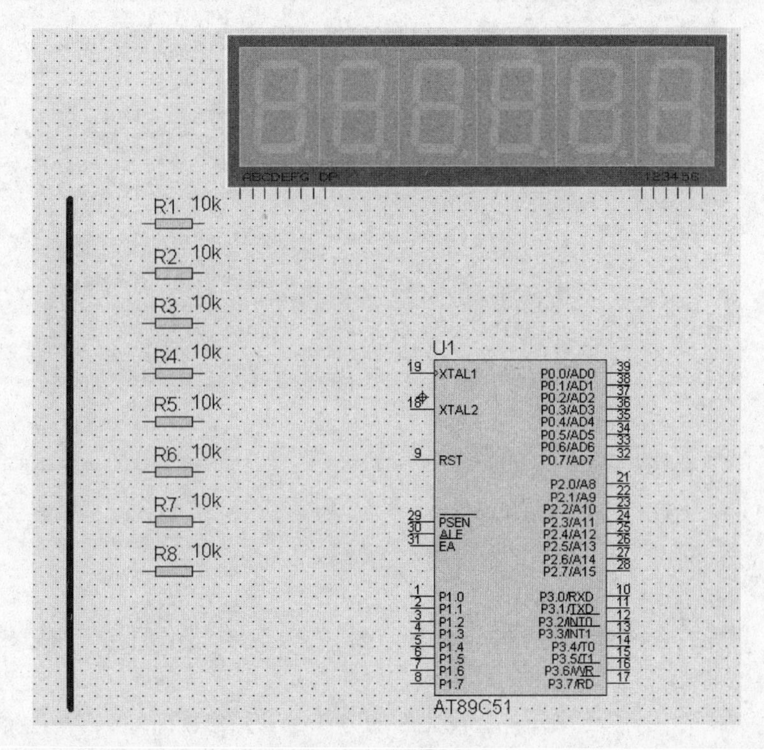

图 11-11　放置总线

6. 元器件之间的连线

Proteus 的智能化可以在想要画线的时候进行自动检测。下面将电阻 R1 的右端连接到 LED 显示器的 A 端。当鼠标的指针靠近 R1 右端的连接点时，跟着鼠标的指针就会出现一个 X 号，表明找到了 R1 的连接点，单击鼠标，移动鼠标(不用拖动鼠标)，将鼠标的指针靠近 LED 显示器的 A 端的连接点时，跟着鼠标的指针就会出现一个 X 号，表明找到了 LED 显示器的连接点，单击鼠标，粉红色的连接线变成了深绿色，同时，线形由直线自动变成了 90° 的折线，这是因为选中了线路自动路径功能。

同理，可以完成其他连线。在此过程的任何时刻，都可以按 ESC 键或者右击鼠标来放弃画线，如图 11-1 所示为完成后图。

7. 给与总线连接的导线贴标签

单击绘图工具栏中的导线标签按钮，使之处于选中状态。将鼠标置于图形编辑窗口的欲标标签的导线上，跟着鼠标的指针就会出现一个 X 号，如图 11-12 所示。表明找到了可以标注的导线，单击鼠标，弹出编辑导线标签窗口，如图 11-13 所示。在 string 文本框中，输入标签名称(如 a)，单击 OK 按钮，结束对该导线的标签标定。同理，可以标注其他导线的标签。注意，在标定导线标签的过程中，相互接通的导线必须标注相同的标签名。

至此，便完成了整个电路图的绘制。

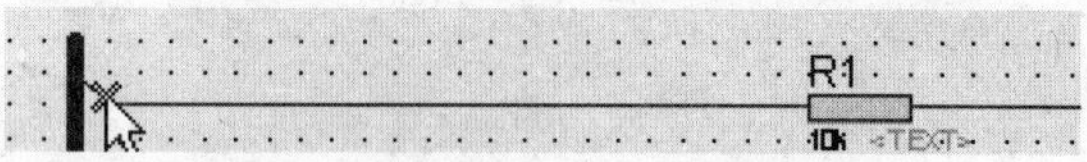

图 11-12　选中标签按钮后鼠标指针

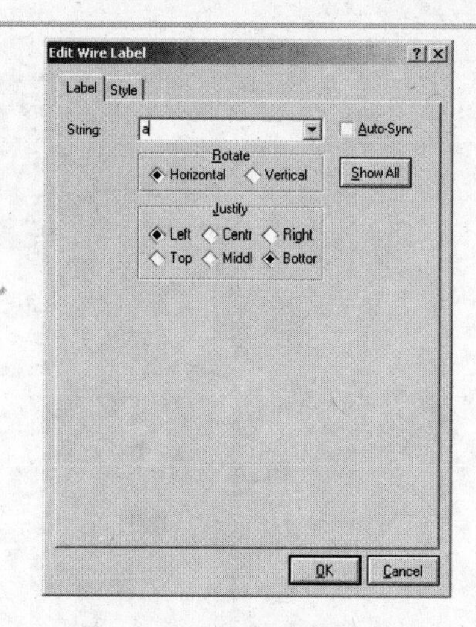

图 11-13　编辑导线标签窗口

11.1.3　步骤点评

(1) 对于步骤 2：若要打开 Proteus 文件，则可单击工具栏中的打开按钮，选择所要求的设计文件(*.DSN)。

(2) 对于步骤 3：还有一种分类查找元件的方法，以元器件所属大类、子类甚至生产厂家为条件一级一级地缩小范围进行查找。这样在左边的对象选择器就有了 AT89C51 这个元件了。单击一下这个元件，然后把鼠标指针移到右边的原理图编辑区的适当位置，单击鼠标，就把 AT89C51 放到了原理图区。

(3) 对于步骤 4：放置电源及接地符号时，会发现许多器件没有 V_{CC} 和 GND 引脚，其实它们隐藏了，在使用的时候可以不用加电源。如果需要加电源可以单击工具箱的接线端按钮，这时对象选择器将出现一些接线端，如图 11-14 所示。

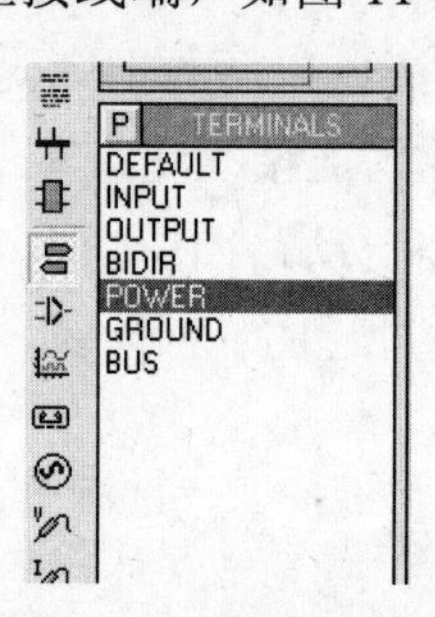

图 11-14　电源及接地符号

在器件选择器里单击 GROUND，鼠标移到原理图编辑区，单击鼠标即可放置接地符号；同理也可以把电源符号 POWER 放到原理图编辑区。

(4) 对于步骤 6：如果在交叉点有电路节点，则认为两条导线在电气上是相连的，否则就认为它们在电气上是不相连的。ISIS 在画导线时能够智能地判断是否要放置节点，但在两条导线交叉时是不放置节点的，这时要想两个导线电气相连，只有手工放置节点。单击工具箱的节点放置按钮，当把鼠标指针移到编辑窗口，指向一条导线的时候，会出现一个 X 号，单击鼠标就能放置一个节点。

(5) 对于步骤 6: Proteus 具有线路自动路径功能(简称 WAR)，当选中两个连接点后，WAR 将选择一个合适的路径连线。WAR 可通过使用标准工具栏里的 WAR 命令按钮来关闭或打开，也可以在菜单栏的 Tools 菜单下找到这个图标。

11.1.4　知识总结——Proteus 窗口功能简介

Proteus ISIS 的工作界面是一种标准的 Windows 界面，如图 11-15 所示，包括标题栏、主菜单、标准工具栏、绘图工具栏、状态栏、对象选择按钮、预览对象方位控制按钮、仿真进程控制按钮、预览窗口、对象选择器窗口和图形编辑窗口。

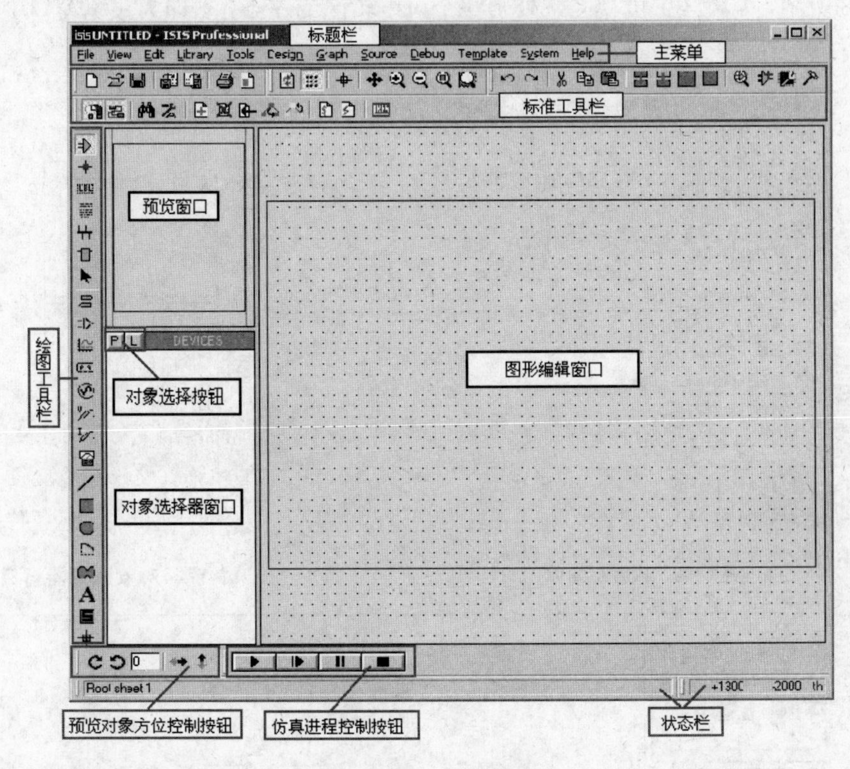

图 11-15　工作界面

1. 主菜单栏

主菜单栏位于图 11-15 的第二行共 12 项。每项都有下一级菜单。例如，单击 Tools 菜单(工具)，则展开下一级菜单，如图 11-16 所示，使用者可根据需要选择该级菜单中的选项。菜单项展开下一级菜单中有许多常用操作在工具栏中有相应的按钮，如(Save Design 保存)按钮在 File 菜单中就有。其中不少命令的右方还标有该命令的快捷键。例如，刷新命令快捷键为 R；按快捷键 L 来实现打开以前的设计图。

2. 图形编辑窗口

在图形编辑窗口可编辑原理图，设计电路及各种符号、元器件模型等，是各种电路和单片机系统的 Proteus 仿真平台。窗口中的蓝色方框内为可编辑区，电路设计要在此框内完成。

3. 预览窗口

对外预览窗口可显示内容为：

(1) 当单击对象选择器框中的某个对象时，对象预览窗口就会显示该对象的符号。如图 11-17 所示预览窗口中显示出电容的图符。

(2) 当鼠标在编辑区操作时，预览窗口中一般会出现蓝色方框和绿色方框。蓝色方框内是编辑区的全貌，绿色方框内是当前编辑区中在屏幕上的可见部分。在预览窗口的蓝色方框内某位置单击，绿色方框会改变位置，这时编辑区中的可视区域也相应地改变和刷新。如图 11-18 所示，编辑区中可视区域处于整个可编辑区的左下角，即为预览窗口中绿框包围部分。

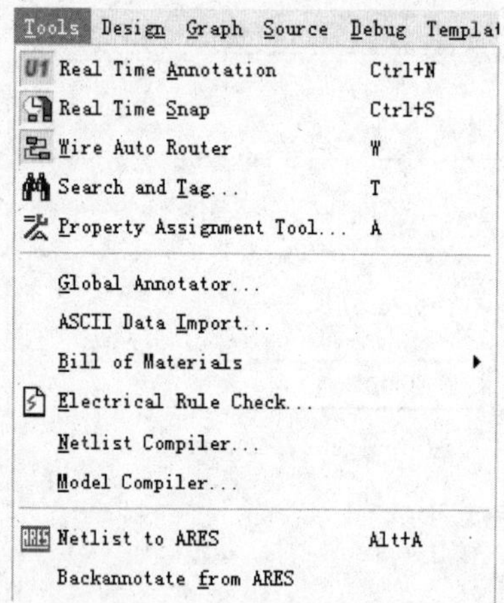

图 11-16 Tools 菜单

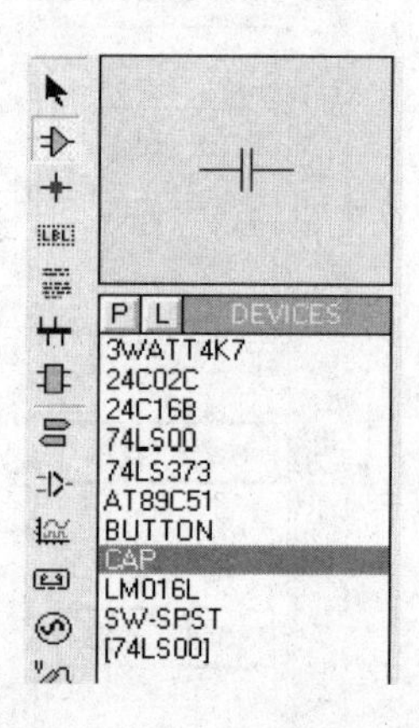

图 11-17 对象选择器窗口

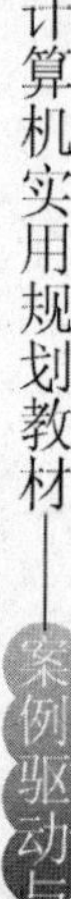

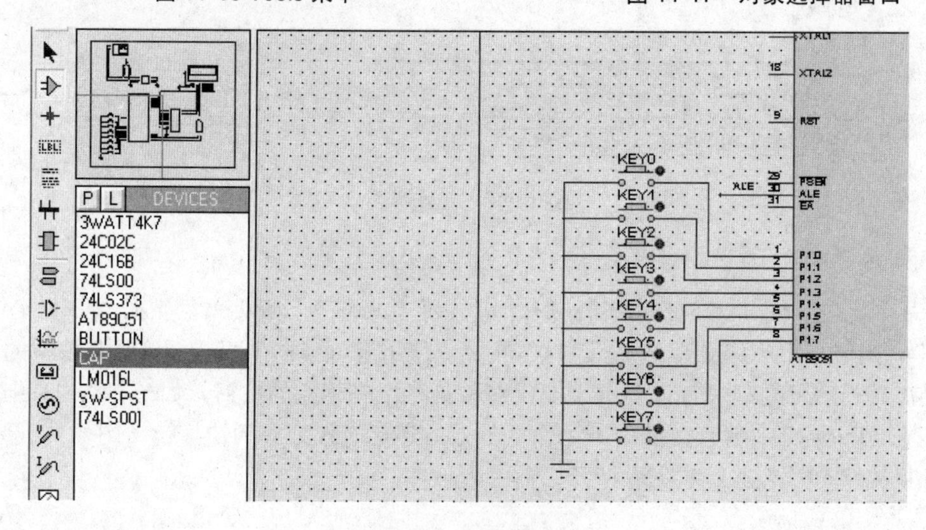

图 11-18 编辑区预览

4. 对象选择器窗口

对象选择器用来选择元器件、终端、图表、信号发生器和虚拟仪器等。该选择器上方还带有一个条形标签，其内表明当前所处的模式及其下所列的对象类型如图 11-18 所示，当

前模式为元器件，对象选择器上方的标签为 DEVICES，其左上角有P|L。其中 P 为对象选择按钮，L 为库管理按钮。当处于模式时，单击 P 按钮则可从库中选取元器件并将所选元器件名一一列在此对象选择器框中。如图 11-18 所示，当前只选用一个元器件，元器件名为 CAP。

5. 工具栏窗口

左侧绘图工具栏中包括模型选择工具栏、配件和 2D 图形等。标准工具栏中包括了常用的文件操作按钮、显示命令按钮，以及编辑操作按钮等工具。下面将进行详细介绍。

1) 模型选择工具栏(Mode Selector Toolbar)

- ：即时编辑元件(用法：先单击该图标再单击要修改的元件)；
- ：选择元件(Components) (默认选择的)；
- ：放置连接点(Junction Dot)；
- ：放置电线标签(Wire Lable)；
- ：放置文本(Text Script)；
- ：绘制总线(Buses Mode)；
- ：放置子电路(Subcircuit Mode)。

2) 配件(Gadgets)

- ：终端接口(terminals)，有 V_{CC}、地、输出和输入等接口；
- ：器件引脚(Device Pins)；
- ：仿真图表(Graph)；
- ：录音机(Tape Recorder)；
- ：信号发生器(Generators)；
- ：电压探针(Voltage Probe)；
- ：电流探针(Current Probe)；
- ：虚拟仪表(Virtual Instruments)，有示波器等。

3) 文件操作按钮

- ：在默认的模板上新建一个设计文件；
- ：打开一个设计文件；
- ：保存当前设计。

4) 显示命令按钮

- ：显示刷新；
- ：显示/不显示风格点切换；
- ：显示/不显示手动原点；
- ：以鼠标所在点为中心进行显示。

5) 编辑操作按钮

- ：复制选中的块对象(Block Copy)；
- ：移动选中的块对象(Block Move)；
- ：旋转选中的块对象(Block Rotate)；

- ：删除选中的块对象(Block Delete)；
- ：选取元器件，从元件库中选取各种各样的元件(Pick Device/Symbol)。

6) 预览对象方位控制按钮

- ：为将对象选择器中的对象进行旋转。旋转角度只能是 90° 的整数倍。连续单击旋转按钮，则以 90° 为递增量旋转。
- ：为水平镜像和垂直镜像。

6. 仿真运行控制按钮

从左向右依次是运行、单步运行、暂停和停止。

11.1.5 知识总结——Proteus 基本操作

1. 编辑区域的缩放

Proteus ISIS 中提供了多种放大与缩小原理图的方式，如下所述。

(1) 使用鼠标滚轮缩放原理图(向前滚动滚轮，将放大原理图；向后滚动滚轮，将缩小原理图)。

(2) 使用功能键缩放原理图(将鼠标指向想要进行缩放的部分，并按下放大功能键 F6 或缩小功能键 F7，编辑窗口将以鼠标指针的位置为中心重新显示)。

(3) 按住 shift 键，按住鼠标左键拖动将期望放大的部分选中，此时选中的部分将会被放大(鼠标可在编辑窗口操作，也可在预览窗口操作)。

(4) 使用工具栏 Zoom In(放大)、Zoom Out(缩小)、Zoom ALL(显示全部)或 Zoom Area(缩放一个区域)图标缩放编辑窗口，对应的图标分别为。

另外，F8 键为 Zoom All 的快捷键。按下 F8 键，Proteus 将显示整张电路原理图。

2. 改变显示中心

与缩放功能一样 Proteus ISIS 中也提供了多种改变编辑窗口显示中心的方式。

(1) 将鼠标放置在期望显示的部分，按下 F5 键，编辑窗口将显示期望的部分。

(2) 在编辑窗口中，按下 Shift 键，用鼠标“撞击”边框，可改变编辑窗口的显示中心。

(3) 在预览窗口，在期望显示的部分单击鼠标，即可改变编辑窗口的显示中心。

(4) 使用工具栏 Pan(改变显示中心)图标改变显示中心，对应的图标为。

(5) 另外，编辑窗口显示导航是 Proteus ISIS 中最常见使用的操作之一。一般来说，使用鼠标的滚轮缩放原理图，或使用滚轮改变编辑窗口的显示，将在原理图设计中大大节省设计时间。

3. 编辑窗口的图纸

在绘制电路时，首先需按照电路的大小选择图纸，Proteus ISIS 中提供图纸选项。选择 System|Set Sheet Sizes 命令，将弹出如图 11-19 所示的对话框。

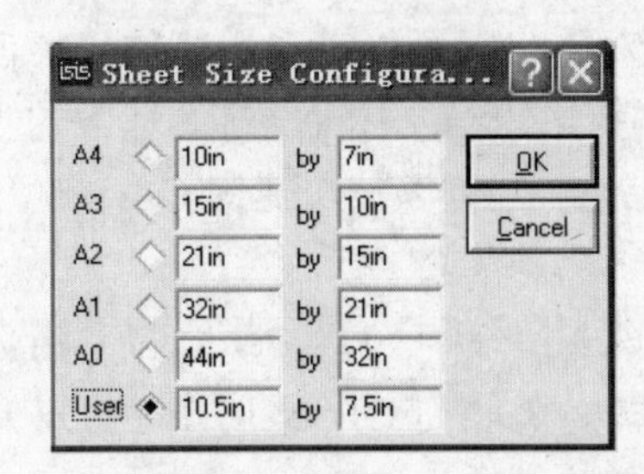

图 11-19　图纸大小设置对话框

对于各种不同应用场合的电路设计，图纸的大小也不一样。系统默认图纸大小为 A4，如用户要将图纸大小更改为标准 A3 图纸，选中 A3 复选框，单击 OK 按钮确认即可。系统所提供的图纸样式有以下几种。

- 美制：A0、A1、A2、A3、A4，其中 A4 为最小。
- 用户自定义：User。

4. 点状栅格和刷新

1)　显示和隐藏点状栅格

编辑区域的点状栅格，可以方便元器件的定位。鼠标指针在编辑区域移动时，移动的步长就是栅格的尺度，称为 Snap(捕捉)，该功能可使元件依据栅格对齐。

点状栅格的显示和隐藏，可以通过工具栏的按钮或者按快捷键的 G 来实现，也可以通过 View 菜单的 Grid 命令在打开和关闭间切换。

点与点之间的间距由当前捕捉的设置决定。捕捉的尺度可以由 View 菜单的 Snap 命令设置，或者直接使用快捷键 F4、F3、F2 和 Ctrl+F1 组合键，如图 11-20 所示。若按下 F3 键或者通过在 View 菜单的选中 Snap 100th 命令，则鼠标在图形编辑窗口内移动时，坐标值是以固定的步长 100th 变化，如果想要确切地看到捕捉位置，可以选择 View 菜单的 XCursor 命令，选中后将会在捕捉点显示一个小的或大的交叉十字。

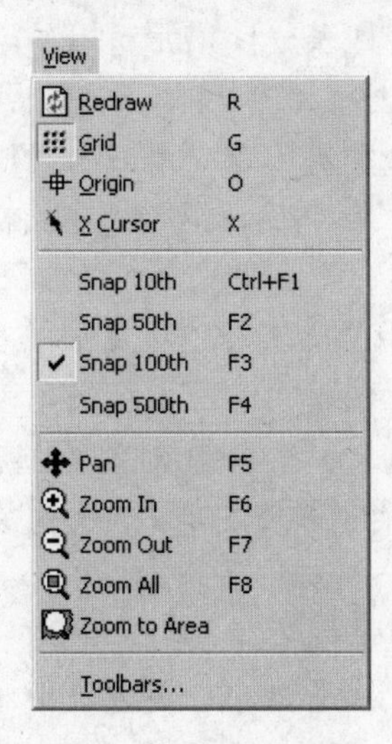

图 11-20　View 菜单

鼠标移动的过程中，在编辑区的下面将出现栅格的坐标值，即坐标指示器，它显示横向的坐标值。因为坐标的原点在编辑区的中间，有的地方的坐标值比较大，不利于进行比较。此时可选择 View|Origin 命令，也可以按快捷键 O 来定位新的坐标原点。

2) 实时捕捉

当鼠标指针指向管脚末端或者导线时，鼠标指针将会捕捉到这些物体，这种功能被称为实时捕捉，该功能可以方便地实现导线和管脚的连接。可以通过选择 Tools|Real Time Snap 命令或者是按 Ctrl+S 组合键切换该功能。

3) 刷新

编辑窗口显示正在编辑的电路原理图，选择 View|Redraw 命令来刷新显示内容，与此同时预览窗口中的内容也将被刷新。它的用途是当执行一些命令导致显示错乱时，可以使用该命令恢复正常显示。

5. 对象的编辑

对象的编辑主要是调整对象的位置和放置方向，以及改变元器件的属性等，有选中、删除和拖动等基本操作，方法很简单。

(1) 选中对象：用鼠标指向对象并右击可以选中该对象。该操作选中对象并使其高亮显示，然后可以进行编辑。选中对象时该对象上的所有连线同时被选中。 要选中一组对象，可以通过依次在每个对象右击的方式，也可以通过右键拖出一个选择框的方式，但只有完全位于选择框内的对象才可以被选中。

另外，在空白处右击鼠标可以取消所有对象的选择。

(2) 删除对象：用鼠标指向选中的对象并双击右键可以删除该对象，同时删除该对象的所有连线。

(3) 拖动对象：用鼠标指向选中的对象并用左键拖曳可以拖动该对象。该方式不仅对整个对象有效，而且对对象中单独的 labels 也有效。

如果 Wire Auto Router 功能被激活的话，被拖动对象上所有的连线将会重新排布。如果误拖动一个对象，所有的连线都变成了一团糟，可以使用 Undo 命令撤销操作恢复原来的状态。

(4) 拖动对象标签：许多类型的对象有一个或多个属性标签附着。例如，每个元件有一个 reference 标签和一个 value 标签。移动标签的步骤如下：首先选中对象，然后用鼠标指向标签，按下鼠标左键。拖动标签到需要的位置，释放鼠标即可。如果想要定位的更精确，可以在拖动是改变捕捉的精度(使用 F4、F3、F2、Ctrl+F1 组合键)。

(5) 调整对象大小：子电路、图表、线、框和圆可以调整大小。调整对象大小的步骤如下：首先选中对象，如果对象可以调整大小，对象周围会出现黑色小方块，叫做“手柄”。用鼠标左键拖动这些“手柄”到新的位置，可以改变对象的大小。在拖动的过程中手柄会消失以便不和对象的显示混叠。

(6) 调整对象的朝向：许多类型的对象可以调整朝向为 0°、90°、270°、360°或通过 x 轴 y 轴镜像。调整对象朝向的步骤如下：首先选中对象，然后用鼠标单击↻图标可以使对象逆时针旋转，右击↺图标可以使对象顺时针旋转。用鼠标单击↕图标可以使对象按 x 轴镜像，右击↔图标可以使对象按 y 轴镜像。

(7) 编辑对象标签：元件、端点、线和总线标签都可以象元件一样编辑。编辑单个对象标签的步骤是：首先选中对象标签，然后用鼠标单击该对象。

(8) 复制所有选中的对象：步骤是首先选中需要的对象，用鼠标单击图标。然后单击图标，在需要粘贴的位置放置对象。

(9) 编辑对象的属性：对象一般都具有文本属性，这些属性可以通过一个对话框进行编辑。编辑单个对象的具体方法是：先右击鼠标选中对象，然后用鼠标单击对象，此时弹出属性编辑对话框。也可以单击工具箱的按钮，再单击对象，也会弹出编辑对话框。图 11-21 是电容的编辑对话框，可以设置电容的标号、电容值、PCB 封装，以及是否把这些东西隐藏等，修改完毕，单击 OK 按钮即可。

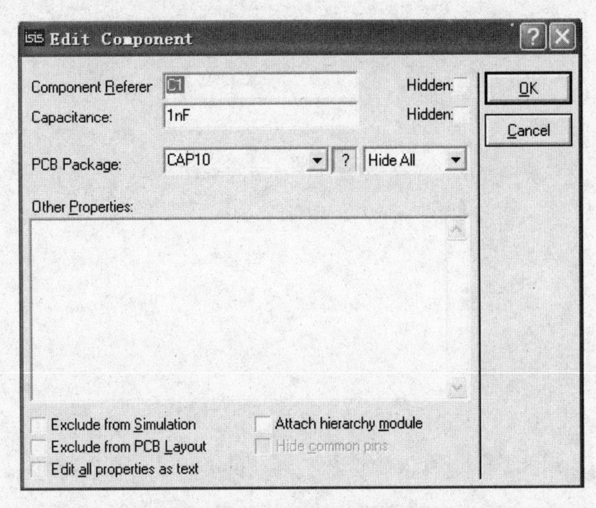

图 11-21　编辑对象属性

11.2　Proteus 的连接调试

11.2.1　案例介绍及知识要点

将上例中所绘制的电路图完成 Keil C 与 Proteus 的连接调试。

知识点

- 掌握 KeilC 与 Proteus 的连接。
- 掌握 Proteus 中的仿真调试。

11.2.2　操作步骤

(1) 假若 KeilC 与 Proteus 均已正确安装在 C:\Program Files 的目录里，把 C:\Program Files\Labcenter Electronics\Proteus 6 Professional\MODELS\VDM51.dll 复制到 C:\Program Files\keilC\C51\BIN 目录中。

(2) 用记事本打开 C:\Program Files\keilC\C51\TOOLS.INI 文件，在[C51]栏目下加入 TDRV5=BIN\VDM51.DLL ("Proteus VSM Monitor-51 Driver")，其中 TDRV5 中的 5 要根据实

际情况写，不要和原来的重复 (步骤 1 和 2 只需在初次使用时设置)。

(3) 进入 KeilC μ Vision2 开发集成环境，创建一个新项目(Project)，为该项目选定合适的单片机 CPU 器件(如：Atmel 公司的 AT89C51)，并为该项目加入 KeilC 源程序。

源程序如下：

```
#define LEDS 6  //led灯选通信号
#include "reg51.h"
unsigned char code Select[]={0x01,0x02,0x04,0x08,0x10,0x20};
unsigned char code LED_CODES[]=
 {    0xc0,0xF9,0xA4,0xB0,0x99,          //0-4
     0x92,0x82,0xF8,0x80,0x90,          //5-9
       0x88,0x83,0xC6,0xA1,0x86,        //a,b,c,d,e
       0x8E,0xFF,0x0C,0x89,0x7F,0xBF  //F,空格,P,H,.,-
 };
void main()
{
 char i=0;
 long int j;
 while(1)
  {
  P2=0;
  P1=LED_CODES[i];
  P2=Select[i];
  for(j=3000;j>0;j--); //该LED模型靠脉冲点亮，第i位靠脉冲点亮后，会自动熄灭灯
  i++;
  if(i>5) i=0;
  }
}
```

(4) 选择 Project|Options for Target 命令，弹出如图 11-22 所示对话框。

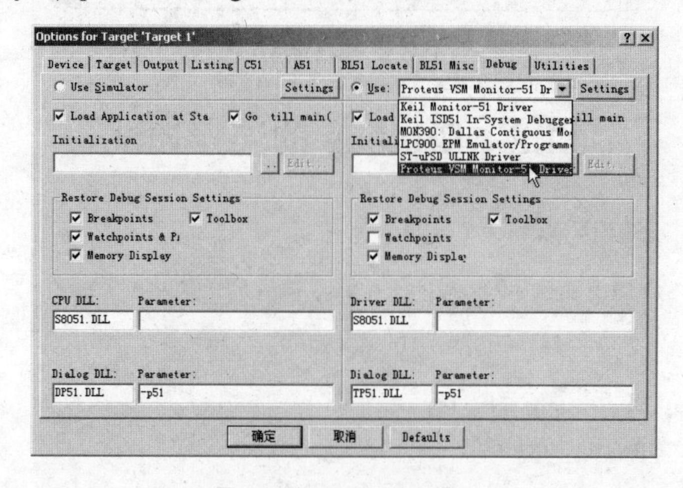

图 11-22 Debug 对话框

选中 User 单选按钮，在其下拉列表框中选择 Proteus VSM Monitor-51 Driver 选项。再单击 Setting 按钮，设置通信接口，在 Host 后面添上 127.0.0.1，如果使用的不是同一台计算机，则需要在这里添上另一台计算机的 IP 地址(另一台计算机也应安装 Proteus)。在 Port 后面添加 8000。设置好的情形如图 11-23 所示，单击 OK 按钮即可。最后将工程编译，进入调试状态并运行。

(5) Proteus 的设置。

进入 Proteus 的 ISIS，单击 Debug 菜单，选中 Use Romote Debug Monitor 选项，如图 11-24 所示。此后，便可实现 KeilC 与 Proteus 连接调试。

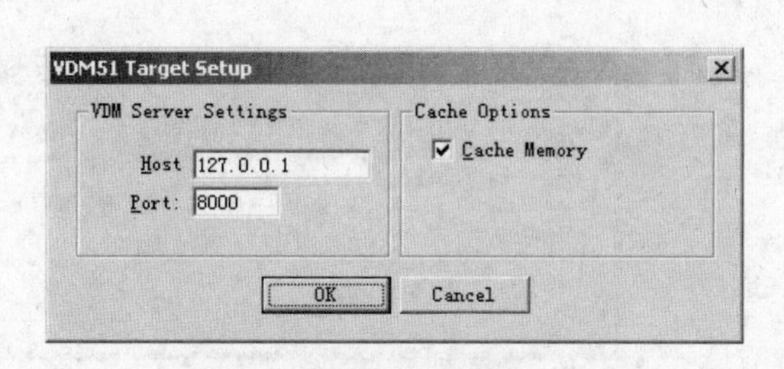

图 11-23　添加 IP 地址

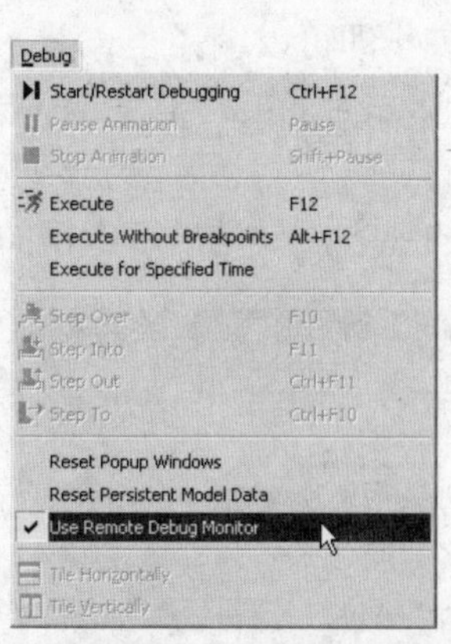

图 11-24　Debug 菜单

(6) KeilC 与 Proteus 连接仿真调试。

单击仿真运行开始按钮，则可清楚地观察到每一个引脚的电频变化，红色代表高电频，蓝色代表低电频。在 LED 显示器上，循环显示 0、1、2、3、4、5，如图 11-25 所示。

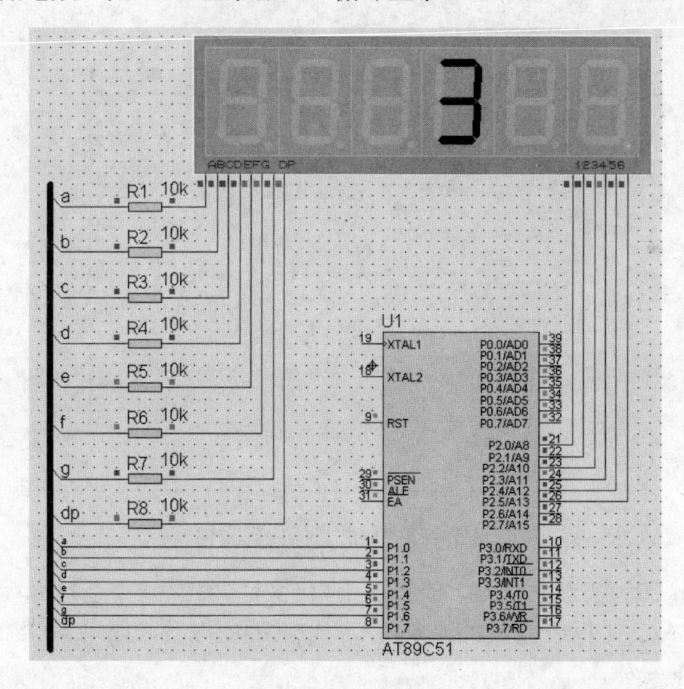

图 11-25　仿真片段

11.2.3　步骤点评

对于步骤中对程序的编译 Proteus 软件有自带的编译器，有 ASM、PIC 和 AVR 的汇编器等。

在 ISIS 中添加上编写好的程序，方法如下：选择 Source|Add/Remove Source Code Files(添

加或删除源程序)命令，弹出如图 11-26 所示的对话框。在 Code Generation Tool 的下拉列表中找到 ASEM51 选项，单击对话框中的 NEW 按钮，在弹出的对话框里找到编好的 ASM 文件，单击“打开”按钮，在弹出的对话框中单击“是”按钮，然后在提示栏中单击 OK 按钮。设置完毕即可以编译了。

选择 Source|Build All 命令，过一会，编译结果的对话框就会自动弹出，如图 11-27 所示。如果有错误，对话框会提示是哪一行出现了问题，但是单击出错的提示，光标不能跳转至出错的地方，只是提示出错的行号。

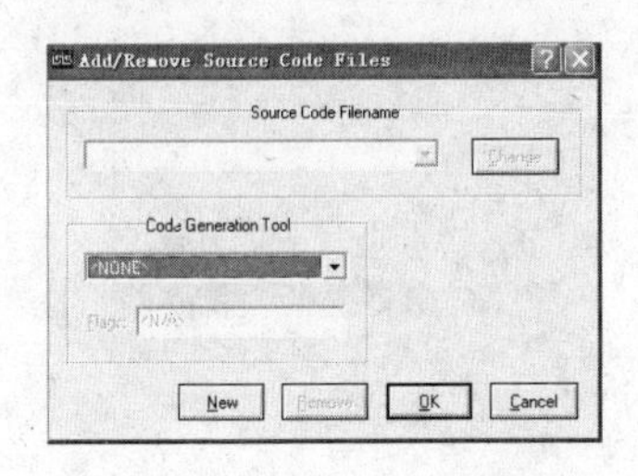

图 11-26　添加或删除源程序

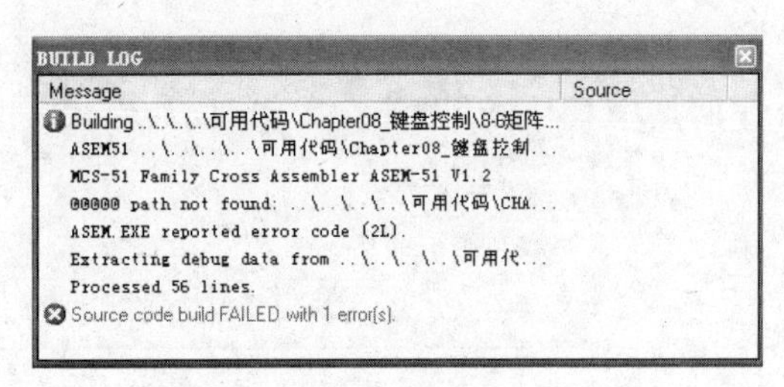

图 11-27　编译结果

11.2.4　知识总结——加载目标代码

在 ISIS 编辑区中选中单片机并单击，则弹出如图 11-28 所示的加载目标代码文件和设置时钟频率的窗口。

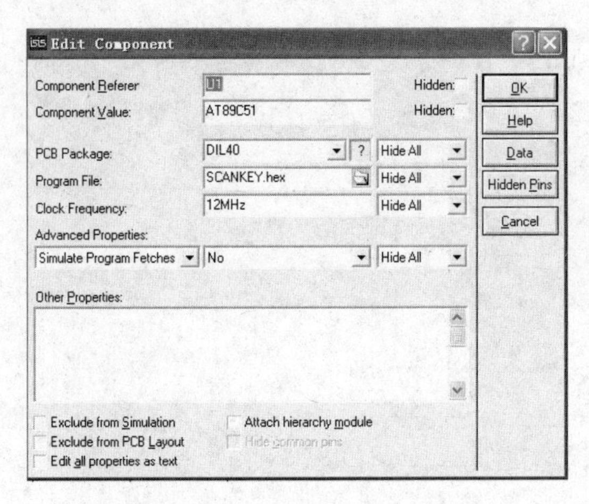

图 11-28　加载目标代码文件

单击 Program File 文本框右侧的按钮，弹出文件列表，从中选择目标代码 HEX 文件；在 Clock Frequency 文本框中输入时钟频率，再单击 OK 按钮，则可完成加载目标代码文件和设置时钟频率的操作。

11.2.5　知识总结——调试

(1) 单击仿真运行开始按钮启动仿真后，再按单击暂停按钮暂停仿真，可出现源代码调试窗口，如图 11-29 所示。

若未出现调试窗口，可单击 Debug 菜单栏，如图 11-30 所示。

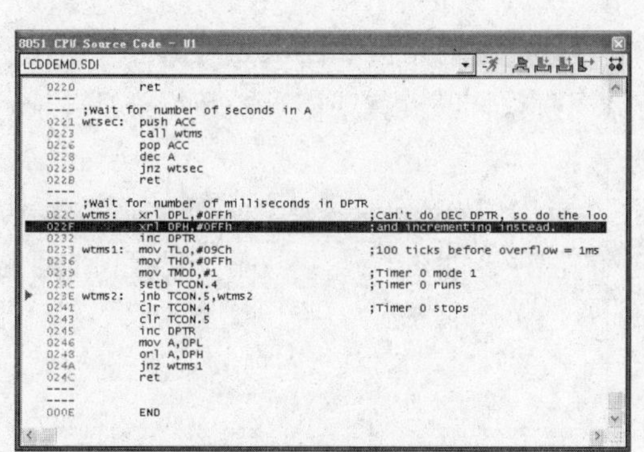

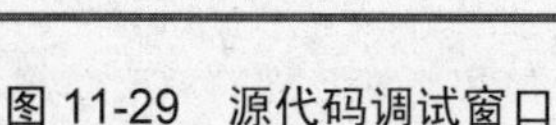

图 11-29　源代码调试窗口

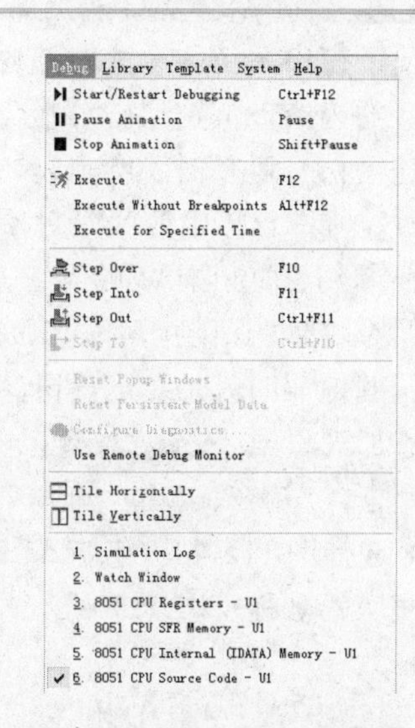

图 11-30　Debug 菜单

(2)　选择 8051 CPU Source Code-U1 命令，则可显示源代码调试窗口。

窗口的第一列为指令首地址，第二列为指令代码，第三列为汇编指令行，第四列为注释。正因为能显示代码及其地址，所以此窗口也是 ROM 窗口。

选择 Debug|8051 CPU Registers-U1 命令，打开单片机寄存器窗口。其中除有 R0-R7 外，还有常用的 SFR，如图 11-31 所示。

(3)　选择 Debug|8051　CPU　SFR　Memory-U1 命令，打开单片机 SFR 窗口，如图 11-32 所示。

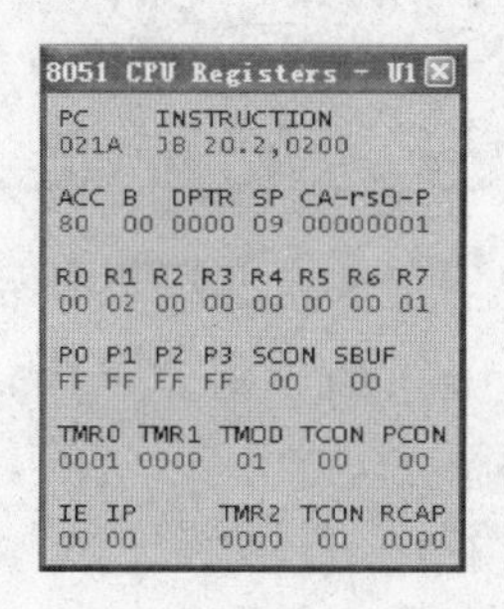

图 11-31　单片机寄存器窗口

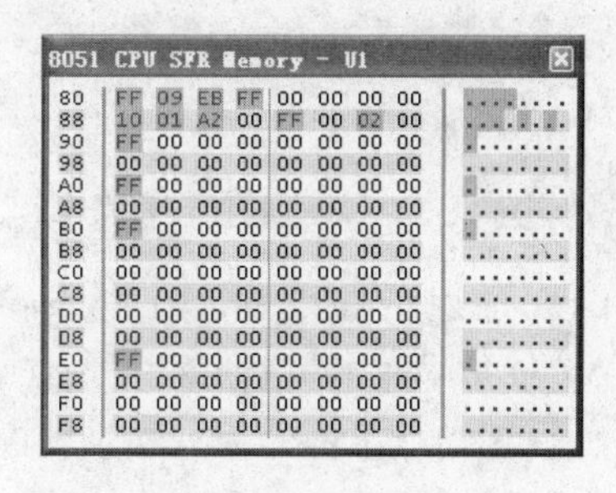

图 11-32　单片机 SFR 窗口

若要查看寄存器 P1 的内容，既可从单片机寄存器窗口中查看，也可从 SFR 窗口中查看，如图 11-33 所示。

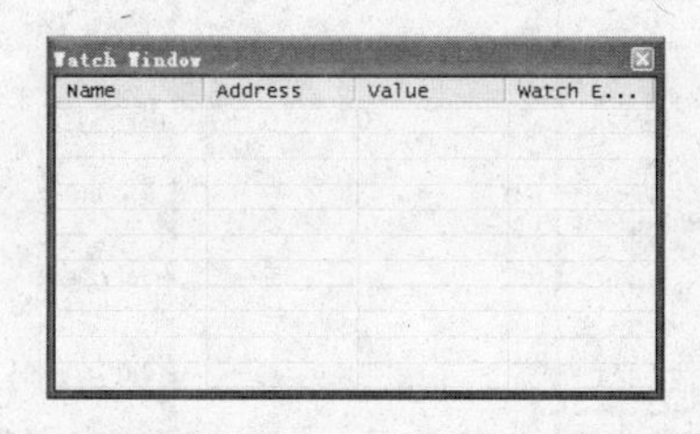

图 11-33　Watch Window 窗口

(4) 观察窗口的应用：虽然通过调试菜单可以打开单片机的各个存储器窗口，来查看各存储单元的内容，但窗口较分散，它们同时出现在计算机的屏幕上，也太拥挤。而且这些窗口在连续仿真运行时不会显示，只在暂停时才显示，不利于观察。观察窗口与仿真电路一同实时显示，且其中的观察对象可以是单片机内 RAM 的任一单元。选择 Debug|Watch Window 命令，打开空白的观察窗口，如图 11-21 所示。在窗口内右击，弹出快捷菜单，如图 11-34 所示。通过该菜单可添加、删除观察项，可设置观察项的数据类型，设置显示观察项的地址、变化前的值，及设置窗口的字体、颜色等。

(5) 添加观察项：选择观察窗口快捷菜单中的 Add Items (By Name)命令，弹出如图 11-35 所示的对话框，左键双击相应的 SFR 中的寄存器即可。还可以通过观察项的地址添加观察项，方法为选择图 11-34 中的 Add Items (By Address)命令，弹出如图 11-36 对话框，在文本框中填入相应的名称及地址即可。

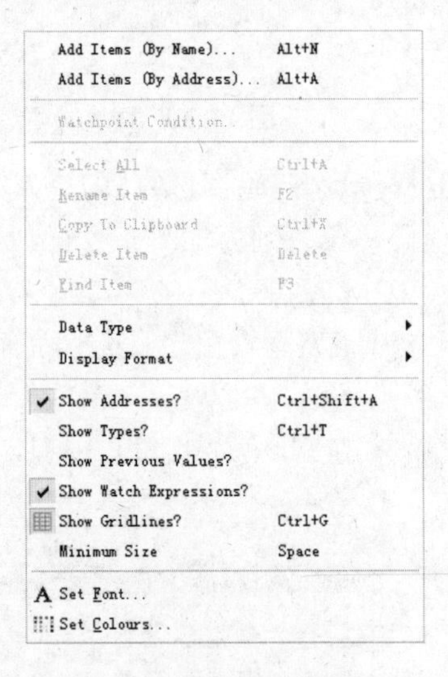

图 11-34 观察窗口快捷菜单

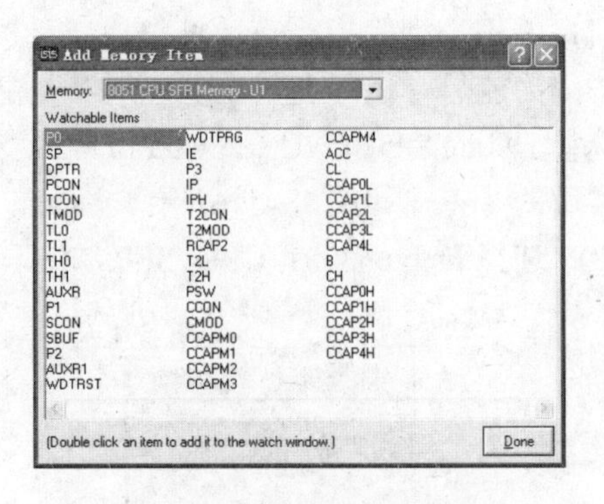

图 11-35 添加观察项窗口

(6) 观察点条件设置：在观察窗口内右击，在弹出的快捷菜单中选择 Watchpoint Condition 命令，弹出观察点设置条件设置对话框，如图 11-37 所示。图中上半部分为全局断点条件设置，下半部分为观察项的断点表达式。其中 Item 为观察窗口中添加的观察项，可单击▼按钮，在其下拉列表中选择要设置断点的观察项。

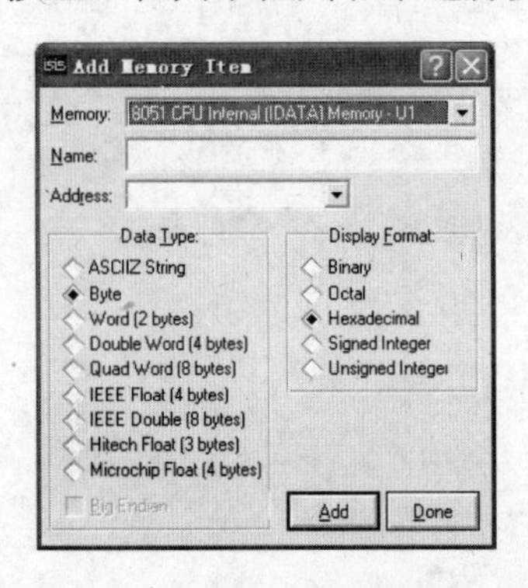

图 11-36 观察项的地址添加观察项

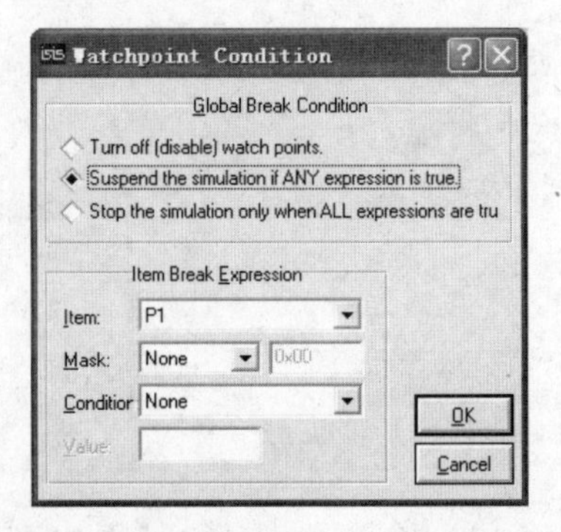

图 11-37 观察点设置条件设置框

11.3 实 战 练 习

11.3.1 仿真实例一：按键控制跑马灯速度

1. 设计内容

本实例为通过按键来控制跑马灯的速度，4 个独立式按键 KEY1、KEY2、KEY3 和 KEY4 用来控制跑马灯速度，由 KEY1 到 KEY4 速度递减，其中利用了 AT89S52 的定时器 2，定时器 2 的定时方式是自动加载的 16 位定时/计数器。

2. Proteus 设计与仿真

(1) 利用 Proteus ISIS 设计如图 11-38 所示的电路原理图。

(2) 根据原理图在 Keil 中编写程序，生成.HEX 目标代码文件，并将生成的代码文件加载到原理图中的单片机 Program File 属性栏中，设置好单片机的时钟频率，在此设为 12MHz。

(3) 单击软件下方的仿真运行开始按钮▶，开始仿真。原理图中显示了仿真结果的一部分，仿真结果为 LED 灯从两边亮向中间，然后再从中间亮向两边，最后闪烁一下，当依次按下 KEY4、KEY3、KEY2、KEY1 时，跑马灯的速度由慢变快。

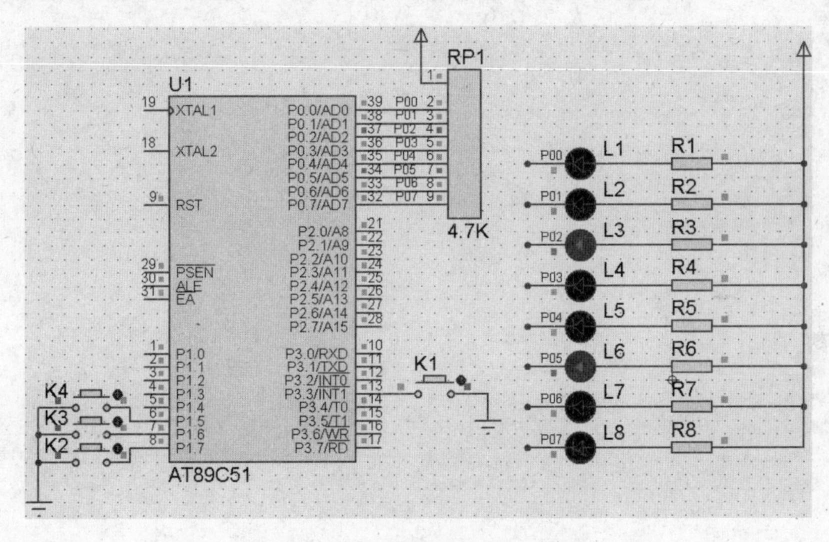

图 11-38 按键控制跑马灯电路图

3. 程序代码

程序代码如下(“//”后为注释内容)：

```
#include <reg52.h>
#include <intrins.h>
#define uchar unsigned char
#define uint unsigned int

sbit K4=P1^5;  //按键调整 LED 的闪亮速度
sbit K3=P1^6;
sbit K2=P1^7;
sbit K1=P3^3;
```

```
bit ldelay;             //长定时溢出标志

static uchar t;         //定时时间变量

uchar speed=10;         //循环速度控制
//预定跑马灯段码
uchar code led[11]={0x7e,0xbd,0xdb,0xe7,0xdb,0xbd,0x7e,0x00,0xff};
//主函数
void main(void)
{
 uchar ledi;    //用来控制显示顺序

 RCAP2H=0x10;  //定时器2赋初值
 RCAP2L=0x00;
 EA=1;          //开总中断
 ET2=1;         //开定时器2中断
 TR2=1;         //启动定时器2
 while(1)
 {
  //检查按键，设置跑马速度
  //按键控制LED灯的循环速度
  //并带有按键消抖
  if(!K1) {  speed=2; t=0; while(!K1) ; }
  if(!K2) {  speed=4; t=0; while(!K2) ; }
  if(!K3) {  speed=7; t=0; while(!K3) ; }
  if(!K4) {  speed=9; t=0; while(!K4) ; }
  if(ldelay)            //定时到，执行跑马灯
  {
   ldelay=0;
   P0=led[ledi];        //段码送P0口
   ledi++;              //送下一位
   if(ledi==9)          //是否显示完一遍
     {
     ledi=0;
     }
  }
 }
}
//定时器中断2服务子函数
void timer2() interrupt 5
   {
     TF2=0;
     t++;
     if(t==speed)
     {
      t=0;            //时间到，重新开始
      ldelay=1;       //定时时间溢出，设置标志位
      }
      }
```

11.3.2 仿真实例二：单片机时钟显示

1. 设计内容

本实例为利用单片机控制芯片驱动数码管模拟显示数字钟，其中74HC595控制数码管的段选，74HC573控制数码管位选，另外还设计两个独立按键KEY1和KEY2，用于调整时钟的时间，KEY1为时调整，KEY2为分调整。

2. Proteus 设计与仿真

(1) 利用 Proteus ISIS 设计如图 11-39 所示的电路原理图。

(2) 根据原理图在 Keil 中编写程序，生成.HEX 目标代码文件，并将生成的代码文件加载到原理图中的单片机 Program File 属性栏中，设置好单片机的时钟频率，在此设为 12MHz。

(3) 单击软件下方的仿真运行开始按钮，开始仿真。仿真结果为：刚开始数码管显示时间为“12-00-00”，时钟开始运行，每按一下 KEY1 键，显示时间上时加 1，每按一下 KEY2 键，显示时间上分加 1。

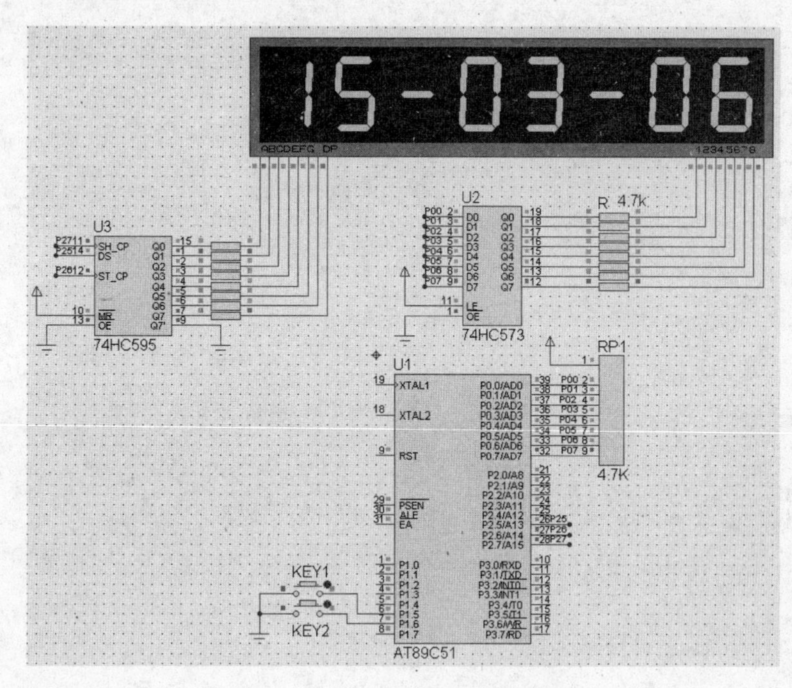

图 11-39　单片机时钟显示电路图

3. 程序代码

程序代码如下(“//”后为注释内容)：

```
#include <reg52.h>          //包含头文件
#include <intrins.h>

#define uchar unsigned char
#define uint unsigned int

//74HC595 与单片机连接口
sbit SCK_595=P2^7;          //595 移位时钟信号输入端(11)
sbit RCK_595=P2^6;          //595 锁存信号输入端(12)
sbit DATA_595=P2^5;         //595 数据信号输入端(14)
//定义按键
sbit KEY1=P1^5;             //时调整
sbit KEY2=P1^6;             //分调整
//定义 P0 口
sbit P00=P0^0;
sbit P01=P0^1;
sbit P02=P0^2;
```

```
sbit P03=P0^3;
sbit P04=P0^4;
sbit P05=P0^5;
sbit P06=P0^6;
sbit P07=P0^7;

//定义时钟缓冲器，设定初始时间为 11-00-00，时-分-秒
set_time[3]={0x0c,0x00,0x00};

//共阴极数码管显示代码
uchar code led_7seg[10]={0x3F,0x06,0x5B,0x4F,0x66,   //0 1 2 3 4
                         0x6D,0x7D,0x07,0x7F,0x6F};   //5 6 7 8 9

uchar t=0;    //定时器 0 溢出标志

//定义子函数
void delay(uint dec);                          //延时子函数
void time0_init(void);                         //定时器 0 初始化
void updata_clock(void);                       //数据更新
void display_led_clock(void);                  //显示子函数
void write_HC595(uchar wrdat);                 //595 读写程序
void scankey(void);                            //扫描键盘子函数

//主函数
void main()
{
 time0_init();                                 //调用定时器 0，初始化子函数
 while(1)
 {
  scankey();
  display_led_clock();                         //调用显示子函数
 }
}

//定时器 0 服务子函数
void timer0() interrupt 1 using  1
{
 TF0=0;
 TH0=0X3C;                                     //定时器重新赋初值
 TL0=0XB0;
 t++;
 if(t==20)
 {
  t=0;
  updata_clock();                              //调用数据更新子函数
 }
}
//定时器 0 初始化
void time0_init()
{
 TMOD=0X01;                                    //定时器 0 方式 1
 TH0=0X3C;                                     //定时器赋初值
 TL0=0XB0;
 EA=1;                                         //开总中断
 ET0=1;                                        //开定时器 0 中断
 TR0=1;                                        //启动定时器 0
}

//数据更新子函数
void updata_clock()
```

```
{
 set_time[2]++;                                    //秒加 1
 if(set_time[2]==0x32)
   {
    set_time[2]=0;
     set_time[1]++;                                //分加 1
    if(set_time[1]==0x32)
       {
        set_time[1]=0;
         set_time[0]++;                            //时加 1
       if(set_time[0]==0x18)
           set_time[0]=0;
         }
    }
}

//扫描按键子函数
void scankey()
{
 if(!KEY1)                                         //有时按键按下
   {
     delay(300);                                   //消除按键抖动
     set_time[0]++;
     if(set_time[0]==0x18)
        set_time[0]=0;
    //while(!KEY1) ;                               //等待按键释放
   }
 if(!KEY2)                                         //有时按键按下
   {
     delay(300);                                   //消除按键抖动
     set_time[1]++;
     if(set_time[1]==0x32)
        set_time[1]=0;
     //while(!KEY2) ;                              //等待按键释放
   }
}
//显示子函数
void display_led_clock()
{
   uchar temp,seg;
   temp=set_time[0]/10;
   seg=led_7seg[temp];                             //取段码
   write_HC595(seg);
   P00=0;                                          //选通时——十位
   delay(5);                                       //延时 5ms
   P00=1;

   temp=set_time[0]%10;
   seg=led_7seg[temp];                             //取段码
   write_HC595(seg);
   P01=0;                                          //选通时——个位
   delay(5);                                       //延时 5ms
   P01=1;

   write_HC595(0x40);
   P02=0;
   delay(5);
   P02=1;

   temp=set_time[1]/10;
```

```
    seg=led_7seg[temp];             //取段码
    write_HC595(seg);
    P03=0;                          //选通分——十位
    delay(5);                       //延时 5ms
    P03=1;

    temp=set_time[1]%10;
    seg=led_7seg[temp];             //取段码
    write_HC595(seg);
    P04=0;                          //选通分——个位
    delay(5);                       //延时 5ms
    P04=1;

    write_HC595(0x40);
    P05=0;
    delay(5);
    P05=1;

    temp=set_time[2]/10;
    seg=led_7seg[temp];             //取段码
    write_HC595(seg);
    P06=0;                          //选通秒——十位
    delay(5);                       //延时 5ms
    P06=1;

    temp=set_time[2]%10;
    seg=led_7seg[temp];             //取段码
    write_HC595(seg);
    P07=0;                          //选通秒——个位
    delay(5);                       //延时 5ms
    P07=1;
}

// wr595()向 595 发送一个字节的数据
void write_HC595(uchar wrdat)
{
    uchar i;
    SCK_595=0;
    RCK_595=0;
    for(i=8;i>0;i--)                //循环 8 次，写一个字节
    {
    DATA_595=wrdat&0x80;            //发送 BIT0 位
    wrdat<<=1;                      //要发送的数据右移，准备发送下一位
    SCK_595=0;
    _nop_();
    _nop_();
    SCK_595=1;                      //移位时钟上升沿
    _nop_();
    _nop_();
    SCK_595=0;
    }
    RCK_595=0;                      //上升沿将数据送到输出锁存器
    _nop_();
    _nop_();
    RCK_595=1;
    _nop_();
    _nop_();
    RCK_595=0;
}
```

```
//延时子函数
void delay(uint dec)
{
 uchar j;
 for(;dec>0;dec--)
    for(j=0;j<125;j++) { ; }
}
```

11.3.3　仿真实例三：矩阵键盘设计

1. 设计内容

本实例为利用单片机控制芯片驱动数码管来显示键盘输入，其中 74HC595 控制数码管的段选，74HC573 控制数码管位选，设计一个 4×4 矩阵键盘，用单片机的 P1 口来控制键盘扫描。按下相应的按键，所对应的数在数码管上显示出来。

2. Proteus 设计与仿真

(1) 利用 Proteus ISIS 设计如图 11-40 所示的电路原理图。

(2) 根据原理图在 Keil 中编写程序，生成.HEX 目标代码文件，并将生成的代码文件加载到原理图中的单片机 Program File 属性栏中，设置好单片机的时钟频率，在此设为 12MHz。

(3) 单击软件下方的仿真运行开始按钮▶，开始仿真。仿真结果为：刚开始数码管显示为 0，当按下键盘时，数码管上将显示该键图中所标的字符。

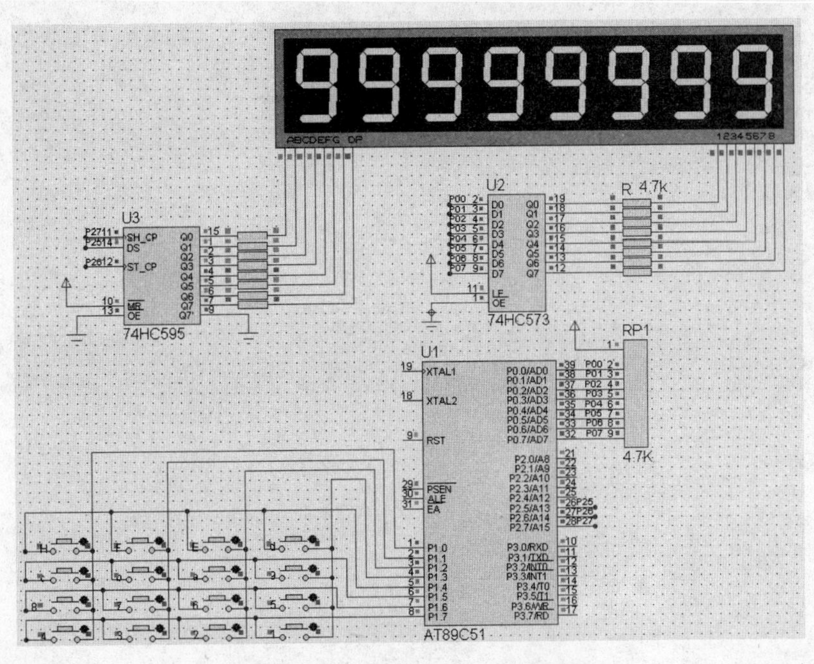

图 11-40　矩阵键盘设计电路图

3. 程序代码

程序代码如下(“//”后为注释内容)：

```
#include <reg51.h>        //包含头文件
#include <intrins.h>
```

```
#define uchar unsigned char
//74HC595 与单片机连接口
sbit sclk=P2^7;                   //595 移位时钟信号输入端(11)
sbit st=P2^6;                     //595 锁存信号输入端(12)
sbit da=P2^5;                     //595 数据信号输入端(14)
//共阴极数码管显示代码
uchar code led_7seg[17]={0x3F,0x06,0x5B,0x4F,    //0 1 2 3
                         0x66,0x6D,0x7D,0x07,    //4 5 6 7
                           0x7F,0x6F,0x77,0x7c,     //8 9 A b
                          0x39,0x5e,0x79,0x71,0x76};  //C,d,E,F,H
//子函数声明
uchar keyscan();                  //键盘扫面子函数
void delay_jp(uchar i);           //延时子函数
void display_jp(uchar key);       //显示子函数

uchar hang;  //定义行号
uchar lie;   //定义列号

//延时子函数
void delay_jp(uchar i)
{
 uchar j;
 for(;i>0;i--)
    for(j=0;j<125;j++)
       { ; }
}
uchar scankey()
{
 P1=0xf0;                         //列输出全 0
 if((P1&0xf0)!=0xf0)              //扫描行，如果不全为 0，则进入
 {
  switch(P1) //获得行号
  {
   case 0x70:  hang=1;  break;
   case 0xb0:  hang=2;  break;
   case 0xd0:  hang=3;  break;
   case 0xe0:  hang=4;  break;
   default: break;
  }
  delay_jp(5);                    //延时去抖动
  P1=0x0f;   //行输出全为 0
  if((P1&0x0f)!=0x0f)             //扫描列，如果不全为 0 则进入
  {
   switch(P1)                     //获得列号
   {
    case 0x07:  lie=1;  break;
    case 0x0b:  lie=2;  break;
    case 0x0d:  lie=3;  break;
    case 0x0e:  lie=4;  break;
    default: break;
    }
  }
  return ((hang-1)*4+lie);        //返回键值
 }
 else return (0);                 //无按键按下返回 0
}
void write595(uchar wrdat)
{
 uchar i;
 sclk=0;
```

```
 st=0;
for(i=8;i>0;i--)          //循环 8 次，写一个字节
{
 da=wrdat&0x80;           //发送 BIT0 位
 wrdat<<=1;               //要发送的数据右移，准备发送下一位
 sclk=0;                  //移位时钟上升沿
 _nop_();
 _nop_();
 sclk=1;
 _nop_();
 _nop_();
 sclk=0;
}
 st=0;                    //上升沿将数据送到输出锁存器
 _nop_();
 _nop_();
 st=1;
 _nop_();
 _nop_();
 st=0;
}
//显示子函数
void display_jp(uchar key)
{
  uchar reg;
  reg=led_7seg[key];  //显示键值
  write595(reg);
  P0=0;
  delay_jp(2);            //调用延时子函数，决定亮度
  P0=1;
}
//主函数
void main()
{
 uchar key=0;
 while(1)
 {
  P1=0xf0;
  if((P1&0xf0)!=0xf0) //若有键按下
  {
    key=scankey();      //调用扫描子函数
  }
  display_jp(key);
 }
}
```

11.3.4 仿真实例四：单片机直流电机的 pwm 控制

1. 设计内容

本实例为利用单片机输出口所给占空比的不同实现电机的调速，数码管显示电路用于显示电动机转动时的速度大小及正反转所表示的代码，电机驱动芯片为 L298。

2. Proteus 设计与仿真

(1) 利用 Proteus ISIS 设计如图 11-41 所示的电路原理图。

(2) 根据原理图在 Keil 中编写程序，生成.HEX 目标代码文件，并将生成的代码文件加

载到原理图中的单片机 Program File 属性栏中，设置好单片机的时钟频率，在此设为 12MHz。

(3) 单击软件下方的仿真运行开始按钮 ▶ ，开始仿真。仿真结果为：通电复位，电路进入初始状态，LED 数码管显示 0000，待电路正常工作时，开始显示电动机的速度和正反转。按 S3 电动机速度向上增加，按 S2 电动机速度向下递减，按 S1 使电动机朝刚才相反的方向转动的同时显示相应字样。由于在实际使用中经常用到的速度有 1.5v、3v、4.5v，5v，6v，8v 和 12v 等速度值，所以本电路还设置了几个按键来设置不同的速度。

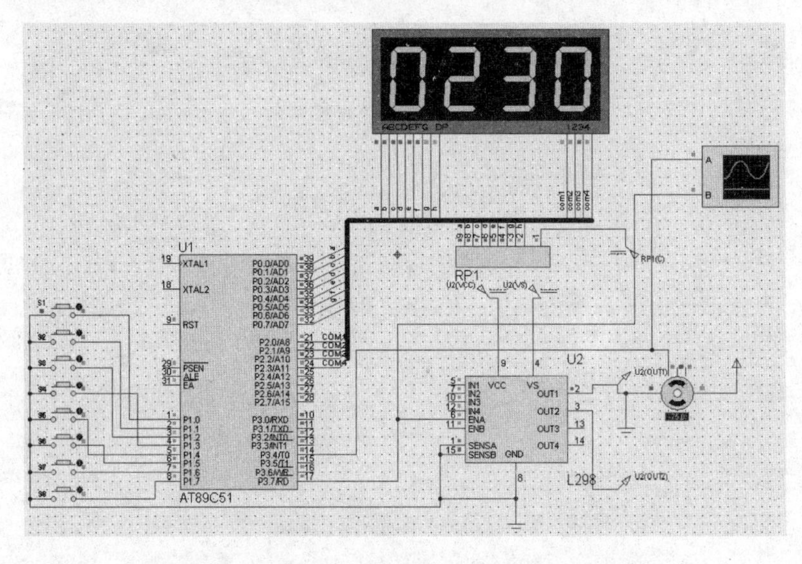

图 11-41　单片机的直流电机的 pwm 控制电路图

3. 程序代码

程序代码如下(“//”后为注释内容)：

```
#include<reg51.h>                              //包含头文件
#include<absacc.h>
#define gew DBYTE[0X40]                        //定义显示缓冲区 个位
#define shiw DBYTE[0X41]                       //十位
#define baiw DBYTE[0X42]                       //百位
#define qianw DBYTE[0X43]                      //千位
#define unint unsigned int                     //自定义变量
#define uchar unsigned char
sbit in1=P3^0;                                 //控制位定义
sbit in2=P3^1;
sbit ena=P3^7;
uchar code zm[12]={0Xc0,0Xf9,0XA4,0XB0,0X99,0X92,0X82,0XF8,0X80,0X90,0x73,0x71};
                                               //在程序存储区定义字型码表
uchar code wm[4]={0xfe,0xfd,0xfb,0xf7};//在程序存储区定义字位控制码表***选位
uchar a=8;                                     //占空比控制字
uchar n=1;                                     //速度增减量 1
uchar m=2;                                     //速度增减量 2
unint speedbuf=0;                              //速度值
uchar zc=0;
unint ys=0;
key();                                         //子函数声明
display();
control();
delays();
speedcan();
```

```
//主函数
main()
{
    gew=shiw=baiw=qianw=0;              //显示初始化
    P0=0xc0;
    P2=0;
    in1=0;                              //电机控制的初始化
    in2=0;
    ena=1;
    TMOD=0X15;                          //定时器 1 为定时模式,使用方式 2;定时器 0 为计数模式,使用
                                          方式 2
    TH1=0Xfa;                           //装定时器初值
    TL1=0X24;
    TH0=0;                              //装计数器初值
    TL0=0;
    EA=1;                               //开总中断
    ET0=1;                              //允许定时器 0 中断
    ET1=1;                              //允许定时器 1 中断
    TR0=1;                              //开计数器
    TR1=1;                              //开定时器
    while(1)                            //无限循环
    {
        key();                          //调用按键扫描程序
        control();                      //调用电机控制程序
        display();                      //调用显示程序
        speedcan();                     //调用速度处理程序
    }
}
//中断处理程序,实现输出方波占空比控制
timer_1() interrupt 3 using 1           //定时器 1 中断,使用寄存器组 1
{
    TR1=0;                              //停止定时
    zc++;                               //中断次数加 1
    ys++;
    control();
    speedcan();
    TH1=0Xfa;                           //重装定时初值
    TL1=0X24;
    TR1=1;
}
//脉宽控制程序,实现 PWM 的输出
control()
{
    if(zc==a)
    {
        ena=0;
    }
    if(zc==15)
    {
        zc=0;
        ena=1;
    }
}
//显示子函数,显示当前电机的速度
display()
{
    uchar i;
    gew=speedbuf%10;                    //求速度个位值送个位显示缓冲
    shiw=(speedbuf/10)%10;              //求速度十位值送十位显示缓冲
    baiw=(speedbuf/100)%10;             //求速度百位值送百位显示缓冲
    qianw=speedbuf/1000;                //求速度千位值送千位显示缓冲
```

```
    for(i=0;i<4;)                              //循环选中数码管的每一位
    {
        P2=wm[i];
        if(i==0)                               //显示个位
        {
            P0=zm[gew];
            delays();
        }
            else if(i==1)                      //显示十位
            {
                P0=zm[shiw];
                delays();
            }
                else if(i==2)                  //显示百位
                {
                    P0=zm[baiw];
                    delays();
                }
                    else if(i==3)              //显示千位
                    {
                        P0=zm[qianw];
                        delays();
                    }
        i++;
    }
}
//读速度值子函数,从计数器 0 中读计数值,经过计算,求出当前速度值
speedcan()
{
    if(ys==500)
    {
        TR0=0;                                 //停止计数
        speedbuf=((TH0*256+TL0)*8)/3;          //读计数器
        ys=0;
        TH0=0;                                 //重装计数初值
        TL0=0;
        TR0=1;                                 //开计数器
    }
}
//延时子函数//
delays()
{
    uchar i;
    for(i=80;i>0;i--);
}
//键盘扫描子函数,实现电机的方向速度的控制
key()
{
    uchar i;
    P1=0xff;                                   //拉高 P1 口的电平
    i=P1;                                      //读 P1 口
    if(i==0xfe)                                //第一个键按下
    {   delays();                              //延时去抖动
        if(i==0xfe)                            //再判断按键是否按下
        {
            in1=0;                             //电机顺时针转动
            in2=1;
        }
    }
    if(i==0xfd)                                //第二个键是否按下
    {
        delays();                              //延时去抖动
```

```
        if(i==0xfd)                          //再判断按键是否按下
        {
            in1=1;                           //电机逆时针转动
            in2=0;
        }
    }
    if(i==0xfb)                              //第三个键是否按下
    {
        delays();
        if(i==0xfb)
        {
            a=a+n;                           //速度加(慢速)
            if(a>=15)
                a=15;
        }
    }
    if(i==0xf7)
    {
        delays();
        if(i==0xf7)
        {
            if(a>3)                          //速度减(慢速)
                a=a-n;
            else
                a=3;
        }
    }
    if(i==0xef)
    {
        delays();
        if(i==0xef)
        {
            a=a+m;                           //速度加(快速)
            if(a>=15)
                a=15;
        }
    }
    if(i==0xdf)
    {
        delays();
        if(i==0xdf)
            if(a>3)                          //速度减(快速)
                a=a-m;
            else
                a=3;
    }
    if(i==0xbf)
    {
        delays();
        if(i==0xbf)
        {
            in1=0;                           //停止转动
            in2=0;
        }
    }
    if(i==0x7f)
    {
        delays();
        if(i==0x7f)
            a=5;                         //回到中间速度
    }
    while(P1!=0xff);                     //等待按键放下
}
```

11.3.5 仿真实例五：单片机控制正反水泵清洗设备

1. 设计内容

本实例为利用单片机控制一个三相异步电机，能正反运行，电机带动一个水泵，进行正反清洗，分自动和手动两种。

- 手动：按手动上，水泵进行正清洗，碰到后限开关，水泵停止。按手动下，水泵进行反清洗，碰到前限开关，水泵停止。
- 自动：定时器用 5 个编码开关设定，有 2～18 小时 9 个时间选择。清洗分 3 个状态，用 3 个编码开关设定。

(1) 单程清洗：判断当时的位置，进行一个方向的清洗。

(2) 双程清洗：判断当时的位置，进行一个往返清洗。

(3) 连续运行：判断当时的位置，连续进行清洗。

设定一个压力开关，当压力到了一定程度，定时器为 0，根据清洗状态，马上进行清洗。

2. Proteus 设计与仿真

(1) 利用 Proteus ISIS 设计如图 11-42 所示的电路原理图。

(2) 根据原理图在 Keil 中编写程序，生成.HEX 目标代码文件，并将生成的代码文件加载到原理图中的单片机 Program File 属性栏中，设置好单片机的时钟频率，在此设为 12MHz。

(3) 单击软件下方的仿真运行开始按钮，开始仿真。仿真结果为：刚开始进入欢迎界面，随后进入运行界面，X0 为自动/手动转换开关，X1 为手动水泵正转开关，X2 为手动水泵反转开关，X3 为前限位开关，X4 为后限位开关，X5 为压力开关，3 位编码开关为模式选择，5 位编码开关为时间选择，Y0 为水泵正转输出，Y1 为水泵反转输出。

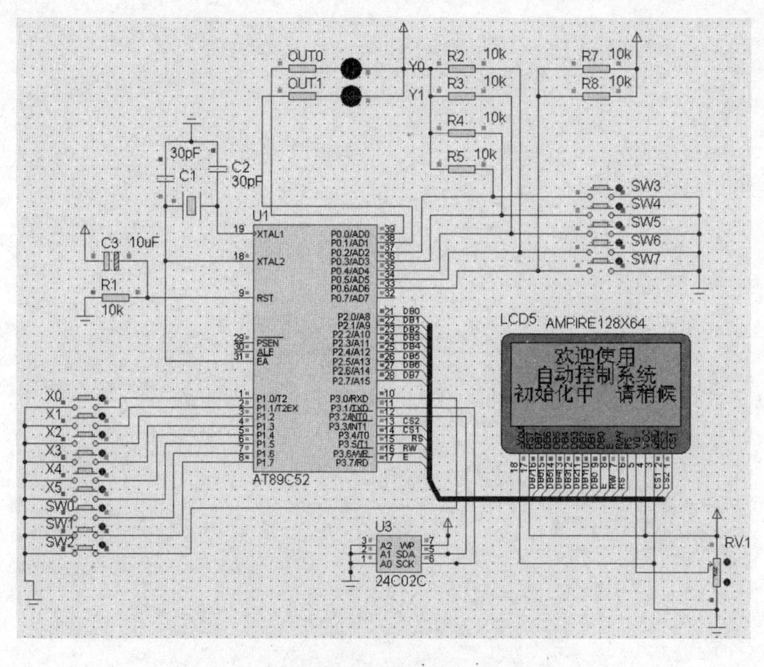

图 11-42 单片机控制正反水泵清洗设备

3. 程序代码

程序代码如下(“//”后为注释内容)：

```
#include <AT89X52.H>
#include <1210.H>                          //控制板输入输出定义
#define TIMER0_COUNT 0xDC11
static unsigned timer0_tick;
unsigned int      demp;                    //定时时间
unsigned int          deda1;
//绘图型 LCD 指令
#define  GLCD_OFF               62     //显示器关闭
#define  GLCD_ON                63     //显示器打开
#define  GLCD_START_LINE_0      192    //设开始坐标
#define  SET_PAGE               184    //设页数(X坐标)
#define  SET_Y_ADDRESS_0        64     //设 X 坐标
#define  CLEAR              0          //设页数(X坐标)
                                       //绘图型 LCD 控制线
#define  ENABLE                 1
#define  DISABLE              0
#define  READ                   1
#define  WRITE                  0
#define  COMMAND                0
#define  DATA               1
#define  GLCD_CS2           P3_3
#define  GLCD_CS1           P3_4
#define  GLCD_D_I           P3_5
#define  GLCD_R_W               P3_6
#define  GLCD_ENABLE            P3_7
//字库占页数太多，这里省略
unsigned char code digit[10][2][16]={};

typedef struct {
              char    hour;
              char    minute;
              char    second;
} time;
typedef struct {
              char    year;
              char    month;
              char    day;
} date;
time now={00,00,00},display;
int   Aminute;
date today={17,04,22},tmpday;
char ABC ;
char ABCD;
 unsigned char gx,gy;


void initFlag(void)
{
    P0 = 0xFF;                         // 输出端口初始化
    P2 = 0xFF;                         // 输出端口初始化
    P1 = 0xFF;                         // 输入端口初始化
    P3 = 0xFF;                         // 输入端口初始化
   now.hour = 24;
   now.minute =00;
   now.second =00;
}
```

```
//检测忙
void check_GLCD_busyflag(void)
{
      unsigned char   x;
       GLCD_R_W=1;
       GLCD_D_I=0;
       GLCD_ENABLE=1;
       P2=0x00;
       do
         {
              x=P2 && 128;
       } while(x);
           GLCD_ENABLE=0;
       GLCD_D_I=1;
       GLCD_R_W=1;
}
//写命令
void write_GLCD_command(unsigned command)
{
             GLCD_R_W = 0;
         GLCD_D_I  = 0;
         GLCD_ENABLE=1;
         P2=command;
         GLCD_ENABLE=0;
         GLCD_D_I=1;
         GLCD_R_W=1;
         check_GLCD_busyflag();   //检测忙
}
//写数据
void write_GLCD_data(unsigned GLCDdata)
{
             GLCD_R_W=0;
         GLCD_D_I=1;
         GLCD_ENABLE=1;
         P2=GLCDdata;
         GLCD_ENABLE=0;
         GLCD_D_I=0;
         GLCD_R_W=1;
         check_GLCD_busyflag(); //检测忙
}
//清屏
void clear_GLCD()
{
       int    i,j;
       GLCD_CS1=1;
       GLCD_CS2=1;
       write_GLCD_command(GLCD_ON);
       write_GLCD_command(GLCD_START_LINE_0);
       for(i=0;i<8;i++)
       {
              write_GLCD_command(SET_PAGE+i);
              write_GLCD_command(SET_Y_ADDRESS_0);
              for(j=0;j<64;j++)
              write_GLCD_data(0);
       }
}
//显示一个圆形
void show_pattern(unsigned char page,unsigned char y,unsigned char *pattern,unsigned
char len)
{
       int i;
```

```
        write_GLCD_command(SET_PAGE+page);
        write_GLCD_command(SET_Y_ADDRESS_0+y);
        for(i=0;i<len;i++)
        {
                write_GLCD_data(*pattern);
                pattern++;
        }
}
//显示一个字
void display_GLCD_data(unsigned char *p)
{
          if (gx<64)
                 {
               GLCD_CS1=1;
               GLCD_CS2=0;
               show_pattern(gy,gx,p,8);
               show_pattern(gy,gx+8,p+8,8);
               show_pattern(gy+1,gx,p+16,8);
               show_pattern(gy+1,gx+8,p+24,8);
               }
          else
               {
               GLCD_CS1=0;
               GLCD_CS2=1;
               show_pattern(gy,gx-64,p,8);
               show_pattern(gy,gx-56,p+8,8);
               show_pattern(gy+1,gx-64,p+16,8);
               show_pattern(gy+1,gx-56,p+24,8);
               }
        gx=gx+16;
}
void display_GLCD_string(unsigned char *p,int len)
{
        int i;
        for(i=0;i<len;i++)
           display_GLCD_data((p+32*i));
}

void display_GLCD_numberAB(char number)
{
        int x,y;
        x=number/10;
        y=number%10;
        display_GLCD_data(digit[x]);
        display_GLCD_data(digit[y]);
}

void display_GLCD_numberB(char number)
{
       unsigned int x,y,z,j;
       x=(number/1000)%10;
       y=(number/100)%10;
          z=(number/10)%10;
          j=number%10;
       display_GLCD_data(digit[x]);
       display_GLCD_data(digit[y]);
          display_GLCD_data(digit[z]);
       display_GLCD_data(digit[j]);
}

void gotoxy(unsigned x,unsigned y)
```

```
{
        gy=y;
        gx=x;
}

void display_time(time dispaly_time)
{
        gotoxy(0,4);
        display_GLCD_numberAB(dispaly_time.hour);
        display_GLCD_data(comma);
        display_GLCD_numberAB(dispaly_time.minute);
        display_GLCD_data(comma);
        display_GLCD_numberAB(dispaly_time.second);
}

void display_time1(int F)
{
        gotoxy(48,6);
     display_GLCD_numberB(F);
}
void initTimer (void)
{
     timer0_tick=0;
     EA=0;
     TMOD=0x11;
     TH0=-9460/256;
     TL0=-9460%256;          //初始化计数器初值

     PT0=1;
     TR0=1;
     ET0=1;
   EA =1;
}

void timer0 (void) interrupt 1
{     TR0=0;
    TH0=-9460/256;
     TL0=-9460%256;          //初始化计数器初值
    TR0=1;
    timer0_tick++;
     if (timer0_tick==100)
   {   timer0_tick=0;
          if(now.second==0)
           {    now.second=59;
                     if (now.minute==0)
                          {
                                now.minute=59;
                                     if (now.hour==0)
                                     {
                                                 now.hour = 24;
                                          now.minute =00;
                                          now.second =00;

                                     }else now.hour--;
                          }else now.minute--;
                    }else  now.second--;
          if(Aminute==10000)Aminute=0;
               else Aminute++;
   }
}
//主程序
```

```
void MAIN (void)
{

   unsigned int i,j;
     initFlag ();                                   //端口初始化
     clear_GLCD();                                  //清屏
         gotoxy(0,0);
          display_GLCD_string(QINGPIN,8);
          gotoxy(0,2);
          display_GLCD_string(QINGPIN,8);
          gotoxy(0,4);
          display_GLCD_string(QINGPIN,8);
          gotoxy(0,6);
          display_GLCD_string(QINGPIN,8);

         gotoxy(32,0);                              //设光标
     display_GLCD_string(HUANYIN,4);                //显示"欢迎使用"字符串
         gotoxy(16,2);                              //设光标
         display_GLCD_string(HENFENG,6);            //显示"控制系统"字符串
         gotoxy(0,4);                               //设光标
         display_GLCD_string(CHUSHI,8);             //显示"初始化"字符串

         for (i=0;i<1000;i++)                       //延时
         for(j=0;j<200;j++);
         initTimer();                               //开中断
     while(1)
         {
             gotoxy(0,0);                           //设光标
             display_GLCD_string(CHUWU,4);          //显示"严重错误"字符串
             gotoxy(64,0);
             display_GLCD_string(XIA,4);
             gotoxy(0,2);                           //设光标
             display_GLCD_string(GUOLI,4);          //显示"过滤时间"字符串
             gotoxy(64,2);
             display_GLCD_numberAB(ABCD);           //显示 00 数字
             gotoxy(96,2);                          //设光标
             display_GLCD_string(XIAOSHI,2);        //显示"小时"字符串
             display_time(now);                     //显示倒计时时间
             gotoxy(0,6);                           //设光标
             display_GLCD_string(QINGXIE,2);        //显示"清洗:"字符串
             display_GLCD_string(comma,1);          //显示":"字符串
             display_time1(Aminute);                //显示电机运行时间
             gotoxy(112,6);                         //设光标
             display_GLCD_string(MIAO,1);           //显示"秒"字符串
         }
}
```

习　　题

利用 Proteus 仿真软件自行设计一个单片机应用系统，并编写程序进行仿真。

第12章 考试指导

12.1 项目综述

全国信息化应用能力考试(The National Certification of Informatization Application Engineer，NCAC)是工业和信息化部人才交流中心主办的，以信息技术、工业设计在各行业、各岗位的广泛应用为基础，面向社会，检验应试人员信息技术应用知识与能力的全国性水平考试体系。

由于我国已逐步成为世界制造业和加工业的中心，对数字化技术应用型人才提出了很高的要求，人才交流中心适时推出的全国信息化应用能力考试——“工业设计”项目，坚持以现有企业需求为依托，提高就业人员的实践动手能力和创新能力，以迅速缩短教育与就业之间的供需差距，加速培养能与国内信息技术、电子工业设计业普遍应用需求相适应的高质量工程技术人员。

12.1.1 岗位技能描述

该证书获得者掌握了单片机硬件系统设计、单片机 C 语言程序设计、各类电子产品的原理分析、电路检测，以及开发设计技术等技能，能够熟悉单片机应用系统的开发流程，具有较强的综合运用能力。从而可培养成为具有良好的实际操作能力、设计能力的开拓性电子应用人才。可从事通信、智能仪器仪表、家电、机电一体化和医疗器械等与单片机相关的产品研发与开发等行业。

12.1.2 考试内容与考试要求

本单片机系统设计培训项目，上机考试共分 9 个单元，考试时每个单元按一定比例随机抽题，考试内容覆盖基本概念、指令系统、功能模块和接口电路等内容；实践题为综合性设计题目，主要考查考生对硬件电路和程序设计的熟练程度。其知识点覆盖广，与实际应用接轨，是相对完善的考试方式。

1．单片机基础

考试内容				
单片机基础				
考试要求	了 解	理 解	掌 握	熟 练
数字电路基础知识	●			
单片机的基本概念		●		
单片机的应用领域	●			
单片机的逻辑结构及信号引脚			●	
单片机的内部存储器			●	
单片机并行输入与输出口电路的结构及应用				●

2．单片机的指令系统

考试内容				
单片机的指令系统				
考试要求	了　解	理　解	掌　握	熟　练
51 单片机指令格式	●			
寻址方式		●		
指令分类	●			
数据传送指令、逻辑运算及移位类指令				●
I/O 口访问指令使用说明				●
简单的汇编程序设计				●

3．C51 程序设计基础

考试内容				
C51 程序设计基础				
考试要求	了　解	理　解	掌　握	熟　练
C51 程序开发概述	●			
C51 数据类型			●	
C51 运算符和表达式				●
C51 控制语句和结构化程序设计				●
C51 构造数据类型			●	
C51 函数				●
C51 预处理命令、库函数			●	
汇编语言与 C 语言混合编程				●

4．编译环境介绍及应用

考试内容				
编译环境介绍及应用				
考试要求	了　解	理　解	掌　握	熟　练
keil 软件的基本应用				●
keil 软件的调试方法及技巧				●
Keil C 的头文件	●			

5．单片机的中断与定时系统

考试内容				
单片机的中断与定时系统				
考试要求	了　解	理　解	掌　握	熟　练
中断的基本概念		●		
中断源、中断入口地址	●			

续表

考试内容				
单片机的中断与定时系统				
考试要求	了　解	理　解	掌　握	熟　练
中断控制、中断优先级设定				●
中断响应过程、中断请求的撤销		●		
中断的嵌套				●
定时方法概述	●			
定时/计数器的定时和计数功能	●			
定时/计数器的控制寄存器			●	
定时/计数器的工作方式				●
定时初值的计算				●

6. 串行通信

考试内容				
串行通信				
考试要求	了　解	理　解	掌　握	熟　练
串行通信基础	●			
串行通信工作方式及波特率			●	
串行口的应用				●
RS-232C 总线标准		●		
RS-232C 信号引脚定义			●	
RS-232C 主要串行通信信号			●	

7. 单片机常用接口电路设计

考试内容				
单片机常用接口电路设计				
考试要求	了　解	理　解	掌　握	熟　练
I/O 口的直接使用			●	
扩展 I/O 接口电路的功能		●		
I/O 口的编址			●	
显示器接口原理及应用				●
键盘接口原理及应用				●
DA/AD 的转换原理	●			
DAC0832 接口设计		●		
ADC0809 接口设计		●		
串行 A/D 转换接口芯片 TLC549				●
串行 D/A 转换接口芯片 MAX517				●
电机控制电路			●	
红外遥控电路			●	

8. 常用串行总线应用

考试内容				
常用串行总线应用及常用控制电路应用				
考试要求	了　解	理　解	掌　握	熟　练
1-wire 总线			●	
IIC 总线			●	
SPI 总线			●	

12.1.3　考试方式

- 考试方式分为基础理论考核与综合项目开发考核，基础理论是基于网络的统一上机考试，综合项目考核是基于开发板的题目设计，在开发板上实现，时间可由考评员根据实际情况灵活掌握。
- 考试系统采用模块化结构，应试题目从题库中随机抽取。
- 考试不受时间限制，可随时报考。
- 标准化考试，减少人为因素。

12.1.4　基础理论题各部分分值分布

理论题为选择题，各部分分值分布如表 12-1 所示。

表 12-1　理论题分值分布

考试内容	题目数量	每题分数
单片机基础知识	4	1
单片机的指令系统	4	1
C51 程序设计基础	3	1
编译环境介绍及应用	0	1
单片机的中断与定时系统	3	1
串行通信	2	1
单片机常用接口电路	3	1
常用串行总线	1	1
总题数	20	20

12.1.5　综合项目设计题

题目数量：1

分数：满分 80 分，完成基本要求达标 60 分。

题型：选择开发板上合适的模块，根据题目要求设计程序，完成基本要求。在完成基本要求的基础上进行功能扩展。要求在开发板上成功演示设计结果。

12.2 理论考试上机指导

12.2.1 单片机基础知识

1. 在 MCS-51 单片机中，当采用 4MHz 晶振频率时，一个机器周期等于(　　)μs。

A．1　　B．2　　C．3　　D．4

答案：C

2. 如果某 51 单片机系统的定时/计数器 0 的中断服务程序放在程序存储区的 3000H 地址开始的一段空间内，此时跳转到定时/计数器 0 的中断服务程序的指令 LJMP 3000H 应放在(　　)开始的中断地址区。

A．0003H　　B．0013H　　C．0023H　　D．000BH

答案：D

3. MCS-51 单片机的字长是(　　)。

A．2 位　　B．4 位　　C．8 位　　D．16 位

答案：C

4. 单片机复位时，程序计数器 PC 的值为(　　)。

A．0000H　　B.0030H　　C．4000H　　D．4100H

答案：A

5. 某存储器芯片有 12 根地址线，8 根数据线，该芯片有(　　)个存储单元。

A．1KB　　B．2KB　　C．3KB　　D．4KB

答案：D

6. MCS-51 单片机的堆栈区是设置在(　　)中。

A．片内 ROM 区　　B．片外 ROM 区　　C．片内 RAM 区　　D．片外 RAM 区

答案：C

7. 在单片机中，(　　)是数据存储器，(　　)是程序存储器。

A．ROM　　B．EPROM　　C．RAM　　D．EEPROM

答案：C；　A、B、D

8. 单片机在与外部 I/O 口进行数据传送时，将使用(　　)线。

A．ALE　INT0　　B．PSEN　ALE　　C．WR　RD　ALE　　D．ALE　INT1

答案：C

9. 下列计算机语言中，CPU 能直接识别的是(　　)。

A．自然语言　　B．高级语言　　C．汇编语言　　D．机器语言

答案：D

10. 51 单片机的哪一组端口高电平驱动外设时，需接上拉电阻(　　)。

A．P0　　B．P1　　C．P2　　D．P3

答案：A

11. 当 MCS-51 单片机接有外部存储器时，P2 口可作为(　　)。

A．数据输入口　　B．数据的输出口

C．准双向输入/输出口　　D．输出高8位地址

答案：C

12．下列关于栈的描述中，错误的是(　　)。

A．栈是先进后出的先性表　　B．栈只能顺序存储

C．栈具有记忆作用　　D．对栈的插入和删除操作中，不需要改变栈底指针

答案：C

13．调用子程序、中断响应过程及转移指令的共同特点是(　　)。

A．都能返回　　B．都通过改变PC实现转移

C．都将返回地址压入堆栈　　D．都必须保护现场

答案：B

14．下面(　　)器件是同相OC门电路。

A．74LS04　　B．74LS14　　C．74LS07　　D．74LS06

答案：C

15．14根地址的寻址范围可达(　　)KB。

A．8　　B．16　　C．32　　D．64

答案：B

16．下面不是输入设备的是(　　)。

A．打印机　　B．键盘　　C．扫描仪　　D．A/D转换器

答案：A

17．多字节加法运算，在进行最低字节相加前，应先将CY(　　)。

A．清0　　B．置1　　C．取反　　D．送入A

答案：A

18．单片机的程序计数器PC是16位的，其寻址范围为(　　)。

A．128B　　B．256B　　C．8KB　　D．64KB

答案：D

19．堆栈指针的作用是(　　)。

A．指明栈底的位置　　B．指明栈顶的位置

C．操作数地址　　D．指令的地址

答案：B

20．8051单片机中的片内程序存储器空间有(　　)。

A．0KB　　B．4KB　　C．8KB　　D．64KB

答案：B

21．单片机的数据指针寄存器DPTR是16位的，其寻址范围为(　　)。

A．128B　　B．256B　　C．8KB　　D．64KB

答案：D

22．80C51单片机的位寻址区位于内部RAM的(　　)单元。

A．00H～7FH　　B．20H～7FH　　C．00H～1FH　　D．20H～2FH

答案：D

23．若 51 单片机的晶振频率为 6MHz，定时/计数器的外部输入最高计数频率为(　　)。

A．2MHz　　B．1MHz　　C．500kHz　　D．250kHz

答案：D

24．在片外扩展一片 16K 的 EPROM 需要(　　)根地址线。

A．11　　B．12　　C．13　　D．14

答案：D

25．八进制的基数为(　　)。

A．16　　B．8　　C．15　　D．2

答案：B

26．主频为 12MHz 的单片机，其机器周期为(　　)。

A．1/12μs　　B．0.5μs　　C．1μs　　D．2μs

答案：C

27．MCS-51 单片机的最小时序定时单位是(　　)。

A．状态　　B．节拍　　C．机器周期　　D．指令周期

答案：B

28．若 MCS-51 单片机使用晶振频率为 6MHz 时，其复位持续时间应该超过(　　)。

A．2μs　　B．4μs　　C．8μs　　D．1ms

答案：B

29．AT89S51 是以下(　　)公司的产品。

A．INTEL　　B．AMD　　C．ATMEL　　D．PHILIPS

答案：C

30．MCS-51 系列单片机是属于(　　)体系结构。

A．冯诺依曼　　B．普林斯顿　　C．哈佛　　D．图灵

答案：B

12.2.2　单片机的指令系统

1．下面指令寻址方式为变址寻址的是(　　)。

A．MOV　A,30H　　B．MOVX @DPTR,A

C．MOVC A,@A+PC　　D．JC rel

答案：C

2．指令 SJMP 的跳转范围是(　　)。

A．128B　　B．256B　　C．2KB　　D．64KB

答案：B

3．以下(　　)指令的写法是错误的。

A．MOV DPTR,#3F98H　　B．MOV R0,#0FEH

C．MOV 50H,#0FC3DH　　D．INC R0

答案：C

4．以下(　　)指令的写法是错误的。

A．MOVC A,@A+DPTR　　B．MOV @R0,#FEH

C．CPL A　　D．PUSH ACC

答案：B

5．以下(　　)是位操作指令。

A．MOV P0，#0FFH　　B．CLR P1．0

C．CPL A　　D．POP PSW

答案：B

6．下列数据字定义的数表中，(　　)是错误的。

A．DW"AA"　　B．DW"A"

C．DW"OABC"　　D．DW OABCH

答案：A

7．指令LJMP的跳转范围是(　　)。

A．128B　　B．256B

C．2KB　　D．64KB

答案：D

8．当需要从51单片机程序存储器取数据时，采用的指令为(　　)。

A．MOV A, @R1　　B．MOVC A, @A + DPTR

C．MOVX A, @ R0　　D．MOVX A, @ DPTR

答案：B

9．外部程序存储器读写指令为(　　)。

A．MOV　　B．MOVC　　C．MOVX　　D．MOVA

答案：B

10．MOV A,R1的寻址方式为(　　)。

A．立即寻址　　B．直接寻址　　C．寄存器寻址　　D．寄存器间接寻址

答案：C

11．51单片机要用传送指令访问片外数据存储器，其指令操作码助记符是(　　)。

A．MUL　　B．MOV　　C．MOVX　　D．MOVC

答案：C

12．指令MOV PSW,#00H对源操作数而言，属于(　　)方式。

A．直接寻址　　B．立即寻址　　C．寄存器寻址　　D．相对寻址

答案：B

13．以下(　　)是位操作指令。

A．MOV P0，#0FFH　　B．SETB TR0

C．CPL R0　　D．PUSH PSW

答案：B

14．下面(　　)指令是错误的。

A．CPL A　　B．MOVC A, @A+PC

C．MOVX A, @R2　　D．POP ACC

答案：C

15．下面(　　)指令是错误的。

A．MOVX　@R0, #30H　　B．MOVC　A, @A+PC

C．CPL　A　　D．POP　ACC

答案：A

16．对片外数据 RAM 单元读写数据用(　　)。

A．MOV 指令　　B．MOVX 指令　　C．MOVC 指令

答案：B

17．MCS-51 的无条件转移指令中，其转移范围最大的是(　　)。

A．LJMP　　B．AJMP　　C．SJMP

答案：A

18．执行 MOV SP, #30H 指令后，压栈从片内 RAM(　　)单元开始。

A．2FH　　B．30H　　C．31H

答案：B

19．以下指令中，(　　)指令执行后使标志位 CY 清 0。

A．MOV　A, #00H　　B．CLR　A

C．ADD　A, #00H　　D．CLR C

答案：D

20．以下(　　)指令的写法是错误的。

A．MOV DPTR, #3F98H　　B．MOV R0, #0FEH

C．MOV 50H, #0FC3DH　　D．INC R0

答案：C

21．以下(　　)是位操作指令。

A．MOV P0, #0FFH　　B．CLR P1.0

C．CPL A　　D．POP PSW

答案：B

22．若 PSW.4=0, PSW.3=1，现在需要保存 R1 的内容，可执行(　　)指令。

A．PUSH　R1　　B．PUSH　@R1

C．PUSH　01H　　D．PUSH　09H

答案：A

23．下列指令不是变址寻址方式的是(　　)。

A．JMP　@A+DPTR　　B．MOVC　A, @A+PC

C．MOVX　A, @DPTR　　D．MOVC　A, @A+DPTR

答案：C

24．下面(　　)程序能准确地读取 P1 口引脚信号。

A．MOV A, #00H；MOV P1, A；MOV A，P1

B．MOV A, #0FFH；MOV P1, A；MOV A，P1

C．MOV A, #0FFH；MOV A, P1

D．MOV A, #0FFH；MOV A, P1

答案：B

25．以下(　　)是位操作指令。

A．MOV P1, #0FFH　　B．MOV C, ACC.1

C．CPL　A　　D．POP　PSW

答案：B

26．以下(　　)指令的写法是错误的。

A．INC DPTR　　B．MOV R0, #0FEH

C．DEC　A　　D．PUSH　A

答案：D

27．指令周期有3种，分别是单周期指令，双周期指令和(　　)指令。

A．三周期　　B．四周期　　C．五周期　　D．六周期

答案：A

28．以下(　　)指令的写法是错误的。

A．MOVC A, @A+DPTR　　B．MOV R0, #FEH

C．CPL A　　D．PUSH ACC

答案：B

12.2.3　C51程序设计基础

1．用汇编语言和高级语言编写的同一功能程序，其所占用的存储单元及执行速度为(　　)。

A．高级语言程序所占的存储单元少，执行速度快

B．高级语言程序所占的存储单元多，执行速度慢

C．高级语言程序所占的存储单元少，执行速度慢

D．高级语言程序所占的存储单元多，执行速度快

答案：B

2．从完成C源文件编辑后到生成执行文件，C语言处理系统必须执行的步骤依次为(　　)。

A．编译、汇编、链接、运行　　B．预编译、编译、汇编、链接

C．汇编、编译、链接、运行　　D．预编译、编译、链接、运行

答案：D

3．C语言程序编译与链接时，(　　)。

A．不会修改源程序结构，所有需要资源均被链接进可执行文件

B．会修改源程序结构，所有需要资源均被链接进可执行文件

C．不会修改源程序结构，并非所有需要资源均被链接进可执行文件

D．会修改源程序结构，并非所有需要资源均被链接进可执行文件

答案：D

4．将一个整数10002存到磁盘上，以ASCII码形式存储和以二进制形式存储，占用的字节数分别是(　　)。

A．2和2　　B．2和5　　C．5和2　　D．5和5

答案：C

5．下列计算机语言中，CPU 能直接识别的是(　　)。

A．自然语言　　B．高级语言　　C．汇编语言　　D．机器语言

答案：D

6．以下叙述中正确的是(　　)。

A．用 C 语言实现的算法必须要有输入和输出操作

B．用 C 语言实现的算法可以没有输出但必须要有输入

C．用 C 程序实现的算法可以没有输入但必须要有输出

D．用 C 程序实现的算法可以既没有输入也没有输出

答案：C

7．数据的存储结构是指(　　)。

A．存储在外存中的数据　　B．数据所占的存储空间量

C．数据在计算机中的顺序存储方式　　D．数据的逻辑结构在计算机中的表示

答案：D

8．下列关于栈的描述中错误的是(　　)。

A．栈是先进后出的先性表　　B．栈只能顺序存储

C．栈具有记忆作用　　D．对栈的插入和删除操作中，不需要改变栈底指针

答案：C

9．改变工作寄存器组的方法是(　　)。

A．using n　　B．interrupt m　　C．reentrant　　D．sbit m

答案：A

10．以下能正确定义一维数组的选项是(　　)。

A．unsigned int a[5]={0,1,2,3,4,5}；　　B．unsigned char a[ ]={0,1,2,3,4,5}；

C．unsigned char a={'A','B','C'}；　　D．unsigned int a[5]="0123"；

答案：B

11．若将字库放在程序存储器中，则存储类型是(　　)。

A．xdata　　B．code　　C．pdata　　D．bdata

答案：B

12．C51 中使用寄存器进行参数传递，函数参数不能超过(　　)。

A．3　　B．2　　C．1　　D．4

答案：A

13．单片机的汇编语言的指令中，有循环左移和循环右移，而 C 语言中没有，所以在 C51 中利用(　　)来完成。

A．内部函数　　B．外部函数　　C．取样函数　　D．本征函数

答案：D

14、以下不能作为用户标识符是(　　)。

A．Main　　B．_0　　C．_int　　D．sizeof

答案：D

15．以下叙述中错误的是(　　)。

A．对于 double 类型数组，不可以直接用数组名对数组进行整体输入或输出

B．数组名代表的是数组所占存储区的首地址，其值不可改变

C．当程序执行中，数组元素的下标超出所定义的下标范围时，系统将给出“下标越界”的出错信息

D．可以通过赋初值的方式确定数组元素的个数

答案：C

16．下列类型中，(　　)是51单片机特有的类型。

A．char　　B．int　　C．bit　　D．float

答案：C

12.2.4　单片机中断与定时器系统

1．0023H 是51单片机的(　　)中断入口地址。

A．外部中断0　　B．外部中断1　　C．定时器中断1　　D．定时器中断0

答案：C

2．MCS-51单片机定时器工作方式0是指(　　)工作方式。

A．8位　　B．8位自动重装　　C．13位　　D．16位

答案：C

3．单片机时钟周期为T0，则机器周期为(　　)。

A．2T0　　B．4T0　　C．8T0　　D．12T0

答案：D

4．串行口发送中断标志位为(　　)。

A．TI　　B．RI　　C．IE0　　D．IE1

答案：A

5．T1中断允许控制位为(　　)。

A．ET0　　B．ET1　　C．ES　　D．EX1

答案：B

6．外部中断1中断优先级控制位为(　　)。

A．PX0　　B．PX1　　C．PT1　　D．PS

答案：B

7．51单片机可分为两个中断优先级别，各中断源的优先级别设定是利用(　　)寄存器。

A．IE　　B．PCON　　C．IP　　D．SCON

答案：C

8．MCS-51单片机响应外部中断0的中断时，程序应转移到的地址是(　　)。

A．0003H　　B．000BH　　C．0013H　　D．001BH

答案：A

9．若单片机的振荡频率为6MHz，设定时器工作在方式1需要定时1ms，则定时器初值应为(　　)。

A．500　　B．1000　　C．216～500　　D．216～1000

答案：B

10．51 单片机在同一优先级的中断源同时申请中断时，CPU 首先响应(　　)。

A．外部中断 0　　B．外部中断 1　　C．定时器 0 中断　　D．定时器 1 中断

答案：A

11．定时/计数器工作于模式 2，在计数溢出时(　　)。

A．计数从零重新开始　　B．计数从初值重新开始　　C．计数停止

答案：B

12．51 单片机的串行中断入口地址为(　　)。

A．0003H　　B．0013H　　C．0023H　　D．0033H

答案：D

13．当外部中断请求的信号方式为脉冲方式时，要求中断请求信号的高电平状态和低电平状态都应至少维持(　　)。

A．1 个机器周期　　B．2 个机器周期　　C．4 个机器周期　　D．10 个晶振周期

答案：B

14．定时器若工作在循环定时或循环计数场合，应选用(　　)。

A．工作方式 0　　B．工作方式 1　　C．工作方式 2　　D．工作方式 3

答案：B

15．51 单片机的定时器 1 的中断请求标志是(　　)。

A．ET1　　B．TF1　　C．IT1　　D．IE1

答案：B

16．T0 设置成计数方式时，外部引脚计数脉冲的最高频率应是晶振频率的(　　)。

A．1/6　　B．1/2　　C．1/24　　D．1/48

答案：C

17．当晶振频率是 12MHz 时，51 单片机的机器周期是(　　)。

A．1μs　　B．1ms　　C．2μs　　D．2ms

答案：A

18．外部中断 INT0 的触发方式控制位 IT0 置 1 后，其有效的中断触发信号是(　　)。

A．高电平　　B．低电平　　C．上升沿　　D．下降沿

答案：D

19．定时/计数器工作方式 3 是(　　)。

A．8 位计数器结构　　B．2 个 8 位计数器结构

C．13 位计数结构　　D．16 位计数结构

答案：B

12.2.5　串行通信

1．串行口控制寄存器 SCON 为 40H 时，工作于(　　)。

A．方式 0　　B．方式 1　　C．方式 2　　D．方式 3

答案：B

2．串行口工作在方式 0 时，作同步移位寄存器使用，此时串行数据输入输出端为(　　)。

A．RXD 引脚　　B．TXD 引脚　　C．T0 引脚　　D．T1 引脚

答案：A

3．在异步通信中每个字符由 9 位组成，串行口每分钟传 25000 个字符，则对应的波特率为(　　)bit/s。

A．2500　　B．2750　　C．3000　　D．3750

答案：D

4．根据信息的传送方向，51 单片机的串口属(　　)类。

A．半双工　　B．全双工　　C．半单工　　D．单工

答案：B

5．用 51 用串行扩展并行 I/O 口时，串行接口工作方式选择(　　)。

A．方式 0　　B．方式 1　　C．方式 2　　D．方式 3

答案：A

6．控制串行口工作方式的寄存器是(　　)。

A．TCON　　B．PCON　　C．SCON　　D．TMOD

答案：C

7．下列论述(　　)的叙述是错误的。

A．RS-232 是同步传输数据的

B．RS-232 编码协议是传输距离短的主要原因

C．RS-422、RS-485 的电路原理与 RS-232 基本相同

D．RS-232 广泛用于计算机接口

答案：A

8．当进行点对点通信时，通信距离为 3m，则可以优先考虑(　　)通信方式。

A．串行口直接相连　　B．RS-232　　C．RS-422A　　D．RS-485

答案：A

9．当进行点对点通信时，通信距离为 500m，则可以优先考虑(　　)通信方式。

A．串行口直接相连　　B．RS-232　　C．RS-422A 或 RS-485

答案：C

10．甲乙双方采用串行口模式 1 进行通信，采用定时器 T1 工作在模式 2 做波特率发生器，波特率为 2400bit/s，当系统晶振为 6MHz 时，SMOD=1，计数初值为(　　)。

A．F3H　　B．F6H　　C．FEH　　D．E3H

答案：A

12.2.6　单片机常用接口电路

1．MCS-51 单片机外扩存储器芯片时，4 个 I/O 口中用作地址总线的是(　　)。

A．P0 口和 P2　　B．P0 口　　C．P1 口和 P3 口　　D．P2 口

答案：A

2．下面的话描述错误的是(　　)。

A．1602 是字符型点阵式液晶显示器

B．TLC549 是 8 位逐次逼近型 AD 转换器

C．MAX517 是 8 位电压输出型 DAC 数模转换器

D．AT24C02 内部含有 2KB 的存储空间

答案：B

3．有一位共阴极 LED 显示器，要使它显示 5，它的字段码为(　　)。

A．6DH　　B．92H　　C．FFH　　D．00H

答案：A

4．51 单片机的(　　)口的引脚，还具有外中断，串行通信等第二功能。

A．P0　　B．P1　　C．P2　　D．P3

答案：D

5．单片机系统常用的芯片 74LS138 属于(　　)。

A．驱动器　　B．锁存器　　C．编码器　　D．译码器

答案：D

6．MCS-51 外扩 ROM、RAM 和 I/O 口时，它的数据总线是(　　)。

A．P0　　B．P1　　C．P2　　D．P3

答案：A

7．51 的并行 I/O 口信息有两种读取方法：一种是读引脚，还有一种是(　　)。

A．读锁存器　　B．读数据库　　C．读 A 累加器　　D．读 CPU

答案：A

8．标称为 104 的电容器，其容量为(　　)。

A．104PF　　B．10000PF　　C．100000PF　　D．4000PF

答案：C

9．51 系列单片机的异步通信口为(　　)。

A．单工　　B．半双工

C．全双工　　D．单工、双工兼有

答案：C

10．接口芯片 8251 是(　　)。

A．串行接口芯片　　B．并行接口芯片

C．串并行接口芯片　　D．键盘、显示接口芯片

答案：A

11．常见的 8251、8253、8255A 集成芯片为(　　)。

A．8251、8253 为串行接口芯片，8255A 为并行接口芯片

B．8251、8253 为并行接口芯片，8255A 为定时/计数芯片

C．8251、8255A 为串行接口芯片，8253 为定时/计数芯片

D．8251 为串行接口芯片，8253 为定时/计数芯片，8255A 为并行接口芯片

答案：D

12．标注为 223 的片状电阻(贴片电阻)器，其阻值为(　　)。

A．22Ω　　B．223Ω　　C．22KΩ　　D．220Ω

答案：C

13．标注为 4n7 的电容器，其电容值为(　　)。

A、47pF　　B、470pF　　C、4700pF　　D、4．7pF

答案：C

14．按键的机械抖动时间通常是(　　)。

A．0　　B．5~10μs　　C．5~10ms　　D．1s 以上

答案：C

15．LCD1602 属于(　　)。

A．笔段式液晶显示器　　B．字符点阵式显示器

C．黑白图形点阵式液晶显示器　　D．彩色图形液晶显示器

答案：B

16．要对 5mV～5V 的模拟信号进行 A/D 转换，则应选(　　)的 A/D 转换芯片。

A．8 位二进制　　B．10 位二进制　　C．12 位二进制　　D．14 位二进制

答案：B

17．对 5V 电压进行 A/D 采样，若要求对电压的最小分辨率为 5mV，则 A/D 的转换位数为(　　)。

A．8 位二进制　　B．10 位二进制　　C．12 位二进制　　D．14 位二进制

答案：B

18．下列 A/D 转换器的转换速度最低的是(　　)。

A．并联比较型 A/D 转换器　　B．逐次渐进型 A/D 转换器

C．双积分型 A/D 转换器　　D．压频变换型 A/D 转换器

答案：C

19．ADC0809 是一片常用的 A/D 转换芯片，它的分辨率位数是(　　)。

A．8　　B．10　　C．12　　D．14

答案：A

20．关于 TLC549 说法错误的是(　　)。

A．是 TI 公司生产的一种低价位、高性能的 8 位 A/D 转换器

B．以 12 位开关电容逐次逼近的方法实现 A/D 转换

C．转换速度小于 17μs

D．采用三线串行方式与微处理器相连

答案：B

12.2.7　常用的串行总线

1．以下(　　)方式的接口总线最少。

A．SPI　　B．I2C　　C．单总线　　D．并行通信

答案：C

2．I2C 总线在读或写时，开始的信号为(　　)。

A．SCL 为高电平期间，SDA 从低变高　　B．SCL 为高电平期间，SDA 从高变低

C．SCL 为低电平期间，SDA 从低变高　　D．SCL 为低电平期间，SDA 从高变低

答案：B

3．以下(　　)不是 SPI 总线信号。

A．SCK　　B．MISO　　C．MOSI　　D．EA

答案：D

4．SPI 总线数据的传输格式是(　　)。

A．高位(MSB)在前，低位(LSB)在后　　B．低位(MSB)在前，高位(LSB)在后

C．先发哪位，哪位在前　　D．高低位可以设置

答案：A

5．单总线中主机(　　)来启动一个写时序。

A．将单总线 DQ 从逻辑高拉为逻辑低　　B．将单总线 DQ 从逻辑低拉为逻辑高

C．先将单总线 DQ 拉低再拉高　　D．先将单总线 DQ 拉高再拉低

答案：C

6．下面说法错误的是(　　)。

A．1-wire 总线采用单根信号线，既可以传输时钟又可以传输数据，而且数据传输是双向的

B．IIC 串行总线一般有两根信号线，一根用于发送，一根用于接收

C．SPI 总线采用四线方式，是一种同步串行外设接口

D．DS18B20 是典型的单总线器件

答案：B

12.3　综合项目设计题实例分析

12.3.1　交通控制系统

1．题目介绍及知识要点

以提供的 MCUBUS 开发板为设计平台，利用开发板上的几个模块，设计一个交通灯控制系统。完成基本功能要求为 60 分，扩展功能不作具体要求，自由发挥，根据扩展功能加分，最高满分。电路图参照附录 MCUBUS 开发板原理图。

功能基本要求：

(1)　十字路口交通灯指示。

(2)　时间显示。

知识点

- 熟练掌握独立按键的使用。
- 掌握 74HC595 工作原理。
- 掌握数码管的工作原理。
- 熟练掌握定时器的使用。

2．程序示例

```
/*************************************************************************
名称：交通控制系统
```

```
功能：默认情况下，运行正常的交通灯显示。当拨动开关拨到上面时，显示交通灯，拨到下面时显示时间(数码管)。
当拨动开关拨到上面时，若按下 key2，则只有 4 个红灯亮，再次按下 key2，则进入正常交通灯显示。当拨动开
关拨到下面时，若按下 key1，则显示交通等时间，再次按下 key1 时，同时拨动开关拨到上面则显示交通灯
*************************************************************************/
//包含头文件
#include<reg52.h>

#define uchar unsigned char
#define uint unsigned int

//数码管选通端
sbit P07=P0^7;
sbit P06=P0^6;
sbit P01=P0^1;
sbit P00=P0^0;
//按键
sbit key1=P1^5;
sbit key2=P1^6;
sbit key3=P1^7;

//74HC595 与单片机连接口
sbit SCK_HC595=P2^7;            //595 移位时钟信号输入端(11)
sbit RCK_HC595=P2^6;            //595 锁存信号输入端(12)
sbit OUTDA_HC595=P2^5;          //595 数据信号输入端(14)

//##############################################
//共阴极数码管显示代码
uchar code led_7seg[10]={0x3F,0x06,0x5B,0x4F, //0 1 2 3
                    0x66,0x6D,0x7D,0x07, //4 5 6 7
               0x7F,0x6F, }; //8 9
//##############################################

char n=0,m=0,time_stop=30,time_go=25,time_wait=5,key1flag=0,key2flag=0;

//定时器初始化函数
void init()
{
    TMOD=0x01;                  //定时器 0 工作方式
    TH0=(65536-50000)/256;      //定时器赋初值
    TL0=(65536-50000)%256;
    EA=1;                       //开总中断
    ET0=1;                      //开定时器 0 中断
    TR0=1;                      //启动定时器 0
}
//延时函数 1ms
void delayms(uint z)
{
    uint x,y;
    for(x=z;x>0;x--)
        for(y=120;y>0;y--);
}
//#####################################################
//名称：wr595()向 595 发送一个字节的数据
//功能：向 595 发送一个字节的数据(先发高位)
//#####################################################
void write_HC595(uchar wrdat)
{
    char i;
    SCK_HC595=0;
    OUTDA_HC595=0;
```

```
        for(i=8;i>0;i--)                    //循环 8 次，写一个字节
        {
            OUTDA_HC595=wrdat&0x80;         //发送 BIT0 位
            wrdat<<=1;                      //要发送的数据右移，准备发送下一位
            SCK_HC595=0;
            SCK_HC595=1;                    //移位时钟上升沿
            SCK_HC595=0;
        }
        RCK_HC595=0;                        //上升沿将数据送到输出锁存器
        RCK_HC595=1;
        RCK_HC595=0;
    }
    //LED 显示函数
    void LED_display(char time0,char time1)
    {
        char seg;
        seg=led_7seg[time0/10];
        write_HC595(seg);
        P0=0xfe;                //选通十位
        delayms(1);             //延时
        P00=1;                  //关位选

        seg=led_7seg[time0%10];
        write_HC595(seg);
        P0=0xfd;                //选通个位
        delayms(1);             //延时
        P01=1;                  //关位选

        seg=led_7seg[time1/10];
        write_HC595(seg);
        P0=0xbf;              //选通十位
        delayms(1);           //延时
        P06=1;                //关位选

        seg=led_7seg[time1%10];
        write_HC595(seg);
        P0=0x7f;               //选通个位
        delayms(1);            //延时
        P07=1;                 //关位选
    }
    //交通灯显示函数
    void light_display()
    {
        if(m<=25)
        {
            P0=0x78;            //交通灯东西红，南北绿
        }
        if(m>25&&m<=30)
        {
            P0=0xb8;            //交通灯东西红，南北黄
        }
        if(m>30&&m<=55)
        {
            P0=0xcc;            //交通灯东西绿，南北红
        }
        if(m>55)
        {
            P0=0xd4;            //交通灯东西黄，南北红
        }
    }
```

```
//时间显示函数
void time_display()
{
    if(m<=25)
    {
    LED_display(time_stop,time_go);          //数码管红灯时间，绿灯时间
    }
    if(m>25&&m<=30)
    {
    LED_display(time_stop,time_wait);        //数码管红灯时间，黄灯时间
    }
    if(m>30&&m<=55)
    {
        LED_display(time_go,time_stop);      //数码管绿灯时间，红灯时间
    }
    if(m>55)
    {
        LED_display(time_wait,time_stop);    //数码管黄灯时间，红灯时间
    }
}
//按键扫描函数
void keyscan()
{
    if(!key1)                       //有按键按下
    {
        delayms(5);                 //消除按键抖动
        while(!key1);
        delayms(5);
        key1flag++;                 //时间与交通灯的转换
        if(key1flag>=2) key1flag=0;
    }
    if(!key2)                       //有按键按下
    {
        delayms(5);                 //消除按键抖动
        while(!key2);
        delayms(5);
        key2flag++;                 //全红灯与交通灯的转换
        if(key2flag>=2) key2flag=0;
    }
}
//显示整合函数
void all_display()
{
    keyscan();                      //按键扫描函数
    if(key2flag==0)
    {
        if(key1flag==0) light_display();
        if(key1flag==1) time_display();
    }
    else P0=0xdb;
}
//主函数
void main()
{
    init();
    while(1)
    {
        all_display();
    }
}
```

```
//定时中断函数
void time0() interrupt 1
{
    TH0=(65536-50000)/256;                    //赋初值
    TL0=(65536-50000)%256;
    n++;
    if(n>=20)                                 //n=20，时间为1s，n清零
    {
        n=0;
        m++;
        if(m>60) m=0;
        if(time_stop<=0)    time_stop=30;
        if(time_go<=0)     time_go=25;
        if(time_wait<=0)  time_wait=5;
        if(m<=25)
        {
            time_stop--;time_go--;       //红灯时间减1，绿灯时间减1
        }
        if(m>25&&m<=30)
        {
            time_stop--;time_wait--;   //红灯时间减1，黄灯时间减1
        }
        if(m>30&&m<=55)
        {
        time_stop--;time_go--;            //绿灯时间减1，红灯时间减1
        }
        if(m>55)
        {
            time_stop--;time_wait--;   //黄灯时间减1，红灯时间减1
        }
    }
}
```

12.3.2 点阵显示系统

1. 题目介绍及知识要点

以提供的MCUBUS开发板为设计平台，利用开发板上的几个模块，设计一个点阵显示系统。完成基本功能要求为60分，扩展功能不作具体要求，自由发挥，根据扩展功能加分，最高满分。电路图参照附录MCUBUS开发板原理图。

基本功能要求：

(1) 点阵顺序显示0～9。

(2) 可通过按键分别控制数字上下左右移动。

(3) 可显示所按下键的键值。

知识点

- 熟悉点阵的工作原理。
- 熟悉定时器的用法。
- 熟悉74HC595的使用。
- 熟悉按键扫描的工作原理。

2. 程序示例

```
/**********************************************************************
名称：点阵显示系统
功能：系统上电时，默认为点阵顺序显示 0～9，若按下矩阵键盘 0～9 中的一个按键，点阵静态显示相应的数值；若按下 12 键，则字符左移一位；若按下 13 键，则字符右移一位；若按下 14 键，则字符上移一位；若按下 15 键，则字符下移一位
**********************************************************************/
#include <reg52.h>
#include <intrins.h>
#define uchar unsigned char
sbit yiwei=P2^7;            //595 移位时钟信号输入端(11)
sbit suocun=P2^6;           //595 锁存信号输入端(12)
sbit datainput=P2^5;        //595 数据信号输入端(14)
//延时函数
void delayms(uchar i)//延时函数
{
 uchar j;
 for(;i>0;i--)
    for(j=0;j<125;j++) { ; }
}
void Dianzhen_display(uchar duan,uchar wei)//点阵显示子函数
{
        uchar j;
         for(j=0;j<8;j++)             //循环 8 次，写一个字节
         {
         datainput=duan&0x01;         //发送 BIT0 位
         duan>>=1;                    //要发送的数据右移，准备发送下一位
         yiwei=0;                     //移位时钟上升沿
         yiwei=1;
         yiwei=0;
         }
         P0=0xff;
         suocun=0;                    //上升沿将数据送到输出锁存器
         suocun=1;
         suocun=0;
        P0=wei;
}
//要显示的数据代码
uchar code led_88seg[80]={0x00,0x00,0x3E,0x41,0x41,0x41,0x3E,0x00,  //0
                          0x00,0x00,0x01,0x21,0x7F,0x01,0x01,0x00,  //1
                          0x00,0x00,0x27,0x45,0x45,0x45,0x39,0x00,  //2
                          0x00,0x00,0x22,0x49,0x49,0x49,0x36,0x00,  //3
                          0x00,0x00,0x0C,0x14,0x24,0x7F,0x04,0x00,  //4
                          0x00,0x00,0x72,0x51,0x51,0x51,0x4E,0x00,  //5
                          0x00,0x00,0x3E,0x49,0x49,0x49,0x26,0x00,  //6
                          0x00,0x00,0x40,0x40,0x40,0x4F,0x70,0x00,  //7
                          0x00,0x00,0x36,0x49,0x49,0x49,0x36,0x00,  //8
                          0x00,0x00,0x32,0x49,0x49,0x49,0x3E,0x00}; //9
uchar num1,left,right,up,down,datakey;          // 相关全局变量
uchar i=0;
uchar t=0;                                      //点阵显示函数时间
                                                //矩阵键盘扫描函数
uchar keyscan()
{
          uchar num,temp;
          P1=0xfe;                              //按键行列端口赋初值
          temp=P1;
          temp=temp&0xf0;
```

```
while(temp!=0xf0)
     {
          delayms(5);                       //按键消抖
          temp=P1;
          temp=temp&0xf0;
          while(temp!=0xf0)                 //松手检测
          {
               temp=P1;
          switch(temp)
               {
                    case 0xee:num=16; //为避免冲突，将 0 的 datakey 改为 16，
                                      //此键为按键 0
                         break;
                    case 0xde:num=1;  //按键 1
                         break;
                    case 0xbe:num=2;  //按键 2
                         break;
                    case 0x7e:num=3;  //按键 3
                         break;
               }
          while(temp!=0xf0)                 //松手检测
               {
                    temp=P1;
                    temp=temp&0xf0;
               }
          }
     }

P1=0xfd;                                    //按键行列端口赋初值
temp=P1;
temp=temp&0xf0;
while(temp!=0xf0)
     {
          delayms(5);                       //按键消抖
          temp=P1;
          temp=temp&0xf0;
          while(temp!=0xf0)                 //松手检测
          {
               temp=P1;
          switch(temp)
               {
                    case 0xed:num=4;  //按键 4
                         break;
                    case 0xdd:num=5;  //按键 5
                         break;
                    case 0xbd:num=6;  //按键 6
                         break;
                    case 0x7d:num=7;  //按键 7
                         break;
               }
          while(temp!=0xf0)                 //松手检测
               {
                    temp=P1;
                    temp=temp&0xf0;
               }
          }
     }


P1=0xfb;                                    //按键行列端口赋初值
```

```
            temp=P1;
            temp=temp&0xf0;
            while(temp!=0xf0)
                {
                    delayms(5);                           //按键消抖
                    temp=P1;
                    temp=temp&0xf0;
                    while(temp!=0xf0)                     //松手检测
                    {
                        temp=P1;
                    switch(temp)
                        {
                            case 0xeb:num=8;              //按键 8
                                break;
                            case 0xdb:num=9;              //按键 9
                                break;
                        }
                    while(temp!=0xf0)                     //松手检测
                        {
                            temp=P1;
                            temp=temp&0xf0;
                        }
                    }
                }


            P1=0xf7;                                      //按键行列端口赋初值
            temp=P1;
            temp=temp&0xf0;
            while(temp!=0xf0)
                {
                    delayms(5);                           //按键消抖
                    temp=P1;
                    temp=temp&0xf0;
                    while(temp!=0xf0)                     //松手检测
                    {
                        temp=P1;
                    switch(temp)
                        {
                            case 0xe7:num1=12,left++;     //右移按键记录
                                break;
                            case 0xd7:num1=13;right++;    //左移按键记录
                                break;
                            case 0xb7:num1=14;up++;       //上移按键记录
                                break;
                            case 0x77:num1=15;down++;     //下移按键记录
                                break;
                        }
                    while(temp!=0xf0)                     //松手检测
                        {
                            temp=P1;
                            temp=temp&0xf0;
                        }
                    }
                }
    return num;
    }
    //主函数
    void main(void)
    {
```

```
TMOD=0x01;//定时器工作在方式1
TH0=(65536-50000)/256;      //定时器0赋初值
TL0=(65536-50000)%256;
EA=1;                       //开总中断
ET0=1;                      //开定时器0中断
TR0=1;                      //启动定时器0
//RCAP2H=0x3c;              //定时器2赋初值
//RCAP2L=0xb0;              //定时器2赋初值
//EA=1;
//ET2=1;
//TR2=1;
while(1)
{
  uchar j;
  datakey=keyscan(); //将键盘扫描值赋给datakey
  datakey=datakey*8; //自乘8
  if(datakey==0)      //如果没有键按下，则循环显示0～9
  {
      uchar wei;      //定义位选
       wei=0xfe;      //位选赋值
       for(j=i;j<i+8;j++)                    //利用for循环显示字符
       {
         Dianzhen_display(led_88seg[j],wei);
         wei=_crol_(wei,1);
       }
  }
  else
  {
      uchar wei=0xfe; //定义位选并赋初值
       uchar f;        //定义数组中间变量
      TR2=0;
       if(datakey==128)//按下键16时，令datakey为0
       datakey=0;
       wei=_cror_(wei,left);                 //字符左移
       wei=_crol_(wei,right);                //字符右移
       for(j=datakey;j<datakey+8;j++)    //利用for循环显示字符
       {
         f=led_88seg[j];                     //将数组内容赋给中间变量
         if(num1==14)
         f=_crol_(f,up);                     //字符上移
         if(num1==15)
         f=_cror_(f,down);                   //字符下移
          Dianzhen_display(f,wei);
         wei=_crol_(wei,1);
       }
  }
 }
}
//定时器中断2服务子函数
void timer2() interrupt 1
{
  TH0=(65536-50000)/256;
  TL0=(65536-50000)%256;
  t++;
  if(t==15)
  {
   t=0;
   i+=8; //显示下一列的段码值
   if(i==80)
   i=0;
```

```
    }
}
```

12.3.3　秒表

1. 题目介绍及知识要点

以提供的 MCUBUS 开发板为设计平台，利用开发板上的几个模块，设计一个秒表。完成基本功能要求为 60 分，扩展功能不作具体要求，自由发挥，根据扩展功能加分，最高满分。电路图参照附录 MCUBUS 开发板原理图。

基本功能要求：

(1) 用数码管实现秒表显示，计时精度为 0.1s。

(2) 可以利用 AT24C02 存储芯片保存 10 次连续计时结果，并可以读取出来通过数码管显示。

知识点

- 掌握 IIC 总线数据的通信协议。
- 掌握 AT24C02 的工作原理。
- 掌握 LED 的工作原理。
- 掌握定时器中断的工作方式。

2. 程序示例

```
/***********************************************************************
名称：秒表
功能：系统上电，数码管后 3 位显示 00.0。当按下 key3 键，秒表开始计时，再次按下 key3 键计时停止，第 3 次按下 key3 键秒表清零。按下 key1 键(当按下第 11 次时更新第 1 次记录时间，以此类推)记录当前秒表时间，可记录 10 次时间。按下 key2 键，可显示记录时间(当按下第 11 次时显示第 1 次记录的时间，以此类推)，可连续显示 10 次记录的时间
***********************************************************************/
#include <reg52.h>
#include <intrins.h>
#define uchar unsigned char
#define uint unsigned int
#define delayNOP(); {_nop_();_nop_();_nop_();_nop_();};
sbit SDA_AT24C02 = P2^1;  //AT24C02 数据信号端
sbit SCL_AT24C02 = P2^0;  //AT24C02 时钟信号输入端

sbit P07=P0^7;
sbit P06=P0^6;
sbit P05=P0^5;
sbit P00=P0^0;
sbit P01=P0^1;

sbit key1=P1^5;//按键
sbit key2=P1^6;
sbit key3=P1^7;

//74HC595 与单片机连接口
sbit SCK_HC595=P2^7;  //595 移位时钟信号输入端(11)
sbit RCK_HC595=P2^6;        //595 锁存信号输入端(12)
sbit OUTDA_HC595=P2^5;          //595 数据信号输入端(14)
```

```
//############################################
//共阴极数码管显示代码
uchar code led_7seg[10]={0x3F,0x06,0x5B,0x4F ,  //0 1 2 3
                         0x66,0x6D,0x7D,0x07,   //4 5 6 7
                            0x7F,0x6F, };  //8 9
//############################################
uint t0,num,n;
uchar key11,key22,key33,num0,num1;
//#####################################################
定时器初始化
//#####################################################
void inittime0()
{
  TMOD=0x01;//设置定时器 0 为工作方式 1
  TH0=(65536-10000)/256; //设置计数初值
  TL0=(65536-10000)%256;//设置计数初值
  EA=1;//开总中断
  ET0=1;//开定时器 0 中断
  TR0=0;//启动定时器 0
}
//#####################################################
//延时程序
//#####################################################
void delayms(uchar n)
{
    uchar x;
    for(;n>0;n--)
    for(x=0;x<120;x++);
}
//#####################################################
                  24C02 子程序
//#####################################################
//起始子程序
void start()
 //开始位
{
   SDA_AT24C02 = 1;
   SCL_AT24C02 = 1;
   delayNOP();
   SDA_AT24C02 = 0;
   delayNOP();
   SCL_AT24C02 = 0;
}
//#####################################################
void stop()
 // 停止位
{
   SDA_AT24C02 = 0;
   delayNOP();
   SCL_AT24C02 = 1;
   delayNOP();
   SDA_AT24C02 = 1;
}
//#####################################################
uchar output_AT24C02()// 从 AT24C02 移出数据到 MCU
{
   uchar i,read_data;
   for(i = 0; i < 8; i++)
   {
    SCL_AT24C02 = 1;
```

```
      read_data <<= 1;
      read_data |= SDA_AT24C02;
      SCL_AT24C02 = 0;
    }
    return(read_data);
}
//######################################################
bit input_AT24C02(uchar write_data) // 从 MCU 移出数据到 AT24C02
{
   uchar i;
   bit ack_bit;
   for(i = 0; i < 8; i++)              // 循环移入 8 个位
   {
     SDA_AT24C02 = (bit)(write_data & 0x80);
    _nop_();
    SCL_AT24C02 = 1;
    delayNOP();
    SCL_AT24C02 = 0;
    write_data <<= 1;
   }
   SDA_AT24C02 = 1;                    // 读取应答
   delayNOP();
   SCL_AT24C02 = 1;
   delayNOP();
   ack_bit = SDA_AT24C02;
   SCL_AT24C02 = 0;
   return ack_bit;                     // 返回 AT24C02 应答位
}
//######################################################
void write_AT24C02(uchar addr, uchar write_data) // 在指定地址 addr 处写入数据 write_data
{
   start();
   input_AT24C02(0xa0);
   input_AT24C02(addr);
   input_AT24C02(write_data);
   stop();
   delayms(10);                        // 写入周期
}
//######################################################
uchar read_AT24C02()                   // 在当前地址读取
{
   uchar read_data;
   start();
   input_AT24C02(0xa1);
   read_data =output_AT24C02();
   stop();
   return read_data;
}
//######################################################
uchar read_data_AT24C02(uchar random_addr) // 在指定地址读取
{
   uchar temp;
   start();
   input_AT24C02(0xa0);
   input_AT24C02(random_addr);
   temp=read_AT24C02();
   return(temp);
}
//######################################################
void write_HC595(uchar wrdat) //向 595 发送一个字节的数据
{
```

```
        uchar i;
        SCK_HC595=0;
        OUTDA_HC595=0;
        for(i=8;i>0;i--)             //循环 8 次，写一个字节
        {
        OUTDA_HC595=wrdat&0x80;      //发送 BIT0 位
        wrdat<<=1;                   //要发送的数据右移，准备发送下一位
        SCK_HC595=0;
        _nop_();
        _nop_();
        SCK_HC595=1;                 //移位时钟上升沿
        _nop_();
        _nop_();
        SCK_HC595=0;
        }
        RCK_HC595=0;                 //上升沿将数据送到输出锁存器
        _nop_();
        _nop_();
        RCK_HC595=1;
        _nop_();
        _nop_();
        RCK_HC595=0;
}
//###################################################
void scankey()//按键扫描
{
        if(0==key1)
        {
           delayms(5);
            while(!key1);
            key11++;
            n=num;
            if(key11==11)
                key11=1;
                num0=num&0xff;       //把时间分成两个 uchar 型数
                num1=(n>>=8)&0xff;
            switch(key11)   //AT24C02 存时间高低位
            {
                case 1:  write_AT24C02(0x00,num0);write_AT24C02(0x01,num1);break;
                case 2:  write_AT24C02(0x02,num0);write_AT24C02(0x03,num1);break;
                case 3:  write_AT24C02(0x04,num0);write_AT24C02(0x05,num1);break;
                case 4:  write_AT24C02(0x06,num0);write_AT24C02(0x07,num1);break;
                case 5:  write_AT24C02(0x08,num0);write_AT24C02(0x09,num1);break;
                case 6:  write_AT24C02(0x0a,num0);write_AT24C02(0x0b,num1);break;
                case 7:  write_AT24C02(0x0c,num0);write_AT24C02(0x0d,num1);break;
                case 8:  write_AT24C02(0x0e,num0);write_AT24C02(0x0f,num1);break;
                case 9:  write_AT24C02(0x10,num0);write_AT24C02(0x11,num1);break;
                case 10: write_AT24C02(0x12,num0);write_AT24C02(0x13,num1);break;
            }
        }
            if(0==key2)
        {
           delayms(5);
            while(!key2);
            key22++;
            if(key22==11)
                key22=1;
                TR0=0;
            switch(key22)    //AT24C02 读时间高低位
            {
```

```
            case 1:   num0=read_data_AT24C02(0x00);num1=read_data_AT24C02(0x01);
            break;
            case 2:   num0=read_data_AT24C02(0x02);num1=read_data_AT24C02(0x03);
            break;
            case 3:   num0=read_data_AT24C02(0x04);num1=read_data_AT24C02(0x05);
            break;
            case 4:   num0=read_data_AT24C02(0x06);num1=read_data_AT24C02(0x07);
            break;
            case 5:   num0=read_data_AT24C02(0x08);num1=read_data_AT24C02(0x09);
            break;
            case 6:   num0=read_data_AT24C02(0x0a);num1=read_data_AT24C02(0x0b);
            break;
            case 7:   num0=read_data_AT24C02(0x0c);num1=read_data_AT24C02(0x0d);
            break;
            case 8:   num0=read_data_AT24C02(0x0e);num1=read_data_AT24C02(0x0f);
            break;
            case 9:   num0=read_data_AT24C02(0x10);num1=read_data_AT24C02(0x11);
            break;
            case 10: num0=read_data_AT24C02(0x12);num1=read_data_AT24C02(0x13);
                 break;
        }
      num=num1;        //两个 uchar 型数合并成时间
      num<<=8;
      num=num|num0;
    }
    if(0==key3)
    {
      delayms(5);
      while(!key3);
      key33++;
      switch(key33)
      {
            case 1:TR0=1;break;                  //开始计时
            case 2:TR0=0;break;                  //结束计时
            case 3:num=0;key33=0;break;          //时间清 0
      }
    }
}
//#######################################################
void LED_display(uint ucda)                      //显示函数
{
    uchar seg;
  seg=led_7seg[ucda%10];
  write_HC595(seg);
  P07=0;               //选通个位
  delayms(1);          //延时
  P07=1;

  seg=led_7seg[ucda/10%10]+0x80;
  write_HC595(seg);
  P06=0;               //选通个位
  delayms(1);          //延时
  P06=1;

  seg=led_7seg[ucda/100];
  write_HC595(seg);
  P05=0;                      //选通个位
  delayms(1);                 //延时
  P05=1;
```

```
 if(key22>0&&key22<11)      //显示储存时间位数
 {
     seg=0;
     if(key22==10)
     {
        seg=1;
     }
     if(key22!=10) write_HC595(led_7seg[key22]);
     else write_HC595(led_7seg[0]);
     P01=0;                  //选通个位
     delayms(1);             //延时
     P01=1;

     write_HC595(led_7seg[seg]);
     P00=0;                  //选通个位
     delayms(1);             //延时
     P00=1;
 }
}
//#######################################################
void main(void)                //主程序

{
   inittime0();
   SDA_AT24C02 = 1;
   SCL_AT24C02 = 1;
   LED_display(0);
   while(1)
   {
      scankey();               //按键扫描
     LED_display(num);        //显示时间
   }
}
//#######################################################
void timer0() interrupt 1//定时器中断 0
{
  TH0=(65536-50000)/256;
  TL0=(65536-50000)%256;
  t0++;
  if(t0==2)
    {
     t0=0;
     num++;
     if(num==600)
         num=0;
    }
}
```

12.3.4 多功能数字钟

1. 题目介绍及知识要点

以提供的 MCUBUS 开发板为设计平台，利用开发板上的几个模块，设计一个多功能数字钟。完成基本功能要求为 60 分，扩展功能不作具体要求，自由发挥，根据扩展功能加分，最高满分。电路图参照附录 MCUBUS 开发板原理图。

基本功能要求：

(1) 利用数码管显示，时、分、秒。

(2) 可以设定时间，具有闹铃功能。

(3) 具备整点报时功能，但可以人为打开或关闭。

知识点

- 掌握数码管的工作原理。
- 掌握 74HC595 和 74HC573 的使用方法。
- 掌握定时计数器的原理。
- 掌握按键的工作原理。

2. 程序示例

```
/************************************************************************
名称：多功能数字钟
功能：系统时间开始默认为 12:00:00(24 小时制)，整点报时功能默认为打开，闹钟默认为 00:00:00。按下按
键 1，小时加 1；按下按键 2，分钟加 1；按下按键 3，为设置闹钟，当闹铃响时，此时按下按键 4，则会关闭响
铃。按键 4 控制整点报时的开关
************************************************************************/
#include <reg52.h>       //包含头文件
#include <intrins.h>

#define uchar unsigned char
#define uint unsigned int
//74HC595 与单片机连接口
sbit SCK_HC595=P2^7;                //595 移位时钟信号输入端(11)
sbit RCK_HC595=P2^6;                //595 锁存信号输入端(12)
sbit OUTDA_HC595=P2^5;              //595 数据信号输入端(14)
//定义按键
sbit KEY1=P1^5;                     //时调整
sbit KEY2=P1^6;                     //分调整
sbit KEY3=P1^7;                     //闹钟调整
sbit KEY4=P3^3;                     //整点报时开关
//定义 P0 口
sbit P00=P0^0;
sbit P01=P0^1;
sbit P02=P0^2;
sbit P03=P0^3;
sbit P04=P0^4;
sbit P05=P0^5;
sbit P06=P0^6;
sbit P07=P0^7;
//定义蜂鸣器
sbit alarm=P3^5;

//定义时钟缓冲器设定初始时间为 12:00:00，时:分:秒
set_time[3]={0x0c,0x00,0x00};

//共阴极数码管显示代码
uchar code led_7seg[10]={0x3F,0x06,0x5B,0x4F,0x66,   //0 1 2 3 4
                          0x6D,0x7D,0x07,0x7F,0x6F}; //5 6 7 8 9


uchar t=0,KEY3_flag=0,KEY4_flag,baoshi_flag=0;
uchar alarm_sec=0,alarm_min=0,alarm_hou=0,alarm_flag=0,alarmoff=0;

void delayms(uint dec) //延时子函数
{
 uchar j;
```

```
 for(;dec>0;dec--)
   for(j=0;j<125;j++) { ; }
}
//#######################################################
void time0_init()//定时器0初始化
{
    TMOD=0X01;          //定时器0方式1
    TH0=0X3C;           //定时器赋初值
    TL0=0XB0;
    EA=1;               //开总中断
    ET0=1;              //开定时器0中断
    TR0=1;              //启动定时器0
}
//#######################################################
void updata_clock()//数据更新子函数
{
    set_time[2]++;                          //秒加1
    if(set_time[2]==0x3c)
    {
        set_time[2]=0;
        set_time[1]++;                      //分加1
        if(set_time[1]==0x3c)
        {
            set_time[1]=0;
            set_time[0]++;                  //时加1
            if(set_time[0]==0x18)
            set_time[0]=0;
        }
    }
}
//#######################################################
void scankey()          //扫描按键子函数
{
    if(!KEY1)           //有按键按下
    {
        delayms(5);  //消除按键抖动
        while(!KEY1);
        if(alarm_flag==1)                                       //闹钟调整
        {
            alarm_hou++;
            if(alarm_hou==0x18) alarm_hou=0;
        }
        else                                                    //时钟调整
        {
            set_time[0]++;
            if(set_time[0]==0x18) set_time[0]=0;
        }
    }
    if(!KEY2)            //有按键按下
    {
        delayms(5);   //消除按键抖动
        while(!KEY2);
        if(alarm_flag==1)                                       //闹钟调整
        {
            alarm_min++;
            if(alarm_min==0x3c) alarm_min=0;
        }
        else                                                    //时钟调整
```

```
            {
                set_time[1]++;
                if(set_time[1]==0x3c) set_time[1]=0;
            }
        }
        if(!KEY3)           //有按键按下
        {
            delayms(5);    //消除按键抖动
            while(!KEY3);
            KEY3_flag++;
            if(KEY3_flag==2) KEY3_flag=0;
            if(KEY3_flag%2==1) alarm_flag=1;
            else alarm_flag=0;
        }
        if(!KEY4)           //有按键按下                    //整点报时开关
        {
            delayms(5);    //消除按键抖动
            while(!KEY4);
            KEY4_flag++;
            alarmoff=1;
            if(KEY4_flag==2) KEY4_flag=0;
            if(KEY4_flag%2==1) baoshi_flag=1;
            else baoshi_flag=0;
        }
}
//#######################################################
void write_HC595(uchar wrdat)         //向 595 发送一个字节的数据
{
    uchar i;
    SCK_HC595=0;
    RCK_HC595=0;
    for(i=8;i>0;i--)                  //循环 8 次，写一个字节
    {
        OUTDA_HC595=wrdat&0x80;      //发送 BIT0 位
        wrdat<<=1;                    //要发送的数据右移，准备发送下一位
        SCK_HC595=0;
        SCK_HC595=1;                  //移位时钟上升沿
        SCK_HC595=0;
    }
    RCK_HC595=0;                      //上升沿将数据送到输出锁存器
    RCK_HC595=1;
    RCK_HC595=0;
}
//#######################################################
void display_led_clock()              //显示子函数
{
    uchar temp,seg;
    if(alarm_flag==1)
    temp=alarm_hou/10;
    else
    temp=set_time[0]/10;
    seg=led_7seg[temp];     //取段码
    write_HC595(seg);
    P00=0;                  //选通时-十位
    delayms(5);             //延时 5ms
    P00=1;

    if(alarm_flag==1)
```

```
        temp=alarm_hou%10;
        else
        temp=set_time[0]%10;
        seg=led_7seg[temp];     //取段码
        write_HC595(seg);
        P01=0;                  //选通时-个位
        delayms(5);             //延时 5ms
        P01=1;

        write_HC595(0x40);
        P02=0;
        delayms(5);
        P02=1;

        if(alarm_flag==1)
        temp=alarm_min/10;
        else
        temp=set_time[1]/10;
        seg=led_7seg[temp];     //取段码
        write_HC595(seg);
        P03=0;                  //选通分-十位
        delayms(5);             //延时 5ms
        P03=1;

        if(alarm_flag==1)
        temp=alarm_min%10;
        else
        temp=set_time[1]%10;
        seg=led_7seg[temp];     //取段码
        write_HC595(seg);
        P04=0;                  //选通分-个位
        delayms(5);             //延时 5ms
        P04=1;

        write_HC595(0x40);
        P05=0;
        delayms(5);
        P05=1;

        if(alarm_flag==1)
        temp=0;
        else
        temp=set_time[2]/10;
        seg=led_7seg[temp];     //取段码
        write_HC595(seg);
        P06=0;                  //选通秒-十位
        delayms(5);             //延时 5ms
        P06=1;

        if(alarm_flag==1)
        temp=0;
        else
        temp=set_time[2]%10;
        seg=led_7seg[temp];     //取段码
        write_HC595(seg);
        P07=0;                  //选通秒-个位
        delayms(5);             //延时 5ms
        P07=1;
}
//##########################################################
```

```
void alarm_ring()//闹钟子函数
{
    uchar i;
    if(set_time[0]==0&&set_time[1]==0&&set_time[2]==0)
    {
        alarmoff=0;
    }
    if(alarm_hou==set_time[0]&&alarm_min==set_time[1]&&alarm_sec==set_time[2])
                                                                    //闹钟判断
    {
        for(i=1000;i>0;i--)
        {
            scankey();
            display_led_clock();
            if(alarmoff==0)
            {
                alarm=0;
                delayms(20);
                alarm=1;
                delayms(20);
            }
        }
    }
    if(set_time[1]==0&&set_time[2]==0&&baoshi_flag==0)    //整点判断
    {
        for(i=5;i>0;i--)
        {
            scankey();
            display_led_clock();
            alarm=0;
            delayms(20);
            alarm=1;
            delayms(20);
        }
    }
}
//#####################################################
void main()//主函数
{
    time0_init();//调用定时器 0 初始化子函数
    while(1)
    {
        scankey();
        display_led_clock();
        alarm_ring();
    }
}
//#####################################################
void timer0() interrupt 1 using  1                       //定时器 0 服务子函数
{
    TF0=0;
    TH0=0X3C;                                            //定时器从新赋初值
    TL0=0XB0;
    t++;
    if(t>=20)
    {
        t=0;
        updata_clock();                                  //调用数据更新子函数
    }
}
```

12.3.5　数据采集系统

1. 题目介绍及知识要点

以提供的MCUBUS开发板为设计平台，利用开发板上的几个模块，设计一个简单的数据采集系统。完成基本功能要求为60分，扩展功能不作具体要求，自由发挥，根据扩展功能加分，最高满分。电路图参照附录MCUBUS开发板原理图。

基本功能要求：

(1) 利用调节电位器代替模拟量变化，通过A/D转换将数值在数码管上显示出来。

(2) 利用RS-232将数据传送到PC上，上位机软件可以用串行调试助手代替。

知识点

- 掌握A/D转换器的工作原理。
- 掌握串行口的工作方式。
- 了解RS-232接口标准。
- 了解MAX232电平转换。

2. 程序示例

```
/************************************************************************
名称：数据采集系统
功能：调节电位器代替模拟量变化，通过A/D转换将数值在数码管上显示出来。同时利用RS-232将数据传送到PC上，利用串行调试助手查看转换值
************************************************************************/
#include <intrins.h>
#define uchar unsigned char
#define uint unsigned int

void send_data();               //发送函数
uchar temp;                     //定义变量
//###############################################
//共阴极数码管显示代码
uchar code seg[16]={ 0x3f,0x06,0x5b,0x4f,   //0,1,2,3,
                     0x66,0x6d,0x7d,0x07,   //4,5,6,7,
                     0x7f,0x6f,0x77,0x7c,   //8,9,A,b,
                     0x39,0x5e,0x79,0x71};  //C,d,E,F
sbit P00=P0^0;
sbit P01=P0^1;

//定义74HC595端口号
sbit SCK_HC595=P2^7;           //11 移位寄存器时钟输入
sbit RCK_HC595=P2^6;           //12 存储寄存器时钟输入
sbit DA_HC595=P2^5;            //14 串行数据输入

//定义TLC549端口号
sbit CLOCK_TLC549=P2^4;     //时钟线
sbit OUTDA_TLC549=P2^3;     //数据输出口线
sbit CS_TLC549=P2^2;        //片选端

void flash()//tlc549转换等待时间
{
    _nop_();
    _nop_();
```

```
}
void delay(uchar i)          //延时函数
{
    while(i>0) i--;
}
//##################################################
uchar write_HC549(void)      //TLC549 AD 采样
{
    uchar i,j,Vdata;
    Vdata=0;                 //初始化采样数值
    CS_TLC549=1;             //初始化片选
    CLOCK_TLC549=0;
    delay(10);
    CS_TLC549=0;             //~CS 变低,片选有效,启动 TLC549
    delay(5);
    for(i=0;i<8;i++)         //前 8 个 CLOCK
    {
        CLOCK_TLC549=1;
        CLOCK_TLC549=0;
    }
    delay(5);
    for(j=8;j>0;j--)//存储 8 位数据(AD 转换周期在~CS 变低后的第 8 个 CLOCK 下降沿)
    {
        CLOCK_TLC549=1;
        Vdata=Vdata<<1;
        if(OUTDA_TLC549)
            Vdata=Vdata|0x01; //Vdata 为 1 时保存
        CLOCK_TLC549=0;
    }
    CS_TLC549=1;                       //关闭 TLC549
    CLOCK_TLC549=1;
    return(Vdata);                     //返回采样值
}
//##################################################
void write_HC595(uchar wrdat) 向 595 发送一个字节的数据
{
    uchar i;
    SCK_HC595=0;
    RCK_HC595=0;
    for(i=8;i>0;i--)         //循环 8 次，写一个字节
    {
    DA_HC595=wrdat&0x80;     //发送 BIT0 位
    wrdat<<=1;               //要发送的数据右移，准备发送下一位
    SCK_HC595=0;
    _nop_();
    _nop_();
    SCK_HC595=1;             //移位时钟上升沿
    _nop_();
    _nop_();
    SCK_HC595=0;
    }
    RCK_HC595=0;             //上升沿将数据送到输出锁存器
    _nop_();
    _nop_();
    RCK_HC595=1;
    _nop_();
    _nop_();
    RCK_HC595=0;
}
//************************************************************
```

```
函数名称：数码管显示子函数
功能：A/D 转换后的数据将在数码管上显示出来
**********************************************************/
void display_HC595(uchar da)
{
    uchar al,ah,bl,bh;
 bl=da%16;
 al=seg[bl];                  //取显示个位
 write_HC595(al);
 P01=0;                       //个位使能
 delay(130);                  //延时时间决定亮度
 P01=1;
 bh=da/16;
 ah=seg[bh];                  //取显示十位
 write_HC595(ah);
 P00=0;                       //十位使能
 delay(150);
 P00=1;
}
//####################################################
 void send_data(uchar m)
 {
    SBUF=m;                   //发送字符
     while(!TI);              //等待数据传送
     TI=0;                    //清除数据传送标志
 }
//####################################################
void main(void)               //主函数
{
    uchar reg,t;              //定义变量暂存器
    SCON=0x50;                //设定串行口工作方式 1
    TMOD=0x20;                //定时器 1，自动重载，产生数据传输率
    TH1=0xFD;                 //数据传输率为 9600
    TL1=0xFD;                 //数据传输率为 9600
    TR1=1;                    //启动定时器 1
    while(1)
    {
        reg=write_HC549();
        delay(50);            //前一次转换，再次启动时不少于 17us
        for(t=0;t<6;t++)
        {
            display_HC595(reg);
        }
     send_data(reg);          //调用发送字符串函数
    }
}
```

12.3.6 步进电机控制系统

1. 题目介绍及知识要点

以提供的 MCUBUS 开发板为设计平台，利用开发板上的几个模块，设计一个步进电机控制系统。完成基本功能要求为 60 分，扩展功能不作具体要求，自由发挥，根据扩展功能加分，最高满分。

基本功能要求：

(1) 控制电机进行正反转，并利用点阵屏显示，正转显示“正”字，反转显示“反”字。

(2) 可以调节电机转速，并通过数码管显示转速(转速可以不是精确值，人为设定初值可以，但一定要能随着转速变化成比例变化)。

知识点

- 掌握步进电机的工作原理。
- 掌握数码管的工作原理。
- 掌握点阵的工作原理。

2. 程序示例

```
/****************************************************************
名称：步进电机控制系统
功能： 系统上电后，电机正常运行。按下 key1 键转速增加，key2 键转速减小，key3 键控制电机转反转，key4
控制显示模式
****************************************************************/
#include <reg52.h>
#define uchar unsigned char
#define uint unsigned int

/****按键定义***/
sbit KEY1=P1^5;
sbit KEY2=P1^6;
sbit KEY3=P1^7;
sbit KEY4=P3^3;
/****74HC595 与单片机连接口***/
sbit SCK_HC595=P2^7;            //595 移位时钟信号输入端(11)
sbit RCK_HC595=P2^6;            //595 锁存信号输入端(12)
sbit OUTDA_HC595=P2^5;          //595 数据信号输入端(14)
/****数码管位选定义***/
sbit P07=P0^7;
sbit P06=P0^6;
sbit P05=P0^5;

bit t,sd=1;                //正反转标志和数码管点阵标志

uchar code ftab[]={0xfe,0xfa,0xfb,0xf9,0xfd,0xf5,0xf7,0xf6};
                           //步进电机码表，按顺序为正传，反过来为倒转
uchar code zheng[80]={0x42,0x4a,0x4a,0x7e,0x42,0x42,0x7a,0x42,};
                           //汉字'正'的点阵码
uchar code fan[80]={0x80,0x89,0x5a,0x2a,0x5a,0xbe,0x40,0x80,};
                           //汉字'反'的点阵码
uchar code led_7seg[10]={0x3F,0x06,0x5B,0x4F,0x66,   //0 1 2 3 4
                        0x6D,0x7D,0x07,0x7F,0x6F,}; //5 6 7 8 9
uint code spce[]={750,375,250,188,150,125,107,94,83,75,68,62,58,54,50};
                           //转速表，单位：rad/min
uchar step=0,num=0;        //中断次数标志和步进电机当前码标志
uint  space=1;             //速度标志
void delay(uint i)         //延时子函数
{
 uchar j;
 for(;i>0;i--)
    for(j=0;j<125;j++) { ; }
}
//##########################################################
void time0_init()          //定时器初始化
{
 TMOD=0X01;
```

```
 TH0=(65536-2000)/256;
 TL0=(65536-2000)%256;
 EA=1;
 ET0=1;
 TR0=1;
}
//#####################################################
void scankey()          //按键扫描函数
{
 if(!KEY1)              //如果按键 1 按下
   {
     delay(5);
     while(!KEY1);
     if(space<15)
          space+=1;
   }
 if(!KEY2)             //如果按键 2 按下
   {
     delay(5);
     while(!KEY2);
     if(space>1)
          space-=1;
   }
if(!KEY3)             //如果按键 3 按下
   {
     delay(5);
     while(!KEY3);
     t=~t;
   }
if(!KEY4)            //如果按键 4 按下
   {
     delay(5);
     while(!KEY4);
     sd=~sd;
     P0=0xff;
   }
}
//#####################################################
void write_HC595(uchar wrdat)          //向 595 发送一个字节的数据
{
     uchar i;
     SCK_HC595=0;
     RCK_HC595=0;
     for(i=8;i>0;i--)                  //循环 8 次，写一个字节
     {
          OUTDA_HC595=wrdat&0x80;      //发送 BIT0 位
          wrdat<<=1;                   //要发送的数据右移，准备发送下一位
          SCK_HC595=0;
          SCK_HC595=1;                 //移位时钟上升沿
          SCK_HC595=0;
     }
     RCK_HC595=0;                      //上升沿将数据送到输出锁存器
     RCK_HC595=1;
     RCK_HC595=0;
}
//#####################################################
void display_88leds()                  //点阵显示函数
{
 uchar i;
 uchar wx;
```

```
  wx=0x80;
  if(t==0)                    //如果是正转
       for(i=0;i<8;i++)
       {
        wr595(zheng[i]);      //取'正'字码表
        P0=~wx;
        delay(5);
        wx>>=1;
       }
  else                        //如果是反转
      for(i=0;i<8;i++)
       {
        wr595(fan[i]);        //取'反'字码表
        P0=~wx;
        delay(5);
        wx>>=1;
       }
}
//#######################################################
void display_led_clock()  //数码管显示函数
{
   uchar temp,seg;
   temp=spce[space-1]%10;
   seg=led_7seg[temp]; //取段码
   wr595(seg);
   P07=0;                     //选通个位
   delay(5);                  //延时 5ms
   P07=1;

   temp=spce[space-1]%100/10;
   seg=led_7seg[temp];        //取段码
   wr595(seg);
   P06=0;                     //选通十位
   delay(5);                  //延时 5ms
   P06=1;

   temp=spce[space-1]/100;
   seg=led_7seg[temp];        //取段码
   wr595(seg);
   P05=0;                     //选通分百位
   delay(5);                  //延时 5ms
   P05=1;
}
//#######################################################
void main()//主函数
{
 time0_init();                //调用定时器初始化函数
 while(1)
 {
  scankey();                  //调用按键扫描函数
  if(sd)                      //如果是点阵显示
     display_88leds();        //调用点阵显示函数
  else                        //如果不是点阵显示
     display_led_clock();     //调用数码管显示函数
 }
}
//#######################################################
void timer0() interrupt 1 using  1 //定时器中断函数
{
 TH0=(65536-2000)/256;                //定时器赋初值
```

```
    TL0=(65536-2000)%256;
    step++;
    if(step>=space)          //如果到达速度设定值
        {
        step=0;
        P1=ftab[num];
        if(t==1)             //如果当前为正传
            {
            num++;
            if(num==8)
                num=0;
            }
         if(t==0)            //如果当前为反转
            {
            if(num==0)
                num=8;
            num--;
            }
        }
}
```

12.3.7 遥控器解码系统

1. 题目介绍及知识要点

以提供的 MCUBUS 开发板为设计平台，利用开发板上的几个模块，设计一个遥控器解码系统。完成基本功能要求为 60 分，扩展功能不作具体要求，自由发挥，根据扩展功能加分，最高满分。

基本功能要求：

(1) 解码红外遥控器，遥控器芯片为 TC9012-011。

(2) 利用 LCD1602 显示所按下的遥控器键值。

(3) 设置 3 种以上显示模式，可以用遥控器选择显示模式。

知识点

- 掌握遥控器芯片的工作原理。
- 掌握液晶的工作原理。

2. 程序示例

```
/************************************************************************
名称：遥控器解码系统
功能：上电，等待遥控器按键按下。 当有键按下时，默认为显示模式一，第一行显示模式标志，第二行分别显示所按下键的用户码、数据码和数据反码。当按下键 SET 时，液晶显示模式选择菜单，并显示当前模式。此时若按下声音加键，则模式循环增加；若按下声音减键，则模式循环递减。选择完毕，当再次按下 SET 键时，则回到选择的相应模式。模式二为用十进制显示所按下的键值，模式三为遥控器芯片型号的显示
************************************************************************/
#include <reg52.h>

#define uchar unsigned char
#define uint  unsigned int
#define DATA P0

sbit RS=P2^7;         //RS 数据命令选择端，高电平数据，低电平命令
sbit RW=P2^6;         //RW 读写选择端，高电平读操作，低电平写操作
sbit EN=P2^5;         //E 使能控制端，E 高电平跳变为低电平时 LCD 执行命令
```

```
//数据端口定义
sbit D7=P0^7;
sbit IR_RE=P3^2;

bit   k=0;        //红外解码判断标志位，为0则为有效信号，为1则为无效

uchar code mod[16]="choice mode:";       //模式选择显示
uchar code str1[16]="MODE1:keycode ";    //模式一显示
uchar code str2[16]="MODE2:keynumber";  //模式二显示
uchar code str3[16]="chipmodel:";  //模式三显示
uchar code str4[16]="TC9012-011";  //芯片型号显示

uchar mode=1,mdclc;        //模式和模式选择标志
uchar  data date[4];       //date数组为存放地址原码，反码，数据原码，反码
  //#######################################################
void busy()//LCD忙判断子程序
 {
  RS=0;
  RW=1;
  EN=0;
  EN=1;
  DATA=0xff;
  while(D7);
 }
void wcom(uchar com) //写命令子程序
 {
  busy();
  RS=0;
  RW=0;
  EN=1;
  DATA=com;
  EN=0;
 }
void wdata(uchar dat) //写数据子程序
 {
  busy();
  RS=1;
  RW=0;
  EN=1;
  DATA=dat;
  EN=0;
 }
//#######################################################
void delay1000() //延时1ms程子程序
 {
   uint i,j;
   for(i=0;i<1;i++)
     for(j=0;j<124;j++);
 }
void delay882()//延时882us子程序
 {
   uint i,j;
   for(i=0;i<1;i++)
     for(j=0;j<109;j++);
 }
void delay2400()   // 延时2400ms子程序
 {
   uint i,j;
   for(i=0;i<3;i++)
     for(j=0;j<99;j++);
```

```
 }
//#######################################################
/*---以下为初始化程序，由上面子程序组成，根据个人爱好---*/
void clear() //清屏程序
 { wcom (0x01);}
void  modle(bit x) //显示模式设定
 {
    if(x==1)wcom(0x38);     //两行 5*8 mode
     else wcom(0x34);       //一行 5*10 mode
 }
void on_off(bit x) //显示开关控制命令
 {
     if(x==1)wcom(0x0f);    //显示开，光标开，光标闪烁
    else wcom(0x0c);        //显示开，光标关
 }
void init()//init 初始化组合
 {
  clear();                  //清屏
  modle(1);                 //模式设置
  on_off(1);                //显示设置
  wcom(0x06);               //移动方式
 }
//#######################################################
void strchar(uchar *p)      //对字符串的处理-
{
  while(*p!='\0')
  {
   wdata(*p);
    p++;
  }
 }
//#######################################################
void IR_decode()            //红外解码程序(核心)
{
  uchar  i,j;
  while(IR_RE==0);
  delay2400();
  if(IR_RE==1)              //延时 2.4ms 后如果是高电平则是新码
  {
     delay2400();           //延时 4.8ms,避开 4.5ms 的高电平
      for(i=0;i<4;i++)
      {
        for(j=0;j<8;j++)
        {
          while(IR_RE==0); //等待地址码第一位高电平到来
          delay882();       //延时 882us 判断此时引脚电平
          if(IR_RE==0)
          {
                date[i]>>=1;
                date[i]=date[i]|0x00;
          }
          else if(IR_RE==1)
            {
                delay1000();
                date[i]>>=1;
                date[i]=date[i]|0x80;
            }
        }                   //1 位数据接收结束
    }                       //32 位二进制码接收结束
  }
```

```
}
//######################################################
void two_2_bcd(uchar rdata) //数字转 ASCII 码并写入液晶-
{
   uchar temp;
   temp=rdata;
   if(mode==0)
       {
        rdata&=0xf0;
        rdata>>=4;                //右移 4 位得到高 4 位码
        rdata&=0x0f;
        temp&=0x0f;              //与 0x0f 相与,确保高 4 位为 0
        }
   else
     {
      rdata=rdata/10;
      temp=temp%10+1;
     }
   if(rdata<=0x09)
   {
     wdata(0x30+rdata);         //lcd 显示键值高 4 位
   }
   else
   {
     rdata=rdata-0x09;
      wdata(0x40+rdata);
   }
   if(temp<=0x09)
   {
     wdata(0x30+temp);         //lcd 显示低 4 位值
   }
   else
   {
     temp=temp-0x09;
      wdata(0x40+temp);
   }
   if(!mode)                                       //如果是 16 进制
       wdata(0x48);                                //显示字符'H'
}
//######################################################
 void display()//转换程序结束，解码成功后,1602 显示键值子程序
{
   uchar date1;
   date1=date[3]^0xff;                             //如果得到的数据原码和数据反码相反
   if(date[2]==date1)                              //显示键值
   {
          if(date[2]==0x1b)
              mdclc=~mdclc;
          if(!mdclc)                               //如果是正常模式
              {
              if(mode==1)                          //如果是模式一
                  {
                  wcom (0x01);                     //清屏命令
                  wcom(0x80);                      //写入字符的地址为第一行第一列
                  strchar(str1);                   //写第一行显示内容
                  wcom(0xc0);                      //写入字符的地址为第二行第一列
                  two_2_bcd(date[0]);              //写用户码
                   wdata(0x20);                    //写空格
                   two_2_bcd(date[1]);             //写用户码
                   wdata(0x20);                    //写空格
```

```
                    two_2_bcd(date[2]);          //写数据码
                    wdata(0x20);                 //写空格
                    two_2_bcd(date[3]);          //写数据反码
                    }
                if(mode==2)                      //如果是模式二
                   {wcom (0x01);                 //清屏命令
                    wcom(0x80);                  //写入字符的地址为第一行第一列
                    strchar(str2);               //写第一行显示内容
                    wcom(0xc5);                  //写入字符的地址为第二行第六列
                    two_2_bcd(date[2]);          //写数据码
                   }
                if(mode==3)                      //如果是模式三
                   {wcom (0x01);                 //清屏命令
                    wcom(0x80);                  //写入字符的地址为第一行第一列
                    strchar(str3);               //写第一行显示内容
                    wcom(0xc0);                  //写入字符的地址为第二行第二列
                    strchar(str4);               //写第二行显示内容
                   }
                }
            else                                 //如果是模式选择方式
                {
                if(date[2]==0x12)                //当按下模式加键时
                   {
                    mode++;
                    if(mode>=4)
                        mode=1;
                   }
                if(date[2]==0x13)                //当按下模式减键时
                   {
                    if(mode>1)
                        mode--;
                    else
                        mode=3;
                   }
                wcom (0x01);                     //清屏命令
                wcom(0x80);                      //写入字符的地址为第一行第一列
                strchar(mod);                    //写第一行显示内容
                wdata(0x30+mode);                //写入当前模式
                }
      }
}
//######################################################
void int0() interrupt 0//外部中断 0 程序，用于处理红外遥控键值
 {
   uint i;
   for(i=0;i<4;i++)
   {
     delay1000();
       if(IR_RE==1){k=~k;}   //刚开始为 4.5ms 的引导码
                             //如果 4ms 内出现高电平，则退出解码程序
   }
   if(k==0)
   {
   EX0=0;                    //检测到有效信号关中断，防止干扰
   IR_decode();              //如果接收到的是有效信号，则调用解码程序
   display();                //解码成功，调用显示程序，显示该键值
   }
  EX0=1;                     //开外部中断，允许新的遥控按键
 }
//######################################################
```

```
void main(void)                //主程序，主要对LCD初始化，开始界面设置
 {
  EX0=1;                       //允许外部中断0,用于检测红外遥控器按键
  EA=1;                        //总中断开
  init();                      //初始化LCD
  display();
  while(1);
 }
```

12.3.8 单点温度测量显示控制系统

1. 题目介绍及知识要点

以提供的MCUBUS开发板为设计平台，利用开发板上的几个模块，设计一个单点温度测量显示控制系统，完成基本功能要求为60分，扩展功能不作具体要求，自由发挥，根据扩展功能加分，最高满分。

基本功能要求：

(1) 具备温度测量功能，并利用液晶显示器显示出来。

(2) 可以利用按键设定温度的上下限，并有报警提示。

知识点

- 掌握DS18B20的工作原理。
- 掌握液晶的工作原理。

2. 程序示例

```
/*********************************************************************
名称：单点温度测量显示控制系统
功能：上电，液晶显示当前温度和最高最低报警温度，当当前温度超过最高温度或者低于最低温度时，蜂鸣器工作实现报警功能。当温度恢复到最高和最低报警温度之间，报警停止。当按下key1键，光标指向最高温度，此时按下key2或key3键可以调高或调低最高报警温度。再次按下按键key1时，光标跳向最低报警温度，同理按下key2或key3键可以调高或者调低最低报警温度。第3次按下key1键可跳回显示当前温度状态
*********************************************************************/
#include <reg52.h>
#include <intrins.h>

#define unsigned char uchar;
#define unsigned int uint;

//LCD1602与单片机的接口线路
sbit rs = P2^7;          //寄存器选择信号，高表示数据，低表示指令
sbit rw = P2^6;          //读写控制信号，高表示读，低表示写
sbit en = P2^5;          //片选使能信号。下降沿触发

sbit key1=P1^5;
sbit key2=P1^6;
sbit key3=P1^7;
sbit key4=P3^3;
sbit bemp=P3^5;          //蜂鸣器
sbit DQ=P3^4;            //DS18B20

uint t,temp,HBJtemp,LBJtemp;
uchar key11,key22;
uchar a,b,c;
```

```
/**********以下为DS18B20初始化相关函数***************/
/*12M，一次6us，加进入退出14us(8M晶振，一次9us)*/
void delayus(unsigned char i)
{
    while(i--);
}
//#############################################
Init_DS18B20(void) //初始化函数
{
DQ = 1;         //DQ复位
 delayus(8);  //稍做延时
 DQ = 0;         //单片机将DQ拉低
 delayus(80); //精确延时,大于 480us
 DQ = 1;         //拉高总线
 delayus(14);
 //x=DQ;       //稍做延时后,如果x=0则初始化成功 x="1则初始化失败"
 delayus(20);
}
//#############################################
ReadOneChar(void) //读一个字节
{
unsigned char i;
unsigned char dat;
for (i=8;i>0;i--)
 {
  DQ = 0; // 给脉冲信号
  dat>>=1;
  DQ = 1; // 给脉冲信号
  if(DQ)
   dat|=0x80;
  delayus(4);
 }
 return(dat);
}
//#############################################
WriteOneChar(unsigned char dat) //写一个字节
{
 unsigned char i;
 for (i=8; i>0; i--)
 {
  DQ = 0;
  DQ = dat&0x01;
  delayus(5);
  DQ = 1;
  dat>>=1;
 }
delayus(4);
}
//#############################################
ReadTemperature(void)//读取温度
{
 unsigned char a ,b;
 Init_DS18B20();
 WriteOneChar(0xCC); //跳过读序号列号的操作,发送指令0xcc
 WriteOneChar(0x44); //启动温度转换,发送指令0x44
 Init_DS18B20();
 WriteOneChar(0xCC); //跳过读序号列号的操作
 WriteOneChar(0xBE); //读取温度寄存器
 a=ReadOneChar();      //读取温度值低位
 b=ReadOneChar();      //读取温度值高位
```

```
 t=b;
 t<<=8;                    //值左移 8 位
 t=t|a;                    //合并高低位数值
 t=t*(0.625);              //温度扩大 10 倍,精确到一位小数
 return(t);
}
/************以下为 LCD 向相关函数************************/
void delayms(uchar n) // 延时程序
{
    uchar x;
    for(;n>0;n--)
    for(x=0;x<125;x++);
}
//############################################
bit lcd_bz()// 测试 LCD 忙碌状态
{
    bit result;
 rs = 0; //指令
 rw = 1; //读
 ep = 1; //使能
 _nop_();
 _nop_();
 _nop_();
 _nop_();
result = (bit)(P0 & 0x80);
 ep = 0;                   //使能端下降沿触发
 return result;
}
//############################################
void write_com(uchar com) //写指令
{
    rw=0;
    rs=0;
    P0=com;
    en=1;
    delayms(1);
    en=0;
}
//############################################
void write_data(uchar dat)//写数据
{
    rw=0;
    rs=1;
    P0=dat;
    en=1;
    delayms(1);
    en=0;
}
//############################################
void LCD_display(uchar line,uchar row,uchar dat)//LCD 显示
{
    switch(line)
    {
        case 0:line=0x80;break;
        case 1:line= 0x80+0x40;break;
    }
    switch(dat)
    {
        case 0:dat=0x30;break;
        case 1:dat=0x31;break;
```

```
        case 2:dat=0x32;break;
        case 3:dat=0x33;break;
        case 4:dat=0x34;break;
        case 5:dat=0x35;break;
        case 6:dat=0x36;break;
        case 7:dat=0x37;break;
        case 8:dat=0x38;break;
        case 9:dat=0x39;break;
        default:break;
    }
    write_com(line+row);
    write_data(dat);
}
//############################################
lcd_init()//LCD初始化设定
{
 write_com(0x01);      //清除LCD的显示内容
 write_com(0x05);      //光标右滚动
 write_com(0x38);      //打开显示开关,允许移动位置,允许功能设置
 write_com(0x0c);      //打开显示开关,设置输入方式
 write_com(0x06);      //设置输入方式,光标返回

 LCD_display(0,0,'T');
 LCD_display(0,1,'E');
 LCD_display(0,2,'M');
 LCD_display(0,3,'P');
 LCD_display(0,4,':');
 LCD_display(1,0,'H');
 LCD_display(1,1,'I');
 LCD_display(1,2,'G');
 LCD_display(1,3,'H');
 LCD_display(1,4,':');
 LCD_display(1,5,'2');
 LCD_display(1,6,'5');
 LCD_display(1,10,'L');
 LCD_display(1,11,'O');
 LCD_display(1,12,'W');
 LCD_display(1,13,':');
 LCD_display(1,14,'1');
 LCD_display(1,15,'0');
}
//############################################
void XYdisplaytemp(uint i) //液晶显示DS18B20温度

{
     uint a,b,c;
    a=i%1000/100; //十位
    b=i%100/10;   //个位
    c=i%10;       //小数位
     //========检测警报温度
     if((a*10+b)>HBJtemp||(a*10+b)<LBJtemp||((a*10+b)==HBJtemp&&c!=0))
         {
            bemp=0;
         }
     else bemp=1;

      LCD_display(0,7,a);
      LCD_display(0,8,b);
      LCD_display(0,9,'.');
      LCD_display(0,10,c);
      LCD_display(0,11,0xdf);
```

```
    LCD_display(0,12,'C');
}
//##############################################
void XYdisplayBJ()         //显示调整警报温度
{
    if(1==key11)
    {   c=a;
       a=HBJtemp%100/10;  //十位
    b=HBJtemp%10;          //个位
       LCD_display(1,6,b);
       if(c<a){LCD_display(1,5,a);}
    }
    if(2==key11)
    {   c=a;
       a=LBJtemp%100/10;  //十位
    b=LBJtemp%10;          //个位
       LCD_display(1,15,b);
       if(c>a){LCD_display(1,14,a);}
    }
}
//##############################################
void scankey()//按键扫描

{
    if(0==key1)
    {
       delayms(5);
       if(0==key1)
       while(!key1);
       key11++;
       if(3==key11)key11=0;
    }
    if(0==key2)         //报警温度加 1
    {
       delayms(5);
       if(0==key2)
       while(!key2);
       if(1==key11)HBJtemp++;
       if(2==key11)LBJtemp++;
    }
    if(0==key3)        //报警温度减 1
    {
       delayms(5);
       if(0==key3)
       while(!key3);
       if(1==key11)HBJtemp--;
       if(2==key11)LBJtemp--;
    }
}
//##############################################
scankeyresult()         //检测按键扫描结果
{
    switch(key11)
    {
       case 1 :write_com(0x0e);XYdisplayBJ();write_com(0x0c);
               break;   //显示指针，并跳到调整高温报警温度
       case 2 :write_com(0x0e);XYdisplayBJ();write_com(0x0c);
               break;   //显示指针，并跳到调整低温报警温度
       case 0 :write_com(0x0c);
               break;
    }
```

```
}
//#############################################
void main()             //主程序

{
    HBJtemp=25;
    LBJtemp=10;
    key11=0;
    lcd_init();
    while(1)
    {
     scankey();          //按键扫描
     scankeyresult(); //处理按键扫描结果
     if(0==key11)
     {
         temp=ReadTemperature();         //读取温度
         XYdisplaytemp(temp);            //液晶显示温度
     }
    }
}
```

12.3.9 万年历

1. 题目介绍及知识要点

以提供的MCUBUS开发板为设计平台，利用开发板上的几个模块，设计一个万年历系统。完成基本功能要求为60分，扩展功能不作具体要求，自由发挥，根据扩展功能加分，最高满分。

基本功能要求：

(1) 用LCD1602液晶实现万年历显示。

(2) 能显示：年、月、日、时、分、秒，以及星期信息，并具有可按键调整日期和时间功能。

(3) 具有闹钟功能。

知识点

- 掌握DS1302的使用方法。
- 掌握LCD液晶的使用方法。

2. 程序示例

```
#include<reg52.h>
#define uint unsigned int
#define uchar unsigned char
sbit key1=P1^5;   //键盘
sbit key2=P1^6;   //键盘
sbit key3=P1^7;   //键盘
sbit io=P2^3;//1302
sbit sc=P2^4;//1302
sbit rst=P3^6;  //1302
sbit en=P2^5;//液晶
sbit rw=P2^6;//液晶
sbit rs=P2^7;//液晶
sbit A7=ACC^7;     //特殊寄存器
sbit beep=P3^5;   //蜂鸣器
```

```
uchar code data0[]="0123456789";                    //数字数组
uchar code data1[]="000MonTueWedThuFriSatSun";  //星期数组
uchar code table1[]=" 20  -  -   Sun ";              //初始显示数组
uchar code table2[]="      :  :      ";              //初始显示数组
uchar code table3[]="Alarm Clock Set ";              //调闹钟标志
uchar c[]={0,10,7,4,9,6,3,12};                      //1602 控制要写的相关位
void read1302();                                    //当前时间记录子函数声明
uchar sec2,min2,hour2,day2,date2,month2,year2;  //当前时间记录子函数所需函数变量
uchar sec=8,min=8,hour=23,day=5,date=1,month=1,year=10,i;
uchar timeset, k1,k3, sec1,min1,hour1, alarm,alarmflag,alarmpermission;
//#############################################
uchar trans10toBCD(uchar dat)//100 以内的十进制数转换为 BCD 码
{
    uchar ge,shi,flag;
    ge=dat%10;
    shi=dat/10;
    flag=shi;
    flag=flag<<4;
    flag=flag+ge;
    return flag;
}
//#############################################
uchar transBCDto10(uchar dat)//100 以内的 BCD 码转换为十进制数
{
 uchar ge,shi,flag;
 ge=dat%16;
 shi=dat/16;
 flag=shi*10+ge;
 return flag;
}
//#############################################
void delay(uint z)//延时函数
{
    uint x,y;
    for(x=z;x>0;x--)
        for(y=120;y>0;y--);
}
void LCD_write_com(uchar com)//写指令
{
    rs=0;
    P0=com;
    en=1;
    delay(5);
    en=0;
}
void LCD_write_data(uchar dat)//写数据
{
    rs=1;
    P0=dat;
    en=1;
    delay(5);
    en=0;
}
//#############################################
uchar DS1302_read_byte()//1302 读字节
{
    uchar i;
    for(i=8;i>0;i--)
    {
        ACC=ACC>>1;
```

```
        A7=io;
        sc=1;
        sc=0;
    }
    return ACC;
}
//############################################
void DS1302_write_byte(uchar dat)// 1302 写字节
{
    uchar i,flag;
    for(i=0;i<8;i++)
    {
        flag=dat&0x01;
        dat=dat>>1;
        io=flag;
        sc=1;
        sc=0;
    }
}
//############################################
void DS1302_write_time(uchar add,uchar dat)//时间的写入
{
    dat=trans10toBCD(dat);           //先转换成 BCD 码，再写入
    rst=1;
    DS1302_write_byte(add);
    DS1302_write_byte(dat);
    rst=0;
}
//############################################
uchar DS1302_read_time(uchar add)  //时间的读出
{
    uchar flag;
    rst=1;
    DS1302_write_byte(add);
    flag=DS1302_read_byte();
    rst=0;
    return flag;
}
//############################################
void init_time()
{
    DS1302_write_time(0x82,min);   //分的初始化
    DS1302_write_time(0x84,hour);  //时的初始化
    DS1302_write_time(0x8a,day);   //星期的初始化
    DS1302_write_time(0x86,date);  //日的初始化
    DS1302_write_time(0x88,month); //月的初始化
    DS1302_write_time(0x8c,year);  //年的初始化
    DS1302_write_time(0x80,sec);   //秒的初始化
}
//############################################
void init()                     //液晶初始化
{
    rw=0;
    en=0;
    rs=0;
    io=0;
    sc=0;
    rst=0;
    key1=1;                     // 按键初始化
    key2=1;
```

```
    key3=1;
    LCD_write_com(0x38); //显示模式设置
    LCD_write_com(0x0c); //开显示
    LCD_write_com(0x06); //显示光标移动设置
    LCD_write_com(0x01); //显示清屏
    LCD_write_com(0x80);
    for(i=0;i<16;i++)
    LCD_write_data(table1[i]);//写入初始化值：" 20  -  -   Sun "
    LCD_write_com(0x80+0x40);
    for(i=0;i<16;i++)
    LCD_write_data(table2[i]);//写入初始化值："      :  :      "
}
//##############################################
void timedisplay(uchar add,uchar d) //时间显示
{
 uchar shi,ge;
 ge=d&0x0f;  //将 BCD 码转换成十进制数
 shi=d&0xf0; //将 BCD 码转换成十进制数
 shi=shi>>4; //将 BCD 码转换成十进制数
 LCD_write_com(0x80+0x40+add); //液晶数据写入
 LCD_write_data(data0[shi]);
 LCD_write_data(data0[ge]);
}
//##############################################
void datedisplay(uchar add,uchar d) //日期显示
{
 uchar shi,ge;
 ge=d&0x0f;  //将 BCD 码转换成十进制数
 shi=d&0xf0; //将 BCD 码转换成十进制数
 shi=shi>>4; //将 BCD 码转换成十进制数
 LCD_write_com(0x80+add);   //液晶数据写入
 LCD_write_data(data0[shi]);
 LCD_write_data(data0[ge]);
}
//##############################################
void daydisplay(uchar f) //星期显示

{
 LCD_write_com(0x80+12);    //液晶数据写入
 LCD_write_data(data1[3*f]);
 LCD_write_data(data1[3*f+1]);
 LCD_write_data(data1[3*f+2]);
}
//##############################################
void tian()//日期更新函数
{
  if(month==1||month==3||month==5||month==7||month==8||month==10||month==12)//天数
为 31 天的月份
 {
   if(date>=32)
  {
   date=1;
  }
 }
 if(month==2)                  //二月的天数设置，闰年 29 天，非闰年 28 天
 {
  if((year%4==0&&year%100)||year%400==0)//闰年判断
  {
    if(date>=30)
    date=1;
```

```
    }
    else
    {
       if(date>=29)
       date=1;
    }
   }
  if(month==2||month==4||month==6||month==9||month==11)    //天数为 30 天的月份
  {
   if(date>=31)
   {
    date=1;
   }
  }
 }
 //###########################################
 void timesetting()                    //调时间和调闹钟
 {
     if(key1==0)
     {
          delay(20);                   //消抖检测
          if(key1==0)
          {
               while(!key1);       //松手检测
               if(k1==0)
              {
               sec=  transBCDto10(DS1302_read_time(0x81));//将读出的 BCD 码转换成十进制
数，用于调时完成后的写入初始化
               min=  transBCDto10(DS1302_read_time(0x83));//将读出的 BCD 码转换成十进制
数，用于调时完成后的写入初始化
               hour= transBCDto10(DS1302_read_time(0x85));//将读出的BCD码转换成十进制数，
用于调时完成后的写入初始化
               day=  transBCDto10(DS1302_read_time(0x8b));//将读出的 BCD 码转换成十进制
数，用于调时完成后的写入初始化
               date= transBCDto10(DS1302_read_time(0x87));//将读出的BCD码转换成十进制数，
用于调时完成后的写入初始化
               month=transBCDto10(DS1302_read_time(0x89));//将读出的 BCD 码转换成十进制
数，用于调时完成后的写入初始化
               year= transBCDto10(DS1302_read_time(0x8d));//将读出的BCD码转换成十进制数，
用于调时完成后的写入初始化
               }
               k1++;               //k1 控制要写哪一位(写哪位光标指向哪位)
               if(k1<4)
               LCD_write_com(0x80+0x40+c[k1]);
               if(k1>=4&&k1<8)
               LCD_write_com(0x80+c[k1]);
               LCD_write_com(0x0f);   //时间调整位闪烁
               if(k1==8)
               {
                   init_time();
                    LCD_write_com(0x0c);         //如果按下 4 次 key1，则退出修改
                    k1=0;
                    timeset=0;                   //时间调整完毕，标志位置零
               }
          }
     }
     if(key2==0)
       {
          delay(20);    //消抖检测
          if(key2==0)
```

```
{
    while(!key2);//松手检测
    LCD_write_com(0x0c);
    if(k3!=0)       //闹钟时间调整
    {
        switch(c[k3])      //通过 k1 判断写哪一位
      {
        case 4 :  hour1++;
                  if(hour1==24) hour1=0;
                  LCD_write_com(0x80+0x40+4);
                    LCD_write_data(data0[hour1/10]);
                    LCD_write_data(data0[hour1%10]);
                    break;
       case 7 :  min1++;
                  if(min1==60)  min1=0;
                    LCD_write_com(0x80+0x40+7);
                    LCD_write_data(data0[min1/10]);
                    LCD_write_data(data0[min1%10]);
                     break;
        case 10 : sec1++;
                  if(sec1==60)  sec1=0;
                  LCD_write_com(0x80+0x40+10);
                    LCD_write_data(data0[sec1/10]);
                    LCD_write_data(data0[sec1%10]);
      }            }
    else                            //正常时间调整
    {
        switch(c[k1])            //通过 k1 判断写哪一位
        {
            case 4 :  hour++;
                      if(hour==24) hour=0;
                        LCD_write_com(0x80+0x40+4);
                        LCD_write_data(data0[hour/10]);
                      LCD_write_data(data0[hour%10]);
                        break;
            case 7 :  min++;
                      if(min==60)  min=0;
                        LCD_write_com(0x80+0x40+7);
                        LCD_write_data(data0[min/10]);
                        LCD_write_data(data0[min%10]);
                        break;
            case 10 : sec++;
                      if(sec==60)  sec=0;
                        LCD_write_com(0x80+0x40+10);
                        LCD_write_data(data0[sec/10]);
                        LCD_write_data(data0[sec%10]);
                        break;
            case 9 :  date++;
                      tian();
                        LCD_write_com(0x80+9);
                        LCD_write_data(data0[date/10]);
                        LCD_write_data(data0[date%10]);
                        break;
            case 6    : month++;
                      if(month==13)month=1;
                        LCD_write_com(0x80+6);
                        LCD_write_data(data0[month/10]);
                        LCD_write_data(data0[month%10]);
                        break;
            case 3    : year++;
                      if(year==99) year=0;
```

```
                                LCD_write_com(0x80+3);
                                LCD_write_data(data0[year/10]);
                                LCD_write_data(data0[year%10]);
                                break;
                       case 12  : day++;
                              if(day==8)
                                day=1;
                                daydisplay(day);
                                break;
                    }
                }
            }
        }
      if(key3==0)
      {
        delay(20);
        if(key3==0)
        {
          while(!key3);
          alarmpermission=1;
          k3++;                                    //k3 控制要写哪一位
          LCD_write_com(0x01);                     //清屏
          LCD_write_com(0x80);
          for(i=0;i<16;i++)
          LCD_write_data(table3[i]);               //写入初始化值："Alarm Clock Set "
          LCD_write_com(0x80+0x40);
          for(i=0;i<16;i++)                        //写入初始化值："     :  :     "
          LCD_write_data(table2[i]);
          LCD_write_com(0x80+0x40+4);
          LCD_write_data(data0[hour1/10]);
          LCD_write_data(data0[hour1%10]);         //载入上一次设置的闹钟时间
          LCD_write_com(0x80+0x40+7);
          LCD_write_data(data0[min1/10]);
          LCD_write_data(data0[min1%10]);          //载入上一次设置的闹钟时间
          LCD_write_com(0x80+0x40+10);
          LCD_write_data(data0[sec1/10]);
          LCD_write_data(data0[sec1%10]);          //载入上一次设置的闹钟时间

          if(k3<4)
          {
            LCD_write_com(0x80+0x40+c[k3]);
            LCD_write_com(0x0f);                   //闹钟调整位闪烁
          }
          else
          {
            k3=0;                           //key3 按键次数清零
            timeset=0;                      //闹钟调整完毕，标志位置零
            LCD_write_com(0x01);            //液晶清屏
            LCD_write_com(0x80);            //调闹钟结束后，初始化正常时间显示所需要的值
            for(i=0;i<16;i++)
            LCD_write_data(table1[i]);  //写入初始化值：" 20  -  -   Sun "
            LCD_write_com(0x80+0x40);
            for(i=0;i<16;i++)
            LCD_write_data(table2[i]);  //写入初始化值："     :  :     "
            LCD_write_com(0x0c);            //如果按下 3 次 key3，则退出修改
          }
        }
      }
}
```

```
//############################################
void alarmclock()//闹钟鸣叫函数
{
    if((sec2==sec1)&&(min2==min1)&&(hour2==hour1))  //判断是否到了设定的闹钟时间
   alarmflag=1;                                    //若到了闹钟时间，闹钟鸣叫标志位置
1,否则为 0
    else
    alarmflag=0;
    if(alarmflag==1) //到了闹钟时间即开始鸣叫
    {
    beep=0;            //蜂鸣器鸣叫
    delay(20);
    beep=1;            //蜂鸣器关闭
    if(alarm==10)      //鸣叫次数控制
    {
    alarm=0;
    alarmflag=0;
    }
    alarm++;           //鸣叫次数自增
    }
}
//############################################
void read1302()        //当前时间记录
{
 sec2=  transBCDto10(DS1302_read_time(0x81));//将读出的 BCD 码转换成十进制数
 min2=  transBCDto10(DS1302_read_time(0x83));//将读出的 BCD 码转换成十进制数
 hour2= transBCDto10(DS1302_read_time(0x85));//将读出的 BCD 码转换成十进制数
 day2=  transBCDto10(DS1302_read_time(0x8b));//将读出的 BCD 码转换成十进制数
 date2= transBCDto10(DS1302_read_time(0x87));//将读出的 BCD 码转换成十进制数
 month2=transBCDto10(DS1302_read_time(0x89));//将读出的 BCD 码转换成十进制数
 year2= transBCDto10(DS1302_read_time(0x8d));//将读出的 BCD 码转换成十进制数
}
//############################################
void main()
{
   init();       //液晶初始化
   init_time(); //时间初始化
   while(1)
   {
    if((alarm<=10)&&(alarmpermission==1))         //闹钟鸣叫时间控制
    alarmclock();                                 //闹钟鸣叫
    read1302();
    timedisplay(10,DS1302_read_time(0x81));       //秒显示
    timedisplay(7,DS1302_read_time(0x83));        //分显示
    timedisplay(4,DS1302_read_time(0x85));        //时显示
    daydisplay(DS1302_read_time(0x8b));           //星期显示
    datedisplay(9,DS1302_read_time(0x87));        //日显示
    datedisplay(6,DS1302_read_time(0x89));        //月显示
    datedisplay(3,DS1302_read_time(0x8d));        //年显示
    if((key1==0)||(key3==0))                      //检测是否要调时间或调闹钟
    timeset=1;                                    //时间调整标志位
    while(timeset==1)
    timesetting();                                //调时间和调闹钟
   }
}
```

附录A　80C51单片机指令表

助记符	操作码	说　明	字　节	振荡周期
ACALL addrll	X1*	绝对子程序调用	2	24
ADD A,Rn	28~2F	寄存器和 A 相加	1	12
ADD A,direct	25	直接字节和 A 相加	2	12
ADD A,@R	26,27	间接 RAM 和 A 相加	1	12
ADD A,#data	24	立即数和 A 相加	2	12
ADDC A,Rn	38~3F	寄存器、进位位和 A 相加	1	12
ADDC A,dircet	35	直接字节、进位位和 A 相加	2	12
ADDC A,@R	36,37	间接 RAM、进位位和 A 相加	1	12
ADDC A, dircet	34	立即数、进位位和 A 相加	2	12
AJMP addrll	Y1**	绝对转移	2	24
ANL A,Rn	58~5F	寄存器和 A 相“与”	1	12
ANL A,direct	55	直接字节和 A 相“与”	2	12
ANL A,@Ri	56,57	间接 RAM 和 A 相“与”	1	12
ANL A,#data	54	立即数和 A 相“与”	2	12
ANL direct, A	52	A 和直接字节相“与”	2	12
ANL direct, #data	53	立即数和直接字节相“与”	3	24
ANL C,bit	82	直接位和进位相“与”	2	24
ANL C,/bit	B0	直接位的反和进位相“与”	2	24
CJNE A,dircet,rel	B5	直接字节与 A 比较，不相等则相对转移	3	24
CJNE A,#data,rel	B4	立即数与 A 比较，不相等则相对转移	3	24
CJNE Rn,#data,rel	B8~BF	立即数与寄存器相比较，不相等则相对转移	3	24
CJNE @R,#data,rel	B6,B7	立即数与间接 RAM 相比较，不相等则相对转移	3	24
CLR A	E4	A 清 0	1	12
CLR bit	C2	直接位清 0	2	12
CLR C	C3	进位清 0	1	12
CPL A	F4	A 取反	1	12
CPL bit	B2	直接位取反	2	12
CPL C	B3	进位取反	1	12
DA A	D4	A 的十进制加法调整	1	12
DEC A	14	A 减 1	1	12
DEC Rn	18~1F	寄存器减 1	1	12
DEC direct	15	直接字节减 1	2	12
DEC @Ri	16,17	间接 RAM 减 1	1	12
DIV AB	84	A 除以 B	1	48
DJNE Rn,rel	DB~DF	寄存器减 1，不为 0 则相对转移	3	24

续表

助记符	操作码	说明	字节	振荡周期
DJNE direct,rel	D5	直接字节减 1，不为 0 则相对转移	3	24
INC A	04	A 加 1	1	12
INC Rn	08~0F	寄存器加 1	1	12
INC direct	05	直接字节加 1	2	12
INC @Ri	06,07	间接 RAM 加 1	1	12
INC DPTR	A3	数据指针加 1	1	24
JB bit;rel	20	直接位为 1，则相对转移	3	24
JBC bit,rel	10	直接位为 1，则相对转移，然后该位清 0	3	24
JC rel	40	进位为 1，则相对转移	2	24
JMP @A+DPTR	73	转移到 A＋DPTR 所指的地址	1	24
JNB bit,rel	30	直接位为 0，则相对转移	3	24
JNC rel	50	进位为 0，则相对转移	2	24
JNZ rel	70	A 不为 0，则相对转移	2	24
JZ rel	60	A 为 0，则相对转移	2	24
LCALL addr16	12	长子程序调用	3	24
LJMP addr16	02	长转移	3	24
MOV A,Rn	E8~EF	寄存器送 A	1	12
MOV A,direct	E5	直接字节送 A	2	12
MOV A,@Ri	E6,E7	间接 RAM 送 A	1	12
MOV A,#data	74	立即数送 A	2	12
MOV Rn,A	F8~FF	A 送寄存器	1	12
MOV Rn,direct	A8~AF	直接字节送寄存器	2	24
MOV Rn,#data	78~7F	立即数送寄存器	2	12
MOV direct,A	F5	A 送直接字节	2	12
MOV direct,Rn	88~8F	寄存器送直接字节	2	24
MOV direct,direct	85	直接字节送直接字节	3	24
MOV direct,@Ri	86,87	间接 RAM 送直接字节	2	24
MOV direct,#data	75	立即数送直接字节	3	24
MOV @Ri,A	F6,F7	A 送间接 RAM	1	12
MOV @Ri,direct	A6,A7	直接字节送间接 RAM	2	24
MOV @Ri,#data	76,77	立即数送间接 RAM	2	12
MOV C,bit	A2	直接位进位	2	12
MOV bit,C	92	进位送直接位	2	24
MOV DPTR,#data16	90	16 位常数送数据指针	3	24
MOVC A,@A+DPTR	93	由 A+DPTR 寻直的程序存储器字节送 A	1	24
MOVC A,@A+PC	83	由 A+PC 寻址的程序存储字节送 A	1	24
MOVX A,@Ri	E2,E3	外部数据存储器(8 位地址)送 A	1	24
MOVX A,@DPTR	E0	外部数据存储器(16 位地址)送 A	1	24
MOVX @Ri,A	F2,F3	A 送外部数据存储器(8 位地址)	1	24
MOVX @DPTR,A	F0	A 送外部数据存储器(16 位地址)	1	24

续表

助记符	操作码	说明	字节	振荡周期
MUL AB	A4	A 乘以 B	1	48
NOP	00	空操作	1	12
ORL A,Rn	48~4F	寄存器和 A 相“或”	1	12
ORL A,direct	45	直接字节和 A 相“或”	2	12
ORL A,@Ri	46,47	间接 RAM 和 A 相“或”	1	12
ORL A,#data	44	立接数和 A 相“或”	2	12
ORL direct,A	42	A 和直接字节相“或”	2	12
ORL dircect,#data	43	立即数和直接字节相“或”	3	24
ORL C,bit	72	直接位和进位相“或”	2	24
ORL C,/bit	A0	直接位的反和进位相“或”	2	24
POP direct	D0	直接字节退栈，SP 减 1	2	24
PUSH direct	C0	SP 加 1，直接字节进栈	2	24
RET	22	子程序调用返回	1	24
RETI	32	中断返回	1	24
RL A	23	A 左环移	1	12
RLC A	33	A 带进位左环移	1	12
RR A	03	A 右环移	1	12
RRC A	13	A 带进位右环移	1	12
SETB bit	D2	直接位置位	2	12
SETB C	D3	进位置位	1	12
SJMP rel	80	短转移	2	24
SUBB A,Rn	98~F	A 减去寄存器及进位位	1	12
SUBB A,direct	95	A 减去直接字节及进位位	2	12
SUBB A,@Ri	96,97	A 减去间接 RAM 及进位位	1	12
SUBB A,#data	94	A 减去立即数及进位位	2	12
SWAP A	C4	A 的高半字节和低半字节交换	1	12
XCH A,Rn	C8~CF	A 和寄存器交换	1	12
XCH A,direct	C5	A 和直接字节交换	2	12
XCH A,@Ri	C6,C7	A 和间接 RAM 交换	1	12
XCHD A,@Ri	D6,D7	A 和间接 RAM 的低四位交换	1	12
XRL A,Rn	68~6F	寄存器和 A 相“异或”	1	12
XRL A,direct	65	直接字节和 A 相“异或”	2	12
XRL A,@Ri	66,67	间接 RAM 和 A 相“异或”	1	12
XRL A, #data	64	立即数和 A 相“异或”	2	12
XRL direct,A	62	A 和直接字节相“异或”	2	12
XRL direct,#data	63	立即数和直接字节相“异或”	3	24

附录B　C语言优先级及其结合性

<table>
<tr><th>优先级</th><th>运算符</th><th>名称或含义</th><th>使用形式</th><th>结合方向</th><th>说明</th></tr>
<tr><td rowspan="4">1</td><td>[]</td><td>数组下标</td><td>数组名[常量表达式]</td><td rowspan="4">左到右</td><td></td></tr>
<tr><td>()</td><td>圆括号</td><td>(表达式)/函数名(形参表)</td><td></td></tr>
<tr><td>.</td><td>成员选择(对象)</td><td>对象.成员名</td><td></td></tr>
<tr><td>-></td><td>成员选择(指针)</td><td>对象指针->成员名</td><td></td></tr>
<tr><td rowspan="9">2</td><td>-</td><td>负号运算符</td><td>-表达式</td><td rowspan="9">右到左</td><td>单目运算符</td></tr>
<tr><td>(类型)</td><td>强制类型转换</td><td>(数据类型)表达式</td><td></td></tr>
<tr><td>++</td><td>自增运算符</td><td>++变量名/变量名++</td><td>单目运算符</td></tr>
<tr><td>--</td><td>自减运算符</td><td>--变量名/变量名--</td><td>单目运算符</td></tr>
<tr><td>*</td><td>取值运算符</td><td>*指针变量</td><td>单目运算符</td></tr>
<tr><td>&</td><td>取地址运算符</td><td>&变量名</td><td>单目运算符</td></tr>
<tr><td>!</td><td>逻辑非运算符</td><td>!表达式</td><td>单目运算符</td></tr>
<tr><td>~</td><td>按位取反运算符</td><td>~表达式</td><td>单目运算符</td></tr>
<tr><td>sizeof</td><td>长度运算符</td><td>sizeof(表达式)</td><td></td></tr>
<tr><td rowspan="3">3</td><td>/</td><td>除</td><td>表达式/表达式</td><td rowspan="3">左到右</td><td>双目运算符</td></tr>
<tr><td>*</td><td>乘</td><td>表达式*表达式</td><td>双目运算符</td></tr>
<tr><td>%</td><td>余数(取模)</td><td>整型表达式/整型表达式</td><td>双目运算符</td></tr>
<tr><td rowspan="2">4</td><td>+</td><td>加</td><td>表达式+表达式</td><td rowspan="2">左到右</td><td>双目运算符</td></tr>
<tr><td>-</td><td>减</td><td>表达式-表达式</td><td>双目运算符</td></tr>
<tr><td rowspan="2">5</td><td><<</td><td>左移</td><td>变量<<表达式</td><td rowspan="2">左到右</td><td>双目运算符</td></tr>
<tr><td>>></td><td>右移</td><td>变量>>表达式</td><td>双目运算符</td></tr>
<tr><td rowspan="4">6</td><td>></td><td>大于</td><td>表达式>表达式</td><td rowspan="4">左到右</td><td>双目运算符</td></tr>
<tr><td>>=</td><td>大于等于</td><td>表达式>=表达式</td><td>双目运算符</td></tr>
<tr><td><</td><td>小于</td><td>表达式<表达式</td><td>双目运算符</td></tr>
<tr><td><=</td><td>小于等于</td><td>表达式<=表达式</td><td>双目运算符</td></tr>
<tr><td rowspan="2">7</td><td>==</td><td>等于</td><td>表达式==表达式</td><td rowspan="2">左到右</td><td>双目运算符</td></tr>
<tr><td>!=</td><td>不等于</td><td>表达式!= 表达式</td><td>双目运算符</td></tr>
<tr><td>8</td><td>&</td><td>按位与</td><td>表达式&表达式</td><td>左到右</td><td>双目运算符</td></tr>
<tr><td>9</td><td>^</td><td>按位异或</td><td>表达式^表达式</td><td>左到右</td><td>双目运算符</td></tr>
<tr><td>10</td><td>|</td><td>按位或</td><td>表达式|表达式</td><td>左到右</td><td>双目运算符</td></tr>
<tr><td>11</td><td>&&</td><td>逻辑与</td><td>表达式&&表达式</td><td>左到右</td><td>双目运算符</td></tr>
<tr><td>12</td><td>||</td><td>逻辑或</td><td>表达式||表达式</td><td>左到右</td><td>双目运算符</td></tr>
</table>

续表

优先级	运算符	名称或含义	使用形式	结合方向	说明
13	?:	条件运算符	表达式1? 表达式2: 表达式3	右到左	三目运算符
14	=	赋值运算符	变量=表达式	右到左	
	/=	除后赋值	变量/=表达式		
	*=	乘后赋值	变量*=表达式		
	%=	取模后赋值	变量%=表达式		
	+=	加后赋值	变量+=表达式		
	-=	减后赋值	变量-=表达式		
	<<=	左移后赋值	变量<<=表达式		
	>>=	右移后赋值	变量>>=表达式		
	&=	按位与后赋值	变量&=表达式		
	^=	按位异或后赋值	变量^=表达式		
	|=	按位或后赋值	变量|=表达式		
15	,	逗号运算符	表达式，表达式,…	左到右	从左向右顺序运算

附录C ASCII码表

ASCII 值	控制字符	ASCII 值	控制字符	ASCII 值	控制字符	ASCII 值	控制字符
0	NUT	32	(space)	64	@	96	、
1	SOH	33	!	65	A	97	a
2	STX	34	”	66	B	98	b
3	ETX	35	#	67	C	99	c
4	EOT	36	$	68	D	100	d
5	ENQ	37	%	69	E	101	e
6	ACK	38	&	70	F	102	f
7	BEL	39	,	71	G	103	g
8	BS	40	(	72	H	104	h
9	HT	41	)	73	I	105	i
10	LF	42	*	74	J	106	j
11	VT	43	+	75	K	107	k
12	FF	44	,	76	L	108	l
13	CR	45	-	77	M	109	m
14	SO	46	.	78	N	110	n
15	SI	47	/	79	O	111	o
16	DLE	48	0	80	P	112	p
17	DCI	49	1	81	Q	113	q
18	DC2	50	2	82	R	114	r
19	DC3	51	3	83	X	115	s
20	DC4	52	4	84	T	116	t
21	NAK	53	5	85	U	117	u
22	SYN	54	6	86	V	118	v
23	TB	55	7	87	W	119	w
24	CAN	56	8	88	X	120	x
25	EM	57	9	89	Y	121	y
26	SUB	58	:	90	Z	122	z
27	ESC	59	;	91	[	123	{
28	FS	60	<	92	\	124	|
29	GS	61	=	93	]	125	}
30	RS	62	>	94	^	126	~
31	US	63	?	95	—	127	DEL

附录D　开发板功能结构

本书以我们独立开发的 MCUBUS 单片机开发板为平台，以理论知识配合实际例子应用作为课堂教学的主要内容，书中详细介绍单片机的各部分功能和模块化程序设计，以及开发板的主要功能及用法。开发板如图 D-1 所示，具体实验项目参见表 D-1。

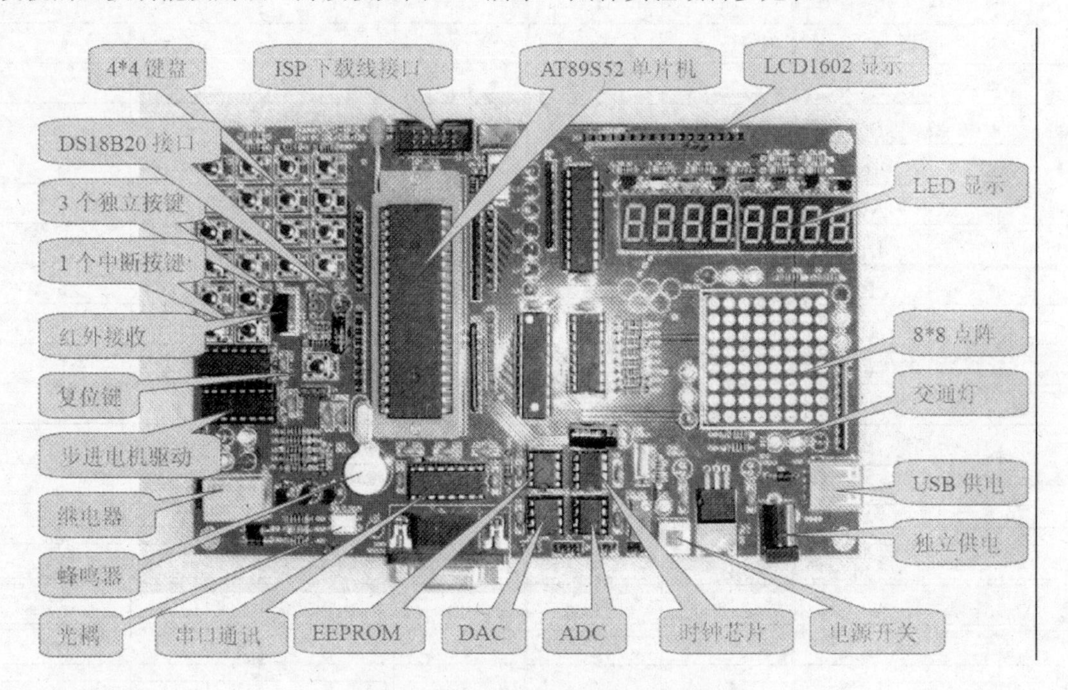

图 D-1　MCUBUS 开发板外形图

性能特点：

- 主芯片为 ATMEL 公司生产的 AT89S5X。
- 晶振：基本配置为 11.0592MHz，也可由用户自己选定适合的晶振。
- P0、P1、P2、P3 的每一个 I/O 口均引至实验用户板上，方便实验。
- Watchdog：配置有带复位的看门狗电路。
- 程序存储器为 64KB。
- 数据存储器为 4KB(24C02)。
- 提供 20 个发光二极管，供实验使用。
- 标准 RS232 串行通信接口。
- 标准微型打印机接口。
- 液晶显示接口，液晶为 LCD1602。
- 具有动态共阴数码管 8 个。
- 8×8 点阵显示。

- 具有 4×4 矩阵键盘。
- 具有 4 个独立的键盘输入。
- 串行数转并行数电路。
- 配有日历时钟电路。
- 1 路 8 位 A/D，每个通道均引出其测试点。
- 提供 8 位 D/A，具有 0～−5V、−5～0V、−5～+5V 输出。
- 日历时钟芯片，可在数码管上显示年、月、日、星期、时、分、秒。
- 提供扬声器驱动电路，提供不同的频率，输出多种音乐。
- 提供蜂鸣器电路。
- 脉冲电路。
- 在系统编程，提供在线下载，方便调试。

表 D-1　开发板部分实验模块

软件实验内容		
存储器清 0 实验	二进制到 BCD 码转换实验	二进制 ASCII 码转换实验
内存块移动实验	数据排序实验	……
硬件实验模块		
P1、P2、P3 口输入、输出实验	定时/计数器实验	外部中断实验
存储器记录实验	串行数据转换并行数据实验	继电器实验
A/D 转换实验	D/A 转换实验	光耦实验
点阵显示实验	八段数码管显示实验	键盘扫描显示实验
电子时钟实验	单片机串口通讯实验	液晶显示实验
交通灯控制实验	音频控制实验	温度采集实验
红外接收实验	步进电机/直流电机控制实验	……

开发板电路图

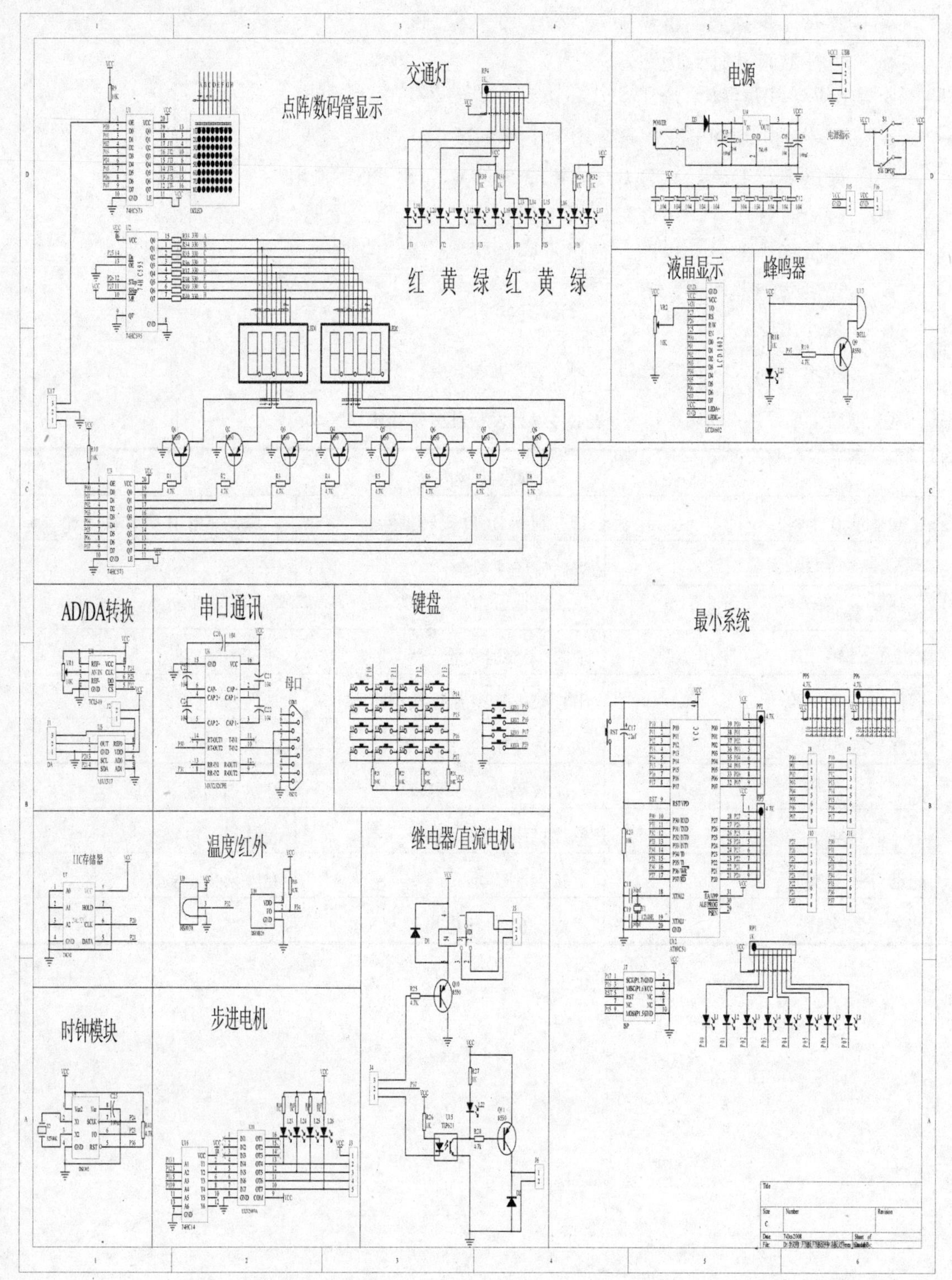

点阵/数码管显示
交通灯
红 黄 绿 红 黄 绿
电源
液晶显示
蜂鸣器
AD/DA转换
串口通讯
键盘
最小系统
温度/红外
继电器/直流电机
时钟模块
步进电机

参考文献

1．晁阳著．MCS-51 原理及应用开发教程．北京：清华大学出版社，2007

2．李全利著．单片机原理及应用．北京：清华大学出版社，2006

3．刘迎春著．单片机原理及应用．北京：清华大学出版社，2005

4．江力著．单片机原理与应用技术．北京：清华大学出版社，2006

5．谭浩强著．C 语言设计(第三版)．北京：清华大学出版社，2005

6．何立民著．单片机中级教程-原理与应用．北京：北京航空航天大学出版社，2000

7．马忠梅著．单片机的 C 语言应用程序设计(第四版)．北京：北京航空航天大学出版社，2007

8．张毅刚著．新编 MCS-51 单片机应用设计．哈尔滨：哈尔滨工业大学出版社，2006

9．魏立峰，王宝兴著．单片机原理与应用技术．北京：北京大学出版社，2006

10．刘光斌著．单片机系统实用抗干扰技术．北京：人民邮电出版社，2003

11．张靖武著．单片机原理、应用与 PROTUES 仿真．北京：电子工业出版社，2008

12．周润景著．PROTEUS 入门实用教程．北京：机械工业出版社，2007

13．赵文博著．单片机语言 C51 程序设计．北京：人民邮电出版社，2005

14．张萌，和湘，姜斌编著．单片机应用系统开发综合实例．北京：清华大学出版社，2007

15．赖麒文著，8051 单片机 C 语言开发环境实务与设计．北京：科学出版社，2002

读者回执卡

欢迎您立即填妥回函

您好！感谢您购买本书，请您抽出宝贵的时间填写这份回执卡，并将此页剪下寄回我公司读者服务部。我们会在以后的工作中充分考虑您的意见和建议，并将您的信息加入公司的客户档案中，以便向您提供全程的一体化服务。您享有的权益：

★ 免费获得我公司的新书资料；
★ 寻求解答阅读中遇到的问题；
★ 免费参加我公司组织的技术交流会及讲座；
★ 可参加不定期的促销活动，免费获取赠品；

读者基本资料

姓　　名__________ 性　　别 □男　　□女 年　　龄__________

电　　话__________ 职　　业__________ 文化程度__________

E-mail__________ 邮　　编__________

通讯地址____________________

请在您认可处打√（6至10题可多选）

1、您购买的图书名称是什么：____________________

2、您在何处购买的此书：____________________

3、您对电脑的掌握程度：	□不懂	□基本掌握	□熟练应用	□精通某一领域
4、您学习此书的主要目的是：	□工作需要	□个人爱好	□获得证书	
5、您希望通过学习达到何种程度：	□基本掌握	□熟练应用	□专业水平	
6、您想学习的其他电脑知识有：	□电脑入门	□操作系统	□办公软件	□多媒体设计
	□编程知识	□图像设计	□网页设计	□互联网知识
7、影响您购买图书的因素：	□书名	□作者	□出版机构	□印刷、装帧质量
	□内容简介	□网络宣传	□图书定价	□书店宣传
	□封面，插图及版式	□知名作家（学者）的推荐或书评		□其他
8、您比较喜欢哪些形式的学习方式：	□看图书	□上网学习	□用教学光盘	□参加培训班
9、您可以接受的图书的价格是：	□ 20元以内	□ 30元以内	□ 50元以内	□ 100元以内
10、您从何处获知本公司产品信息：	□报纸、杂志	□广播、电视	□同事或朋友推荐	□网站
11、您对本书的满意度：	□很满意	□较满意	□一般	□不满意

12、您对我们的建议：____________________

请剪下本页填写清楚，放入信封寄回，谢谢！

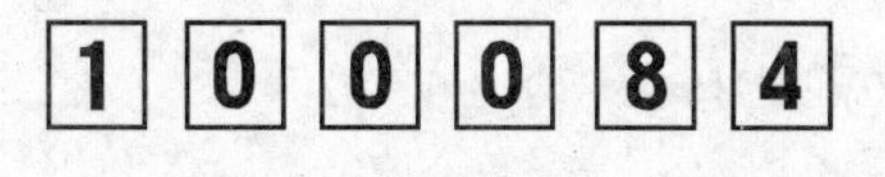

贴邮票处

北京100084—157信箱

读者服务部　　收

邮政编码：□□□□□□

技术支持与资源下载：http://www.tup.com.cn　http://www.wenyuan.com.cn
读 者 服 务 邮 箱：service@wenyuan.com.cn
邮　购　电　话：(010)62791865　(010)62791863　(010)62792097-220
组　稿　编　辑：黄　飞
投　稿　电　话：(010)62788562-314
投　稿　邮　箱：tupress03@163.com